Technology and Equipment of Electroplating

电镀技术与装备

刘仁志　匡优新　匡 泓　编著

化学工业出版社

·北京·

内容简介

电镀装备是实现电镀工艺的重要保障。本书特点在于结合电镀技术原理介绍了电镀装备在电镀过程中的作用，突出了电镀技术与装备的独特性，同时对各类电镀装备和自动生产线从结构到应用都做了全面介绍。书中介绍了金刚石线锯复合电镀、芯片电镀、印制板电镀、箔材电镀等高端电镀技术中的特殊装置，并提出了一些创新理念和建议，有利于读者将电镀理论学习与电镀工艺与装备的研发结合起来，提升专业素养。本书对从事电镀专业技术研发和电镀装备制造的工程技术人员极具参考价值，也可以作为大专院校电化学等相关专业师生的教材和辅助读物。

图书在版编目（CIP）数据

电镀技术与装备 / 刘仁志，匡优新，匡泓编著.
北京 ：化学工业出版社，2025. 3. -- ISBN 978-7-122-47015-7

Ⅰ. TQ153

中国国家版本馆 CIP 数据核字第 2025HW1708 号

责任编辑：于　水　　文字编辑：赵　越
责任校对：边　涛　　装帧设计：韩　飞

出版发行：化学工业出版社
（北京市东城区青年湖南街 13 号　邮政编码 100011）
印　　装：北京云浩印刷有限责任公司
710mm × 1000mm　1/16　印张 22½　字数 424 千字
2025 年 3 月北京第 1 版第 1 次印刷

购书咨询：010-64518888　　售后服务：010-64518899
网　　址：http://www.cip.com.cn
凡购买本书，如有缺损质量问题，本社销售中心负责调换。

定　　价：168.00 元

前　言

电镀曾经是一个备受争议的行业。电镀技术也曾经被认为是面临淘汰的技术。但是所有对电镀的误解和偏见，都随着电镀在现代制造全产业链中不可或缺地位的确立而消解了。社会发展史告诉我们，一个时代大量应用的材料和工具，决定了这个时代的面貌，标志着这个时代的先进程度。

社会如此，一个行业亦如此。电镀领域应用的材料和工具，决定电镀技术和产业的先进程度。本书在介绍电镀基本理论和工艺的同时，重点介绍电镀装备。电镀装备在装备产业中是一个很独特的领域，确实需要一本书讲清楚。

先说原理。

电镀的基础理论是电化学，其应用机理是电极过程动力学。电化学研究的是电解质体系中电极界面发生的能量交换现象，涉及电极界面中各种离子的还原过程，即离子在电极附近获得电子还原为原子的过程。这一过程的应用价值在于可以将金属离子还原为金属原子，进而形成金属结晶，最终成为具有实用价值的镀层。

这一过程是增量制造过程，而且这种增量过程以原子尺度为基础，是目前所有增量制造中最精细的制造过程。正是这种独特的技术，使其在现代高端制造中有许多重要的应用，如在纳米尺度实现半导体电子线路的金属互连、在纳米尺度模型内实现微电铸制造、在微米尺度实现大面积金属箔连续制造等。这种以原子尺度实现增量制造的技术特点，使其在微电子制造中具有重要的应用价值。而这种独特的原理在其他任何加工技术中都不具备。现在这种观点已经为大家所接受。

再说工艺。

工艺是实现设计和技术的具体操作流程，因此也叫工程。电镀在原理和生产流程中，与其他制造业有很大的不同，具有独特性。

传统机械制造行业的各加工工种，大都由一台单机就能实现产品的加工生产。有标准和专业的工具和装备，其加工过程比较单一，例如车、铣、刨、磨等，都有针对产品制定的工艺，用一台单机就可以完成产品的制造。电工、木工等也都有操作规程或工艺，也有相应的各种工具和装备，也都可归于专用工具和装备。

而电镀加工与这些工种不同，电镀生产的工艺流程较长，涉及的资源很多，包括电、水、汽、气等；过程包括机械过程、化学过程等；加工对象包括金属材料、非金属材料、半导体材料等。而金属材料又涉及黑色金属、有色金属、轻金属、贵金属等；非金属材料则涉及塑料、陶瓷、纤维等。针对不同的材料有不同的工艺，而实现这些工艺过程就要有各种装备作为保障，由这些材料的分类和组合就可以推知电镀工艺有多少种类，其工具和装备品类必然是众多的，并且到现在也没有完整的和成系列的关于电镀及其装备的标准。

针对每一种基体材料，都要有相应的工艺文件或规范；即使同一种材料，根据不同结构也要有不同的工艺。这种工艺变动或调整不仅发生在主工作工位，而且要在全流程中做出调整或变动，包括前处理流程、主工作流程、后处理流程等。其变动和调整大多涉及工艺参数的变动，有些涉及电镀液所有成分的变动，包括工艺配方的变动等，因此电镀装备也会进行相应的调整或变动，至少是工具和装备工艺参数的调整或变动。而这些工具或装备选用是否恰当、工况是否正常，则直接决定了电镀工艺过程能否实现和电镀质量。

最后说装备。

电镀装备包括通用工艺装备、工艺保障装备、强化工艺过程装备、专用工艺装备、创新工艺装备等。具体到与工艺规范相关的设备，品种更加繁多，从整流电源到电镀槽体、从电镀挂具到电镀阳极、从阴极移动到镀液搅拌、从过滤设备到强化过程的超声波、从现场检测到电镀工艺研发试验和检测装备等，应有尽有。更不要说将这些装备组成一条完整的电镀生产线，尤其是全自动电镀生产线，甚至还要向智能化生产线发展。

每一类装备都有许多内容解读，需要根据产品的要求来选型或设计。除了可借用装备业中的标准设备（如通用电源控制柜、整流装置、温度控制装置、烘箱、过滤机等）以外，很多设备都需要根据产品和用户要求进行设计和定制。而有些高端专用工艺设备，由于涉及专利和技术保密，只能由研发单位自己制造，或向专业的高端电镀装备企业购买。典型的包括芯片电镀设备、高端印制板电镀装备等。凡此种种，使电镀工艺装备成为一个独特的行业，需要专门关注和研究。

遗憾的是，关于电镀装备方面的讨论和介绍，大多散见于各类电镀技术书籍中的某个章节，鲜有专门讨论电镀装备的著作。即使有专门讨论电镀工艺又介绍电镀设备的书籍，也只是罗列电镀工艺，然后脱离工艺讲设备的功能和特性，是以设备论设备，没有从整体上系统说明装备是根据原理以相应的结构来实现工艺的工具。由此，编著一本关于电镀技术与装备的著作，就很有必要了。

本书的特点是对每一种装备都将其作用结合电镀技术原理和工艺进行了解读，这对更好地应用和改进电镀装备是极为有效和有利的。这也符合“知其然，知其所以然”的做事原则。从工艺原理上了解装备为什么如此设计和制造，对更好地发挥电镀装备的作用，保养和使用好电镀装备是十分有益的。

鉴于无锡星亿智能环保装备股份有限公司在电镀自动生产线设计与制造行业三十多年的精耕细作，特别是在设备智能化方面的独到心得，且电镀自动线装备行销国际市场，获得良好声誉，笔者特邀请星亿公司董事长匡优新高工和总经理匡泓工程师一起参与编写本书，以期在理论探讨和实践经验方面为读者提供更多的信息。

我们希望这只是一个开端，由此能引出更多专门讨论电镀装备的著作，更希望看到更多电镀装备创新的产品投向市场，为强化我国现代制造全产业链作出贡献。

由于编者水平有限，书中疏漏之处在所难免，敬请广大读者批评指正！

刘仁志
2024 年 7 月

目 录

第1章

电镀技术与工艺

1.1 电镀产业在国民经济中的地位

电镀产业在国民经济中的地位与其他行业不同，不是靠在市场中的占比和经济总量来评价的，而是靠它深度嵌入国民经济各个行业中，成为不可替代的一种技术。诚然，仅从装饰与防护角度，确实有一些技术和行业可以替代电镀技术，例如涂装、真空镀膜、热喷涂等。但是从全产业链角度，各产业生产链中流动的大量零部件产品，都在应用电镀技术为其提供装饰、防护和功能性镀层，其中有些到目前为止，是不可替代的。

1.1.1 电镀技术应用领域

电镀技术是在电池被发明以后不久就被开发出来的技术，是与电动机和发电机等一样在现代工业早期就出现的电子电工技术。只是限于当时工业门类还不齐全，规模也不大，而没有受到足够重视。同时，随着现代工业的快速发展，新技术层出不穷，电镀技术在跟进现代工业发展并为之默默配套服务的过程中，一度被边缘化。更因为受到环境治理的约束，其发展也受到了一定影响。但是，现代制造业离不开电镀技术的支持是明显的事实，尤其在电子产品制造中，电镀技术不可或缺的重要性日益显现，使得强化和发展电镀技术的需求和呼声已经引起产业界的重视。无论是基础理论研究还是新工艺和新装备开发，又开始兴盛起来。这对强化我国现代制造全产业链，是一个很好的现象。

说到电镀技术的应用领域，其作为各种产品制件的表面处理技术，是非常宽泛的。各类产品中的大部分零部件都会不同程度地用到电镀技术。而如果所有产品都进入物联网领域，则所有产品都离不开电镀了。理由很充分，因为所有电子产品的制造，都要用到印制电路板和芯片，而这两大类产品的制造，都离不开电镀技术。晶圆中巨大量晶体管的线路互连以及芯片的封装、多层印制板的孔金属化和图形制造，都离不开电镀技术。没有电镀技术，这些重要的产品没法完成制造。更不要说大量的金属紧固件和连接器以及各种金属制造的零件，大多要用到电镀技术。简而言之，电镀技术的应用领域，涉及现代制造全产业链的各个行业，从芯片到印制板、从汽车到飞机、从船舶到高铁，所有这些制造过程都要用到电镀技术。

电镀技术是电化学加工技术中应用最广和发展最快的技术，已经从当初机械加工工艺中的一个分领域发展成为独立的生产工艺技术，是现代制造产业链中重要的一个环节。

尽管防护和装饰电镀仍然占电镀加工的很大比例，但电镀不仅仅是金属表面防护和装饰加工手段。电镀的功能性用途越来越广泛，尤其是在电子工业、通信和军工、航天等领域，大量采用功能性电镀技术。电镀不仅仅可以镀出漂亮的金属镀层，还可以镀出各种二元合金、三元合金，乃至四元合金；还可以制作复合镀层、纳米材料；可以在金属材料上电镀，也可以在非金属材料上电镀。这些技术的工业化和电镀添加剂技术、电镀新材料技术在电镀液配方技术中的应用是分不开的。

据不完全统计，现在可以获得的各种工业镀层已经达到 60 多种，其中单金属镀层 20 多种，几乎包括了所有的常用金属和贵金属。合金镀层 40 多种，但是研究中的合金则达到 240 多种。合金电镀技术极大地丰富和延伸了冶金学领域关于合金的概念。很多利用冶金方法难以得到的合金，用电镀的方法却可以获得，并且已经证明电镀是获得纳米级金属材料的重要加工方法之一。可以利用电镀技术获得的镀层见表 1-1，电镀层的分类和用途见表 1-2。

表 1-1　可以利用电镀技术获得的镀层

<table>
<tr><th>类别</th><th colspan="2">可获得的镀层</th><th>备注</th></tr>
<tr><td>单金属镀层</td><td colspan="2">铝、锌、镍、铁、镉、锡、铅、铜、铬、银、金、铂、钌、铑、钯、钴、钛、铟、铼、锑、铋、汞等</td><td>铝目前要在非水溶液中电镀</td></tr>
<tr><td>合金镀层</td><td colspan="2">铜锌、铜锡、铜锡锌、锡钴、锡镍、镍铁、锌镍、锌铁、锌钴、锡锌、镉钛、锌锰、锌铬、锌钛、镉锡、锌镉、锡铅、镍钴、镍钯、铬镍、铁铬镍、铬钼、镍钨、银镉、银锌、银锑、银铅、金钴、金镍、金银、金铜、金锡、金铋、金锡钴、金锡铜、金锡镍、金银锌、金银镉、金银铜、金铜镉银</td><td>—</td></tr>
<tr><td rowspan="2">复合镀层</td><td>载体镀层</td><td>复合材料</td><td rowspan="2">载体镀层也就是复合镀层的金属基质，复合材料分散在镀液中，通过电镀与载体镀层共沉积</td></tr>
<tr><td>镍</td><td>三氧化二铝、三氧化二铬、氧化铁、二氧化钛、二氧化锆、二氧化硅、金刚石、碳化硅、碳化钨、碳化钛、氮化钛、氮化硅、聚四氟乙烯、氟化石墨、二硫化钼等</td></tr>
</table>

续表

类别	可获得的镀层		备注
复合镀层	铜	三氧化二铝、二氧化钛、二氧化硅、碳化硅、碳化钛、氮化硼、聚四氟乙烯、氟化石墨、二硫化钼、硫酸钡、硫酸锶等	载体镀层也就是复合镀层的金属基质，复合材料分散在镀液中，通过电镀与载体镀层共沉积
	钴	三氧化二铝、碳化钨、金刚石等	
	铁	三氧化二铝、三氧化二铁、碳化硅、碳化钨、聚四氟乙烯、二硫化钼等	
	锌	二氧化锆、二氧化硅、二氧化钛、碳化硅、碳化钛等	
	锡	刚玉	
	铬	三氧化二铝、二氧化铯、二氧化钛、二氧化硅等	
	金	三氧化二铝、二氧化硅、二氧化钛等	
	银	三氧化二铝、二氧化钛、碳化硅、二硫化钼	
	镍钴	三氧化二铝、碳化硅、氮化硼等	
	镍铁	三氧化二铝、三氧化二铁、碳化硅等	
	镍锰	三氧化二铝、碳化硅、氮化硼等	
	铅锡	二氧化钛	
	镍硼	三氧化二铝、三氧化铬、二氧化钛	
	镍磷	三氧化二铝、三氧化铬、金刚石、聚四氟乙烯、氮化硅等	
	钴硼	三氧化二铝	
	铁磷	三氧化二铝、碳化硅	

表 1-2 电镀层的分类和用途

类别	用途/性能	可用电镀层举例
机械类	耐磨损 耐摩擦	硬铬、镍磷、镍碳化硅、镍氮化硼， 钴碳化铬、镍碳化硼、镍磷碳化硅
	自润滑	镍二硫化钼、镍氟化碳、银镉、锡铅、铜石墨、镍聚四氟乙烯等
	修复性	厚镍、硬铁等
	强化合金	镍三氧化二铝、镍二氧化钛、铁三氧化二铝、镍铬等
	电铸	铜、镍、铝、钨、钼、硼化钛、镍铁钴
电子类	导电性	塑料电镀、印制电路板、波导等用的铜、银、金、锡等
	电接触	金、金钴、金镍、金碳化钛、金碳化钨、银铜、锡镍
	电阻	镍磷、镍硼、镍钴
	焊接性	锡、锡铅、锡铟、锡铜等
	超导体	铷、铷锆、铅铋等

续表

类别	用途	可用电镀层举例
化学类	防护性（耐蚀性）与功能性	锌、镉、铅、锌合金、铬镍铁、锡镍、铂、铱、锇、铌等
	装饰性	铜镍铬、锡镍、锡钴、金、银等
	有机物复合	锌环氧树脂、锌 ABS 塑料等
	电极材料	镍二氧化钛、镍氧化锆、镍硫、镍硼、镍磷、铂钽
光学、热学	光电转换	硫化镉、硅、锗、镉碲
	彩色镀	镍荧光颜料、铬着色、锌着色等
	太阳能吸收	黑镍、黑铬、黑色铬钴、黑色化学镍等
	耐热性	铬镍、镍钨、钴钨、镍钼、钴钼、铬镍铁
磁性	软磁性	镍铁、镍铁钴
	硬磁性	钴磷、镍钴磷、钴铁磷
纳米材料	新材料性能	纳米材料的制造、纳米复合镀层等

除了合金镀层外，还有一些复合镀层也已经在各个工业领域中发挥作用，比如金刚石复合镀层用于钻具已经有多年的历史。现在，不仅是金刚石，碳化硅、三氧化二铝等新型硬质微粒都可以作为复合镀层材料而获得以镍、铜、铁等为载体的复合镀层。除了硬质材料可以复合镀，自润滑复合镀层也开发成功。如聚四氟乙烯复合镀层、石墨复合镀层、二硫化钼复合镀层等都已经成功地应用于各种机械设备。已经储备或正在研制的非常规用复合镀层就更多了，其中包括生物材料复合镀层、发光材料复合镀层、纳米材料复合镀层等。

对电镀技术的研究开发也不仅限于镀液、配方和添加剂，在电源、阳极、自动控制等方面的开发也有很大进步。

脉冲电源已经普遍用于贵金属电镀，磁场、超声波、激光等都被用来影响电镀过程，以改变电镀层的性能。专用产品的全自动智能生产线也有应用。更加环保的技术和设备也不断有专利出现。

镀液成分自动分析添加系统已经开发并有应用实例。光亮剂、阳极材料等的自动补加系统也早已经有成熟的技术可资应用。

所有这些都证明电镀技术不仅在现代工业产品表面防护和装饰中起着重要的作用，而且在获取或增强产品的功能性方面也发挥着重要的作用。尽管存在环境保护方面的问题，使电镀技术的应用受到某些限制，但要完全取代或淘汰电镀技术至少在当前是不可能的。而今后随着表面技术的进一步发展，相信电镀技术本身能够以更多的环保型技术和产品来改变目前电镀业存在的对环境有所污染的现状。

总之，电镀是一门独特的工艺技术，与许多基础工业技术和学科都有密切的关系。由表 1-2 就可以看出，许多学科和专业，都要用到电镀技术。电镀技术已经成为现代工业中的重要加工手段。同时，电镀技术的多学科交叉现象要求从事电镀专业的人员有较为丰富的跨学科知识和不断更新知识的能力。

1.1.2 电镀技术的应用

电镀技术在现代工业中有着广泛应用，这些应用随着现代工业技术的进步而有所发展。基本的应用仍然是传统的三大类，即防护性应用、装饰性应用和功能性应用。其中功能性应用是发展最快和最为重要的一个领域。

（1）防护性

防护性镀层是电镀中最基本的镀层，特别是镀锌层，作为各种制品，尤其是钢铁构件的阳极保护镀层，在防护性电镀中占有极大比例。根据对一部解放牌卡车上镀锌件的统计，受镀表面积达 $10m^2$。除了大量应用的镀锌防护镀层，多层镍防护镀层的应用也占有很大比例，特别是在轿车、医疗器械、家用电器等高性能产品的防护方面，多层电镀起到了重要作用。

（2）装饰性

装饰性电镀是人们日常生活中接触最多的电镀层，其典型的代表是装饰镀铬，在早期的家用机械和电子产品中曾经非常流行装饰镀铬，从自行车、缝纫机到钢制家具，从汽车轮毂到浴室花洒，到处可以见到镜面白亮的镀铬层，经久不衰。现在更发展为彩色镀层，包括仿金色、枪色、蓝色等，在日用五金和灯具、饰品中都大量采用。

（3）功能性

功能性镀层现在已经是电镀制造中一个非常重要的应用领域。这类镀层从机械性功能发展到电功能及其他特殊功能，已经成为电镀加工中最具潜力和发展前景的应用。

功能性镀层包括抗磨损和减摩镀层、易焊接镀层、导电性镀层、磁性镀层、光学性镀层、复合材料镀层、合金镀层等。功能性镀层是应用面宽、涉及镀种多、创新性突出的一大类镀层。随着对电镀技术原理认识的深化和电镀技术本身的进步和发展，功能性电镀涉及的镀层涵盖了物理、化学、生物等多个学科领域所需要的新型表面层，是一个开放和增长的领域。

1.1.3 电镀技术应用领域的扩展

无可讳言，随着新材料和新表面处理技术的出现，电镀作为防护和装饰性镀层的传统应用也许会有所减少，同时，随着环境保护要求的严格，有些镀种将会被淘汰。比如不锈钢的应用将减少传统黑色金属的电镀；彩板等一次性成型就完成了表面处理复合材料的应用，进一步压缩了镀锌等传统电镀工艺的应用空间；对重金属离子排放的限制、对氰化物应用的限制、对排放水更为严格的要求，都将使传统电镀面临困境。

但是，这些代表社会进步的变化，并不会让电镀处于消亡的境地。相反，随着电镀新功能的开发，电镀技术的新应用还会有所发展。或者说，电镀的增长点，在于其新应用的增长和开发。电镀技术除了传统意义上的发展和进步，在交叉学科的技术领域也将有更多的应用，包括电镀制造、新材料的获得和微机电系统制造领域等。

（1）电镀制造

电镀技术应用的扩展，基本上是功能性镀层应用的延伸。这种延伸使电镀技术不只是一种表面加工技术，而且成为一种产品制造技术，即电镀制造。

电镀的典型应用是印制板制造，现在已经扩展为电子互连技术。另一个电镀制造的典型应用是在电铸基础上的电镀制造，比如电镀浮雕类标牌、电镀网膜等。这种电镀制造与传统的电铸不同，其特点之一是生产量大，可以大批量制造。此外，电镀制造效率比电铸要高，虽然电镀制造比平常电铸的时间长一些，但与传统电铸比则要快得多。

鉴于电镀技术的特点，电镀技术的应用还会有进一步的扩展，在一些新技术和新产品的制造中担当重要角色。比如在原子能产品中的应用，在新型发光器件产品中的应用等，都已经显示出不可替代的优势。

（2）新材料的获得

新材料的获得是将来工业生产中的一项重要任务，比如半导体的电沉积、纳米材料的电沉积、新合金的获得等。获得的新合金除了作为合金镀层使用，也可以与湿法冶金一样，作为获得合金材料的方法。

在一些新材料上获得电镀层也一直是一个重要课题，比如新型电子陶瓷表面、新型半导体材料表面、新型织物材料表面、新型合成材料表面，包括某些生物材料表面。这些材料表面获得镀层技术的实现，意味着一批新产品技术实现了突破。现代电子制造正在应用或期待着这类电镀技术。

（3）微机电系统制造

电镀技术还在微电子加工中有着重要应用前景，也是许多新技术创新中不可缺少的重要辅助技术。比如新型传感器的制造、新光源材料的制造、微电子器件的制造等，都要用到电镀技术。

微机电系统（micro-electro-mechanical system，MEMs）也称为微系统，指尺寸在几毫米甚至更小的高科技装置。微机电系统内部结构一般在微米甚至纳米量级，是一个独立的智能系统。这么微小的机电结构只能由具有原子级别加工能力的电镀技术来承担。事实上，这种微型结构的电沉积加工就是微电铸过程。

常见的产品包括 MEMs 加速度计、MEMs 麦克风、微电机、微泵、微振子、MEMs 光学传感器、MEMs 压力传感器、MEMs 陀螺仪、MEMs 湿度传感器、MEMs 气体传感器等以及它们的集成产品。这些产品在航空航天、智能汽车、移动通信等领域有大量应用。

1.1.4　高端制造中的电镀技术

根据电镀原理，电子电镀是原子级别的增量制造技术，其独特性在于这项技术可以在各种材料表面（不只是金属材料）获得不同的新表面层。这些新表面层包括各种金属及其合金的镀层、纳米级结晶镀层、复合材料镀层，依据设计需要通过电镀加工而使制品表面具有导电、导磁、耐磨损、耐腐蚀、生物兼容性、高装饰性等各种性能。这种给制品表面增加新性能的技术，在现代制造，特别是高端制造中有重要应用价值，是目前在芯片纳米级光刻线槽内获得导电层的唯一技术，也是芯片外连（封装）不可或缺的技术。至于已经广泛和大量应用的印制电路板（PCB）和微机电系统（MEMs），也一直是以电子电镀技术为制造基础的。

高端制造指的是先进科学技术应用密集的产品，其代表性产品是大量采用微电子集成电路的芯片产品。这类产品的制造离不开电镀技术。同时，高端制造涉及的材料也早已经超出只使用金属材料的范围，越来越多地用到树脂、陶瓷等非金属材料和高介电材料。

事实上，高端制造中不仅是芯片要用到电镀技术，还有许多电子元件、器件的制造也要用到电镀技术，包括电容、电感、电阻、连接器、射频器件组件、MEMs 系统制件、纳米材料制造等。更多的则是作为芯片封装外延产品，如引线框架、电子器件载体的印制板（PCB）等。

1.1.4.1　芯片制程中的电镀

目前对半导体芯片制造流程的介绍，主要分为 IC 设计、IC 制造、IC 封测三大环节。IC 设计主要根据芯片的设计目的进行逻辑设计和规则制定，并根据设计图制作掩模以供后续光刻使用。IC 制造实现芯片电路图从掩模转移至硅片，并实现预定的芯片功能，包括光刻、刻蚀、离子注入、薄膜沉积、化学机械研磨等步骤。IC 封测完成对芯片的封装和性能、功能测试，是产品交付前的最后工序。根据摩尔定律，随着半导体制造技术的进步，集成电路中晶体管的密度会成倍增长，成本也随密度的增长呈下降趋势。而半导体技术的进步主要指显微成像技术将 IC 电子线路图的线径缩到越来越小后，如何将转移到硅片上的图像线路无缺陷地显影出来，并蚀刻出这些线路。这涉及相机的镜头技术、感光胶的真实还原能力、光刻机光束的细微程度等。当这个系统的所有器件材料都实现纳米级精度时，芯片的密度也就进入了纳米时代。这个时候，实现纳米尺度线路中的金属互连，如前面讲电镀原理时所述，采用电镀技术就是必然的了。因此，晶圆电镀成为近几年专利的一个重要领域，涉及酸性镀铜配方和添加剂技术及其电镀装备。晶圆电镀不可能在常规电镀设备上实现，需要有专门的精密装备，再配合专用的电镀铜工艺，才能达成晶圆的量产。

这种晶圆电镀设备是完全自动化的，同时所采用的化学原料和水是高纯度的，以保证产品的高良率。

1.1.4.2 电子元器件的电子电镀

电子电镀技术是器件互连、封装载板及印制电路板（PCB）等高端电子制造过程中的核心技术之一。

PCB 作为众多器件（如集成线路、晶体管、电阻器、电容器等）的载体，被誉为“电子产品之母”，它与具有“心脏”之称的芯片和芯片载板，是构成集成电路的主要部件。PCB 是电子器件之间支撑、互连的载体，也是全球电子元件细分产业中产值最大的产业。

封装载板是芯片与电子器件连接的纽带，引线框架是集成电路芯片的载体，为芯片提供物理支撑。电子元器件互连、封装中的电子电镀，包括封装后引脚镀锡以及芯片基板（引线框架及 IC 载板）的电镀。近年来封装测试技术也得到了快速发展，已从传统的以引线框架为芯片基板的器件封装形式发展到以 IC 载板为芯片基板的高集成度先进封装，并在更先进的晶圆级封装上实现了突破。2020 年，全球封装测试产值 1185 亿美元，同比增长 12.36%，国内封装测试市场规模为 2509.5 亿元。在这些封装过程中，电子电镀技术都是核心的关键技术。

引线框架有冲压引线框架和高密度蚀刻引线框架，其工艺包括高速镀银、无氰镀银、镀镍钯金以及后续处理工艺，如棕化、退银、防变色、防扩散等。在高速镀银方面，国内产品占比较少；在氰化镀银方面，应用推广及测试不足，国内具备进一步开发应用的潜力；在镀镍钯金方面，目前主要依靠国外进口，差距较大，需强力攻关；在防银胶扩散和防变色方面，也主要依赖进口，需要加大研发力度。

1.1.4.3 印制电路板制造

无论是普通印制板还是高端印制板，制造过程中都大量用到电镀技术。

我国 PCB 制造电子电镀工艺上最为突出的“卡脖子”技术是铜互联中的盲孔填孔和通孔填孔电子电镀技术及化学药品。

在 PCB 制造过程中图形转移所需的感光膜，目前多被欧美、日本等地区和国家垄断，高端原料国内尚在努力研制中。在 PCB 直接电镀方面，炭黑或石墨悬浮液、金属钯胶体、导电高分子技术以及化学药品均为国外公司所垄断。现在国内有些企业已经研发出可替代产品。在 PCB 电子电镀设备方面，目前我国已经可以设计生产高水平电镀生产线。但高品质的开关电源及脉冲电源均依赖进口，国产设备在性能方面尚存在差距。

1.2　电镀技术的发展

1.2.1　电镀技术简史

电镀技术的诞生紧随电池的发明。电解技术是电池发明后最先被开发出来的应用技术。而电解的阴极过程就是电镀（金属电沉积）。

电能的开发与利用是从电池的发明开始的。毫无疑问，电能完全改变了人类的生产和生活，现在已经是人类最重要和最基本的能源。由电能的研究和应用发展起来的电子技术，更是使世界发生了巨大的变化，是持续推动先进生产力发展的重要动力，特别是在信息化和智能化的当代，电子技术已经是人类拥有的最重要的科学技术之一。电子制造，特别是高端电子制造是支持这一技术持续发展和进步的重要工业基础。而构成电子制造的全产业链中，电镀技术是一个重要环节，而且是一个不可或缺的重要环节。

电池的发明，源于那个著名的“带电的蛙”（图 1-1）。这也是生物电定义最早的来源。电池的基础理论是电化学，而电镀的基础理论也是电化学。

意大利医生和动物学家伽伐尼（1737—1798）曾经进行过著名的青蛙实验，发现了生物电。他是在解剖青蛙时偶然发现死青蛙的腿，在接触到金属（解剖刀）时会发生颤动。在反复验证以后，1791 年，他发表了关于青蛙与生物电的论文。这个关于青蛙的著名实验，被认为是电化学的开端。正是这项实验最终促进了电池的发明，从而开启了电子时代。

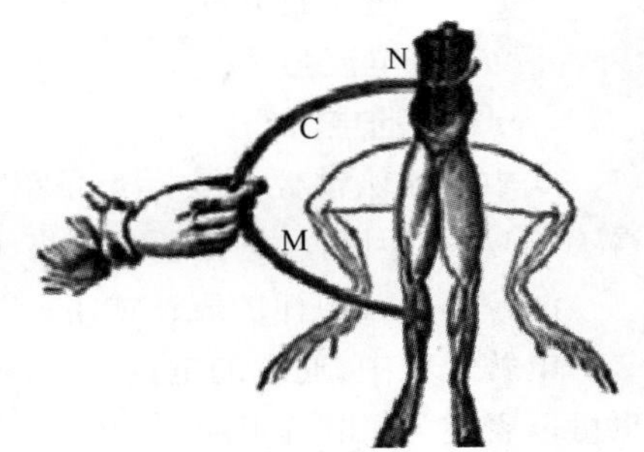

图 1-1　带电的蛙

伽伐尼的实验引起了一位著名科学家的注意，这位科学家就是伏特。伏特（Alessandro Volta，1745—1827）是意大利物理学家，他注意到伽伐尼的研究时已经过了 45 岁，从此埋头于对生物电现象的研究，并发现了两种不同金属导体可以产生电势，最终发明了电池。

1799 年伏特发明的电池当时是以“电堆”形式出现的。他将锌片和铜片用布隔离起来，然后一片一片地叠成一堆，浸到酸性溶液中，从两种金属间获得了较大的电流，这就是电池的原型。他第一次成功地将化学能转化为电能。由此，电流可以源源不断地获得。有了电源，科学家开始进行各种与电有关的科学实验，电流的化学效应和热效应也随之被发现。伏特发明电池使人类从静电时代走向了动电时代。电流不仅成为科学研究的重要对象，而且也成了科学研究的重要手段和工具。

当时的化学家们兴奋地利用电池进行了各种各样的试验，包括对各种盐进行通电试验。当对溶解有金属盐的溶液通电时，观察到了阴极（连接在电池负极上的电极）和阳极（连接在电池正极上的电极）有气体析出，同时在阴极上有物质沉积出来。这是最早观察到的电解和电沉积现象。

一位科学家深入研究了这些现象，从而得出了电解定律。这位科学家就是自学成才的英国皇家科学院院士法拉第。他也是电磁学的开山之人，从此电能的另一个重要应用获得了惊人的发展。而电镀技术作为电池被发明后最先利用电能实现制造的应用技术之一所依据的原理就是法拉第定律，也即电解定律。这个定律分为法拉第第一定律和第二定律两个部分。

法拉第第一定律的表述如下：

电解过程中，阴极上还原物质析出的量与所通过的电流强度和通电时间成正比。可以用公式表示为：

$$M = KQ = KIt \tag{1-1}$$

式中 M——析出金属的质量；

K——比例常数；

Q——通过的电量；

I——电流强度；

t——通电时间。

式中，比例常数 K 实际上是单位电量所能析出的物质的质量。由 $M = KQ$ 可得 $K = M/Q$。因此，电化学中也将比例常数 K 定义为电化当量。

法拉第第二定律的表述如下：

电解过程中，通过的电量相同，所析出或溶解出的不同物质的物质的量相同。也可以表述为：电解 1mol 的物质，所需用的电量都是 1 法拉第（F），等于 96500 库仑（C）或者 26.8 安培小时（A • h）：

$$1F = 26.8A \cdot h = 96500C \tag{1-2}$$

结合第一定律也可以说用相同的电量通过不同的电解质溶液时，在电极上析出（或溶解）的物质与它们的物质的量成正比。根据这个定律，科学家在用电源处理化学溶液（电解质溶液）时发现了可以从阴极沉积出金属的现象，从而进行了工业应用开发。因此，电解沉积（简称电沉积或电解）是电能工业化应用中最早出现的工业技术之一。

电沉积的定义如下：金属或合金从其化合物水溶液、非水溶液或熔盐中通过电化学方法沉积的过程。电沉积包括电镀、电铸、电解精炼和电解冶炼。

电沉积的电气原理简图如图 1-2 所示。其中要求所使用的电源为直流电源。当然随着电沉积技术研究的深入和进步，已经有各种用于电镀、电铸和电解精炼的专业大功率直流可调电源。其中与电镀有关的电源，根据工艺需要可以使用各种波形和正负周期可调制的脉冲电源等。

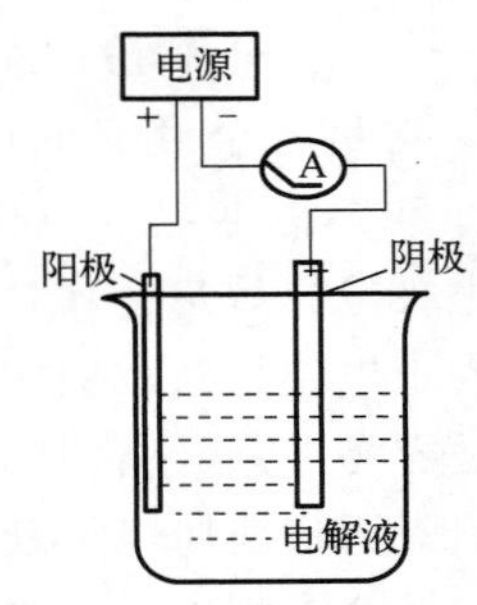

图 1-2　电沉积电气原理

电解技术诞生的年代，正是元素周期表刚开始在化学界中流行的时代，在元素周期律的发现者俄国科学家门捷列夫应用周期律准确地预言了几个还没有发现的元素后，寻找新元素在当时成为化学家们最为重要的课题，而利用电解法就发现了铝这一重要元素，也是电解完成了铝的工业化开发。至今电解冶金仍然是高纯度有色金属的重要生产技术，因为是从水溶液中提炼出金属，也被称为湿法冶金，是金属材料制造的重要技术。无论是电铸、电解还是电镀，都是以电化学作为理论基础的。这些技术过程也都可以归纳为电极过程。由于电沉积的产品是从电化学体系中的阴极上获得的，因此阴极过程成为电沉积研究的重点。而与此相关的研究对象，则是在阴极表面形成的双电层。双电层是实现离子还原为原子的重要微区间，也是电化学研究的重点。

由于电解质溶液中金属离子的还原就发生在这个双电层内，因此，双电层的结构和变化决定着还原出来的金属镀层结晶的组织形态和物理化学性质。

影响双电层的因素包括电极材料、电流密度、体系温度、压力和参加反应的离子和电荷状态等。整个过程构成一个动力学体系，由此诞生了电极过程动力学。电化学和电极过程动力学是电解沉积技术的理论基础。

德国科学家能斯特（Walther Hermann Nernst）在研究电极过程的基础上，总结出了电极电位方程，也称为能斯特方程：

$$
\begin{aligned}
E_{\mathrm{Red/Oxd}} &= E^{\theta}_{\mathrm{Red/Oxd}} - \frac{RT}{zF}\ln\frac{a_{\mathrm{Red}}}{a_{\mathrm{Oxd}}} \\
&= E^{\theta}_{\mathrm{Red/Oxd}} - \frac{RT}{zF}\ln\frac{c_{\mathrm{Red}}}{c_{\mathrm{Oxd}}}
\end{aligned}
\tag{1-3}
$$

式中 E——被测电极的（平衡）电极电位；

E^0——被测电极的标准电极电位；

R——摩尔气体常数，等于 8.314J/（mol·K）；

T——热力学温度，K；

z——在电极上还原的单个金属离子获得的电子数；

F——法拉第常数；

a——电解液中参加反应离子的活度（有效浓度）；

c——电解液中参加反应离子的浓度。

这是一个经典的电极电位方程，也是指导电解沉积研究和应用的基础方程。其中标准电极电位 E^0 也是识别不同材料化学活泼性的依据。将氢电极的标准电极电位规定为零时，其标准电极电位比氢标准电极电位正的材料（金属），称为正电位材料，例如金、银、铜等；标准电极电位比氢标准电极电位负的材料则是容易氧化（腐蚀）的材料，例如铁、铝、锡等。因此，材料的材质和镀层的材料对阴极还原电位是有影响的，而作为变量的还有电流、温度、离子浓度，这些在这个方程中都有对应的因子。但是，在实际电极过程中，影响电极电位的因素还有很多，包括一些隐含因素，这些我们将在讨论理论创新时加以介绍。

电沉积技术最早的工业应用是电解法制造印刷用铜字版。这项技术的应用，大大提高了制造印刷字版的效率和质量。直到现在，用于布匹印花的铜辊，仍然在采用电镀铜技术。由此发展起来的电铸技术在当代已经在模具制造和微电子制造中发挥着不可替代的作用。更不要说在现代工业，特别是电子工业中，大量采用包括镀铜在内的各种电镀技术。因此，电镀技术是工业体系由火力等机械动力向电力转换后最早诞生的工业技术之一。

电镀技术原理决定了高端制造离不开电子电镀技术。

电镀的定义：利用电解原理在某些金属表面上镀上一薄层其他金属或合金的过程，其目的是获得性能或尺寸不同于基体金属的表面。

这个定义是从宏观角度对电镀过程做出的定义。定义中所说的金属表面实际是与电源负极连接的被镀制品（零件），也就是往零件表面镀覆金属层。但是，正如电极过程动力学研究所揭示的，电镀的微观过程是复杂的，涉及能量的转换和物相本质的变化。随着对电极过程研究的深入和电镀应用领域的不断拓展，我国电镀技术界对电镀的定义结合其原理从微观层面作出了新的诠释：电镀是电子以量子态进入离子的空轨道使其还原为原子而组装成为金属结晶，进而形成金属镀层的过程。

我们在前面已经提到了双电层。双电层是电极（固态）表面与电解质溶液接触的区域，从电极表面向外由紧密层和分散层（也叫扩散层）组成，再往外则是电解质溶液本体（图 1-3）。电镀过程发生时，金属离子最终是在进入紧密层后才从电极表面获得电子还原为原子的，也就是说金属镀层是在紧密层内生成和生长的。关键在于，紧密层的厚度只有约 0.3nm（图 1-4），能进入这个微区内的金属离子，只能是原子大小的级别。由固体物理学可知，固体材料是由大量的原子（或离子）组成的，每 $1cm^3$ 体积中大约有 10^{23} 个原子。按简单立方晶格排列计算，在 *x*、*y*、*z* 三个方向上，1cm 约有 10^7～10^8 个原子，计算得出 1nm 约有 1～10 个原子。由此可知在芯片线路宽度只有数纳米时，要在这样微小空间内制作金属导线实现电子互连，是多么困难的课题。在这种场合，在微空间内，电子从电极的内表面进入具有电子空轨的金属离子，使其还原为金属原子而形成镀层是目前唯一的选择。

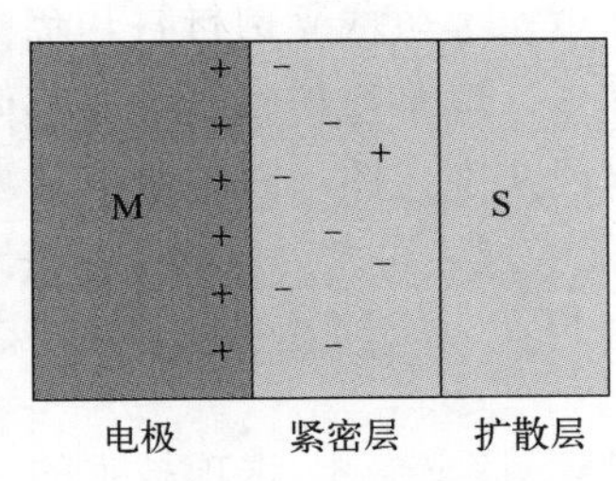

图 1-3　双电层结构示意图

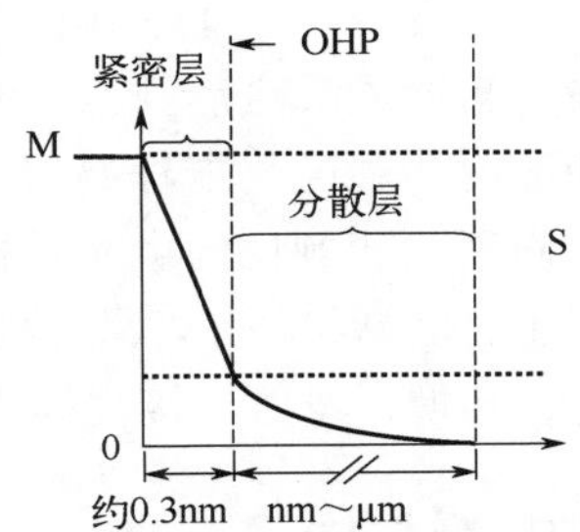

图 1-4　双电层与电极表面距离

根据电镀原理，电镀技术本质上是一项增量加工技术。这一过程实际上不只是增量，更重要的是增质制造过程。其典型的特征是可以在一种材料表面（全表面或局部表面）生成另一种材料的膜层或组织结构。同时，这种新材料层是从作为阴极的底层获得电子来还原离子成为原子进而形成结晶的。因此电镀层是从底层表面原有晶体上生长出来的镀层，而不是从外面覆盖上去的。这种镀层的一个重要特点是其结晶是由原子成长起来的，其初态是原子尺度的。这就是它是目前唯一能在纳米级甚至亚纳米尺度的线槽或孔径的盲孔中沉积出金属镀层的技术，也是芯片的尺度到了纳米级时，晶圆上晶体管线路的内连只能由电镀来实现的原因。高端制造或智能化时代的高端制造离不开电子电镀技术，是电镀技术的原理和工艺特点所决定的。

电镀技术的这种特点不只是在理论上为芯片实现电子互连提供了支持，在实践中也做到了。由于定义了电镀是可以在原子级别上进行增量制造的技术，将原来从宏观上定义的电镀过程转换为从微观上表述电子的量子态行为，从而为微电子制造技术的应用提供了重要的理论支持。

而要搞清楚为什么电镀技术在芯片制造中不可缺少，就需要将芯片工作的原理和制造工艺关联起来，清楚地了解这些过程。

芯片从设计到制成线路图并转移图形到硅片上，再到实现这些线路中器件的互连是一个极为复杂的过程。要点是包括图形中的电子器件，即晶体管、电阻、电容等都要在制造过程中做出来。因此包括了制造晶体管的 PN 结、电阻、电容等，所以过程中包括扩散和各层级的内连、互连，从而需要多次的图形制造。因此芯片制造不只是像做印制板那样制出电子线路图，还要同时将这些线路中的晶体管等也做出来，才能形成具有计算能力的线路单元，并且这些单元也要互连而组成大规模高密度的电子计算器，才能完成极为大量的计算任务。我们从电脑和手机上能够看到的不只是文字，而且有色彩丰富的动态视频，这些都是通过大量计算，将一幅一幅的图形以数学公式的形式表达出来，经计算器转换为二进制，再极为高速地计算出这些点的位置和变动轨迹，每个点都是一个方程，一个完整的图是一个方程组，一个动作更是一个复杂的方程的集。如此类推，所有复杂的过程都最终转变成二进制数码，然后转变为电子束对多色感光屏进行扫描，电子束的脉冲速度和强度与方程要求的速度和强度同步，屏幕层接收到这些不同信号而作出不同深浅和颜色的电光转换，在屏幕上出现文字、图形或视频。这要多么大量和高速的运算和动作，只有极高速的计算才能实现。而人类做到了，将光电信号的感受、转换、发射、接收等极为复杂的计算过程，通过微缩到芯片上实现了。

1.2.2 电镀与电子

传统的或者说经典的电镀理论中电子没有被单独拿出来讨论。电子的身影总是出现在电流、电流密度、电力线等与电能有关的场景中。电子被视为统一的、不会改变的微粒。

但是，自然界中存在三种电子。一种是能量电子，这是大家最为熟悉的电子，被认为是电能的来源。电子的定向流动就是电流，电流可以做功和转换为其他能的形式。一种是信息电子，这时的电子既构成信息的内容，又以其速度传送这种信息，例如无线电收发的电磁波、传递移动通信信息的微波等。信息电子也称为波态电子，在宇宙中大量存在。还有一种就是结构电子，这是构成物质结构最基本单位原子的重要组成成员。原子核外电子的层级与原子中质子达成的电力平衡，使物质保持稳定。而物质的稳定是相对的，是可以改变的。这些改变与电子的行为有重要相关性。电子的行为决定了物质形态的变化。

极为有趣的是，电镀过程中的电子就经历了电子三种形态变化。

1.2.2.1 电子的三态

电子在原子核外围绕核子高速飞行，并且自己也在不停地旋转，分别为左旋和右旋两个方向。一个容纳 2 个电子的次轨道中，不允许有 2 个自旋相同的电子，这就是泡利不相容原理，因此如果有 2 个电子在一个轨道，它们一定是自旋相反的，通常用↑↓表示。

我们经常会听到“自由电子”一说，其实电子并不是自由的，受到许多约束。例如电子进入原子核外轨道不是随意的，而是有一定数量和形态的规定。例如第一层只能容纳 2 个电子，并且这 2 个电子必须是自旋相反的。第二层最多只能有 8 个电子，它们也只能以自旋相反的规定一对一对地在各自的分轨中运行，第 n 层则有 $2n^2$ 个电子。但最外层又最多只能有 8 个电子。最外层和次外层的电子由于离原子核较远，动量比较大，又容易受到外力影响，因此会在最外层电子层间跳跃，这就是我们常说的自由电子。外层电子如果处在激发状态，这种时候的电子容易脱离原子而“跑掉”。这时它们也许有短暂的自由，成为离域的电子。然后还是会进入别的轨道，成为新的核子的俘虏。因此，我们对电子的运动形态，可以做出以下归纳：

① 电子有两种运动状态：基态和激发态。这两种状态依环境的改变而改变，例如受力、温度变化等。

② 处于基态的电子表现为本征性质，即是原子的构成成分，与质子具有相反但相等的电性使原子保持电中性。这时电子是不导电的，即不发出能量。所有非导体都是电子处在本征态时表现出的物理现象。

③ 处在激发态的电子，是量子化的电子，它在核子外不同轨道间跳动时放出能量，电流和电磁波是它分别作为粒子态和波态做的功。

④ 导体是电子在激发态时将电功传送出去的载体。电子并没有离开导体中的原子去流浪，而是在原子外层能级间跃迁而释放位能（正极），向低位能端（负极）传导。电能只有在构成的电子回路中才得以释放，如果开关不打开，回路不通，电子就不会传导。

⑤ 电子在核外电子轨道中的运动是极高速的（接近或等于光速），这么高的速度使它的轨迹就像云一样包围着核子，因此电子轨道是以电子云的状态呈现的。电子在“云”轨层中的具体位置无法精确确定，它出现在任意一处的状态只能是一种概率。

⑥ 电子也确实有离开原子的时候。这时这些转移的电子一定会进入其他结构中去，构成新的原子或分子，而失去了它们的原子或分子就不再是原来的原子或分子，而成为离子。例如氢失去一个电子后就不再是气体，并且表现出完全不同于氢气的性质。

显然，电极过程中电子从一类导体向二类导体转移的行为，正是上述第⑥条所说的行为。

电镀实质上是电子跃迁到金属离子空轨道中使其还原为金属的过程。电子在这个过程中起到关键作用。而在工艺上，表达电子作用的参数是电流密度，即通过金属单位面积内的电流强度。

电流密度在电镀工艺中是最重要的参数。评价一个电镀工艺的重要指标是它工作时所允许的工作电流密度的大小和范围。并且都希望电流密度值比较大，控制范围比较宽。如果一个电镀工艺在工作中允许的电流密度偏低，调控的范围很窄，就意味着生产效率低下，达到质量指标的过程困难。因此，人们采取一切可能的措施来提高电流密度的允许值，包括给镀液加温、强化搅拌、提高反应离子浓度、加入添加剂等。同时，人们通过霍尔槽试验来直观地确定最佳工作电流范围。即通过试片上镀层结晶情况、光亮程度等来确定一个适当的电流密度范围。所有这些努力是有效果的。例如光亮镀镍可以通过选用适当的光亮剂，在一定温度和搅拌的条件下，在霍尔槽试验中获得全片光亮的效果。也就是说可以在很宽的电流密度范围内都获得光亮镀层，这意味着在一个工件的不同部位都能有光亮的镀层效果。但是，并非所有的镀层都能达到这个效果，有些只能在较小的或者较窄的电流密度下工作，对这种现象的解读是有限的，通常认为是不同体系的极限电流或稳态极限扩散电流不同所致。对这种现象研究的结果，导出了电极电位方程，从而将对电流密度的研究转换成为对电极极化现象的研究，并且在很大程度上将关注的焦点放在了反应离子浓度上，将电迁移与离子迁移进行了平行的对比研究。强力的离子浓度输送可以改变电场的影响，这在理论上与实践中都是得到证实的。

需要指出的是，无论采取哪些工艺措施，电流密度都是决定电极过程结果的主要参数。或者说所有措施的结果，都是为了提高或者改善电流密度的影响。也就是说，电流密度对电极过程的影响是决定性的。从原理上说，电流密度代表的实际上是电子的密度。只有足够多的电子有序进入离子空轨，金属离子的还原才能得以实现。

随着现代制造业的发展，电镀技术在现代制造包括智能制造中都有举足轻重的作用，对电极过程的研究有了一些新的发展需要，因此，在经典理论的基础上进一步考察电流密度是很有必要的。这需要将量子电化学相关理论引进电极过程加以研究，以拓展电化学基础理论的深度和广度，从而更好地指导科学技术实践。

1.2.2.2 电子与电结晶过程

电结晶过程的研究从电化学角度采用了一些暂态技术，例如电位阶跃法、电流阶跃法、正弦波交流电法等。通过获取电流-电位曲线来研究电极过程。采用暂态技术可避免电极表面随时间变化过大，可控制电流（或电位）的脉冲宽度以保证沉积量不超过几个单原子层或更少。这对于研究电结晶机理是很重要的。同时暂态技术对减少溶液中杂质的影响也是有效的，由于测量的时间为毫秒级，溶液中极微量杂质可以被认为来不及扩散到反应电极表面。

电结晶过程是参加反应的金属离子在阴极获得电子还原为原子并形成晶核，随后长大的过程。这一过程的特点是有新相生成。生成新相最重要的条件是电流。

整个电结晶过程中的主要影响因素包括电解液的温度、浓度、阴极电流和电位、析出金属的性质等。

电结晶的另一个重要特征是金属结晶必须在电极上进行，也就是说必须要有一个载体或平台，使金属结晶可以在上面成核和成长。由于电极（金属）本身也是金属晶体，而金属晶体表面一定会存在结晶缺陷，这些部位会有金属晶核露出，因此，还原的金属原子也可以从这些晶核上成长起来。也就是说对于电结晶而言，不形成新的晶核，也可以进行电结晶。图 1-5 是镀银层在非晶态基体上从 0.25μm 到 15μm 不同厚度下的结晶形貌电子显微图像。结晶是随着镀层厚度增加而长大的。图中下方图示的非晶衬底指的是非晶态基体，在这样的基体上电镀，镀层结晶不受基体结晶取向的影响。

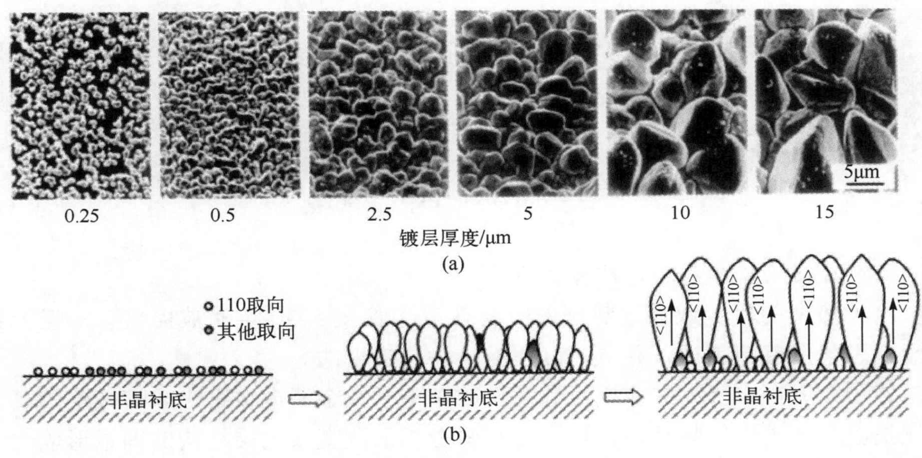

图 1-5　电结晶随着厚度增加而长大

用量子电化学研究电结晶过程，可以有许多新的思维。例如引用隧道效应来讨论离子的还原过程（图 1-6）。

隧道效应原来是固体物理学中的一个概念，是研究粒子在晶体材料中不同势垒间穿越规律的理论。但这种现象不只存在于固体材料内，也存在于界面间（当然包括晶界），因此，在电极过程中同样可以引入这一概念。

在一类导体与二类导体中穿越的电子，反应离子本性和双电层结构因各种因素变化的不同，会遇到各种各样的阻力，我们都可以将这些阻力看作是电子隧道中的势垒，从而可以引入量子效应来进行讨论。

隧道效应是由微观粒子波动性所确定的量子效应，又称势垒贯穿。考虑粒子运动遇到一个高于粒子能量的势垒，按照经典力学，粒子是不可能越过势垒的；按照量子力学可以解出除了在势垒处的反射外，还有透过势垒的波函数，这表明在势垒的另一边，粒子的出现具有一定的概率，粒子可以贯穿势垒。

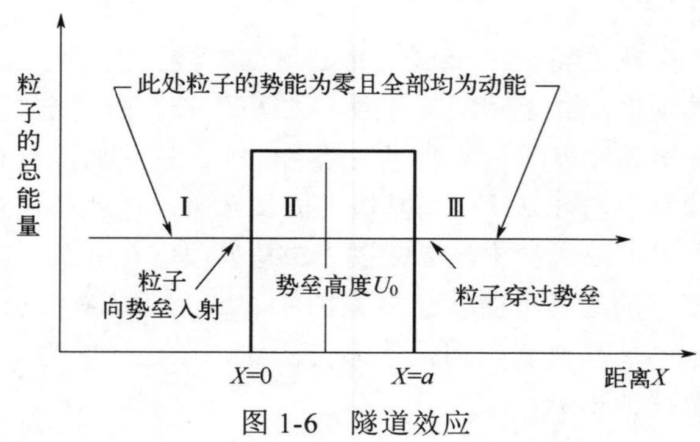

图 1-6　隧道效应

这种情况表明，质量为 m 而总能量为 E 的实体粒子，当它入射到高度为 U_0、有限厚度为 a 的势垒时，实际上确实具有透过势垒并在另一边（图 1-6 中的Ⅲ区中）出现的确定的 P_T。

$$P_T=\frac{16E}{U_0}\left(1-\frac{E}{U_0}\right)\exp(-2kza) \tag{1-4}$$

这在经典力学中是不可想象的。

这种势垒的贯穿或穿过势垒的隧道效应尽管在 1930 年就被提出来，但一直都没有引起足够的重视，并且一度还被认为是错误的。

这一效应在电极上的应用是有意义的。电子从金属电极上进入溶液中的离子隧道是要穿过过电位势垒的。还会有一些影响或改变双电层结构的因素形成一些新的阻碍，用量子理论来研究这些过程，是有趣味的。

1.2.2.3　电子的量子跃迁

电子在界面间的跃迁是量子电化学最重要的课题之一。这一课题不仅具有重要的理论意义，而且具有重要的应用价值。例如，基于这一课题包括测试仪器在内的研发，都是极为重要的。

电子是存在于两个态中的粒子，即基态和激发态。而微扰理论是量子力学中处理相关过程的一个重要的基础理论。

微扰涉及表面化学和电化学反应的态和反应速率。曾经有好几个理论解释这一过程。以往纠结于纯态和分子碰撞极低的概率，而与实际，特别是应用领域相去甚远。笔者曾经在一个电子电镀技术交流会上就微扰在电极过程中的应用发表过一篇论文，那只是借用微扰字面上的含义，而没有涉及对电子行为的讨论[8]。现在，随着中国制造 2025 战略的紧迫性增强，用创新精神开展强化电镀技术的研究也提上议事日程。量子电化学的应用，可以说是恰逢其时。

1.2.3　电镀系统回路与电子路径和形态的转变

电镀是在电能的作用下在两类导体的界面使金属离子还原为金属原子并结晶成金属镀层的过程。这个过程可以表述为：电子以能量电子身份通过导线到达镀液中电极与镀液的界面（双电层），然后以量子态从电极跃迁进入镀液中金属离子空轨，再在轨道中被核子捕获，成为原子外层的结构电子，并以金属键与邻近原子组成原子晶体（或非晶体）成为宏观金属镀层，从而完成电镀过程。

完成这个过程需要用装备构成一个电镀系统的电回路，包括电源、槽体、电解液、阴极、阳极。从电工学角度来看，电子是从电源负极流出，经过一类导体和二类导体，经由阳极回到电源正极的。但实际情况与电工学中将电子视为一成不变的形态有所不同。

在电镀过程中，电子经历了三种状态的转变，也分别走过了三种不同形态的通道，即第一类导体通道，通常是金属导线；第一类导体与第二类导体（溶解有大量金属离子的离子导体）之间的界面隧道；最后是进入离子的空轨道还原为结构电子形态，同时也就使金属离子还原为金属原子。这种现象的量子解读对选择电化学还原，包括电流密度和镀液温度等都是极为有意义的。

电子在电镀过程中的行为不仅与还原电子的电位和密度有关，还与整个电镀过程中的物理化学各因素有关。在我们了解了电子在整个电镀过程中的行为后，再来讨论工艺过程中的工艺参数，就会有站在更高处看全局的感觉。让电子在电镀全过程中的各个通道顺利通过，并且能根据引导以最好的姿态进入离子空轨，同时排除结晶过程中杂质等因素的干扰。

首先说一类导体，这在研究电镀过程中几乎是一个熟视无睹的因素，而实际上电流从电源传导出来要经过汇流排或电缆，再到电镀槽上的电极杠，再到挂具，这一路上是否顺畅是很重要的。但导线导电截面积不够时，导线发热而引起的电压降在电镀线路中是常见现象。有些电镀生产线连接电极杠的电缆甚至发热至烧焦还在运行生产，这时电量的无功损耗是很大的。还有挂具与电极杠的连接，由于实际生产中多数是重力接触式，当极杠或挂钩因镀液污染而生锈时，电阻是比较大的，也会产生热阻。电镀手工操作时，很多一线操作人员都有被烧热的挂钩烫到手的经历。这说明电子在一类导体中的通行遇到了阻力。

更多的问题是电镀溶液的组成、离子的状态和添加剂、辅助盐等的成分和添加量、镀液的温度等，如果出现失调，都对电子的跃迁和还原有重要影响。

如果电子在电镀过程中在这些不同通道中都受到不良影响，其生产出的镀层是很难合格的，尤其是功能性镀层，对电结晶的要求是很高的。无论是晶粒大小，还是结晶模式（体心立方还是面心立方）、结晶状态（层状还是柱状、结晶态还是非晶态等）、镀层杂质、镀层应力等都有相应的要求。没有控制好电子通道，严格的电结晶要求就无法实现。不是说只要控制了某一个或两个要素就能完美地解决所有问题，应该是全程控制。

以杂质为例，高端电子制造的电镀过程控制就涉及电镀所有原料的杂质控制：从阳极到水质，从主盐到辅助盐，从添加剂到生产环境、清洗过程等都有严格要求，有一项没有监测或严格控制到位，最终的结果就会因为某个被忽视的因素而改变。

而不论是一类导体还是二类导体，包括电源和挂具等，都属于电镀装备。因此，电镀过程和工艺参数与装备有密切关系。例如芯片制造中的光刻机、晶圆电镀中的电镀机、高端印制板制造中的印制板自动生产线等，都需要有精密的装备来保障制造的成功。没有这些高端的装备，就无法完成高端电子产品元器件的制造。这些装备的作用就是完美地保证工艺过程所要求的所有参数都在完全可控的范围内，不能有任何波动。而工艺参数，是经过多次科学实验验证，以合格结果的可重现性来制定的。为了排除人工因素的不确定性，只能采用精密的技术装备来管控这些参数，以使过程得到完全控制，从而获得需要的结果。

1.3 电镀工艺参数及其对电镀的影响

电镀过程是在一定的物理和化学条件下进行的，这些物理和化学条件都有一个定量要求，有关这些条件定量方面的规定就是工艺参数。所有工艺参数都是通过科研和试验得出的符合工艺要求的数据，是进行工艺控制的基本依据。每一项工艺中的流程和不同工序都有相应的参数，并且根据实际控制能力和需要而有一定的参数波动范围。

对于电镀工艺，需要控制的工艺参数有工艺配方、操作条件和镀前镀后处理三大项，每一项中都有一些需要控制的参数。一个完整的电镀工艺中，对工艺参数都有严格的规定和控制要求。需要控制的工艺参数通常有镀液的 pH 值、镀液的温度、阴极电流密度、阳极材料和阳极电流密度、镀液搅拌速度等。还有一些强化处理工艺技术，比如超声波处理等，也对电镀过程有重要作用。

1.3.1 镀液 pH 的影响

1.3.1.1 关于 pH

pH 是衡量溶液酸碱度的一个相对值，严格地说是溶液中氢离子浓度的负对数

值。即

$$pH = -\lg[H^-] \quad (1-5)$$

研究表明，即使是中性的水，实际上也存在一定程度的离解，只不过离解度非常小：

$$[H_2O] = [H^+] + [OH^-] = 1 \times 10^{-14}\,mol/L$$

并且离解出来的 H^+和 OH^-的浓度总是相等，即$[H^+]$与$[OH^-]$分别也只有 1.0×10^{-7}mol/L。因此，水中的$[H^+]$和$[OH^-]$的量总是保持平衡，因而纯水总是显示中性。当水溶液中的$[H^+]$和$[OH^-]$失去平衡，即氢离子和氢氧根离子中任何一种增加，就意味另一种相应减少，这样才能保持离子积的总量不变。这样，就可以用$[H^+]$和$[OH^-]$的浓度来表示水溶液的酸碱度。

但是，如果用溶液中这些离子的浓度来表示溶液的酸碱性，由于其浓度很低，都是在小数点以后很小的数值，就很不方便。而经过数学方法处理后，在平时使用中只需要用其指数的值来表述就行了。由于在稀的酸、碱溶液中，水的离子积常数不变，等于 1×10^{-14}，因此，当溶液中酸离子和碱离子的浓度相等时，氢离子和氢氧根离子的负对数值同为 7。这样，pH 值为 7 成为溶液呈中性的量化指标。

电镀液都有一定的 pH 值，也就是酸碱度。镀液的分类法中，可以其酸碱性分为酸性镀液、碱性镀液和中性镀液三大类。除了强酸性和强碱性镀液，每类镀液对其 pH 值都有一定的控制要求。比如镀镍要求控制在 3.8～5.1 之间，焦磷酸铜要求控制在 8.5～9.0 之间等。超出其工艺要求的控制范围，电镀质量就会出现问题。

一般酸性镀液的电流效率比较高，多数是简单盐型镀液，要用到添加剂才能正常工作。碱性镀液通常是络合剂型，分散能力较好，但是电流效率较低。

1.3.1.2 pH 缓冲剂

在实际电镀生产过程中，清洗水或活化液的带入、镀液的带出、氢气的析出等多种因素，都会引起镀液 pH 值的变化，从而对镀液 pH 值的稳定性带来问题。为了保证镀液 pH 值的稳定，保证电镀质量不受影响，镀液中经常要用到 pH 缓冲剂来稳定镀液的 pH 值。

（1）缓冲溶液

某些弱酸及其盐组成的溶液在遇有一定量的酸或碱进入到溶液时，可以缓冲溶液 pH 值变化。在某些电镀溶液中添加这类弱酸，可以起到缓冲镀液 pH 值变化的作用。这种添加到镀液中的弱酸就叫 pH 缓冲剂。由缓冲剂配成的溶液就是缓冲溶液。

弱酸及其盐的混合溶液（如 HAc 与 NaAc），弱碱及其盐的混合溶液（如

$NH_3 \cdot H_2O$ 与 NH_4Cl）等都是缓冲溶液。

（2）缓冲溶液的缓冲能力

在缓冲溶液中加入少量强酸或强碱，其溶液 pH 值变化不大，但若加入过多的酸、碱时，缓冲溶液就失去了它的缓冲作用。这说明它的缓冲能力是有一定限度的。

缓冲溶液的缓冲能力与组成缓冲溶液的组分浓度有关。0.1mol/L HAc 和 0.1mol/L NaAc 组成的缓冲溶液，比 0.01mol/L HAc 和 0.01mol/L NaAc 组成的缓冲溶液缓冲能力大。关于这一点通过计算便可证实。但缓冲溶液组分的浓度不能太大，否则，不能忽视离子间的作用。

另外，组成缓冲溶液的两组分的比值不为 1∶1 时，缓冲作用减小，缓冲能力降低，当 $c_{盐} / c_{酸}$ 为 1∶1 时 ΔpH 最小，缓冲能力大，不论对于酸或碱都有较大的缓冲作用。缓冲溶液的 pH 值可用下式计算：

$$\mathrm{pH} = pK_a + (c_{盐}/c_{酸}) \tag{1-6}$$

式中，pK_a 是离解常数，即电离常数，又叫电离平衡常数，用 K_i 表示。其定义为：当弱电解质电离达到平衡时，电离的离子浓度的乘积与未电离的分子浓度的比值称为该弱电解质的电离平衡常数。

当 $c_{盐}/c_{酸}$ 的值为 1 时，缓冲能力大。缓冲组分的比值离 1∶1 愈远，缓冲能力愈小，甚至不能起缓冲作用。对于任何缓冲体系，存在有效缓冲范围，这个范围大致在 pK_a（或 pK_b）两侧各一个 pH 单位之内。

弱酸及其盐（弱酸及其共轭碱）体系 $\mathrm{pH} = pK_a \pm 1$

弱碱及其盐（弱碱及其共轭酸）体系 $\mathrm{pOH} = pK_b \pm 1$

例如 HAc 的 pK_a 为 4.76，所以用 HAc 和 NaAc 适宜于配制 pH 为 3.76～5.76 的缓冲溶液，在这个范围内有较大的缓冲作用。

配制 pH = 4.76 的缓冲溶液时缓冲能力最大，此时 $c_{HAc}/c_{NaAc} = 1$。

以上主要以弱酸及其盐组成的缓冲溶液为例说明它的作用原理、pH 计算和配制方法。对于弱碱及其盐组成的缓冲溶液可采用相同的方法。

（3）缓冲溶液的配制和应用

为了配制一定 pH 的缓冲溶液，首先选定一个弱酸，它的 pK_a 尽可能接近所需配制的缓冲溶液的 pH 值，然后计算酸与碱的浓度比，根据此浓度比可以配制所需缓冲溶液。

1.3.2 镀液温度的影响

所有的电沉积都是在一定温度环境中进行的。从工艺和工业化生产的角度，室温（25℃）是理想温度。但是如果只允许在室温下工作，则许多电沉积过程将不能进行，包括镀铬、光亮镀镍、镀镍磷合金、铜合金等都难以实现。事实上，人们很早就知道利用温度因素来改善电沉积过程。在物理因素对电镀过程影响的研究中，温度的影响是研究得最多的。由于电镀液有很多是需要加温的，我们将比较详细地讨论温度的影响。

1.3.2.1　温度影响的机理

一般说来，电解液温度的升高可以增加离子的活度。离子和分子一样存在热运动加速的现象。

提高温度也会增加镀液的电导率，从而提高镀液的分散能力。因为镀液的分散能力是由电流在阴极表面分布情况决定的。在低温下，离子的活泼性下降，溶液的黏度增加，导致电导率降低。加温可以提高电导率。电导率与黏度以及温度的关系如下：

$$\mu\lambda = KT \tag{1-7}$$

式中，μ 为电解液的黏度；λ 为电导率；K 是比例常数，T 为绝对温度。

由上式可以看出，黏度与电导率成反比，在一定温度下，黏度提高，电导率下降。

同时，当电极反应的电化学极化较大时，受温度的影响较大。温度升高使超电压值下降，反应容易进行。而温度降低则可以增加电极的极化。

1.3.2.2　加温对电镀过程的影响

对于那些在常温下即使是单纯金属离子也有较高超电压的电解液，如铁、钴、镍等的镀液，可以从简单盐的镀液中电镀。但是，对于银、金、铜、锌、镉等金属，由于超电压较低，如果在其简单盐的电解液中电镀，则很容易发生镀毛或烧焦。在实用中只能采用络合剂或添加剂来改变其反应的超电压。但是同时也就延缓了反应的速度。这种添加了各种络合剂、导电盐等的镀液，总体浓度也有所增加，黏度也相应较大，电导率也就比简单盐溶液要低得多。在这种场合，采用适当加温的方法，可以在不破坏络合作用的前提下，增加电导率，提高电极过程允许的电流密度，也就可以起到提高反应速率和改善分散能力的双重作用。这也是多数这类络合物镀液需要加温的原因。

加温还可以提高合金电镀中某一成分的含量。例如镀铜锡合金中的锡含量就受温度的影响很大。在温度较低时，只有少量甚至微量的锡析出。随着温度的升高，锡含量显著增加。也有些合金电镀的成分是随着温度的升高而降低的。比如镀锌铁合金和镀钴镍合金镀液，其中锌和钴的含量就在温度升高时反而下降。这是由于组成合金的两个组分受温度影响而增加的速率不同。当一个增长得更快时，另一个增长较慢的成分的相对含量就会下降了。

另外，温度对添加剂的影响也是十分明显的。像镀光亮镍的光亮剂必须加温到 50℃左右才有明显的增光作用。因为随着温度的升高，电流密度也随之升高，这对于达到增光剂的吸附电位是有利的。在室温条件下，光亮镀镍的电流密度只能达到 1.5A/dm²，镀层不光亮。当加温到 40℃时，电流密度可以提高到 3A/dm²，这时就可以获得光亮镀层。

相反，有的添加剂则必须在较低的温度下才有效。比如酸性光亮镀铜所使用的添加剂，一般在温度超过 40℃时，作用完全消失，只有在 30℃以内，才有理想的光亮度。光亮铅锡合金的光亮剂也必须在较低的温度下使用，通常不能超过 20℃。一般认为这类添加剂在高温下会分解为无增光作用的物质，但是对于具体的电极过程的影响，尚未见有报道。有的为防止镀液本身的变化，也要保持一定的低温，如防止二价锡氧化为四价锡。

电极过程本身也会产生一定的欧姆热。1 度电完全转化为热能时可得 860kcal 热。据此，可以根据下式计算镀槽产生的热量与温升：

$$Q = UI \times 0.86\eta \tag{1-8}$$

式中 Q——电解热，kcal/h；

U——槽电压，V；

I——电流，A；

η——热交换率，%。

其中热交换率因镀液的组成、挂具导电状况不同而不同。对任何镀液，这种无功消耗是不受欢迎的，它对于不需要加温或要求保持低温的工作液更是有害的。因此，有些即使是在常温下能工作的电解液，在大量连续生产时，由于有焦耳热会使镀液温度上升，也要采取降温措施。

1.3.2.3 低温的影响

利用温度因素来影响电极过程，通常想到的都是加温。但是对于某些过程而言，降温也是非常重要的。运用低温技术影响电沉积过程也是一种值得尝试的探索。

镀银就是一个例子。由于银的阴极还原有较大的交换电流密度值，析出电位很低，一般从简单盐的溶液中得到的镀层将非常粗糙和结合力低下。只有采用络合剂将银离子络合起来，才能获得有用的镀层。由于氰化物是电镀中性能最好的络合物，加上银的这种特殊的电化学性质，因此至今都没有很好的工艺可以取代氰化物镀银。

但是，如果对镀液的温度加以控制，在低温条件下，不需要任何络合剂或添加剂就可以从硝酸银的溶液中得到十分细致的银镀层。不过根据推算，这时的温度必须低到–10℃以下，最好是–30℃。在如此低温下，镀液都要结冰。为了解决这个问题。要往镀液中加入防冻剂乙二醇。在水和乙二醇各 50%的混合液中加入硝酸银 40g/L，然后用冷冻机将镀液的温度降至–30℃，以 0.1A/dm^2 的电流密度进行电沉积，可以获得与氰化物镀银相当的银镀层。这种低温下获得的镀层的抗腐蚀性能更好。镀层不易变色，并且脆性很小。由于镀液成分非常简单，管理很容易，污水处理也很方便。这种电镀的低温效应也适合于镀锌、镀镉、镀锰等。

随着低温技术的发展，材料在低温状态下的物理性能也出现了一些奇观，比如低温超导。如果将低温技术应用到电沉积过程，可能也会创造出许多令人兴奋的成果。

1.3.3 传质过程的影响

电镀的阴极上参加反应的角色，除了前面讲到的电子，就是镀液中的金属离子。如果不能即时补充反应中消耗掉的金属离子，镀层也不能持续成长。镀液中金属离子向阴极移动的过程称为传质过程。在电场作用下的传质叫电迁移，在浓度差形成的梯度间的传质是对流，但是如果仅仅靠这些自然传质过程，电镀生产效率是很低的。因此需要使用装备让镀液中金属离子向阴极区高速地补充，也就是采用搅拌的方式来加速传质过程。

1.3.3.1 搅拌的方式

对于电镀过程而言，搅拌是从广义上讲的。凡是导致电解液作各种流动的方式，都可以称为搅拌。在电沉积过程中，搅拌除了加速溶液的混合和使温度、浓度均匀一致以外，主要是促进物质的传递过程。由于搅拌在消除浓差极化和提高电流密度方面的显著作用，大部分电镀工艺都采用了搅拌技术。

以下是电镀中常用的搅拌方式。

（1）阴极移动

阴极移动是电沉积过程中应用最多的方法。这是以电机带动变速器并将转动转化为平动的方法。阴极移动设备属于非标准设备，但已经有专业的企业生产这种装置。阴极移动量的单位一般是 m/min，也有用次/min 表示的工艺。因为对于阴极移动而言，移动的频率比移动的距离更为重要。移动的距离受槽子长度等的影响会有所不同，但对于移动的次数（频率），则对于任何尺寸的槽子都是一样的。实际上当工艺规定为 m/min 时，还要根据镀槽的长度来确定每次可以移动的距离，再换算成每分钟移动的次数。如某工艺规定的阴极移动长度为 2m，而镀槽的长度允许阴极每次移动的最大幅度为 0.2m，则这时的阴极移动频率为 10 次/mim。

常用的阴极移动量为 10～15 次/min 或 2～5m/min。

（2）空气搅拌

空气搅拌是电镀中用得较多的搅拌方式。采用空气搅拌时，压缩空气必须是经过净化装置净化过的。因为直接从空气压缩机中出来的压缩空气，难免会带有油、水等杂质，如果带入镀槽，对电沉积层质量是有不利影响的。空气搅拌量的单位是 L/（m^3 · min）。强力空气搅拌时，可达 500L/（m^3 · min）。

（3）镀液循环

镀液循环现在已经是很流行的方式。因为采用镀液循环时多半使用过滤机，这样可以在搅拌镀液的同时净化镀液，一举两得。当然有时也可以不加入滤芯，单纯地进行镀液的循环。循环量的表示方法是 m^3/min 或者 m^3/h。要根据所搅拌镀液的总液量来确定所用的过滤机。因为过滤机的流量单位也是 m^3/min。因此，可以根据工艺对流量的规定选定相应的循环过滤装置。

（4）磁力搅拌

磁为搅拌多用于实验或小型电沉积装置。这是以电机带动永久磁铁旋转，由旋转的磁铁以磁力带动放置在电解液内的磁敏感搅拌装置旋转，从而达到高速搅拌的效果。磁力搅拌的单位实际上就是电机的转速，即 r/min。

（5）阴极往返旋转

这是类似阴极移动的装置。但阴极所做的不是平行的来回移动，而是以主导电杆为轴的正反旋转运动。现在已经有专业的这种设备在销售。所用的单位为次/min。

（6）螺旋桨搅拌

这是机械搅拌中最原始的模式，主要用于电解液的配制或活性炭处理等。如果用于镀液的搅拌，由于转速太快而需要用减速器减速。单位为转每分钟（r/min）。

（7）超声波搅拌

超声波搅拌的作用比通常的机械类搅拌大得多，是特殊的搅拌方式，适合于要求很高的某些重要的电沉积过程。

（8）振动搅拌

振动搅拌是用于不易于装挂具的针类制品的新型搅拌方式。这种方式是通过振动镀设备实现的。通过挂在阴极上的有振动源驱动的振动设备，让这类细小的制件不停地振动而不互相遮盖，使之全部都获得镀层。这种电镀方式也叫振动镀。

1.3.3.2 搅拌对传质过程的影响

我们在前面的内容中已经知道传质是电极过程中的重要步骤。标准情况下的传质过程是由于电解质溶液中存在浓度、温度的差异等引起的溶液内物质的流动。这种情况下的流动速度是非常缓慢的。在阴极区发生电极反应时，很快就会在阴极区内造成反应离子的缺乏，从而在阴极发生浓差极化。这时，采取搅拌措施就可以弥补自发性传质不足带来的电极反应受阻，并且使极限电流密度提高，从而在保证电沉积质量的同时提高电极反应的速度。

搅拌能使电沉积液在较高的电流密度下工作，这对电沉积过程是有重要意义的。这对于获得光亮良好的镀层有重要作用。许多光亮添加剂要求在较高的电流密度下工作，没有搅拌的作用，在高电流区很容易出现粗糙的镀层，甚至出现烧焦现象。电镀添加剂许多是有机大分子，甚至是高分子化合物，离子的半径都比较大，迁移的速度较慢。如果没有搅拌作用的促进，要使在阴极吸附层内消耗的添加剂得到及时的补充是有困难的。

搅拌还可以加速电极反应所产生的气体逸出，比如氢气的析出，从而减少镀层的孔隙率。

搅拌的副作用是使阳极的溶解加速，有时会超过阴极反应的速度而致使镀液组成失去平衡。如果阳极有阳极泥或渣生成时，搅拌会带起这些机械杂质沉积到镀件上。当然这是强力搅拌时的情况，低频的阴极移动一般不会有这样的问题。

1.3.3.3　搅拌与高速电镀

高速电沉积是在高速电解加工工艺迅速发展的刺激下发展起来的。自 1943 年苏联的拉扎林科发明了利用电容器放电进行金属钻孔加工的方法以来，高电流密度的电解加工方法在各国迅速发展。1958 年，美国阿罗加德公司发明了以普通电镀不可想象的高电流密度进行阳极加工的设备。这种设备在电解液流速为 1～100m/s 的条件下，可以采用高达 10000～100000A/dm^2 的电流密度进行电解加工。这种惊人的速度当然会引起电镀技术工作者的关注，结果是使电镀的高速化也成为可能。实验表明，采用普通的搅拌手段，电镀的阴极电流密度的变化值只有 10A/dm^2 左右。而采用高速搅拌，阴极电流密度的变化可达 100A/dm^2 左右。现在已经实现的高速电镀的方法有如下几种。

（1）镀液在阴极表面高速流动的方法

这个方法根据镀液的流动方式又可分为平流法和喷流法两类。使用平流法的阴极电流密度可达 150～480A/dm^2，沉积速度对于铜、镍、锌可达 25～100μm/min，对于铁是 25μm/min，对于金是 18μm/min，而对于铬是 12μm/min 以上。普通镀铬使用搅拌会降低电流效率，但对于高速镀铬，则可以提高阴极电流效率，达到 48%（普通镀铬的电流效率仅 12%）。例如在铝圆筒内以 530A/dm^2 的电流密度镀铬 2min，可以得到 50μm 的镀层。

现在喷射法电镀已经在线材和带材的电镀中广泛采用，成为高速自动电镀加工的一种重要生产方式。

（2）阴极在镀液中高速运动的方法

根据运动相对性原理，让阴极（制件）在镀液中做高速运动，其效果与镀液做高速流动大同小异。但是，由于这时运动的频率相当高，已经不适合让阴极做往返运动，而是让阴极高速振动和旋转。

当采用阴极振动时，阴极的振幅并不大，只有几毫米至数百毫米。但是频率则为几赫兹至数百赫兹。这种阴极振动法适合于不易悬挂的小型或异形制件。

阴极高速旋转的方法适合于轴状制件或者成轴对称的制件。这种高速旋转的电极上的电流密度也可以达到上述高速液流法的水平。

（3）在镀液内对电极表面进行摩擦的方法

这个方法是在镀液中添加固体中性颗粒，使之以一定速度随镀液冲击作为阴极的制件表面。这一方法的优点是既加强了传质过程，又对镀层表面进行了整理。添加在镀液中的这些中性颗粒是不参加电极反应的。它们是在强搅拌的作用下（通常是喷流法）对阴极进行冲刷，可以获得光洁平整的镀层。镀覆的速度为：镀铜，50μm/min；镀镍，25μm/min；镀铜合金，25μm/min；镀铬，6μm/min。

运用搅拌而出现的另一个电沉积新技术是复合镀，也称为弥散镀。这种复合镀层是为解决工业发展中对表面性能的各种新要求而开发的，包括高耐磨、高耐蚀、高耐热镀层等，例如航天器制件、军事制品等。

在高速运动的镀液中，可以使各种固体颗粒悬浮，如 Al_2O_3、SiC、TiC、WS_2 等，还可以在镀液中分散有机树脂、荧光颜料等。这些粒子与金属共沉积，可以得到具有新的物理化学性能的表面。

1.3.4 电流密度的影响

1.3.4.1 电流与电流密度

电镀过程需要有电流流经电极表面才得以实现。流经电镀槽的电流大小与强弱对电镀过程有重要影响。电镀槽在工作时，整流电源的电流表上显示的是流经电镀槽的总电流 I，这个总电流强度，在流经阴极表面时，将受到阴极面积大小的影响。同一个电流值 I，当流经的面积大时，电流在整个表面的作用力减少；而当流经的面积小时，电流的作用就明显。这就是同一个电流在不同大小的表面，其密度是不同的原因。这就引入了电流密度这一重要的概念。

电流密度是单位面积上通过的电流强度，其表达式可以简单地表示如下：

$$J = I/S \tag{1-9}$$

式中　J——电流密度，A/m^2；

I——电流强度，A；

S——电流通过的面积，m^2。

在电镀中，由于被镀产品的表面积通常都较小，用平方米来作面积单位过大，因此，将电流密度的单位定为 A/dm^2，定义为每平方分米上的电流强度。

电流密度是电镀加工中最重要的控制参数，是要随时监测和调整的参数，对电镀质量有最为直接的影响。特别是阴极电流密度，直接影响镀层的外观性能、光亮度、分散能力、镀层厚度等。

除了阴极电流密度，阳极电流密度也是需要控制的参数。由于阳极溶解过程的电流密度往往只有阴极电流密度的一半。因此，通常都要求阳极的表面积是阴极表面积的 2 倍以上。

为了方便调节电流密度，镀槽边就需要有控制和调节电流密度的手柄，有些企业将电源控制放在离镀槽较远的地方，甚至放在另外的房间，不方便随时调整电流，是不妥当的。

电镀电源除了保证电镀过程所需要的电流密度外，电源本身的性能，特别是波形，对电镀过程也有重要影响。

1.3.4.2　电流密度对电镀的影响

对于电镀而言，并不是一通过电流，就能获得良好的镀层。实际上获得良好镀层的电流密度只在一个较小的范围内。每一个镀种，都有自己获得最佳镀层质量的电流密度，在这个电流密度区间外，得不到良好的镀层。电流密度的影响主要表现在对镀层结晶状态的影响。当电流密度过低而主盐浓度也较低时，金属离子还原成核的速度也降低，电流主要用于结晶的成长，镀层结晶就粗糙和疏松。

图 1-7 是电流密度与镀液主盐浓度对镀层沉积层状态影响的区划图。图中的 Dk_1 和 Dk_2 是阴极电流密度变化的界限，Dk_1 及其下方的区域，是具紧密结构的镀层，对于光亮镀种，这就是光亮区。在 Dk_1 至 Dk_2 之间，镀层状态变差，在 Dk_2 以上的区域，只能得到疏松镀层。显然，镀层的这种不同状态区域的划分，受镀液中主盐浓度影响很大。

对于特定的镀种，可以通过经验公式计算 Dk_1 和 Dk_2 的值，从而可以帮助选择电镀工艺合适的电流密度范围：

$$Dk_1 = 0.2kc \tag{1-10}$$

$$Dk_2 = kc \tag{1-11}$$

式中，k 是经验系数，硫酸盐体系为 0.58；c 是镀液浓度。

直观地选择电镀电流密度的方法是霍尔槽试验。可以从霍尔槽试片上观察到不同电流密度区域镀层的沉积状态（图 1-8）。

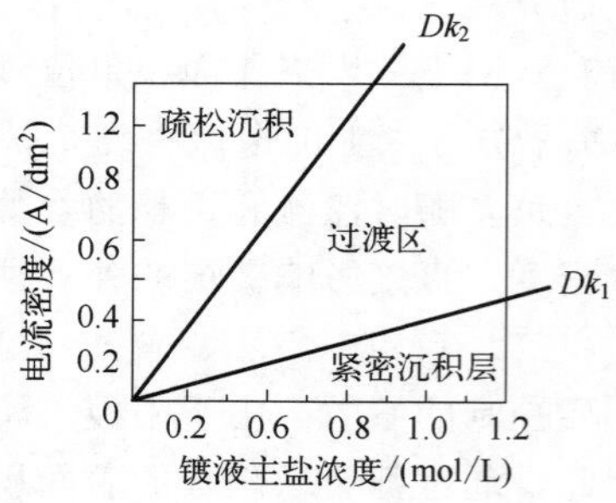

图 1-7 电流密度和镀液浓度与沉积层的关系

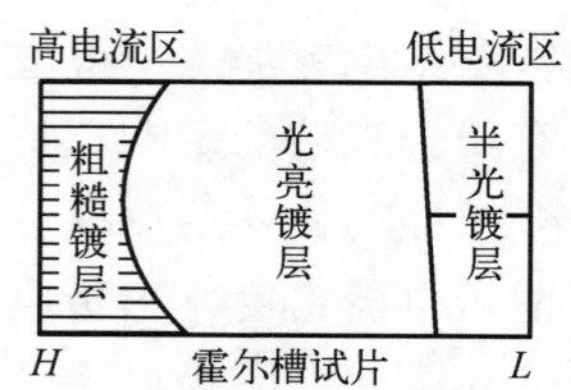

图 1-8 霍尔槽试片上的电流分布与镀层状态

1.3.5 电源波形的影响

在电沉积加工或实验过程中，不少人有过这样的经验：即使完全按照技术资料提供的配方和化学原料来重复某项电沉积过程，结果与资料的介绍仍然有很大的差异。经过一些周折，才发现是使用了不同的电源。不同电源对电沉积过程有影响是肯定的。所谓不同的电源主要是指电源的波形不同。我们知道所有的电源根据供电方式的不同而有单相和三相之分。对于直流电源来说，除了直流发电机组或各种电池的电源在正常有效时段是平稳的直流外，由交流电源经整流而得到的直流电源，都多少带有脉冲因素。尤其是半波整流，明显负半周是没有正向电流的。即使是单相全波，也存在一定脉冲率。加上所采用的滤波方法不同、供电电网的稳定性不同等，都使电沉积电源存在着明显的不同。但是，在没有注意到这种不同时，其对电沉积过程的影响往往会被忽视。

通常认为平稳的直流或接近平稳的直流是理想的电沉积电源。但是，实际情况并非如此。在有些场合，有一定脉冲的电流可能对电沉积过程更为有利。

事实上，早在 20 世纪 10 年代，就有人用换向电流进行过金的提纯。在 20 世纪 50 年代，则有人用这种方法试验从溴化钾-三溴化铝中镀铝。与此同时，可控硅整流装置的出现，使一些电镀技术开发人员注意到不同电源波形对电沉积过程的影响，这种影响有时是有利的，有时是不利的。到了 20 世纪 70 年代，电源对电沉积过程的影响已经是电沉积工作者的共识。现在，电源波形已经作为工艺参数之一在一些电镀工艺中成为必要条件。

各种电源波形的参数见表 1-3。单相和三相电源经整流后的波形分别如图 1-9 和图 1-10 所示。

表 1-3　电源波形及参数

电源及波形	波形因素 F	脉冲率 W
平稳直流	1.0	0
三相全波	1.001	4.5%
三相半波	1.017	18%
单相全波	1.11	48%
单相半波	1.57	121%
三相不完全整流	1.75	144.9%
单相不完全整流	2.5	234%
交直流重叠	—	$0<W<\infty$
可控硅相位切断	—	$W>0$

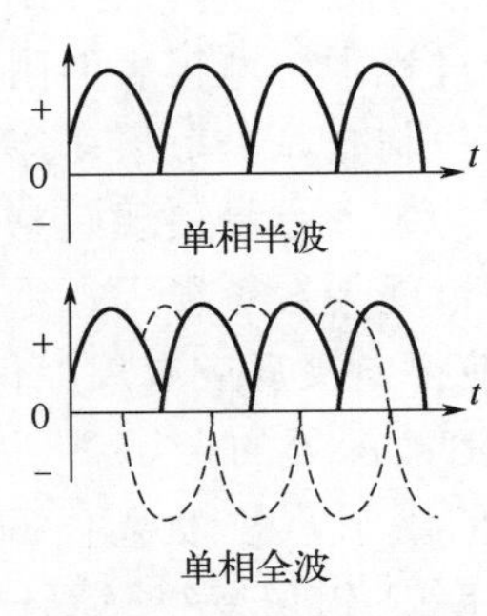

图 1-9　单相半波和单相全波整流波形

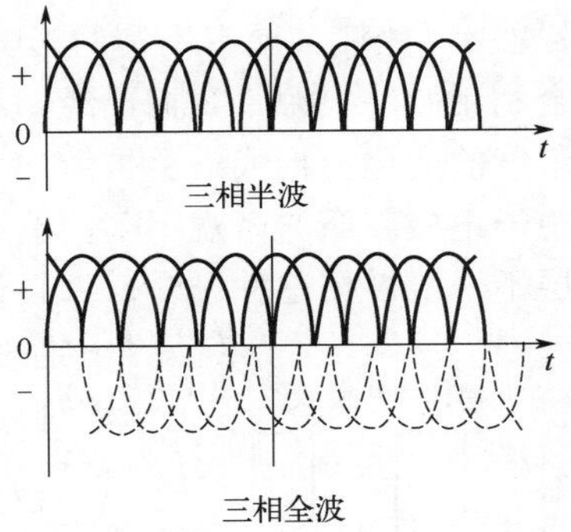

图 1-10　三相半波和三相全波整流波形

现在流行的脉冲电沉积表达参数有以下几种：

关断时间 t_{off}

导通时间 t_{on}

空比 $D = t_{on}/(t_{on} + t_{off})$

脉冲电流密度 j_p

平均电流密度 $j_m = j_p D$

脉冲周期 $T = t_{on} + t_{off}$（或脉冲频率 $f = 1/T$）

以上波形参数的图解参见图 1-11。

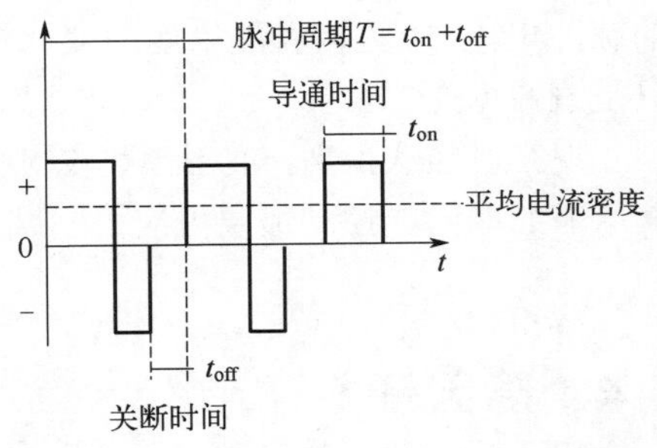

图 1-11　脉冲电源的波形因素

我们已经知道，在电极反应过程中出现的电化学极化和浓差极化，都会影响金属结晶的质量，并且分别可以成为控制电沉积过程的因素。但是，这两种极化中各个步骤对反应速率的影响，都是建立在通过电极的电流为稳定直流的基础上的，没有考虑波形因素的影响。当所用的电源存在交流成分时，电极的极化是有所变化的。弗鲁姆金等在《电极过程动力学》一书中，虽然有一节专门讨论“用交流电使电极极化”，但是那并不是专门研究交流成分的影响，而是借助外部装置在电极表面维持某种条件以便于讨论不稳定的扩散情况，更没有讨论工艺价值。但是这还是为我们提供了交流因素影响电极极化的理论线索。

由于电极过程的不可逆性，电源输出的波形和实际流经电解槽的波形之间的差异是无法得知的。直接观察电极过程的微观现象也不是很容易。因此，要了解电源波形影响的真实情况和机理存在困难。但是我们可以从不同电源波形所导致的电沉积物的结果来推断其影响。

电源波形对电沉积过程的影响有积极的，也有消极的。对有些镀种有良好的作用，对另一些镀种就有不利的影响。有一种解释认为，只有受扩散控制的反应，才适合利用脉冲电源。我们已经知道，在电极反应过程中，电极表面附近将由于离子浓度的变化而形成一个扩散层。当反应受扩散控制时，扩散层变厚了一些，并且由于电极表面的微观不平而造成扩散层厚薄不均匀，容易出现负整平现象，使镀层不平滑。在这种场合，如果使用了脉冲电源，就会在负半周、零电流停止一定时间（图 1-12），使得电极反应有周期性的停顿，这种周期性的停顿使溶液深处的金属离子得以进入扩散层而补充消耗了的离子，使微观不平衡造成的极限电流的差值趋于相等，镀层变得平滑。如果使用有正半周的脉冲，则因为阴极上有周期性的短暂阳极过程，所以过程变得更为复杂。这种短暂的阳极过程有可能使微观的突起部位发生溶解，从而削平了微观的突起而使镀层更为平滑。

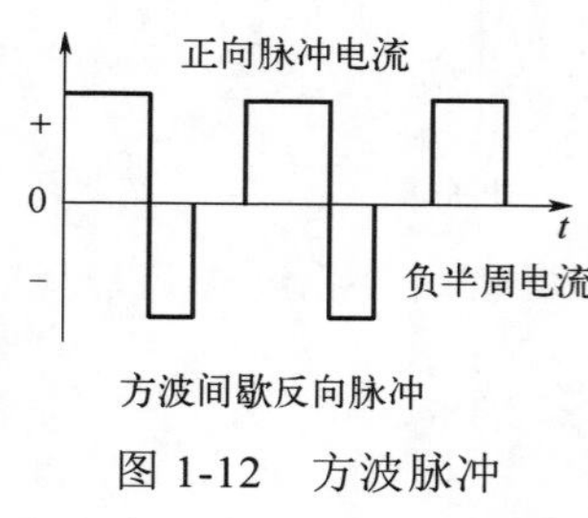

图 1-12　方波脉冲

当然，脉冲电镀的首要作用是减少浓度的变化。研究表明，使用频率为 20Hz 的脉冲电流时，阴极表面浓度的变化只是用直流的 1/3；而当频率达到 1000Hz 时，只是直流的 1/23。

现在已经认识到，波形不仅仅对扩散层有影响，而且对添加剂的吸附、改变金属结晶的取向、控制镀层内应力、减少渗氢、调整合金比例等都能起到一定作用。

1.4　隐因子

在电镀工艺学中引进隐因子概念，是我在电镀技术领域耕耘多年得出的创新性成果。相信越来越多从事电镀工艺研究的人，开始接受并应用这项成果。

1.4.1 隐因子与微扰

提出隐因子的概念，是将微扰定义扩展到应用中的一个创新。实践过程中一时难以发现的隐因子是客观存在的。因此，将其纳入研究领域而在理论上加以界定，有利于分析和解决问题。

隐因子原本是因子分析法中的一个重要概念。因子分析是指研究从变量群中提取共性因子的统计技术，最早由英国心理学家 C.E.斯皮尔曼提出。因子分析的主要目的是描述隐藏在一组测量到的变量中的一些更基本，但又无法直接测量到的隐性变量（latent factor）。可以直接测量的可能只是它所反映的一个表征（manifest），或者是它的一部分。

这里提到的微扰，正是我在电子电镀技术交流会上做报告用到的题目。这是一个从量子力学中借来的概念。这个概念在理论物理学中是一个重要的概念，我们有必要加以了解。

微扰是量子力学中一个重要的概念。

微扰在不同领域有不同定义，但总体上是与字面相符的，那就是会带来显著影响的微小扰动。微扰经常是在原态以外出现的新因素，因此，有时在设想中或实际操作中给出一个微小的扰动使其略微偏离原状态，以获得原状态新的信息。

我们认为最可以说明微扰的应该是量子力学中的哈密顿方程：

$$\hat{H} = H^{(0)} + H' \tag{1-12}$$

式中，$H^{(0)}$ 是可以精确求出解析解的可积部分；H' 是微扰部分。

对于 $H^{(0)}$，求其从 0 到 1、2、…、n 的精确解，例如在薛定谔方程中的解。而对于 H'，则要引入各种近似的解，以校正整个体系。

显然，微扰作为参数在量子力学和在其严密的数学基础中，其实一直都是被重视的。如果一定要找出“不可知论”的理论依据，那这个微扰因子项，就是其根源。我们不妨将其定义为量子角度的不确定性。虽然极其微小，达到基本粒子中最为基础的微粒——量子的维度，但不可以无视。而我们恰恰在许多时候是无视它的，要么是忽略不计，要么是根本没有想到还存在量子级别的干扰。但是，无论是数学逻辑还是实验结果，都证明微扰现象不仅存在，并且作用明显。

以前都是从数学角度，将微扰作为一种近似求解的方法，可以通过对微扰项进行计算来获得相应的结果。即按微扰（视为一级小量）进行逐级展开，从而获得值域范围内的微扰的数学表达。这些数学表达在一些专业数学著作中都有详细表述。但是，作为应用学科，实际应用中对应的问题比某一个结果的计算更为重要。

而在实际实验过程中，我们无法知道具体是什么因素在影响过程，这时我们可以在已知的可计算的方程中增加一个隐性因子项，根据实测结果倒推出可能的影响因子。

由于电子从一类导体向二类导体的跃迁是量子态的，对这一过程应用微扰理论进行研究就是必要的了。

量子力学中的微扰理论是一种对复杂问题求近似解的计算方法。对于具体的物理问题的薛定谔方程，可以求出准确解的情况很少。在遇到的许多问题中，由于体系的哈密顿算符比较复杂，往往难以求得精确解，而只能求得近似解。这种近似方法，通常从简单问题的精确解出发，求较复杂问题的近似解。微扰方法又视其哈密顿算符是否与时间有关分为定态和非定态两大类。

从动力学角度，微扰涉及从一种分子态转变成另一种分子态的速率处理（例如光谱跃迁、粒子的散射和界面的电子转移等）的量子力学方法。我们可以称其为与时间有关的微扰理论。但是实际上微扰与时间的相关性有时并不明显。

这与光子活化的键能转移可形成鲜明的对比。在光子吸收键振子的势能变化只存在于一种态中，电磁场是随时间变化的。因此，辐射场对分子键的扰动也就与时间有关，这也是提出“与时间有关的微扰理论”概念的原因。在电化学中，微扰与时间的相关性是指微扰对体系中电子起作用的时间。这样，与时间有关的微扰理论不一定是微扰本身随时间变化，其时间相关性可以指施加微扰所持续的时间。

一种微扰应是电极和与其相接触的离子之间的电场。微扰本身不一定是与时间有关的。

1.4.2 隐因子的影响

从数学角度，对变量群进行分析和运算时，可以采用以主成分分析为基础的方法。主成分分析的目的与因子分析不同，它不是抽取变量群中的共性因子，而是将变量进行线性组合，成为互为正交的新变量，以确保新变量具有最大的方差。以此定义影响因子的权重。这些方法对于确定的影响因子的定性和定量是有意义的，并且在科学实验中经常应用，特别是在电解质配方的研究和工艺参数影响的研究中常用的正交法，就是这种分析的例子。但是，对于隐性因子，就难以用这种方法加以确定。例如当正交法的结果完全没有线性规律，或出现许多意外偏差时，就表明有某个重要影响因子在影响过程而又没有被采集到群中。这在科研实践中是经常发生的事情。

事实上，对于实践性很强的电化学过程，验证过程对现有理论的符合程度不是我们的目的，也不能完全根据现有理论来指导科学研究。不断补充和更新理论，引进新的变量和找到新的平衡，才是最重要的。

除了极为严密的科学实验过程，大多数生产实践都难以完全将过程变量全部严格控制。同时，有些过程的隐因子还因为限于科学认识水平和测试装置的精度而难以完全侦测到。因此，如何做到在科学实验和生产实践中尽量将隐因子进行管控，是需要理论指导的。

在经典公式中引入隐因子项，可以为已知或未知的隐因子做出定量或半定量的估算，这对于评估隐因子的影响是有意义的。

显然，对于有些过程，某些影响因子可以忽略不计。这时可以令隐因子项等于零，公式就回到经典形式。

但是，对于有些精细过程，隐因子是不能忽略不计的。例如，即便是配制工作液的水，普通非电子类电镀过程的镀液用自来水配制就行了（现在已经普遍使用去离子水）。但是，如果是用于电子电镀，特别是芯片电镀的水，则必须是高纯度水，除了控制电阻率指标，对细菌等非离子杂质也有要求。这就是对隐因子管控加强的一个典型例子。电子行业超纯水国家标准 GB/T 11446.1—2013 中规定了各种金属离子杂质和细菌等杂质的控制量。这些已经确定的杂质和控制量是科学实验和生产实践中得出的数据归纳。但是，这个标准只是对已经认识到的影响因子的管控，一定还存在未能认识到或还没有发现的因素（隐因子）的影响。在半导体制造行业曾经传说，如果某位员工吃过鱼，就不能进入半导体生产车间。原因是吃过鱼的人呼出的二氧化碳分子中杂有鱼腥分子，会影响半导体性能。听起来似乎离谱，细思也有一定道理。

这类不知道原因的影响随着芯片尺寸的进一步缩小而渐渐显现。例如，现在只能笼统地将细菌定义为影响因子，如果深入研究下去，可能就会发现具体哪一种或哪一类细菌是有影响的。电镀添加剂制造商现在制造添加剂时使用的水，不仅要用纯净水，还要对水进行杀菌处理，就是因为出现过存放期内因细菌大量繁殖而导致添加剂变质的事件。

在电极电位方程（能斯特方程）中加入隐因子项，可以对其影响做出定量的评估。

隐因子可借用量子力学中的哈密顿方程（算子表达式）中的微扰项 H'：

$$\underset{\text{（可积）}}{H = H^0} \quad + \quad \underset{\text{（微扰）}}{H'} \tag{1-13}$$

将 H' 作为一个常数项加入电极电位方程：

$$E = E_0 + 2.303\frac{RT}{nF}\lg a + H' \tag{1-14}$$

移项可得：

$$H' = E - \left(E_0 + 2.303\frac{RT}{nF}\lg a\right) \tag{1-15}$$

例如：在 350g/L $NiSO_4 \cdot 7H_2O$ 中，Ni^{2+}活度为 0.0492mol/L，根据能斯特方程计算，镍析出的平衡电位为−0.29V。而添加了添加剂的镀液在同种电流密度下测得的电极电位会向负方向偏移，达到–0.34V。

$$H' = E - \left(E_0 + 2.303\frac{RT}{nF}\lg a\right) = -0.34 - (-0.29) = -0.05 \qquad (1\text{-}16)$$

由计算可知这种添加剂引起的电位变化的值为–0.05V。

又如 8mg/L 的糖精就可使镀镍的阴极电极电位变负 30mV；同样，5mg/L 的苯亚磺酸钠也可以使电位下降 30mV。

这样，通过测试不同添加剂引起的电位变化，可以定量地评价这些添加剂对电极过程的影响。

当然，除了引进的添加物，杂质特别是未知杂质是最常见的隐因子，尤其是有机分解产物的影响或由化工原料带入的未知杂质，对电极过程是有影响的。这些有时可以通过测定电位的改变来加以判断。

重要的是，其他因素，也会成为产生微扰的影响因子。例如磁场或微磁干扰、新环境（例如海洋环境、南北极地环境、太空环境）引起的表面变化等，都是电化学过程要加以考虑的因素。

1.4.3 重视隐因子的作用

这里讨论的隐因子，不能简单地理解为杂质，而是发生电极过程时能影响电极电位变化的因素，即在双电层内和扩散区内影响离子还原的未知因素。

造成这些影响的未知物可能是由原材料意外带入电解液中的可溶物质，包括加入的已知有机添加剂在阴极或阳极一定电解作用下分解的有机杂质。

这些隐因子虽然大多数会对电沉积过程产生不利影响，但也有可能会产生有利于电沉积过程的影响。有时还可能产生令人意外的有利影响。

例如传说中的羊毛纺织物不小心掉进碱性镀镉电解液中，再试镀时出现光亮镀层，就是有机溶解物有光亮作用的意外发现。这虽然是早期电镀业中传出的关于光亮剂是偶然发现的故事，却是一种合理的推测。此后技术实践者主动向镀液中添加各种有机物，包括可以轻易找到的糖、糖精、胶水、糊精等，都证明是有利于改善镀层质量的。根据这些实践过程的提示，再发展为加入更多可溶于镀液的有机物，进一步发现一些特别的结构和官能团的作用，出现了合成的电镀添加剂和中间体。这样，有机电镀添加剂就经历了由天然有机物到合成有机物，再到根据有效官能团设计和合成电镀添加剂中间体的发展阶段，并且还在发展过程中。

现在，在我国已经形成一个有机电镀添加剂的产业群，包括芯片电镀添加剂、铜箔制造添加剂、复合电镀添加剂等，都已经有商品添加剂用于市场。而这也并不是终点，还会有未知的因素可以影响电极过程。因此，这种探索是没有止境的。也因此，隐因子始终是值得研究和关注的。

第2章

电镀工艺

电镀技术的实施是通过电镀工艺实现的。我们从第 1 章电镀的应用领域中已经知道电镀涉及许多镀种和大量的工艺参数。一个镀种有多种工艺可供选择，电镀技术的进步，也是通过这些工艺的创新实现的。因此，从事电镀技术和生产，有必要了解电镀的基本工艺。限于篇幅，本书将电镀通用工艺和一些重要工艺加以介绍，详细的电镀工艺和全面的技术资料，可以参见化学工业出版社的《现代电镀手册》。

2.1 通用电镀工艺

2.1.1 镀锌

锌的名称来源于拉丁文 Zincum，意思是“白色薄层”或“白色沉积物”，它的化学符号 Zn 也来源于此，其英文名称是 Zinc。锌金属组织为密排六方结构，晶格常数 $a = 0.26649$nm，$c = 0.49470$nm，比率 $c/a = 1.856$。

锌也是人类自远古时就知道其化合物的元素之一。锌矿石和铜熔化制得的合金黄铜，很早就为古代人所利用。但金属锌的获得比铜、铁、锡、铅要晚得多，一般认为这是由于碳和锌矿共熔时，温度很快高达 1000℃以上，而金属锌的沸点是 906℃，故锌为蒸气状态，随烟散失，不易为古代人所察觉，只有当人们掌握了冷凝气体的方法后，单质锌才有可能被获取。

世界上最早发现并使用锌的是中国，在 10～11 世纪，中国是首先大规模生产锌的国家。明朝末年宋应星所著的《天工开物》一书中有世界上最早的关于炼锌技术的记载。

镀锌是钢铁制件最常用的防护性镀层，镀锌也是典型的阳极镀层，对钢铁基体有良好的电化学保护作用。同时，经钝化处理后的镀锌层又有较好的抗蚀性能，因此，电子产品的机壳、机架、机框和底板支架等钢铁结构件，大多数采用了镀锌工艺。

2.1.1.1 碱性镀锌

（1）氰化物镀锌工艺

氰化物镀锌由于分散能力好、镀层结晶细致、镀后钝化性能好而一直是镀锌的主流工艺。随着环境保护力度的加强，氰化物电镀已经限制在军工等必需产品中采用。其他产品已经普遍采用无氰镀锌工艺。

典型的氰化物镀锌如下：

氰化锌	60g/L
氰化钠	40g/L
氢氧化钠	80g/L
M	2.7
温度	20～40℃
电流密度	2～5A/dm^2

M 是氰化钠的量与锌的含量的比值，一般控制在 $M=2.0$～3.0。氰化物镀锌最大的问题是络合剂氰化物的剧烈毒性，无论是对操作者还是环境都存在着潜在的威胁，因此，除了军工和特别需要的产品，多数镀锌已经采用无氰工艺。

（2）碱性无氰镀锌工艺

碱性无氰镀锌工艺也称为锌酸盐镀锌，是指以氧化锌为主盐，以氢氧化钠为络合剂的镀锌工艺，这种镀液在添加剂和光亮剂的作用下，已经可以镀出与氰化物镀锌一样良好的镀锌层。由于这一工艺主要是靠添加剂来改善锌电沉积的过程，因此，正确使用添加剂是这个工艺的关键。

以往的碱性锌酸盐镀锌一直存在的一个主要缺点是主盐浓度低和不能镀得太厚，比如氧化锌的含量只能控制在 8g/L 左右，超过 10g/L 镀层质量就明显下降。随着电镀添加剂技术的进步，这个问题已经得到解决。

工艺配方和操作条件：

氧化锌	6.8～23.4（滚镀 9～30）g/L
氢氧化钠	75～150（滚镀 90～150）g/L
Zn-500 光亮剂	15～20mL/L
Zn-500 走位剂	3～5（滚镀 5～10）mL/L
温度	18～50℃
阴极电流密度	0.5～6A/dm^2
阳极	99.9%以上纯锌板

其中 Zn-500 光亮剂是引进美国哥伦比亚公司的技术，由武汉风帆电化科技有限公司生产和销售。这一新工艺的显著特点是：

① 主盐浓度宽。氧化锌的含量在 7～24g/L 的范围内都可以工作，镀液的稳定性高。

② 既适合于挂镀，也适合于滚镀，这是其他碱性镀锌所难以做到的。这时的主盐浓度可以提高至 9～30g/L，管理方便。

③ 镀层脆性小。经过检测，镀层的厚度在 31μm 以上仍不发脆，经 180℃去氢也不会起泡。因此可以在电子产品、军工产品中应用。

④ 工作温度范围较宽。在 50℃时也能获得光亮镀层。

⑤ 具有良好的低电流区性能和高分散能力，适合对形状复杂的零件进行挂镀加工。

⑥ 镀后钝化性能良好。可以兼容多种钝化工艺，且对金属杂质，如钙、镁、铅、镉、铁、铬等都有很好的容忍性。

很显然，这种镀锌工艺已经克服了以往无氰镀锌存在的缺点，使这一工艺与氰化物镀锌一样可以适合多种镀锌产品的需要。

这种新工艺的优点还在于它与其他碱性无氰镀锌光亮剂是基本兼容的，只需停止加入原来的光亮剂，然后通过霍尔槽试验来确定应该补加的 Zn-500 的量即可。初始添加量控制在 0.25mL/L，再慢慢加到正常工艺范围，并补入走位剂。在杂质较多时，还应加入与 Zn-500 配套的镀液净化剂。当水质纯度不确定时，可以在新配槽时加入相应的除杂剂和水质稳定剂，各 1mL/L。

镀前处理仍应该严格按照工艺要求进行，比如碱性除油、盐酸除锈和镀前活化等。如果采用镀前的苛性钠阳极电解，可不经水洗直接入镀槽。钝化可以适用各种工艺，钝化前应在 0.3%～0.5%的稀硝酸中出光。

对镀液的维护可以从两个方面着手：一方面是定期分析镀液成分，使主盐和络合剂保持在工艺规定的范围；另一方面要记录镀槽工作时所通过的电量（A•h），作为补加添加剂或光亮剂的依据之一，重点是要通过霍尔槽试验检测镀液是否处在正常工作的范围。

2.1.1.2　酸性氯化物光亮镀锌工艺

氯化物镀锌是无氰镀锌工艺的一种，自 20 世纪 80 年代开发以来，由于光亮添加剂技术的进步，现在已经成为重要的光亮镀锌工艺，应用非常广泛。电子产品中的紧固件滚镀锌基本上采用的就是氯化物镀锌。

其典型的工艺如下：

氯化锌　　60～70g/L

氯化钾　　180～220g/L

硼酸　25～35g/L
商业光亮剂　10～20mL/L
pH 值　4.5～6.5
温度　10～55℃
电流密度　1～4A/dm^2

氯化物光亮镀锌由于使用了较大量的有机光亮添加剂，在镀层中有一定量夹杂，表面也附有不连续的有机单分子膜，对钝化处理有不利影响，使钝化膜层不牢和色泽不好。通常在2%的碳酸钠溶液中浸渍处理后再在1%的硝酸中出光后再钝化，就可以避免出现这类问题。

2.1.1.3 镀锌的钝化工艺

镀锌完成后要进行钝化处理，这样做是为了使镀锌层由活泼状态转化为钝化状态。由此可以大大提高镀锌层的抗腐蚀性能。

（1）彩色钝化
铬酸　5g/L
硫酸　0.1～0.5mL/L
硝酸　3mL/L
氯化钠　2～3g/L
pH 值　1.2～1.6
温度　室温
时间　8～12s

（2）蓝白色钝化
铬酸　3～5g/L
氯化铬　1～2g/L
氟化钠　2～4g/L
浓硝酸　30～50mL/L
浓硫酸　10～15mL/L
温度　室温
时间　溶液中 5～8s
　　　空气中 5～10s

（3）黑色钝化
铬酸　15～30g/L
硫酸铜　30～50g/L
甲酸钠　20～30g/L
冰醋酸　70～120mL/L

pH值　　2～3
温度　　室温
钝化时间　　2～3s
空气中停留　　15s
水洗时间　　10～20s

（4）军用绿色钝化

铬酸　　30～35g/L
磷酸　　10～15mL/L
硝酸　　5～8mL/L
盐酸　　5～8mL/L
硫酸　　5～8mL/L
温度　　20～35℃
时间　　45～90s

（5）三价铬和无铬钝化

① 三价铬钝化

三价铬盐　　20g/L
硫酸铝　　30g/L
钨酸盐　　3g/L
无机酸　　8g/L
表面活性剂　　0.2mL/L
温度　　室温
时间　　40s

② 无铬钝化

钼盐钝化：

钼酸钠　　30g/L
乙酸铵　　5g/L
pH值　　3（磷酸调整）
温度　　55℃
时间　　20s

钛盐钝化：

硫酸氧钛　　3g/L
双氧水　　60g/L
硝酸　　5mL/L
磷酸　　15mL/L
单宁酸　　3g/L

羟基喹啉	0.5g/L
pH 值	1.5
温度	室温
时间	10～20s

2.1.2 镀镉

镉的元素符号为Cd，原子序数 48，为 5 周期ⅡB 族元素。原子量 112.41，密度 8.64g/cm^3，熔点 320.9℃，膨胀系数 0.316×10^{-4}，电阻率为 $7.3\times10^{-6}\Omega\cdot cm$，导电性能（以铜为 100）比较值为 22.8。镉的电化学当量为 2.096g/（A·h）。1A·h 析出的镀层重 2.097g，厚 24.3μm。标准电极电位为–0.40V。

金属镉为密排六方晶体（hep），晶格常数 a = 0.2987nm，c = 0.5617nm，c/a = 1.88；如果 hep 结构中的原子按刚球模型计算，则 c/a = 1.663。

1817 年德国施特罗迈尔从碳酸锌中发现镉，其英文名称来源于拉丁文 cadmia，含义是菱锌矿。镉在地壳中的含量为 2×10^{-5}%，在自然界中都以化合物的形式存在，主要矿物为硫镉矿（CrS），与锌矿、铅锌矿、铜铅锌矿共生，浮选时大部分进入锌精矿，在焙烧过程中富集在烟尘中。在湿法炼锌时，镉存在于铜镉渣中。

2.1.2.1 镉的用途

镉主要用于钢、铁、铜、黄铜和其他金属的电镀，对碱性物质的防腐蚀能力强。镉可用于制造体积小、容量大的电池。镉的化合物还大量用于生产颜料和荧光粉。硫化镉、硒化镉、碲化镉用于制造光伏电池。镉作为合金组分能与多种金属配成很多合金，如含镉 0.5%～1.0%的硬铜合金，有较高的抗拉强度和耐磨性。镉（98.65%）镍（1.35%）合金是飞机发动机的轴承材料。很多低熔点合金中含有镉，著名的伍德易熔合金中含镉达 12.5%。镍-镉和银-镉电池具有体积小、容量大等优点。镉具有较大的热中子俘获截面，因此含银（80%）、铟（15%）、镉（5%）的合金可作原子反应堆的控制棒。

镉的化合物主要是以二价离子形式存在，与锌的性质相似。在潮湿的空气中表面能形成碱式碳酸盐的氧化膜，能保护金属不继续受腐蚀。镉在干燥的空气中几乎不发生变化。

仅仅从标准电极电位看，在钢铁上镀镉，是阴极镀层。但是在不同环境条件下，镉的标准电位会发生向负方向的偏移，变得比钢铁的标准电位要负。比如在海水等海洋性环境，镉的电位在－0.52～0.58V 范围，这时就是阳极镀层。

镉镀层对钢铁基体有良好的耐蚀性能，在一般情况下与锌镀层对钢铁基体的保护作用是相同的，由于镉镀层的成本比锌要高得多，且有环保方面的问题，因此镀镉已经从常规工艺中退出。但是，镉镀层生红锈时间是锌镀层的 3 倍左右（表 2-1），因此在海洋器件、军事需要的产品中，还保留有镀镉工艺。

表 2-1　铁上镀镉和镀锌的耐盐雾试验结果（盐水浓度 5%）

镀层厚度（未经钝化）/μm		生红锈时间/h	
镀镉	镀锌	镀镉	镀锌
≥5	≥5	96	36
≥8	≥8	192	56
≥13	≥13	240	96

特别是在高浓度盐雾试验中，镉镀层的表现更为优良，如图 2-1 所示，当盐水浓度为 20%时，镀锌层的抗蚀性能是急剧下降的，所有厚度的镀锌层都不超过 10h 就出现了红锈。而镀镉层的出红锈时间都在数十小时以上，并且在 30%浓度的盐水中有更好的耐蚀性。这就决定了镀镉层在海洋性环境中是钢铁的良好保护镀层，这也是军工产品保留镀镉工艺的原因之一。

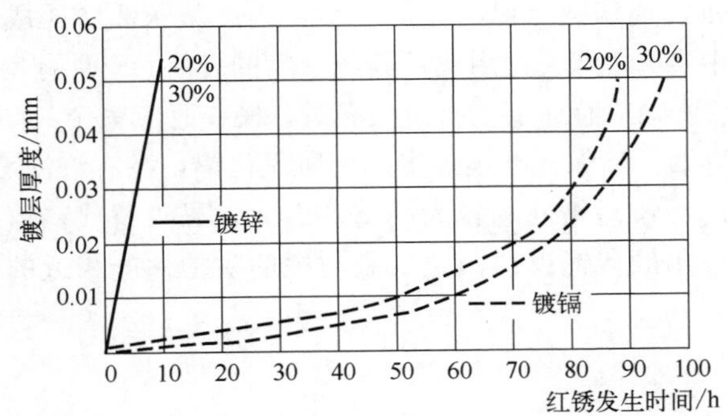

图 2-1　高浓度盐雾试验中铁上镀镉与镀锌的比较

在室外不同环境暴露试验中镉表现出了不同的抗蚀性能（表 2-2）。在城市环境中，锌镀层的抗环境腐蚀性能优于镀镉，但是在海岸环境，镀镉层仍然有良好的抗盐雾性能。

表 2-2　镉镀层和锌镀层在室外暴露试验结果

城市环境暴露试验				海岸环境暴露试验			
镀层厚度/μm		50%面积发生红锈时间/日		镀层厚度/μm		50%面积发生红锈时间/日	
镀镉	镀锌	镀镉	镀锌	镀镉	镀锌	镀镉	镀锌
10	10	63	90	5	5	90	30

续表

城市环境暴露试验				海岸环境暴露试验			
镀层厚度/μm		50%面积发生红锈时间/日		镀层厚度/μm		50%面积发生红锈时间/日	
镀镉	镀锌	镀镉	镀锌	镀镉	镀锌	镀镉	镀锌
15	15	95	130	10	10	172	73
20	20	128	163	15	15	—	120
25	25	160	200	20	20	—	165
30	30	190	235	25	25	—	208

在海岸环境暴露试验中，10μm 以上镀镉层在最厚的镀锌层 50%面积已经出现红锈的 208 天还没有出现规定的锈蚀状态。因此，镀镉层有良好的耐海洋盐雾性能是不争的事实。这也是舰船和航空器件一直选用镀镉作为钢铁制品防护层的理由。

20 世纪初期就已经发现镉对人体有严重伤害，到 20 世纪 70 年代，日本发生的痛痛病被证实是镉中毒以后，镀镉被列于限制使用的镀层。由于镉中毒呈慢性积累性影响，一旦发现病变，已经无可救治，因此从源头防控成为主要手段。

为了预防镉中毒，熔炼、使用镉及其化合物的场所，应具有良好的通风和密闭装置。电镀加工场所除应有必要的排风设备外，操作时应戴个人防毒面具。不应在生产场所进食和吸烟。环保标准规定生产场所氧化镉最高容许浓度为 $0.1mg/m^3$。

由于镉镀层的环境污染问题较为严重，因此，寻求替代镉镀层的努力一直都没有停止。现在应用的代镉镀层，主要是与镉的防护性能相近的合金镀层，比如锌镍合金镀层。

2.1.2.2 镀镉工艺

（1）氰化物镀镉

氰化物镀镉一直是镀镉的主要工艺。镀液可以用氰化钠溶解氧化镉配制而成，也可以用氰化镉和氰化钠配制。由于氧化镉在与氰化钠反应时会有氢氧化钠生成，所以不必特意加入氢氧化钠。但是，在采用氰化镉与氰化钠配制时，则要加入工艺规定的氢氧化物，最好是用氢氧化钾，可以增加镀液的导电性，并且可以使镀层的结晶致密。表 2-3 是典型的氰化物镀镉工艺。

表 2-3　典型氰化物镀镉工艺

组成	含量（A）	含量（B）
氧化镉	30g/L	—
氰化镉	—	27g/L

续表

组成	含量（A）	含量（B）
氰化钠	98g/L	100g/L
氢氧化钾	—	16g/L
含金属镉	26.2g/L	18.5g/L
R	3.7	5.4
pH	12.6	13
温度	20～35℃	20～30℃
阴极电流密度	0.5～5A/dm²	0.5～5A/dm²

表 2-3 中氰化物镀镉组成中所列的 *R*，是指全部氰化物（以氰化钠计算）与金属镉的含量的比值。

表中含量(B）是高分散能力的镀液配方，其 *R* 比常规工艺要高得多。这种镀液适用于形状复杂的制件，如腔体、管类等。

（2）低氢脆镀镉工艺

防止镀镉氢脆的措施之一是提高电镀镉的电流效率。在镀镉液中添加硝酸钠可以使电流效率接近 100%。

氰化钠　135～165g/L
氧化镉　90～130g/L
氢氧化钠　30～90g/L
碳酸钠　68g/L
硝酸钠　26～72g/L
添加剂　0.12～0.15g/L
温度　20～35℃
阴极电流密度　1～5A/dm²
阳极　99.99%纯镉阳极

（3）光亮镀镉

出于改善镀层性能和外观的需要，氰化物镀镉也有采用光亮剂的，其典型工艺如下：

氧化镉　45g/L
氰化钠　170g/L
氢氧化钠　25g/L
硫酸钠　50g/L
硫酸镍　1g/L
磺化蓖麻油　10g/L

用于镀镉的光亮剂有无机盐和有机物两大类。常用的无机盐是镍盐和钴盐，有机物光亮剂最典型的是磺化蓖麻油。各种镀镉光亮剂的用量见表 2-4。

表 2-4 镀镉光亮剂

光亮剂		添加量
无机类	镍盐（硫酸镍）	0.5g/L
	钴盐（硫酸钴）	0.2g/L
有机类	3, 4-亚甲基二氧基苯甲醛（胡椒醛）	0.2～1.0g/L
	黄色糊精	0.5～1.5g/L
	明胶	0.03～0.05g/L
	动物胶	2.0g/L
	磺化蓖麻油	5～10mL/L
混合型	钴盐+磺化蓖麻油	各 0.2g/L

虽然镍盐和钴盐可以作为镀镉的光亮剂使用，但是金属杂质仍然是引起各种镀层故障的重要原因，因此，阳极的纯度也很重要。最好用标号为四个 9 的高纯度镉板。各种金属杂质对镀镉的影响见表 2-5。

表 2-5 金属杂质对镀镉的影响

金属杂质	最大允许浓度/(g/L)	影响和去除方法
铅	0.005	镀层光亮度下降，加入 0.03g/L 硫化钠沉淀后去除，也可以用金属镉粉置换沉积去除，或低电流密度电解去除
铜	0.01	光亮度下降，低电流电解去除
锌	0.02	光亮度下降，由阳极混入
铊	0.007	产生海绵状镀层，由阳极混入，采用高纯度阳极
六价铬	0.15	镀层光泽下降，电流效率下降，添加还原剂还原成三价铬去除
铁	0.15	分散能力急剧下降，镀层出现白色条块，没有有效去除方法
锡	0.02	镀层呈灰色，由阳极混入
碳酸钠	40	电流效率下降，去除方法为趁冬天镀槽中碳酸盐结晶出来时过滤去除，或将镀液降温至出现结晶时去除

对氰化物电镀，碳酸盐的积累对镀液的影响是一个不容忽视的问题，有些镀种对碳酸盐可以有较高的容许量，比如氰化镀锌、氰化镀铜可以允许碳酸盐的含量达到 60g/L，而镀镉则要控制在 40g/L 以内。

2.1.2.3 酸性镀镉

酸性镀镉特别是硫酸盐镀镉由于镀液成分简单、配制方便、电流效率高，在线材等简单制件上应用。但是镀层结晶比较粗糙，其应用受到限制。作为改进，可以用阴极过程较好的其他酸性镀镉，比如氟硼酸盐镀镉、磺酸盐镀镉等。但镀层质量都不能与氰化物镀镉相比。

（1）硫酸盐镀镉

硫酸镉	60～70g/L
硫酸铵	30～35g/L
硫酸铝	25～30g/L
明胶	0.4～0.6g/L
pH 值	3～5
温度	室温
阴极电流密度	0.5～1A/dm^2

（2）氟硼酸盐镀镉

氟硼酸盐镀镉非常稳定，即使在高的电流密度下，电流效率也接近 100%。但是镀液的分散能力较差。

氟硼化镉	240g/L
氟硼酸	pH 值调整
硼酸	25g/L
氟硼酸铵	60g/L
甘草	1g/L
pH 值	3.0～3.5
温度	20～30℃
阴极电流密度	3～6A/dm^2

（3）磺酸盐镀镉

磺酸镉	315g/L
磺酸铵	30g/L
磺酸镍	1.8g/L
pH 值	4.1
温度	25℃
阴极电流密度	1～6A/dm^2

（4）氯化铵镀镉

硫酸镉	60g/L
氯化铵	200g/L

氨三乙酸　　60g/L
EDTA 二钠盐　　20g/L
硫酸镍　　0.3g/L
蛋白胨　　3g/L
pH 值　　5.5
温度　　10～30℃
电流密度　　0.5～1A/dm^2

（5）碱性无氰镀镉

碱性无氰镀镉的特点是可以获得光亮细致的镀层，对设备的腐蚀也较小。但是阳极容易钝化，只能在较低的电流密度下工作。

硫酸镉　　75g/L
三乙醇胺　　200g/L
氨三乙酸　　45g/L
硫酸铵　　30g/L
添加剂　　8g/L
pH 值　　8～9
温度　　20～35℃
阴极电流密度　　0.8～1.2A/dm^2

添加剂可自己合成，方法如下：

① 添加剂组成

双氰胺　　252g
六次甲基四胺　　420g
冰醋酸　　96g（约 93mL）
甲醛（含 10%甲醇防聚合）244g（约 222mL）
无水氯化钙　　4.5g

双氰胺∶六次甲基四胺∶甲醛 = 1∶1∶1（摩尔比）

② 合成方法　将所需要的甲醛溶液置于三颈瓶内，三个瓶口分别为加料口、温度计插口和回流口，可采用磁力搅拌器搅拌。在搅拌下将双氰胺、六次甲基四胺和无水氯化钙依次缓慢加入瓶中，用水浴加热，同时开始回流。待反应溶液升温至 60℃，开始降低加热器热量，控制在 1h 内将温度升至 90℃，在这一温度下搅拌 3h，再将温度降至 70℃左右，开始用筒形分液漏斗缓慢加入冰醋酸。由于冰醋酸所进行的水解反应产生许多气泡，瓶内温度高时，加入的速度一定要慢，防止气泡大量逸出。加完冰醋酸后再升温至 90℃，继续在这一温度下搅拌 3h，即完成了添加剂的合成。

2.1.2.4　代镉镀层

出于环保的需要，已经开发出一些性能可与镉镀层相比的代替镀镉的镀层。这些镀层主要是合金镀层，比如锌镍合金、锌铁合金等。

（1）氯化物镀锌镍合金

氯化锌	100g/L
氯化镍	140g/L
氯化铵	200g/L
聚乙烯乙二醇胺苯醚	2g/L
苯亚甲基丙酮	0.05g/L
pH 值	5.8～6.8
温度	40～55℃
阴极电流密度	1～8A/dm^2
阳极	锌∶镍＝9∶1

本工艺的阳极制成合金很困难，因此是两种阳极单独挂入。由于阳极各自的溶解电位相差很大，因此供电时要分别供电。为了简化阳极管理，也可以只采用锌阳极，而以镍盐形式补加镀液中的镍离子。

（2）硫酸盐镀锌镍合金

硫酸锌	70g/L
硫酸镍	150g/L
硫酸钠	60g/L
添加剂	适量
pH 值	2
温度	50℃
阴极电流密度	3A/dm^2
阳极	锌、镍

（3）锌酸盐镀锌镍合金

氧化锌	12g/L
硫酸镍	14g/L
氢氧化钠	140g/L
乙二胺	30g/L
三乙醇胺	50g/L
镍配合物	40mL/L
添加剂	适量
温度	35℃

阴极电流密度　　　1～5A/dm^2

阳极　　　锌、镍

（4）锌镍合金镀层的钝化

为提高镀层防护性能，可采用化学钝化或者电解钝化的方法进行镀后处理。

① 化学钝化

重铬酸钠　　　20g/L

硫酸　　　1g/L

硫酸锌　　　1g/L

pH 值　　　2.1

温度　　　50℃

时间　　　25s

② 电解钝化

铬酸　　　25g/L

硫酸　　　0.5g/L

温度　　　40～50℃

阴极电流密度　　　8A/dm^2

阳极　　　石墨

时间　　　10s

2.1.3　镀铜

2.1.3.1　铜的性能

铜的元素符号为 Cu，4 周期ⅠB 族元素，原子序数 29，原子量 63.55，熔点 1083℃，密度 8.96g/cm^3，电阻率 $1.6730\times10^{-6}\Omega\cdot cm$。膨胀系数 0.165×10^{-4}，1A•h 二价铜析出的镀层重 1.185g，厚 13.3μm；一价铜析出的镀层重 2.371g，厚 26.6μm（以电流效率 100%计）。

镀铜的组织结晶因镀种的不同和工艺参数的变化而有所不同，酸性镀铜层在低电流密度下和镀层较薄时，主要是 110 取向，随着镀层厚度的增加，镀层组织向 111 织构变化。而焦磷酸盐镀铜从一开始就表现为 111 织构。

铜是一种略带紫红色的金属。因为具有良好的延展性、优良的导热性和导电性能而在很多工业领域获得了广泛的应用，特别是在电子工业领域，铜是不可或缺的重要金属材料。不仅是我们现代人的生产和生活离不开铜，就是在整个人类发展的过程中，铜也扮演了极其重要的角色。

人类最早使用的铜是自然铜。在伊拉克的札威彻米，发现了公元前 10000 至前 9000 年前用铜制造的装饰品。而在伊朗西部的阿里库什，发现使用自然铜装饰品的年代是公元前 9000 至前 7000 年。埃及进入石铜并用的时代是在公元前 6000 年。而我国，大约在公元前 2000 年进入青铜时代。

除了天然纯铜以外，早期人类通过冶炼法获得的铜是各种铜的合金，比如铜锌合金、铜锡合金、铜铅合金等，这些合金都被称为青铜。青铜作为早期人类的生产、生活和战争用金属，对人类生产力的发展起了非常重要的作用，以至各国“青铜时代”的辉煌，至今还在史册中闪耀。

电镀铜虽然有一百多年的历史，但是在酸性光亮镀铜添加剂开发出来以前，主要还是用于其他镀种打底的氰化物镀铜占主导地位。1945 年，美国公布了第一个酸性镀铜添加剂专利（UsP2391289）。从此酸性光亮镀铜开始迅速进入工业应用领域。首先在印制电路板制造业大量采用，然后在装饰电镀领域获得认可，同时也成为电铸铜的主要镀种。

镀铜还在防渗碳、增加导电性、挤压时的减磨、修复零件尺寸等诸多领域有应用。现在可以用于工业化生产的镀铜液已经有十多种。但根据镀液 pH 值范围的不同可以分为两大类，一类是酸性电解液，另一类是碱性电解液。

酸性电解液包括硫酸盐镀铜、氟硼酸盐镀铜、烷基磺酸盐镀铜、氯化物镀铜、柠檬酸盐镀铜、酒石酸盐镀铜等。

酸性镀铜液中的主盐主要是以二价铜离子的形式存在。因此，其标准电极电位是 $Cu^{2+}/Cu = +0.337V$，电化当量为 1.186g/（A·h）。

碱性电解液有氰化物电解液、焦磷酸盐镀铜、HEDP 镀铜、硫代硫酸盐镀铜等。氰化物镀铜液中的铜离子是以一价铜离子的形式存在的，因此，其标准电极电位是 $Cu^{+}/Cu = +0.521V$，电化当量为 2.372g/（A·h）。

由于铜的标准电位比锌和铁要正得多，因此，在这些电位比铜负的金属上电沉积的铜属于阴极性镀层。

2.1.3.2　镀铜的应用

镀铜是重要的功能性镀层，因此其应用非常广泛。特别是在电子电镀中，镀铜占有很大比例，是印制板电镀、电子连接器电镀、波导电镀、微波器件电镀等电子电镀中用量最大的镀种。

作为功能性镀层，导电性是其最主要的功能，这正是电子产品大量采用镀铜技术的原因。电镀铜技术也为节约铜资源提供了帮助。最典型的就是用于电话电缆的铜包钢技术。所谓铜包钢，就是在低碳钢丝表面镀上一层铜，以提高其导电性能，提高电话信号的传输质量。以往的电话电缆户外线，都是铁丝镀锌线，其导电性能较差，而如果采用铜导线，则其成本太高，而采用铜包钢技术，在提高了其导电性能的同时，又节约了大量的铜材。

除了功能性电镀，镀铜在装饰电镀和防护性电镀中也有重要应用。光亮酸性镀铜已经是光亮电镀中的重要光亮底镀层，成为替代光亮镀镍底层的首选镀种。酸性镀铜有较高的沉积速度，又有一定的整平能力，不仅可以获得镜面光亮的镀层，而且对微观不平和轻微划痕有一定整平作用。

镀铜也是防护性多层电镀的中间镀层或底镀层。用镀铜替代多层镀镍工艺中的镍中间层，可以节省比铜贵得多的镍资源。

由于有较高的电流效率和沉积速度，镀铜也是电铸的重要镀种，特别是酸性镀铜，在电铸中有较大量的应用。铜电铸可以有多种用途，有关应用可以参见《实用电铸技术》第二版（化学工业出版社）。

镀铜还在艺术品制造中有着广泛的应用，比如浮雕工艺品的电镀，特别是非金属材料制作大型浮雕装饰工艺品，在建筑装饰中有广泛应用。电镀铜也用来制作铜箔，用于印制板覆铜板材制造。

2.1.3.3 氰化物镀铜工艺

（1）预镀铜

氰化亚铜	8～30g/L
氰化钠	12～50g/L
游离氰化钠	5～15g/L
氢氧化钠	2～10g/L
温度	20～50℃
阴极电流密度	0.2～2A/dm^2

（2）常用氰化物镀铜

氰化亚铜	30～50g/L
氰化钠	40～65g/L
游离氰化钠	5～10g/L
氢氧化钾	10～20g/L
酒石酸钾钠	30～60g/L
温度	50～60℃
阴极电流密度	1～3A/dm^2
阴极移动	20～30 次/min

（3）厚层镀铜

氰化亚铜	120g/L
氰化钠	135g/L
游离氰化钠	5～10g/L
氢氧化钾	30g/L
碳酸钠	15g/L

温度　　　　　　75～80℃

阴极电流密度　　3～6A/dm²

对于氰化物镀铜，根据所采用的导电盐的不同而有钾盐、钠盐和混合盐镀液之分。对于常用和高浓度镀液，通常都要采用钾盐或混合盐。从操作实际上看，以混合盐较好。

（4）操作条件的影响

① 电流密度　阴极电流密度对电镀层质量有较大影响。随着电流密度的提高，电流效率有所下降。为了能在较大电流密度下工作，可以适当提高主盐含量。提高温度也可以增加工作电流密度。

② 温度　升高镀液温度会使阴极极化有所下降，却有利于提高电流效率。因此在想提高工作效率和获得较厚镀层时，都要采取加温措施，并且控制在较高的温度范围。

但是过高的温度不仅使镀液蒸发加快，而且工作现场挥发性气体也会增加，同时也会加速氰化物的分解和碳酸盐的积累。综合考虑各种因素，一般镀液温度要控制在 60℃左右。

③ pH 值　常规氰化物镀铜基本上是强碱性镀液，一般不需要对镀液的 pH 值加以控制。但是，当所电镀的制件的基材是锌铝合金等对强碱性工作液有不良反应时，应该将镀液的 pH 值控制在 11 以内。调整的方法是在常温下，用有机酸调整。一定要在有强烈排气装置的场合进行这种调整，并且要用经稀释后的有机酸，在搅拌下缓慢加入。不可一次大量加入，以防产生的有害气体过浓而危害操作者。

2.1.3.4　酸性光亮镀铜

酸性光亮镀铜在现代电镀中占有很大比重，特别是在电子电镀中，是用量最大的镀种，也是随着电镀添加剂技术发展工艺进步较快的镀种。根据不同的镀铜需要，可以有不同的工艺选择。以下是酸性镀铜应用以来的典型工艺。

（1）工艺配方

硫酸铜　　　　　　150～220g/L

硫酸　　　　　　　50～70g/L

四氢噻唑硫酮　　　0.0005～0.001g/L

聚二硫二丙烷磺酸钠　0.01～0.02g/L

聚乙二醇　　　　　0.03～0.05g/L

十二烷基硫酸钠　　0.01～0.02g/L

氯离子　　　　　　20～80mg/L

温度　　　　　　　10～25℃

阴极电流密度　　　　　$2 \sim 3A/dm^2$
阳极　　　　　　　　　含磷 0.1%～0.3%的铜板

（2）镀液配制

① 将计量的硫酸边搅拌边溶于镀液总量 2/3 的去离子水中，液温会有所升高，注意充分搅拌防止局部过热；

② 趁热将计量的硫酸铜溶入镀槽中，等硫酸铜全部溶解后，加入 1mL/L 30%的双氧水，充分搅拌 1h 以上，再加入 1～2 g/L 活性炭，充分搅拌 1h 左右；

③ 将上液静置沉淀后过滤，去除沉淀物；

④ 往滤清的镀液中加入各种计量的添加剂，并用去离子水将镀液补加至所规定的量，充分搅拌均匀后取样做霍尔槽试验；

⑤ 如果发现氯离子缺少，可补入 0.05mL/L 化学纯盐酸，试镀后确认合格即可投入使用。

（3）酸铜光亮剂

酸性光亮镀铜开发的早期采用的是多组分单一添加的光亮剂，这就是所谓 MsHOD 体系和 sBP 体系。在 MsHOD 体系中，M 是甲基蓝，s 是聚二硫丙烷磺酸盐，H 是 2-巯基噻唑啉，O 是聚氧乙烯烷基酚醚，D 则是亚甲基二萘磺酸钠。这些组分都是单独添加到镀液中，用量大都是几毫克每升，通过协同作用达到整平和光亮目的。

随着对光亮剂作用机理探讨的深入，酸性光亮剂也由单一成分组合发展为复合添加剂的阶段。早期开发的单一组分的添加剂也都发展成为酸性镀铜光亮剂的中间体。现在商业化镀铜光亮剂已经采用各种酸性镀铜添加剂中间体配制，常用酸性镀铜光亮剂中间体见表 2-6。

表 2-6　常用酸性镀铜光亮剂中间体

化学名（分子式）	外观	含量/%	pH 值	用量/%	溶解度（20℃）/%	应用
M2-巯基苯并咪唑（$C_7H_6N_2s$）	白色结晶	≥95	—	0.6～1.0	—	溶于碱性溶液中，M 用作镀铜光亮剂，可使镀层光亮，并有整平作用，还可提高工作电流密度。常与 N、sP 等配合使用
N 乙撑硫脲 $C_3H_6N_2s$	白色结晶	≥95	—	0.4～1.0	—	本品溶于热酒精溶液，用作镀铜光亮剂，常与酸性镀铜光亮剂 M、sP 等配合使用
JPH（2887）交联聚酰胺水溶液	棕红色液体	约 20	5.0～6.0	0.05～0.50	—	本品是一种交联聚酰胺水溶液，主要用于酸铜镀液，特别是作为低电流密度光亮剂，一般与湿润剂β-萘酚聚氧乙烯醚和含硫化合物，如 sP、DPs 等一起使用，具有光亮延展、整平等效果

续表

化学名（分子式）	外观	含量/%	pH值	用量/%	溶解度（20℃）/%	应用
EDTP（Q75）N,N,N,'N'-四（2-羟丙基）乙二胺 $C_{14}H_{32}N_2O_4$	无色透明液体	≥7	8.5～9.5	10～30	1.04～1.06	它易溶于水，水溶液呈弱碱性，主要用于化学镀铜络合剂
H_1 四氢噻唑-2-硫酮 $C_3H_5Ns_2$	白色针状结晶	≥98	—	0.003～0.01	—	酸性光亮镀铜添加剂，可获得良好光亮度与整平性，起光速度快
FsTL-1 聚合吩嗪染料	紫红色液体	—	—	0.0005	—	酸性镀铜光亮剂，与开缸剂及基本添加剂配合，可提高光亮度和整平性

由工艺配方可知酸性光亮镀铜的光亮剂比较复杂，成分达5种之多，而用量却又非常少，因此在实际生产控制中会预先配制一些较浓的组合液，对消耗量相差不多的按一定比例混合溶解后配成浓缩液，以方便添加。

现在已经普遍采用商业添加剂，通常只含有一种或两种添加组分，且光亮效果和分散能力也有很大提高。不过仍有一些企业采用这种自己配制的工艺，优点是可以根据产品情况对其中的某一个成分进行调整，以达到最佳效果。原因是光亮剂中各成分的消耗是不完全一样的，单一成分的添加可以做到哪一种少就补哪一种，而组合的光亮剂就做不到这一点。

改进的酸性光亮添加剂组合中可以加入有机染料，早期的是甲基蓝，现在则扩展到多种有机染料，对于提高光亮度和分散能力都有好处。

2.1.3.5 焦磷酸盐镀铜

焦磷酸盐镀铜由于分散能力较好，镀层结晶细致，而又可以避开有毒的氰化物，是镀铜中常用的镀种之一，只是在酸性光亮镀铜技术开发出来之后，才渐渐较少采用，但在电子电镀中还占有一定比例。其缺点实际上也是一个环境问题，就是焦磷酸盐作为强络合剂在水体中使金属离子不易提取而造成二次污染。另外，正磷酸盐的积累也会给镀液的维护带来一些问题，且磷酸盐也是水质恶化的污染源之一。

（1）常规焦磷酸盐镀铜工艺

焦磷酸铜　70～100g/L

焦磷酸钾　300～400g/L

柠檬酸铵　20～25g/L

光亮剂　适量

pH值　8～9

温度　30～50℃

P　　7～9

阴极电流密度　　0.8～1.5A/dm²

阴极移动　　25～30 次/min

（2）高浓度焦磷酸盐镀铜

常规焦磷酸盐镀铜，由于存在与镀件基体结合力不良等问题，通常需要氰化物镀铜等预处理工艺。采用添加草酸盐的高浓度焦磷酸盐镀铜，在钢铁上可以直接镀铜，结合力良好。

焦磷酸铜　　60～80g/L

焦磷酸钾　　550～600g/L

草酸钾　　10～20g/L

磷酸氢二钾　　40～60g/L

光亮剂　　适量

pH 值　　8～9

温度　　室温

P　　15～20

阴极电流密度　　0.4～0.8A/dm²

阴极移动　　15～25 次/min

（3）焦磷酸盐镀铜光亮剂

早期的焦磷酸盐光亮剂也试过无机盐类，比如金属的氯化物（铋、铁、铬、锡、锌、镉、铅等的氯化物），由于效果并不理想，没有推广开来，后来有人发现加入氨后镀层质量有所改善，并且有一定光亮度，因此很长一段时间，氨成为焦磷酸盐的必要成分。但是氨有特殊的气味，且容易挥发，使镀液不稳定，从而促使进一步开发用于焦磷酸盐的添加剂并取得了进展。其中有机硫化物的光亮效果最好。特别是杂环巯基或硫酮类化合物大多具有光亮作用。

在我国，有将酸铜中的光亮剂单体用作焦铜光亮剂的，比如 2-巯基苯并咪唑和 2-巯基苯并噻唑。其中咪唑类比噻唑类更稳定，使用寿命也长，还可以与硒盐联合使用。

国外流行的是以 2,5-二巯基-1,3,4-二噻唑（DMTD）为有效成分的添加剂，这类添加剂在低浓度时能加速铜的电沉积，而在高浓度时又会阻挡电沉积过程，从而在不同电流密度的吸附区起到微观调整镀速的作用。焦磷酸盐镀铜添加剂的使用情况见表 2-7。

表 2-7　焦磷酸盐镀铜添加剂一览

添加剂	组成或结构	用量
动物胶 酵母	—	0.8g 0.2g

续表

添加剂	组成或结构	用量
氨	NH_3	1～2g/L
三羟戊二酸＋亚硒酸钠	HOOC-（CHOH）$_3$-COOH Na_2SeO_3	7g/L 0.02g/L
2-巯基噻二嗪	—	0.5～1.0g/L
氨基乙酸	H_2NCH_2COOH	0.5g/L
糠醛或糠醇	—	1～4g/L
2-巯基苯并咪唑	—	2～4mg/L
硝酸钾＋氨	KNO_3 NH_3	15g/L 2mL/L

（4）镀液维护和注意事项

焦磷酸盐镀铜维护的一个重要参数是焦磷酸钾与铜离子的比值，用 P 表示。通常要保证焦磷酸根离子与铜离子的比值在 7～8 之间，当分散能力有较高要求时，要保持在 8～9 之间。低了阳极溶解不正常，高了则电流效率下降。

焦磷酸盐镀液中主要成分的允许含量范围比较宽，所以只要能做到定期分析，及时补充缺少的成分和含量，就能够正常工作。但是杂质哪怕是很小的量，也会对镀层的性能带来影响。因此，对于镀液的管理很重要的一个内容。

（5）杂质的影响和处理方法

① 氰根　当焦磷酸盐镀铜中混入的氰根达到 0.005g/L 以上时，镀层就会变暗，电流密度范围缩小，严重时镀层粗糙。如果出现这种情况，可以向镀液加入 0.5～1mL/L 30%的双氧水，搅拌 30min，以使镀液恢复正常。

② 六价铬　六价铬混入镀液会使阴极电流效率下降，严重时低电流区得不到镀层，并且使阳极钝化。去除六价铬的方法是先将镀液加热至 50℃左右，再加入足够量的保险粉（连二亚硫酸钠），将六价铬还原为三价铬。待六价铬完全还原后，加入 2g/L 活性炭，趁热将活性炭和形成的氢氧化铬过滤除去。最后加入适量的双氧水，将过量的保险粉氧化为硫酸盐。

③ 油类杂质　油污会使镀层出现针孔或镀层分层，严重时会引起镀层起泡、脱皮。如果镀液中混入少量油污，可以先将镀液加热至 55℃左右，再加入 0.5mL/L 的海鸥洗涤剂，将油类杂质乳化，然后用 3～5g/L 活性炭将乳化了的油类杂质吸附去除。

④ 有机杂质　有机杂质对镀层的影响很大，不同类型的有机杂质会产生不同的影响。有些是使镀层变脆，有些是使镀层粗糙或产生针孔，还有的是让电流密度范围变小。去除有机杂质的方法是先往镀液中加入双氧水 2～4mL/L，充分搅拌并让其发挥氧化作用一定时间后，再加热镀液至 60℃左右，加入活性炭 2g/L，充

分搅拌 2h 以上，再静置过滤。也可以加入双氧水反应数小时后，加热排出多余双氧水，再以活性炭滤芯的过滤机过滤。

⑤ 铅　镀铜液中哪怕只含有 0.1g/L 以上的铅，也会使镀层粗糙，色泽变暗，只能用小电流电解的方法去除。这时的电流密度只能在 0.1A/dm^2 以下。

⑥ 铁　镀铜对铁杂质的容忍度可达 10g/L。超过这个限度，镀层会变得粗糙，提高柠檬酸盐的含量能降低或消除铁杂质的影响。过多的铁杂质可以先用双氧水氧化成三价铁，然后提高镀液的温度（60～70℃），再用 KOH 提高镀液的 pH 值，使之生成氢氧化铁沉淀。最后加入 1～2g/L 活性炭，搅拌至少 30min 后过滤，然后再调整镀液成分。

2.1.4　通用镀镍

镀镍层结晶组织在电镀的初始期不明显，随厚度增加而出现（100）结构。当电流密度增加时（0.5A/dm^2 以上），则为（110）结构。

在高电流密度下，各种镀镍工艺都有很强的结构特征，硫酸盐镀镍为（110）；氯化物镀镍为（311）；瓦特镍也是（110）；氨基磺酸镍则是（100）。

镀镍在电子电镀中有着重要的作用，这是因为镀镍在电子电镀中既是防护性和装饰性镀层，也是功能性镀层。因此，镀镍技术在电子电镀中根据其作用的不同而有不同的工艺。

（1）瓦特镍（普通镀镍、镀暗镍）

瓦特镍以其成分简单和沉积速度快、操作管理方便被广泛采用。

硫酸镍	250～350g/L
氯化镍	30～60g/L
硼酸	30～40g/L
十二烷基硫酸钠	0.05～0.1g/L
pH 值	3～5
温度	45～60℃
阴极电流密度	1～2.5A/dm^2
阴极移动	需要

（2）光亮镀镍

光亮镀镍是装饰电镀中应用最广泛的镀种，其工艺技术也非常成熟，这里列举的是最典型的通用工艺，光亮剂也是公开的最简约的方案，不过现在流行采用商业光亮剂，这时要根据供应商提供的添加方法添加和维护。电子电镀行业流行采用商业化学原料并接受供应商的技术指导。

硫酸镍	250～300g/L

氯化镍 30～60g/L
硼酸 35～40g/L
十二烷基硫酸钠 0.05～1g/L
1, 4 丁炔二醇 0.2～0.3g/L
糖精 0.6～1g/L
pH 值 3.8～4.4
温度 50～65℃
阴极电流密度 1～2.5A/dm^2
阴极移动 需要

（3）双层镀镍

双层镍是在底层先镀上一层不含硫的半光亮镍，然后再在其上镀一层含硫的光亮镍层，再去镀铬。由于含硫的镀层电位较里层的半光亮镍要负，当发生腐蚀时，光亮镍作为阳极镀层要起到牺牲自己保护底镀层和基体的作用。

第一层 半光亮镍工艺
硫酸镍 350g/L
氯化镍 50g/L
硼酸 40g/L
1 类添加剂 1.0mL/L
2 类添加剂 1.0mL/L
十二烷基硫酸钠 0.05g/L
pH 值 3.5～4.8
温度 55℃
阴极电流密度 2～4A/dm^2
第二层 光亮镍电镀工艺
硫酸镍 300g/L
氯化镍 40g/L
硼酸 40g/L
A 类添加剂 1.0mL/L
B 类添加剂 1.0mL/L
十二烷基硫酸钠 0.1g/L
pH 值 3.8～5.2
温度 50℃
阴极电流密度 2～4A/dm^2

双层镍两镀层间电位差要大于 120mV。两镀层的厚度比例根据基体材料不同而有所不同。对于钢铁基体，半光镍与光亮镍的比例为 4∶1，而锌基合金或铜合金则为3∶2。

（4）三层镍

三层镍的组合有好几种，常用的是半光亮镍/高硫镍/光亮镍。其中高硫镍的镀层厚度只在1μm左右，由于高硫镍的电位最负，从而在发生电化学腐蚀时，作为牺牲层而起到保护其他镀层和基体的作用。

三层镍的工艺流程如下：化学除油、除锈—阴极电解除油—阳极电解除油—水洗两次—活化—镀半光亮镍—镀高硫镍—镀光亮镍—回收—水洗—镀装饰铬或其他功能性镀层。

三层镀镍中的半光亮镍和光亮镍可以沿用前述双层镍的工艺。

高硫镍的工艺如下：

硫酸镍	300g/L
氯化镍	40g/L
硼酸	40g/L
苯亚磺酸钠	0.2g/L
十二烷基硫酸钠	0.05g/L
pH值	3.5
温度	50℃
阴极电流密度	3～4A/dm^2
时间	2～3min

需要注意的是不能将高硫镍的镀液带入到半光亮镍中去，否则半光亮镍的电位会发生负移而使高硫镍失去保护作用。

（5）缎面镍

缎面镍电镀首先作为消光和低反射镀层而在电子产品的外装饰件上广泛应用，是取代传统机械喷砂后再电镀的新工艺。随着缎面镍电镀技术的进步，所获得的镀层在装饰上也显示出优越性，使其应用范围有所扩大。在装饰工艺品、日用五金、家电产品、首饰配件、眼镜、打火机等产品上都已经大量采用缎面镍电镀做装饰性表面处理，包括在缎面镍上再进行枪色、金色、银色电镀或进行双色、印花、多色缎面镍电镀，在装饰性电镀中可以说是独树一帜，其应用领域和工艺技术都还在发展中。

① 缎面镀镍的配方与工艺参数

硫酸镍	380～460g/L
氯化镍	30～50g/L
硼酸	35～45g/L
A剂	0.5～1.5mL/L
B剂	4～8mL/L

C 剂　　2～4mL/L
pH 值　　4.1～4.8
温度　　52～58℃
D_k　　2～8A/dm²
搅拌　　阴极移动
过滤　　间歇性棉芯和定期活性炭
电镀时间　　1～5min（或根据所需沙面效果决定电镀时间）

② 镀液维护　缎面镍效果的获得主要是靠 A 剂的作用，这种添加剂的消耗除了工作中的有效消耗外，还有自然消耗。也就是说，在不工作的状态下，也会有一部分 A 剂要消耗掉，并且随时间延长缎面的粒度会变粗，所以在下班后每天要以棉芯过滤，第二天上班时再按开缸量补入 A 剂。如果是连续生产，则每天要以棉芯过滤两次以上，以使每批产品维持相同的表面状态。这是指通常情况下的管理方法。对于要求比较高的表面效果，比如更细的缎面，则应每四小时过滤一次，以维持相同的表面状态。

当然，如果没有 B 剂作为载体，光有 A 剂也是得不到缎面效果的，并且当 B 剂不足时，高电流区就会出现发黑现象，这时用霍尔槽试验可以明显地看出 B 剂的影响。因此经常以霍尔槽试验来监测镀液是很重要的。

C 剂除了有增强 B 剂的效果外，还有调节镀层白亮度的作用，但是注意不可以加多，否则会使镀层亮度增加太多而影响缎面效果。

每次在以活性炭过滤后，B 剂和 C 剂要根据已经工作的安培小时数加入，或以开缸量的 1/3～1/2 的量加入，也可以用霍尔槽试验来确定添加量。

镀液的管理很大程度上还依赖现场的经验积累，因此注意总结工作中的有关经验对于提高缎面镍工艺的管理也是很重要的。因为影响表面效果的因素不仅仅是添加剂，还包括主盐浓度、pH 值、温度、阳极面积、挂具设计、产品形状等。

（6）镀黑镍

电镀黑镍实际上是电镀镍合金。黑镍镀层由 40%～60%的镍和 20%～30%的锌以及 10%左右的硫和 10%左右的有机物组成。

① 工艺配方
硫酸镍　　100g/L
硫酸锌　　50g/L
硫氰酸钾　　30g/L
硼酸　　30g/L
硫酸镍铵　　50g/L
pH 值　　4.5～5.5
温度　　35℃

阴极电流密度　0.1～0.4A/dm^2

② 操作要点　电镀黑镍在操作过程中不能断电，因此要保证电极和挂具导电性能良好，否则镀层出现发花及彩虹色。挂具要经常作退镀处理，以保证良好的使用状态。

对于前处理不良的镀件，会发生脱皮现象，另外 pH 值过高或锌含量低也会出现脆性而产生脱层起皮现象。对于钢制品，如果需要镀黑镍，先用铜镀层打底，再镀锌，然后镀黑镍，效果会更好。

2.1.5　装饰镀铬

镀铬自开发应用至今，是装饰性电镀最有代表性的镀种，多少年来，镀铬几乎成为电镀的代名词，人们在口语中常说的“镀电”，实际上也是指的镀铬，这是因为装饰镀铬层在各种机械五金制品中不但使用率高，而且历史长，也因为其总能保持永不变色的光亮度而深受民众欢迎。现在出于环保的原因，铬离子成为受到严格限制的污染物，但在没有好的取代工艺之前，镀铬还会生存下去。

要说金属铬的标准电极电位，其实与锌很接近，铬是–0.71V，而锌是–0.763V。但是金属铬有一个很重要的性质就是表面非常容易钝化，只要一暴露在空气中，表面就会形成一层非常致密的钝化膜。这层膜很薄，又是透明的，并且化学稳定性很好，很多有机酸对它不起作用，包括硝酸、醋酸、低于 30℃的硫酸、有机酸和硫化氢、碱、氨等，对镀铬层都不起作用。所以金属铬总能保护光亮如镜的表面。所以铬的表面电位已经很正，这样，在钢铁表面镀铬就不是阳极镀层，而是阴极镀层。

镀铬层能溶解于盐酸和热的硫酸（高于 30℃）。在电流作用下，铬镀层可以在碱性溶液中阳极溶解。

2.1.5.1　标准镀铬与稀土镀铬

镀铬的工艺很简单，从发明有实用价值的镀铬到现在，80 多年过去，基本没有大的改变。主要成分就一种：铬酸，还有必不可少的少量硫酸和三价铬，再就是提高其各种性能的一些添加剂。

（1）标准镀铬

标准镀铬和高低浓度镀铬工艺见表 2-8。

表 2-8　各种常用镀铬工艺

工艺配方成分	标准镀铬	低浓度镀铬	高浓度镀铬
铬酸/（g/L）	250	100～150	350～400
硫酸/（g/L）	2.5	1～1.5	3.5～4

续表

工艺配方成分	标准镀铬	低浓度镀铬	高浓度镀铬
三价铬/(g/L)	2～5	2～5	2～6
温度/℃	45～55	45～55	45～55
阴极电流密度/(A/dm^2)	15～30	20～40	10～25

低浓度镀铬是为了降低铬酸消耗，减轻排放水铬离子浓度而采取的一种措施，当然在这种镀液中镀得的铬层硬度也较高，但分散能力是比较差的。

而高浓度镀铬则分散能力稍好一些，适合于形状复杂的制品，但其电流效率更低，排放水的浓度也相对高一些。

标准镀铬兼有以上两者优点，因而是采用最多的装饰镀铬工艺。但无论是标准镀铬还是高低浓度镀铬，都有一个共同的缺点，那就是电流效率太低，只在13%左右。为了改进镀铬的电流效率，现在已经采用加入稀土元素作添加剂的镀铬，可以提高电流效率和改善镀层分散能力。

（2）稀土镀铬

从20世纪80年代起，人们发现了稀土金属的盐类可以作为镀铬的添加剂，从而开发了稀土镀铬新工艺，迅速获得了推广，至今都还被许多企业所采用。

用于镀铬添加剂的稀土元素是镧、铈或混合轻稀土金属的盐，也可以是其氧化物。比如硫酸铈、硫酸镧、氟化镧、氧化镧等。可以单一添加，也可以混合添加。稀土的加入，使镀铬过程有了某些微妙的改变。镀铬液的分散能力也就是低电流区性能有了改善，电流效率也有了提高等。

稀土镀铬的工艺配方如下：

铬酸　　　　120～180g/L

硫酸　　　　1～1.8g/L

铬酸：硫酸＝(90～100)：1

碳酸铈　　　0.2～0.3g/L

硫酸镧　　　5～1g/L

铬雾抑制剂　0.5g/L

温度　　　　50～60℃

电流密度　　60～90A/dm^2

阳极　　　　铅锡合金（铅90%）

综合起来，稀土镀铬有如下特点：

① 做到了“三低一高”　添加稀土添加剂的镀铬工艺，一是降低了铬酸的用量，铬酸的含量可以在100～200g/L的范围内正常工作；二是降低了工作温度，可以在10～50℃的宽温度下工作；三是降低了沉积铬的电流密度，可以在5～

30A/dm^2 电流密度范围正常生产。同时明显地提高了电流效率，使镀铬的阴极电流效率由原来的不到 15%，提高到 18%～25%。

② 提高了效率，降低了消耗　稀土镀铬明显地提高了效率。其中分散能力提高了 30%～60%；覆盖能力提高了 60%～85%；电流效率提高了 60%～110%；硬度提高了 30%～60%；节约铬酸 60%～80%。

③ 改善了镀层性能　稀土镀铬的镀层光亮度和硬度都有明显改善，并且在很低的电流密度下都可以沉积出铬镀层，最低沉积电流密度只有 0.5A/dm^2，使分散能力和覆盖能力都大为提高。

2.1.5.2　镀液的配制与维护

镀铬溶液中要有一定量的三价铬，而这少量的三价铬不是在配制时添加进去的，而是对溶液进行适当处理生成的。通常用两种方法，一是化学生成法，另一种是电化学生成法。

化学生成法是在铬酸溶液中加入适量草酸还原出一部分三价铬：

$$2CrO_3 + 3(COOH)_2 = Cr_2O_3 + 6CO_2 + 3H_2O$$

由反应式可以看出，这一反应的生成物是水和二氧化碳，对镀液是无害的。通常加入 1.35g/L 草酸，可生成 1g/L 三价铬。

如果不用草酸还原，可以采用电解法还原。在铬酸液配成后，用小的阳极面积、大的阴极面积（通常制成瓦楞板形）进行电解，可以生成三价铬，当在常温下电解时，阴极电流密度为 4～5A/dm^2。每升标准镀铬液通电 1A・h，可增加三价铬 0.5～1g/L。

硫酸也是镀铬中不可缺少的化学成分，其用量控制在与铬酸的比值为100∶1，无论铬酸溶液如何变化，硫酸与它的比都是 100∶1。由于市售的铬酸中总是含有一定数量的硫酸根离子（为 0.1%～0.3%），因此，在配制镀铬液时，添加硫酸的量要减去这些已经在铬酸中的硫酸根的量，以免硫酸过量。

2.1.5.3　挂具与阳极

镀铬不仅电流效率低，分散能力也很差，因此在挂具上也要下足功夫。所有电镀工艺中，对挂具要求最严格的除了非金属电镀就是镀铬。

镀铬的挂具首先要保证有充分的截面，以保证大电流通过的能力，因为镀铬的电流密度很高。再就是要与镀件有充分的紧密连接，否则电阻会很大而出现故障。对于形状复杂的制件，特别是腔体类产品，还要设置辅助阳极，以有利于镀层的分布，图 2-2 是一种腔体形制品采用辅助阳极的例子。

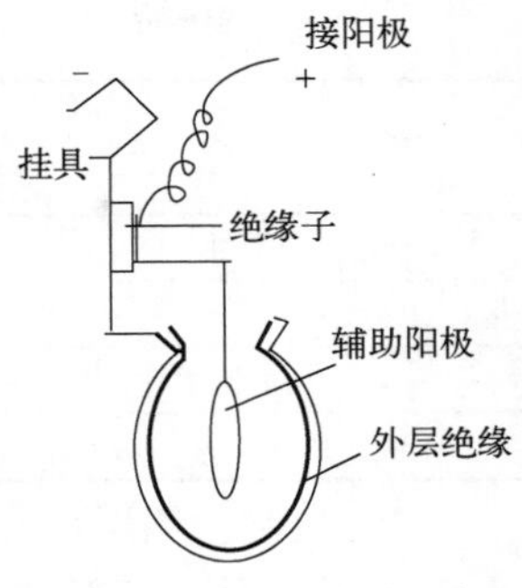

图 2-2　腔体形制品采用辅助阳极示意图

镀铬的阳极也是很特别的，镀铬可以说是电镀工艺中唯一只能用不溶性阳极的镀种。由于金属铬在镀液中电化学溶解的电流效率很高，因此阳极溶解的速度大大超过其阴极还原的速度，使镀液根本无法保持平衡，解决的办法只有采用不溶性阳极，而靠补充主盐来保持镀液的平衡。常用的阳极为铅、铅锑合金或铅锡合金。在铅中加入 6%～8%的锑，可以提高阳极的强度，且耐腐蚀性能和导电性能都较好，所以是采用最多的镀铬阳极。

2.1.5.4　三价铬镀铬

由于六价铬对人体的危害比较严重，一直都被列为环境污染的重要监测对象，特别是近年各国提高了对铬污染的控制标准，使人们开始重视开发用毒性相对较低的三价铬镀铬来替代六价铬镀铬。因此三价铬镀铬，是目前替代六价铬镀铬的一种新工艺。

三价铬镀铬的研究始于 1933 年，但是直到 1974 年才在英国开发出有工业价值的三价铬镀铬技术。三价铬镀铬与六价铬镀铬的比较见表 2-9。

表 2-9　三价铬镀铬和六价铬镀铬的比较

项目	三价铬镀铬		六价铬镀铬
	单槽法	双槽法	
铬浓度/（g/L）	20～24	5～10	100～350
pH 值	2.3～3.9	3.3～3.9	1 以下
阴极电流密度/（A/dm^2）	5～20	4～15	10～30
温度/℃	21～49	21～54	35～50
阳极	铅锡合金	铅锡合金	铅锡合金
搅拌	空气搅拌	空气搅拌	无
镀速/（μm/min）	0.2	0.1	0.1
最大厚度/μm	25 以上	0.25	100 以上
均镀能力	好	好	差
分散能力	好	好	差
镀层构造	微孔隙	微孔隙	非微孔隙
色调	似不锈钢金属色	似不锈钢金属色	蓝白金属色
后处理	需要	需要	不需要
废水处理	容易	容易	普通

续表

项目	三价铬镀铬		六价铬镀铬
	单槽法	双槽法	
安全性	与镀镍相同	与镀镍相同	危险
铬雾	几乎没有	几乎没有	大量
污染	几乎没有	几乎没有	强烈
杂质去除	容易	容易	困难

三价铬镀铬与六价铬镀铬相比有明显的优点，特别是分散能力、均镀能力好；沉积速度高，可以达到0.2μm/min的镀速，从而缩短电镀时间。电流效率也比六价铬镀铬高，可达到25%以上。同时，还有烧焦等电镀故障减少、不受电流中断或波形的影响、不需要特殊的阳极隔膜等优点。最为重要的是不采用有害的六价铬，因而没有了环境污染问题，降低了污水处理的成本，对操作者的安全性也大大提高。

三价铬镀铬有单槽方式和双槽方式，单槽方式中的阳极材料是石墨棒，其他与普通电镀一样，双槽方式是使用了阳极内槽，将铅锡合金阳极置于内槽内，另外作为阳极基础液使用了稀硫酸。相对六价铬镀铬，其有容易操作和安全的优点。

但是三价铬镀铬也存在一次设备投入较大和成本较高的不足，还有在色度和耐腐蚀性方面不如六价铬。同时，镀液的稳定性也是一个问题，在管理上要多下一些功夫。

典型的三价铬镀铬的工艺如下：

硫酸铬	20～25g/L
甲酸铵	55～60g/L
硫酸钠	40～45g/L
氯化铵	90～95g/L
氯化钾	70～80g/L
硼酸	40～50g/L
溴化铵	8～12g/L
浓硫酸	1.5～2mL/L
pH 值	2.5～3.5
温度	20～30℃
阴极电流密度	1～100A/dm^2
阳极	石墨

2.1.5.5 代铬镀层

传统镀铬由于环境污染严重，其应用正在受到越来越严格的限制。因此，开发代铬镀层有着非常现实的市场需求。对于耐磨性硬铬镀层，可以用一些复合镀层作为替代镀层，而对于装饰性代铬镀层，由于镀铬层的光亮色泽多年来已经为广大消费者接受，采用其他镀种代替装饰镀铬的一个基本要求是色泽要与原来的镀铬相当。能满足这种要求的主要是一些合金镀层。目前在市场上广泛采用的装饰性代铬镀层是锡钴锌三元合金镀层。而代硬铬镀层则有镍钨、镍钨硼等合金镀层。

（1）代铬镀层的特点

采用锡钴锌三元合金代铬的电镀工艺有如下特点：

① 光亮度和色度与铬接近　代铬的光亮度和色度与镀铬非常接近，以在亮镍上镀铬的反射率为 100%时，在亮镍上镀代铬可达 90%。

② 分散能力好　由于采用的是络合物型镀液，代铬的分散能力大大优于镀铬，且可以滚镀，这对于小型易滚镀五金件的代铬是很大的优点。

③ 抗蚀性高　代铬镀层由于采用的也是多层组合电镀，其抗蚀性能较好，在大气中有较好的抗变色和抗腐蚀性能。

（2）装饰代铬电镀工艺

锡钴锌装饰代铬电镀工艺的流程如下：镀前检验—化学除油—热水洗—水洗—酸洗—二次水洗—电化学除油—热水洗—二次水—活化—镀亮镍—回收—二次水洗—活化—水洗—镀代铬—二次水洗—钝化—二次水洗—干燥—检验。

工艺配方：

氯化亚锡	26～30g/L
氯化钴	8～12g/L
氯化锌	2～5g/L
焦磷酸钾	220～300g/L
代铬添加剂	20～30mL/L
代铬稳定剂	2～8mL/L
pH 值	8.5～9.5
温度	20～45℃
阴极电流密度	0.1～1A/dm^2
阳极	0 号锡板
阳极∶阴极	2∶1
时间	0.8～3min

阴极移动、连续过滤

滚镀工艺

氯化亚锡	21～30g/L
氯化钴	9～13g/L

氯化锌	2～6g/L
焦磷酸钾	220～300g/L
代铬添加剂	20～30mL/L
代铬稳定剂	2～8mL/L
pH 值	8.5～9.5
温度	20～45℃
阴极电流密度	0.1～1A/dm^2
阳极	0 号锡板
阳极：阴极	2：1
时间	8～20min
滚桶转速	6～12r/min
连续过滤	

（3）镀液配制与维护

镀代铬三元合金的配制要注意投料次序，否则会使镀液配制失败。

先在镀槽中加入镀液量 1/2 的蒸馏水，加热溶解焦磷酸钾。再将氯化亚锡分批慢慢边搅拌边加入其中，每次都要在其完全溶解后再加。另外取少量水溶解氯化钴和氯化锌，再在充分搅拌下加入到镀槽中，加水至体积，搅拌均匀。取样分析，确定各成分在工艺规定的范围。

加入代铬稳定剂和代铬添加剂，目前国内流行使用的是武汉风帆电镀技术有限公司的代铬 90 添加剂。

加入添加剂后，以小电流密度（0.1A/dm^2）电解数小时，即可试镀。

代铬稳定剂是水质不好时才加，如果水质较好可以不加。

镀液的维护主要依据化学分析和霍尔槽试验结果，添加剂的补充可根据镀液工作的安培小时数进行。代铬 90 的补加量为 150～200mL/（A・h）。

镀液的 pH 值管理很重要，一定要控制在 8.5～9.5 之间，偏低焦磷酸钾容易水解，过高镀液也会混浊。调整 pH 值宜用醋酸和稀释的氢氧化钾。

当镀层外观偏暗时，可能是氯化亚锡偏低或氯化钴偏高或偏低，可适当提高试验温度。阳极要采用 0 号锡板，否则，由阳极带入杂质会影响镀层性能。阳极面积应为阴极的 2 倍，并且可以加入 5%的锌板。

（4）镀后处理

为了提高镀层的抗变色性能，可以镀后进行钝化处理，钝化工艺如下：

重铬酸钾	8～10g/L
pH 值	3～5
温度	室温
时间	1～2min

（5）代硬铬工艺

代硬铬镀层主要指标是硬度和耐蚀性能，目前性能比较优良的有镍钨和镍钨硼等合金镀层。

硫酸镍	30～40g/L
钨酸钠	80～120g/L
柠檬酸	50g/L
pH 值	5～6
温度	45～60℃
阴极电流密度	4～12A/dm^2

镀层经过 500℃、1h 热处理，硬度可以达到最高值。

2.2　功能性电镀工艺

功能性电镀主要是通过电镀某些金属镀层赋予产品各种物理功能。这些功能性电镀层包括电性能镀层、磁性能镀层、钎焊性镀层、贵金属镀层，比如镀金、镀银、镀锡及合金、镀铂、镀钯、镀铑、镀铟等。

2.2.1　镀金

金是人们最为熟悉的贵金属，但对其化学性质和相关参数就不是所有人都了解的了。金的元素符号是 Au，原子序数 79，相对原子质量 197，密度 19.3g/cm^3，熔点 1063℃，沸点 2966℃，化合价为 1 或 3。

由于金具有极好的化学稳定性，与各种酸、碱几乎都不发生作用，因此在自然界也多以天然金的形式存在。自从被人类发现并加以应用以来，金一直都被当作最重要的货币金属和身份地位的象征，至今都没有什么改变。金本位制更是各国财政和全世界银行都在遵循的货币政策。黄金储备成为一个国家经济实力的重要标志。

金不仅具有重要的经济、政治价值，而且是重要的工业和科技材料。

金的质地很软，有非常好的延展性，可以加工成极细的丝和极薄的片，薄到可以透光。金在空气中极其稳定，不溶于酸，与硫化物也不发生反应，仅溶于王水和氰化钠/钾溶液，因而在电子工业、航天、航空和现代微电子技术中都扮演重要角色。

但是金的资源是有限的，不能像用常规金属那样大量广泛采用。为了节约这一贵重资源，经常用到的是金的合金，即平常所说的 K 金。K 金中金的含量见

表 2-10。

表 2-10　K 金中金的含量

K 金	24	22	20	18	14	12	9
含金量/%	100	91.7	83.3	75	58.3	50	37.5

对于许多制品来说，即使采用 K 金也显得很奢侈。因此，早在古代，就有了包金、贴金等技术，只在制品的表面层使用金。因此，在电镀技术发明以后，镀金就成为了一项重要的工艺。

电镀金早在 1800 年就有人进行过开发，但是并没有引起多大重视。直到 1913 年，Frary 在电化学杂志上发表了全面解说镀金的论文后，才迈出了近代镀金的第一步。但是早期的镀金是以氯化金为主盐，后来虽然发现加入了氰化物的镀液能镀出更好的金，但对其机理并不是很了解。1966 年，E. Raub 在 ***Plating*** 第 53 卷上发表了关于金的氰化物络合性质的报告，第一次解释了氰化镀金的原理。在此期间，德国开发了无氰中性镀金技术，可以获得工业用的厚金层。而在 1950 年左右，就已经有人发现在镀液中添加镍、钴等微量元素可以增加镀层的光亮度。这就是无机添加剂的作用。经过科技工作者的一系列努力，现在镀金已经成为成熟和系统化的技术。镀金液也因所使用的配方不同而分为碱性镀金、中性镀金和酸性镀金三大类。由于镀金成本昂贵，除了电铸和特殊工业需要外，大多数镀金层都是很薄的。镀金层的厚度与用途参见表 2-11。

表 2-11　镀金层的厚度与用途

镀金类型	厚度/μm	用途
工业镀厚金	100～1000	工业纯金主要用在电铸、半导体工业，以酸性镀液为主，也有用中性镀液的。也有为了提高力学性能而镀金合金，主要是碱性液，分为加温型和室温型。也有用酸性液的
装饰厚金	2～100	可以镀出 18～23K 成色的金，主要用在手表、首饰、钢笔、眼镜、工艺品等方面
装饰薄金	0.1～0.5	用在别针、小五金工艺品、中低档首饰等方面
着色薄金	0.05～0.1	可以镀出黄、绿、红、玫瑰色等彩金色，用于各种装饰品

2.2.1.1　碱性镀金

标准的碱性镀金电解液的配方如下：

氰化金钾　　1～5g/L

氰化钾　　15g/L

碳酸钾　　15g/L

磷酸氢二钾　15g/L

温度　50～65℃

电流密度　0.5A/dm^2

阳极　金或不锈钢

本镀液的主盐是氰化金钾，以 KAu（CN）$_2$ 的形式存在，参加电极反应时将发生以下离解：

$$KAu(CN)_2 \longrightarrow K^+ + [Au(CN)_2]^-$$

$$[Au(CN)_2]^- \longrightarrow Au^+ + 2CN^-$$

金盐的含量一般在 1～5g/L 之间，如果降至 0.5g/L 以下，则镀层会变得很差，出现红黑色镀层，这时必须补充金盐。

游离氰化钾对于以金为阳极的镀液可以保证阳极的正常溶解。这对稳定镀液的主盐是有意义的。应该保持游离氰化钾的量在 2～15g/L 之间。这时镀液的 pH 在 9.0 以上。

碳酸钾和磷酸钾组成缓冲剂，并增加镀液的导电性。碳酸盐在镀液工作过程中会自然生成，因此配制时可以不加到 15g/L。

如果要镀厚金，则在镀之前先预镀一层闪镀金，这样不仅仅是为了增加结合力，而且可以防止前道工序的镀液污染到正式镀液。闪镀金的配方和操作条件如下：

金盐　0.4～1.8g/L

游离氰化钾　18～40g/L

温度　43～55℃

电压　6～8V

时间　10s

氰化物镀金的电流密度范围在 0.1～0.5A/dm^2，温度则可以在 40～80℃，电流效率接近 100%。镀液的 pH 值一般在 9 以上，在有缓冲剂存在的情况下，可以不用管理 pH 值。如果没有缓冲剂，则要加以留意。镀金的颜色会因一些因素的变动而发生变化。

2.2.1.2　中性镀金

镀液的 pH 值在 6.5～7.5 之间调节的镀金最早是为瑞士钟表业开发的。用于这种镀液的pH值缓冲剂主要是像亚磷酸钠和磷酸氢二钠类的磷酸盐、酒石酸盐、柠檬酸盐等。由于将氰化物的量降至最低，因此这些盐的添加量都比较大，同时也起到增加电导率的作用。其典型的工艺如下：

氰化金钾　4g/L

磷酸氢二钠　　20g/L

磷酸二氢钠　　15g/L

pH 值　　7.0

温度　　65℃

阴极电流密度　　$1A/dm^2$

中性镀金因为要经常调整 pH 值，在管理上比较麻烦，但对印制电路板镀金或对酸、碱比较敏感的材料（例如高级手表制件等）的镀金，还是采用中性镀金比较好。为了提高中性镀金的稳定性，也可以在镀液中加入螯合剂，比如三亚己基四胺、乙基吡啶胺等。推荐的配方如下：

氰化金钾　　8g/L

氰化银钾　　0.2g/L

磷酸二氢钾　　5g/L

EDTA 二钠　　10g/L

pH 值　　7.0

电流密度　　$0.3A/dm^2$

2.2.1.3　酸性镀金

酸性镀金是随着功能性镀金层的需要而发展起来的技术，在工业领域已经有广泛的应用，是现代电子和微电子行业必不可少的镀种。这主要是由于酸性镀金有着较多的技术优势，比如光亮度、硬度、耐磨性、高结合力、高密度、高分散能力等。

酸性镀金的 pH 值一般在 3～3.5 之间，镀层的纯度在 99.99%以上。镀层的硬度和耐磨性等都比碱性氰化物镀层的要高，且可以镀得较厚的镀层。

典型的酸性镀金工艺如下：

氰化金钾　　4g/L

柠檬酸铵　　90g/L

电流密度　　$1A/dm^2$

温度　　60℃

pH 值　　3～6

阳极　　炭或白金

改进的酸性镀金工艺：

氰化金钾　　8g/L

柠檬酸钠　　50g/L

柠檬酸　　12g/L

硫酸钴　　0.05g/L

温度　　　32℃

电流密度　　1A/dm²

用于酸性镀金的络合剂除了柠檬酸盐外，还有酒石酸盐、EDTA 等。调节 pH 值则可以采用硫酸氢钠等。也有添加导电盐以改善镀层性能的，比如磷酸氢钾、磷酸氢铵、焦磷酸钠等。选择适当的络合剂和导电盐，可以获得较好的效果。

金盐的浓度可以在 1～10g/L 的范围变化。电流密度的范围则在 0.1～2.0A/dm²。在温度为 60～65℃的条件下，进行强力搅拌，可以获得光亮的镀金层。

2.2.2　镀银

银也是大家熟悉的贵金属，化学元素符号为 Ag，原子序数 47，相对原子质量 107.9，熔点 960.8℃，沸点 2212℃。化合价为 1，密度 10.5g/cm³。银和金一样富于延展性，是导电、导热极好的金属，因此在电子工业，特别是接插件、印制板等产品中有广泛应用。银很容易抛光，有美丽的银白色。化学性质稳定，但其表面非常容易与大气中的硫化物、氯化物等反应而变色。金属银粒对光敏感，因此是制作照相胶卷的重要原料。

银也大量用于制作工艺品、餐具、钱币、乐器等，或者作为这些制品的表面装饰镀层。为改善银的性能和节约银材，也开发了许多银合金，如银铜合金、银锌合金、银镍合金、银镉合金等。

最早提出氰化钾络合物镀银的是英国的 G.Flikingtom，他于 1838 年就发明了这种镀银方法。此后为美国的 S.Smith 所改进，在此后的二三十年间一直用在餐具、首饰等的电镀上。随着电子工业的进步和发展，镀银成为重要的电子功能性镀层，在印制板、接插件、波导等电子和通信产品中扮演了重要角色，也是电铸功能性制品或工艺制品的重要镀种。

银的标准电极电位（25℃，相对于氢标准电极，Ag/Ag^+）为+0.799V，因此，银镀层在大多数金属基材上是阴极镀层，并且在这些材料上进行电镀时要采取相应的防止置换镀层产生的措施。

这里所说的镀银前的处理不是通常意义上的镀前处理。由于银有非常正的电极电位，除了电位比它正的极少数金属，如金、白金等外，其他金属（如铜、铝、铁、镍、锡等）镀银，都会因为银的电位较正而在电镀时发生置换反应，使镀层的结合力出现问题。

2.2.2.1　预镀银

为了防止发生这种影响镀层结合力的置换镀过程，在正式镀银前，一般都要采用预镀措施。这种预镀液的要点是有很高的氰化物含量和很低的银离子浓度。

加上带电下槽，这样在极短的时间内（一般是 30s～1min），预镀上一层厚度约 0.5μm 的银镀层，就可以阻止置换镀过程的发生。

这种预镀过程由于时间很短，也被称为闪镀。预镀液一般分为两类，其标准组成如下。

（1）钢铁等基材上的预镀银

氰化银　　2g/L

氰化亚铜　　10g/L

氰化钾　　15g/L

温度　　20～30℃

电流密度　　1.5～2.5A/dm^2

（2）铜基材上的预镀银

氰化银　　4g/L

氰化钾　　18g/L

温度　　20～30℃

电流密度　　1.5～2.5A/dm^2

对于铁基材料，在实际操作中进行两次预镀，第一次在上述铁基预镀液中预镀，第二次在铜基预镀液中预镀，这样才能保证镀层的结合力。

如果是在镍基上镀银，可以采用铜基用的预镀液，但是在镀前要在 50%的盐酸溶液中预浸 10～30s，使表面处于活化状态。也可以采用阴极电解的方法让镍表面活化，这样可以进一步提高镀层的结合力。

对于不锈钢，可以采用与镍表面一样的处理方法。对于一些特殊的材料，都可以采用前述的两次预镀的方法，比较保险。

2.2.2.2　常规镀银和高速镀银

（1）常规镀银

氰化银　　35g/L

氰化钾　　60g/L

碳酸钾　　15g/L

游离氰化钾　　40g/L

温度　　20～25℃

阴极电流密度　　0.5～1.5A/dm^2

（2）高速镀银

氰化银　　75～110g/L

氰化钾　　90～140g/L

碳酸钾　　15g/L

氢氧化钾　　0.3g/L
游离氰化钾　　50～90g/L
pH 值　　>12
温度　　40～50℃
阴极电流密度　　5～10A/dm^2
阴极移动或搅拌

高速镀银与普通镀银的最大区别是主盐的浓度比普通镀银高 2～3 倍，镀液的温度也高一些。因此，可以在较大电流密度下工作，从而获得较厚的镀层，特别适合于电铸银的加工。镀液的 pH 值要求保持在 12 以上，是为了提高镀液的稳定性，同时对改善镀层和阳极状态都是有利的。

2.2.2.3 无氰镀银

氰化物是剧毒化学品。采用氰化物的镀液进行生产，对操作者、操作环境和自然环境都存在极大的安全威胁。因此，开发无氰电镀新工艺一直是电镀技术工作者努力的目标之一，并且许多镀种已经取得了较大的成功。比如无氰镀锌、无氰镀铜等，都已经在工业生产中广泛采用，但是无氰镀银则一直是一个难题。无氰镀银工艺所存在的问题主要有以下三个方面。

① 镀层性能　目前许多无氰镀银的镀层性能不能满足工艺要求，尤其是工程性镀银，比起装饰性镀银有更多的要求。比如镀层结晶不如氰化物细腻平滑；镀层纯度不够，镀层中有机物有夹杂，导致硬度过高、电导率下降等；还有焊接性能下降等问题。这些对于电子电镀来说都是很敏感的。有些无氰镀银由于电流密度小，沉积速度慢，不能用于镀厚银，更不要说用于高速电镀。

② 镀液稳定性　无氰镀银的镀液稳定性也是一个重要指标。许多无氰镀银镀液的稳定性都存在问题，无论是碱性镀液还是酸性镀液或是中性镀液，都不同程度地存在镀液稳定性问题，这主要是替代氰化物的络合剂的络合能力不能与氰化物相比，使银离子在一定条件下会产生化学还原反应，积累到一定量就会出现沉淀，给管理和操作带来不便，同时令成本也有所增加。

③ 工艺性能　工艺性能不能满足电镀加工的需要。无氰镀银往往分散能力差，阴极电流密度低，阳极容易钝化，使得在应用中受到一定限制。

综合考察各种无氰镀银工艺，比较好的至少存在上述三个方面问题中的一个，差一些的存在两个甚至三个方面的问题。正是这些问题影响了无氰镀银工艺实用化的进程。

尽管如此，还是有一些无氰镀银工艺在某些场合中有着应用，特别是近年对环境保护的要求越来越高，一些企业已经开始采用无氰镀银工艺。这些无氰镀银工艺的工艺控制范围比较窄，要求有较严格的流程管理。

以下介绍的是有一定工业生产价值的无氰镀银工艺，包括中早期开发的无氰镀银工艺中采用新开发的添加剂或光亮剂。

（1）硫代硫酸盐镀银

硫代硫酸盐镀银所采用的络合剂为硫代硫酸钠或硫代硫酸铵。在镀液中，银与硫代硫酸盐形成阴离子型络合物$[Ag(S_2O_3)_2]^{3-}$。在亚硫酸盐的保护下，镀液有较高的稳定性。

硝酸银	40g/L
硫代硫酸钠（铵）	200g/L
焦亚硫酸钾（采用亚硫酸氢钾也可以）	40g/L
pH 值	5
温度	室温
阴极电流密度	0.2～0.3A/dm^2
阴、阳面积比	1∶（2～3）

在镀液成分的管理中，保持硝酸银∶焦亚硫酸钾∶硫代硫酸钠＝1∶1∶5最好。

镀液的配制方法如下。

① 先用一部分水溶解硫代硫酸钠（或硫代硫酸铵）。

② 将硝酸银和焦亚硫酸钾（或亚硫酸氢钾）分别溶于蒸馏水中，在不断搅拌下进行混合。此时生成白色沉淀，立即加入硫代硫酸钠（或硫代硫酸铵）溶液并不断搅拌，使白色沉淀完全溶解，再加水至所需要的量。

③ 将配制成的镀液放于日光下照射数小时，加 0.5g/L 的活性炭，过滤，即得清澈镀液。

配制过程中要特别注意，不要将硝酸银直接加入到硫代硫酸钠（或硫代硫酸铵）溶液中，否则溶液容易变黑。因为硝酸银会与硫代硫酸盐作用，首先生成白色的硫代硫酸银沉淀，然后会逐渐水解变成黑色的硫化银：

$$2AgNO_3 + Na_2S_2O_3 = Ag_2S_2O_3\downarrow\text{（白色）} + 2NaNO_3$$

$$Ag_2S_2O_3 + H_2O = Ag_2S\downarrow\text{（黑色）} + H_2SO_4$$

新配的镀液可能会显微黄色，或有轻微混浊或极少量的沉淀，过滤后即可以变清。正式试镀前可以先电解一定时间。这时阳极可能会出现黑膜，可以用铜丝刷刷去，并适当增加阳极面积，以降低阳极电流密度。

在补充镀液中的银离子时，一定要按配制方法的程序进行，不可以直接往镀液中加硝酸银。同时，保持镀液中焦亚硫酸钾（或亚硫酸氢钾）的量在正常范围也很重要。因为它的存在有利于硫代硫酸盐的稳定。否则，硫代硫酸根会出现析出硫的反应，而硫的析出对镀银是非常不利的。

（2）磺基水杨酸镀银

磺基水杨酸镀银是以磺基水杨酸和铵盐作双络合剂的无氰镀银工艺。当镀液的 pH 值为 9 时，可以生成混合配位的络合物，从而增加镀液的稳定性，这样镀层的结晶比较细致。其缺点是镀液中含有的氨容易使铜溶解而增加镀液中铜杂质的量。

磺基水杨酸	100～140g/L
硝酸银	20～40g/L
醋酸	46～68g/L
氨水（25%）	44～66mL/L
总氨量	20～30g/L
氢氧化钾	8～13g/L
pH 值	8.5～9.5
阴极电流密度	0.2～0.4A/dm^2

总氨量是分析时控制的指标，指醋酸铵和氨水中氨的总和。例如总氨量为 20g/L 时，需要醋酸铵 46g/L（含氨 10g/L），需要氨水 44mL/L（含氨 10g/L）。

镀液的配制（以 1L 为例）方法如下：

① 将 120g 的磺基水杨酸溶于 500mL 水中；

② 将 10g 氢氧化钾溶于 30mL 水中，冷却后加入到上液中；

③ 取硝酸银 30g 溶于 50mL 蒸馏水中，再加入到上液中；

④ 取 50g 醋酸铵，溶于 50mL 水中，加入到上液中；

⑤ 最后取氨水 55mL 加到上液中，镀液配制完成。

磺基水杨酸是本工艺的主络合剂，同时又是表面活性剂。要保证镀液中的磺基水杨酸有足够的量。低于 90g/L，阳极会发生钝化；高于 170g/L，阴极的电流密度会下降。以保持在 100～150g/L 为宜。

硝酸银的含量不可偏高，否则会使深镀能力下降，镀层的结晶变粗。

由于镀液的 pH 值受氨挥发的影响，因此要经常调整 pH 值。定期测定总氨量。用 20%氢氧化钾或浓氨水调整 pH 值到 9，方可正常电镀，并要经常注意阳极的状态，不应有黄色膜生成。如果有黄膜生成，则应刷洗干净，并且要增大阳极面积，降低阳极电流密度，也可适当提高总氨量。

2.2.3 镀锡

2.2.3.1 常用的镀锡

（1）氟硼酸盐镀锡

氟硼酸锡	15～20g/L

氟硼酸	200～350g/L
硼酸	30～35g/L
甲醛	20～30mL/L
平平加	30～40mL/L
2-甲基醛缩苯胺	30～40mL/L
β-萘酚	1mL/L
温度	15～25℃
阴极电流密度	1～3A/dm^2
阴极移动	需要

（2）磺酸盐镀锡

甲基磺酸锡	15～25g/L
羟基酸	80～120g/L
乙醛	8～10mL/L
光亮剂	15～25mL/L
分散剂	5～10mL/L
稳定剂	10～20mL/L
温度	15～25℃
阴极电流密度	1～5A/dm^2
阴极移动	1～3m/min

（3）硫酸盐镀锡

硫酸亚锡	25～60g/L
硫酸	120～180g/L
添加剂 A	8～18mL/L
添加剂 B	5～10mL/L
温度	10～25℃
阴极电流密度	1～5A/dm^2
阴极移动	20～30 次/min

2.2.3.2 焊接性镀锡合金

（1）锡银合金

锡银合金是为了取代锡铅合金而开发的焊接性镀层，由于锡与银的电位相差935mV，在简单盐镀液中是很难得到锡银合金镀层的，因此已经开发的锡银合金镀层几乎都是络合物体系。镀层中银的含量可以控制在 2.5%～5.0%（质量分数）之间。

氯化亚锡	45g/L

碘化银 1.2g/L
焦磷酸钾 200g/L
碘化钾 330g/L
pH 值 8.9
温度 室温
阴极电流密度 0.2～2A/dm^2
阳极 不溶性阳极
阴极移动 需要

（2）锡铋合金

这也是为替代锡铅而开发的可焊合金。

硫酸亚锡 50g/L
硫酸铋 2g/L
硫酸 100g/L
氯化钠 1g/L
光亮剂 适量
温度 室温
pH 值 强酸性
阴极电流密度 2A/dm^2
阳极 纯锡板
阴极移动 需要
镀层含铋量 3%

（3）锡锌合金

硫酸亚锡 40g/L
硫酸锌 5g/L
磺基丁二酸 110g/L
pH 值 4
温度 室温
阴极电流密度 2A/dm^2
阳极 含 10%锌的锡合金
阴极移动 需要
镀层中含锌量 10%

（4）锡铈合金

硫酸亚锡 35～45g/L
硫酸高铈 5～10g/L
硫酸 135～145g/L

光亮剂　15mL/L
稳定剂　15mL/L
温度　室温
阴极电流密度　1.5～3.5A/dm^2
阴极移动　需要

（5）锡铅合金

氟硼酸锡　15～20g/L
氟硼酸铅　44～62g/L
氟硼酸　260～300g/L
硼酸　30～35g/L
甲醛　20～30mL/L
平平加　30～40mL/L
2-甲基醛缩苯胺　30～40mL/L
β-萘酚　1mL/L
温度　15～25℃
阴极电流密度　1～3A/dm^2
阴极移动　需要

由于铅已经是明令禁止使用的元素，因此，这一工艺已经面临淘汰。

2.2.4 其他贵金属电镀

2.2.4.1 镀铂工艺

（1）硝酸盐工艺

亚硝酸二氨铂　10g/L
硝酸铵　100g/L
硝酸钠　10g/L
氨水　50mL/L
温度　90～95℃
阴极电流密度　1～1.5A/dm^2
阴极电流效率　10%

这一工艺的电流效率很低，因此要维持较高的工作温度。同时在主盐达5g/L以上，就要对镀液进行充分搅拌，才能得到较好的镀层。采用5A/dm^{2}的电流密度，电镀1h，可以获得5μm的镀层。

（2）磷酸盐工艺

氯化铂酸（H_2PtCl_6）　4g/L

磷酸氢二铵　　20g/L
磷酸氢二钠　　100g/L
温度　　50～70℃
电流密度　　$1A/dm^2$

还有一个高浓度的磷酸盐镀铂工艺如下：

氯化铂酸（H_2PtCl_6）　　34g/L
磷酸氢二铵　　30g/L
磷酸氢二钠　　300g/L
pH 值　　4～7
温度　　70℃
电流密度　　$2.5A/dm^2$

2.2.4.2　镀钯

钯是 1803 年由英国化学家和物理学家武拉斯顿博士发现的，他将钯命名为 palladium，为纪念当时刚发现的一颗小行星 Pallas（武女星）。由此可以窥见武拉斯顿博士的兴趣广泛。被他同时发现的还有铑。

钯是银白色金属，化学元素符号为 Pd，相对原子质量 106.4，密度 $12.02g/cm^3$。钯的化学性质稳定，不溶于冷硫酸和盐酸，溶于硝酸、王水和熔融的碱中。在大气中有良好的抗蚀能力。二价钯的电化当量为 1.99g/（A・h），标准电极电位 $Pd^{2+}/Pd^{+} = 0.82V$。

钯镀层的硬度较高，这与金属钯本身的性质有较大差别。另外，钯的接触电阻很低，且不变化，因此广泛用于电子工业。

（1）镀钯工艺

① 铵盐型

二氯化四氨钯　　10～20g/L
氨水　　20～30g/L
游离铵　　2～3g/L
氯化铵　　10～20g/L
pH 值　　9
温度　　15～35℃
阴极电流密度　　$0.25～0.5A/dm^2$
阳极　　纯石墨

② 磷酸盐型

氯酸钯　　10g/L
磷酸氢二铵　　20g/L

磷酸氢二钠　　100g/L
苯甲酸　　2.5g/L
pH 值　　6.5～7.0
温度　　50～60℃
阴极电流密度　　0.1～0.2A/dm^2
阳极材料　　纯石墨

（2）镀液的配制

① 铵盐型

将二氯化钯溶于 60～70℃的盐酸中，按每升镀液需要 33g 二氯化钯和 50mL 10%的盐酸计，反应式如下：

$$PdCl_2 + 2HCl = H_2PdCl_4$$

在搅拌下加入 26mL 浓氨水，生成红色沉淀，再将沉淀溶于过量的氨水中，形成绿色二氯化四氨钯：

$$H_2PdCl_4 + 6NH_4OH = Pd(NH_3)_4Cl_2 + 2NH_4Cl + 6H_2O$$

过滤溶液，除去氢氧化铁等杂质，再加入 10%的盐酸，直到形成红色沉淀：

$$Pd(NH_3)_4Cl_2 + 2HCl = Pd(NH_3)_2Cl_2\downarrow\text{（红色）} + 2NH_4Cl$$

用滤斗过滤沉淀，并用蒸馏水洗净，直到试纸刚好不显酸性。将洗涤液收集在容器中，并蒸发水分，回收钯盐。然后将沉淀溶于 180mL 氨水中，加氯化铵 150g/L，加水至所需要刻度，调 pH 值至 9，即可以试镀。阳极用钯或铂。

二氯化钯可以自己制备。方法如下：将钯屑溶于王水中，蒸干。用浓盐酸润湿干燥的沉淀。按每 20g 钯加 10mL 浓盐酸计，再蒸干。重复 2～3 次，将干的沉淀溶于 10%的盐酸中，即形成二氯化钯（$PdCl_2 \cdot 2H_2O$）。

② 磷酸盐型

先制备氯钯酸。精确称取金属钯屑溶解于热的王水中，待完全溶解后蒸发干。然后缓缓加入热浓盐酸（按 10g 加入 10mL 盐酸计），润湿干燥的沉淀物，再重新蒸发干，将蒸干的浓缩物溶解到蒸馏水中，制成氯钯酸溶液。

将制好的氯钯酸溶液加入到磷酸氢二铵水溶液中，然后将分别溶解好的苯甲酸和磷酸氢二钠加入到上述溶液中，加水至工作容积，并充分加以搅拌，即制得所需要的镀液。

（3）镀液的维护

铵盐镀钯的主盐浓度控制在 15～18g/L 之间比较合适。含量过低或过高，对镀层质量都会有不利影响。少于 10g/L 时，镀层颜色差、不均匀，甚至发黑。

氯化铵在镀液中主要起导电盐的作用，同时与氢氧化钠形成缓冲剂，起到稳定镀液 pH 值的作用。

2.2.4.3 镀铑

铑也是一种银白色金属，化学元素符号为 Rh。铑是铂族元素中最贵重的一种金属。熔点达 1970℃，密度为 12.4g/cm^3。铑的化学稳定性极高，对硫化物有高度的稳定性，连王水也不能溶解它。同时有很高的硬度，反光性能也好，因此在光学工业中有广泛应用。在电子工业中也有较多应用，主要是用作镀银层表面的闪镀，以防变色。

最早的镀铑是 1930 年左右出现在美国。经过第二次世界大战，自 20 世纪 50 年代以后在现代工业中有了广泛应用。特别是在电子工业中，为了提高电子装备的可靠性，对高频及超高频器件镀银后再镀上一层极薄的铑镀层，不仅可以防止银层变色，而且能提高接插元件的耐磨性。

常用的镀铑液有硫酸型、磷酸型和氨基磺酸型三种。

（1）镀铑工艺

① 硫酸型

硫酸铑	2g/L
硫酸	30g/L
温度	50℃
阴极电流密度	1.5～2A/dm^2
阳极	铂丝或板

如果要获得较厚镀层，则要提高主盐浓度至 4～10g/L，硫酸也相应提高到 40～90g/L。这时镀液的温度可以提高到 60℃，电流密度也可以升高到 5A/dm^2。

② 磷酸型

磷酸铑	8～12g/L
磷酸	60～80g/L
温度	30～50℃
阴极电流密度	0.5～1A/dm^2
阳极	铂丝或板

③ 氨基磺酸型

氨基磺酸铑	2～4g/L
氨基磺酸	20～30g/L
硫酸铜	0.6g/L
硝酸铅	0.5g/L
温度	35～55℃
阳极	铂丝或板

（2）镀液的配制

由于铑的盐制品不易购到，因此，配制镀铑的要点是制备铑与酸反应生成的盐。

① 先将硫酸氢钾在研钵中研细，然后按硫酸氢钾∶铑=30∶1（质量比）的比例称取硫酸氢钾和铑粉。

② 将铑粉与硫酸氢钾均匀混合，放入干净的瓷坩埚里（坩埚内先放一层硫酸氢钾打底），然后在表面轻轻盖上一层硫酸氢钾。

③ 待马弗炉预热到250℃时，将盛有混合物的坩埚放入炉中，升温至450℃时恒温1h，再升温至580℃恒温3h，然后停止加热，随炉冷却至接近室温取出。

④ 将烧结物从坩埚取出移入烧杯内，加适量蒸馏水，加热到60～70℃，搅拌，使其溶解，得到粗制硫酸铑。

⑤ 将粗制硫酸铑溶液过滤，将沉渣用蒸馏水洗2～3次，连同滤纸放入坩埚里灰化、保存，留待下次烧结铑粉时再用。

⑥ 将滤液加热至50～60℃，在搅拌下慢慢加入10%氢氧化钠，使硫酸铑完全生成谷黄色氢氧化铑沉淀（氢氧化钠的加入量以使溶液呈弱碱性为准，即pH = 6.5～7.2。当碱过量时，氢氧化铑会溶解在其中）。

⑦ 将沉淀物过滤，并用温水洗涤4～5次。

⑧ 将沉淀物和滤纸一起移入烧杯中，加水润湿，根据溶液类型滴加硫酸或磷酸至沉淀全部溶解。氨基磺酸镀液也先用硫酸溶解，然后加入已溶解好的氨基磺酸。

其他材料可各自溶解后，再逐步加入，并补充蒸馏水至工作液的液面。

还有一种制备镀铑溶液的方法为电解，这种方法比上述烧制法要简便许多，但是比较费时间。

具体操作方法如下：在烧杯中放入铑粉和5%的硫酸200mL，用光谱纯级炭电极作两个电极，用变压器将交流电压降至4～6V，再用可变电阻调节电解电流（以免两极产生过量的气体），并且开动搅拌器让铑粉悬浮于溶液中，成为瞬时的双电极，以使铑在交流电场下不断地氧化和钝化而溶解成硫酸铑。电解几天后，化验含量是否是所需要的量，如果符合要求，即可以终止电解。电解时要盖上有孔的表面器皿，以防止灰尘落入槽中并减少水分的蒸发。过滤铑镀液时，滤纸上的铑粉和炭粉应用蒸馏水洗干净，留待下次电解时再用。所得滤液经化验和补料后，即可进行试镀。在需要大量配制时，可用多个烧杯串联电解。整个工艺过程要有排气装置。

（3）镀液的维护

铑盐是镀液的主盐，在硫酸盐镀液中，铑的浓度范围在1～4g/L之间都可以获得优质的镀层。在一定的温度和电流密度下，随着铑含量的增加，电流效率也随之上升。为了获得光亮度高、孔隙少的镀层，铑的浓度宜控制在1～2g/L，但是当铑的含量低于1g/L，镀层的颜色发红变暗，并且镀层的孔隙率增加。在氨基磺酸盐镀液中，主盐的浓度则不应低于2g/L，否则，镀层会发灰且没有光泽。

2.2.4.4 镀钛

钛也是银白色金属，化学元素符号为Ti，相对原子质量47.9，熔点1960℃。三价钛的电化当量为0.446g/(A•h)，标准电位为+0.37V。钛的延展性好，耐腐蚀性强，不受大气和海水的影响，与各种浓度的硝酸、稀硫酸和弱碱的作用非常缓慢，但是溶于盐酸、浓硫酸、王水和氢氟酸。

钛镀层有较高的硬度，良好的耐冲击性、耐热性、耐腐蚀性和较高的抗疲劳强度。

镀钛的工艺如下。

（1）酸性镀液

氢氧化钛	100g/L
氢氟酸	250mL/L
硼酸	100g/L
氟化铵	50g/L
明胶	2g/L
pH值	3～3.4
温度	20～50℃
阴极电流密度	2～3A/dm^2

（2）碱性镀液

海绵钛	10～12g/L
氢氧化钠	28～30g/L
酒石酸钾钠	290～300g/L
柠檬酸	8～10g/L
葡萄糖	6～8g/L
双氧水	300～350mL/L
平平加	微量
pH值	12
温度	70℃
阳极	带阳极袋的炭棒

2.2.4.5 镀铟

铟是在发明了分光计之后才得以发现的元素。1860年德国著名科学家本生和克希荷夫发明了分光计。1863年德国人赖希（F. Reich）和里希特（H. T. Richter）在研究闪锌矿时，用光谱分析含氧化锌的溶液，发现一条鲜蓝色新谱线，随后分离出一种新的金属。根据谱线颜色，按拉丁文 indium（蓝色）命名为铟。

铟（In）是一种银白色金属。相对原子质量 114.82，标准电极电位为+0.33V，电化当量 1.427g/(A • h）。常温下纯铟不被空气或硫氧化，温度超过熔点时，可迅速与氧和硫化合。铟的可塑性强，有延展性，可压成极薄的铟片，很软，能用指甲刻痕。

铟是制造半导体、焊料、无线电器件、整流器、热电偶的重要材料。纯度为 99.97%的铟是制作高速航空发动机银铅铟轴承的材料，低熔点合金如伍德合金中每加 1%的铟可降低熔点 1.45℃，当加到 19.1%时熔点可降到 47℃。铟与锡的合金（各 50%）可作真空密封之用，能使玻璃与玻璃或玻璃与金属粘接。金、钯、银、铜与铟组成的合金常用来制作假牙和装饰品。铟是锗晶体管中的掺杂剂，在 PNP 锗晶体管生产中使用铟的数量最多。

铟镀层主要用于反光镜及高科技产品，也用于内燃机巴比合金轴承等作减摩镀层。常用的镀铟有以下三种。

（1）氰化物镀铟

氯化铟	15～30g/L
氰化钾	140～160g/L
氢氧化钾	30～40g/L
葡萄糖	20～30g/L
pH 值	11
温度	15～35℃
阴极电流密度	10～15A/dm^2
阴极电流效率	50%～60%
阳极	石墨

（2）硼氟酸盐镀铟

硼氟酸铟	20～25g/L
硼氟酸（游离）	10～20mL/L
硼酸	5～10g/L
木工胶	1～2g/L
pH 值	1.0
温度	15～25℃
阴极电流密度	2～3A/dm^2
阴极电流效率	30%～40%
阳极	石墨

（3）硫酸盐镀铟

硫酸铟	50～70g/L

硫酸钠	10～15g/L
pH 值	2～2.7
温度	18～25℃
阴极电流密度	1～2A/dm^2
阴极电流效率	30%～80%
阳极	石墨

2.3　非金属电镀工艺

2.3.1　ABS 塑料电镀

ABS 是由丙烯腈（acrylonitrile）、丁二烯（butadiene）和苯乙烯（styrene）共聚而得的塑料。ABS 塑料电镀随着塑料技术和电镀技术的进步，有了一些新的产品和工艺出现，并且今后还会有进一步的发展，但是就 ABS 塑料电镀整体而言，目前大量采用的仍然是最为通用和成熟的技术。这些技术和工艺是基于对其原理的比较充分的研究和认识，并有大量实践支持，在试验和工业生产中都有很好的重现性。以下介绍的就是这组工艺。

ABS 塑料电镀工艺可以分为三大部分，即前处理工艺、化学镀工艺和电镀工艺。每个部分含有若干流程或工序。下面将分别加以详细介绍。

2.3.1.1　前处理工艺

前处理工艺包括表面整理、内应力检查、除油和粗化。分述如下。

（1）表面整理

在 ABS 塑料进行各项处理之前，要对其进行表面整理，这是因为在塑料注塑成型过程中会有应力残留。特别是浇口和与浇口对应的部位，会有内应力产生。如果不加以消除，这些部位会在电镀中产生镀层起泡现象。在电镀过程中如果发现某一件产品的同一部位容易起泡，就要检查是否是浇口或与浇口对应的部位，并进行内应力检查，但是为了防患于未然，预先进行去应力是必要的。

一般性表面整理可以在 20%丙酮溶液中浸 5～10s。

去应力的方法是在 80℃恒温下用烘箱或者水浴处理至少 8h。

（2）内应力检查

在室温下将注塑成型的 ABS 塑料制品放入冰醋酸中浸 2～3min，然后仔细地清洗表面，晾干。在 40 倍放大镜或立体显微镜下观察表面，如果呈白色表面且裂纹很多，说明塑料的内应力较大，不能马上电镀，要进行去应力处理。如果呈现塑料原色，则说明没有内应力或内应力很小。内应力严重时，经过上述处理，不用放大镜就能够看到塑料表面的裂纹。

（3）除油

有很多商业除油剂可供选用，也可以采用以下配方：

磷酸钠　　20g/L
氢氧化钠　　5g/L
碳酸钠　　20g/L
乳化剂　　1mL/L
温度　　60℃
时间　　30min

除油之后，先在热水中清洗，然后在清水中清洗干净，在5%的硫酸中中和后，再清洗，才能进入粗化工序，这样可以保护粗化液，使之寿命得以延长。

（4）粗化

ABS 塑料的粗化方法有三类，即高硫酸型、高铬酸型和磷酸型，从环境保护的角度看，现在宜采用高硫酸型。

① 高硫酸型粗化液

硫酸（质量分数）　　80%
铬酸（质量分数）　　4%
温度　　50～60℃
时间　　5～15min

这种粗化液的效果没有高铬酸型好，因此时间上长一些好。

② 高铬酸型粗化液

铬酐（质量分数）　　26%～28%
硫酸（质量分数）　　13%～23%
温度　　50～60℃
时间　　5～10min

这种粗化液通用性比较好，适合于不同牌号的 ABS，对于含 B 成分较少的要适当延长时间或提高一点温度。

③ 磷酸型粗化液

磷酸（质量分数）　　20%
硫酸（质量分数）　　50%
铬酐　　30g/L
温度　　60℃
时间　　5～15min

这种粗化液的粗化效果较好，时间也是以长一点为好，但是成分多一种，成本也会增加一些，所以一般不大用。

所有粗化液的寿命是和所处理塑料制品的量与时间成正比的。随着粗化量的加大和时间的延长，三价铬的量会上升，粗化液的作用会下降，可以分析后补加，但是当三价铬太多时，处理液的颜色会呈现墨绿色，要弃掉一部分旧液后再补加铬酸。

粗化完毕的制件要充分清洗。由于铬酸浓度很高，首先要在回收槽中加以回收，再经过多次清洗，并浸 5%的盐酸后，再经过清洗方可进入以下流程。

2.3.1.2　化学镀工艺

化学镀工艺包括敏化、活化、化学镀铜或者化学镀镍。由于化学镀铜和化学镀镍要用到不同的工艺，所以将分别介绍两组不同的工艺。

（1）化学镀铜工艺

① 敏化

氯化亚锡	10g/L
盐酸	40mL/L
温度	15～30℃
时间	1～3min

在敏化液中放入纯锡块，可以抑制四价锡的产生。经敏化处理后的制件要经过蒸馏水清洗才能进入活化工序，以防止氯离子带入而消耗银离子。

② 银盐活化

硝酸银	3～5g/L
氨水	加至透明
温度	室温
时间	5～10min

这种活化液的优点是成本较低，并且较容易根据活化表面的颜色变化来判断活化的效果。因为硝酸银还原为金属银活化层的颜色是棕色的，如果颜色很淡，活化就不够，或者延长时间，或者活化液要补料。也可以采用钯活化法，这时可以用胶体钯法，也可以采用下述分步活化法。如果是胶体钯法，则上道敏化工序可以不要，活化后加一道解胶工序。

③ 钯盐活化

氯化钯	0.2～0.4g/L
盐酸	1～3mL/L
温度	25～40℃
时间	3～5min

经过活化处理并充分清洗后的塑料制品可以进入化学镀流程。活化液没有清

洗干净的制品如果进入化学镀液，将会引起化学镀的自催化分解，这一点务必加以注意。

④ 化学镀铜

硫酸铜　　7g/L
氯化镍　　1g/L
氢氧化钠　　5g/L
酒石酸钾钠　　20g/L
甲醛　　25mL/L
温度　　20～25℃
pH 值　　11～12.5
时间　　10～30min

化学镀铜最大的问题是稳定性不够，所以要小心维护，采用空气搅拌的同时能够进行过滤更好。在补加消耗原料时，以 1g 金属 4mL 还原剂计算。

（2）化学镀镍工艺

① 敏化

氯化亚锡　　5～20g/L
盐酸　　2～10mL/L
温度　　25～35℃
时间　　3～5min

② 活化

氯化钯　　0.4～0.6g/L
盐酸　　3～6mL/L
温度　　25～40℃
时间　　3～5min

化学镀镍只能用钯作活化剂而很难用银催化，同时钯离子的浓度也要高一些。现在大多数已经采用一步活化法进行化学镀镍，也就是采用胶体钯法一步活化。由于表面活性剂技术的进步，在商业活化剂中，金属钯的含量已经大大降低，0.1g/L 的钯盐就可以起到活化作用。

③ 化学镀镍

硫酸镍　　10～20g/L
柠檬酸钠　　30～60g/L
氯化钠　　30～60g/L
次亚磷酸钠　　5～20g/L
pH 值（氨水调）　8～9
温度　　40～50℃

时间　　　　　　　5～15min

化学镀镍的导电性、光泽性都优于化学镀铜，同时溶液本身的稳定性也比较高。平时的补加可以采用镍盐浓度比色法进行。补充时硫酸镍和次亚磷酸钠各按新配量的 50%～60%加入即可。每班次操作完成后，可以用硫酸将 pH 值调低至 3～4，这样可以较长时间存放而不失效。加工量大时每天都应当过滤，平时至少每周过滤一次。

2.3.1.3　电镀工艺

电镀工艺分为加厚电镀、装饰性电镀和功能性电镀三类。

（1）加厚电镀

由于化学镀层非常薄，要使塑料达到金属化的效果，镀层必须要有一定的厚度，因此要在化学镀后进行加厚电镀。同时，加厚电镀也为后面进一步的装饰或者功能性电镀增加了可靠性，如果不进行加厚镀，很多场合，镀层在各种常规电镀液内会出现质量问题，主要是上镀不全或局部化学镀层溶解导致出现废品。

① 第一种加厚液

硫酸镍　　　　　150～250g/L

氯化镍　　　　　30～50g/L

硼酸　　　　　　30～50g/L

温度　　　　　　30～40℃

pH 值　　　　　 3～5

阴极电流密度　　0.5～1.5A/dm^2

时间　　　　　　视要求而定

② 第二种加厚液

硫酸铜　　　　　150～200g/L

硫酸　　　　　　47～65g/L

添加剂　　　　　0.5～2mL/L

阳极　　　　　　酸性镀铜专用磷铜阳极

阴极移动或镀液搅拌

温度　　　　　　15～25℃

阴极电流密度　　0.5～1.5A/dm^2

时间　　　　　　视要求而定

其中电镀添加剂可以用任何一种市场在售的商业光亮剂。

③ 第三种加厚液

焦磷酸铜　　　　80～100g/L

焦磷酸钾　　　　260～320g/L

氨水　　3～6mL/L
pH值　　8～9
温度　　40～45℃
阴极电流密度　　0.3～1A/dm^2

以上三种加厚镀液对于化学镀镍都适用，但以镀镍加厚为宜，而化学镀铜则采用硫酸盐镀铜即可。

（2）装饰性电镀

① 酸性光亮镀铜

硫酸铜　　185～220g/L
硫酸　　55～65g/L
商业光亮剂　　1～5mL/L
温度　　15～25℃
阴极电流密度　　2～5A/dm^2
阴极移动　　需要
阳极　　酸性镀铜用磷铜阳极
时间　　30min

② 光亮镀镍

硫酸镍　　280～320g/L
氯化镍　　40～45g/L
硼酸　　30～40g/L
商业光亮剂　　2～5mL/L
温度　　40～50℃
pH值　　4～5
阴极电流密度　　3～3.5A/dm^2
时间　　10～15min

以上两种工艺都要求阴极移动或镀液搅拌。最好是采用循环过滤，既可以搅拌镀液，又可以保持镀液的干净。

装饰性电镀可以是铜-镍-铬工艺，也可以是光亮铜再进行其他精饰，比如刷光后古铜化处理，也可以在光亮铜后加镀光亮镍，再镀仿金等。

③ 装饰性镀铬

铬酸　　280～360g/L
氟硅酸钠　　5～10g/L
硅酸　　0.2～1g/L
温度　　35～40℃
槽电压　　3.5～8V

阴极电流密度　　$3\sim10A/dm^2$
时间　　$2\sim5min$

这是适合于塑料电镀的低温型装饰镀铬，但是由于铬的使用越来越受到限制，现在已经有许多其他代铬镀层可供选用。

推荐的代铬镀液如下：

氯化亚锡　　26～30g/L
氯化钴　　8～12g/L
氯化锌　　2～5g/L
焦磷酸钾　　220～300g/L
代铬-90 添加剂　　20～30mL/L
代铬稳定剂　　2～8mL/L
pH 值　　8.5～9.5
温度　　20～45℃
阴极电流密度　　$0.1\sim1A/dm^2$
阳极　　纯锡板（0 号锡）
时间　　1～5min
阴极移动或循环过滤

代铬-90 添加剂是目前国内通用的商业添加剂。

（3）功能性电镀

所谓功能性电镀就是让镀层具有产品设计所要求的物理化学功能。这类镀层在电镀领域较多，包括导电性镀金/银/铜、可焊性镀锡、磁性镀钴/镍等。可按设计要求选择。

2.3.1.4　不良镀层的退除

ABS 塑料电镀要想提高合格率，切忌在全部完工后再做终检，这时发现问题再返工，工时和材料的浪费都很大。因此要加强工序间检查，不让不良品流入下道工序，避免做出成品再返工。因为只有在前处理工序发现问题才易于纠正，如果待电镀完成后再返工，不仅浪费太大，并且退除镀层也是很麻烦的工作。

ABS 塑料电镀制品可以允许返工后再镀，返工的制品在镀层退除后，可以不经粗化或减少粗化时间就进行金属化处理，但是这种返工以 3 次为限，有些制件可以返工 5 次，超过 5 次就不宜再进行电镀加工了。这时无论是结合力还是外观都会不合格。

镀层的退除可以采用电镀通用的办法。比如在盐酸中退除镀铬层，在废粗化液内退铜镀层，在硝酸内退银镍等。

但是分步退镀的方法比较麻烦，且要占用几个工作槽。由于塑料本身不易发生过腐蚀问题，所以可以采用一步退镀的方法。一步退镀方法适合于已经镀有所有镀层的制品，当然也适合镀有任一镀层的制品：

盐酸	50%
双氧水	5～10mL
温度	室温
时间	退尽所有镀层为止

双氧水要少加和经常补加，一次加入过多会放热严重而导致变形等。另外，对于镀有装饰铬的镀层，可以先在浓盐酸中将铬退尽后再使用上述退镀液。

2.3.2 聚丙烯（PP 塑料）电镀

聚丙烯（polypropylene）简称 PP 塑料，是一种石油、天然气裂化而制得丙烯后，再加以催化剂聚合而成的高分子聚合物，是 20 世纪 60 年代才发展起来的新型塑料。其主要特点是密度小，仅为 0.9～0.91g/cm^3；耐热性能好，可在 100℃以上使用，在没有外力作用的情况下，150℃也不会变形；耐药品性能好，高频电性能优良，吸水率也很低。因此有很广泛的工业用途。可以制成各种容器，也可以做容器衬里、涂层以及机械零件、法兰、汽车配件等。缺点是收缩率高，壁厚部位易收缩凹陷，低温脆性大等。

由于 PP 塑料的成本比 ABS 塑料的低，而其电镀性能仅次于 ABS 塑料，因此，在工业化电镀塑料中占第二位，并且随着 PP 塑料性能的进一步改进而有扩大的趋势。

2.3.2.1 PP 塑料的粗化

利用普通 ABS 塑料粗化液来粗化普通 PP 塑料，虽然也可以获得粗化的表面，但是效果很差。同时，粗化的温度需要提高到 70～80℃，时间需要 10～20min。

为了提高 PP 塑料的粗化效果，改善普通 PP 塑料的可镀性，开发出了二次粗化法。二次粗化法的原理是根据压塑成型品表面受力大、结晶排列紧密而不易分解而提出的。经过预粗化之后，非结晶部位发生选择性溶解，使得第二次粗化容易发生反应而改善粗化的效果。二次粗化法的第一步也称为预粗化，通常是采用有机溶剂进行的。

预粗化：

处理液	二甲苯	
处理条件	温度	时间
	20℃	30min
	40℃	5min
	60℃	2min
	80℃	0.5min

处理温度高，时间就短，推荐采用 40℃，较为适当。

处理液也可以采用二氧杂环乙烷，但效果不如二甲苯好。要充分注意的是温度与时间的关系。在适当的条件下预粗化后再粗化的 PP 塑料，电镀后的结合力比电镀级 PP 还要高，但是预粗化液是有机溶剂，清洗干净有困难，带入粗化液后，容易引起粗化液失效，这是一大缺点。作为补救的办法，是在预粗化后进行除油处理：

氢氧化钠　20～30g/L
碳酸钠　20～30g/L
磷酸钠　20～30g/L
表面活性剂　1～2mL/L
温度　60～80℃
时间　10～30min

由于 PP 塑料的憎水性比 ABS 还严重，所以表面亲水化是很重要的。有时为了达到 100%的表面湿润，在预粗化后再返回来除油，再预粗化，直至完全亲水为止。

第二次粗化仍以最适应的铬酸-磷酸型为主，也分为高铬酸型和高磷酸型两种。

① 高铬酸型
硫酸　400/L
水　600/L
铬酸　加至饱和

② 高磷酸型
磷酸　600/L
水　400/L
磷酸　加至饱和

以上两种粗化的温度均以 70～80℃为宜，处理时间为 20～30min。

由于硫酸含量越高，铬酸溶解度越低，因此，随着硫酸浓度的升高，铬酸的浓度下降，它们之间的关系见表 2-12。

表 2-12　硫酸浓度与铬酸溶解度的关系

H_2SO_4		H_2O		CrO_3 /（g/L）
体积分数/%	质量分数/%	体积分数/%	质量分数/%	
20	31	80	69	471
30	44	70	56	258
40	55	60	45	80
50	65	50	35	20
60	73	40	27	8.3
70	82	30	18	6.7

由表 2-12 可见，当硫酸的容量达到 70%时，铬酸的溶解量只有 6.7g/L。

采用上述两种粗化工艺所获得的镀层结合力均在9.81N/cm（1kgf/cm）以上。由于塑料电镀成败的关键是粗化效果的好坏，因此，对粗化工艺多下功夫是完全必要的。

2.3.2.2 PP塑料的电镀工艺

PP塑料电镀的工艺流程与ABS电镀的流程基本一样。如果是采用钯活化，则敏化以后的流程为：清洗—钯活化—清洗—解胶—清洗—化学镀镍—清洗—电镀。

预粗化、除油、粗化前面已经介绍过了，敏化液的浓度要适当提高：

氯化亚锡　40g/L
盐酸　40g/L
温度　20℃
时间　1～5min

活化可以用银，也可以用钯，但是从PP塑料的特点来看，以用化学镀镍为好。这时可以采用以下活化液：

氯化钯　0.2g
盐酸　3mL
水　1000mL

由于PP塑料的热变形温度较高，可以在较高温度的化学镀镍液中进行化学镀，因此，可以选用化学镀镍工艺进行金属化处理。不采用化学镀铜的另一个理由是PP塑料对铜有过敏反应，即所谓“铜害”。当PP塑料与铜直接接触时，在氧存在的高温条件下容易发生性能变化。当然，改良型的PP这方面较好一些。

化学镀镍可以采用较高温度的酸性化学镀镍工艺，这样可以不用氨水调pH值，也就避免了刺激性气味。

酸性化学镀镍：

硫酸镍　20～30g/L
酒石酸钠　20～30g/L
丙酸　1～4mL/L
pH值　4.5～5.5
温度　55～65℃

调节pH用丙酸和无水碳酸钠或氢氧化钠。

电镀溶液可以采用ABS塑料电镀时介绍的镀液，也可以用其他电镀液。因为PP塑料的耐热性能优于ABS塑料，所以对镀种的选择面要宽一些。

2.3.3 玻璃钢电镀

玻璃钢是以玻璃纤维为增强材料与各种塑料（树脂）复合而成的一种新型材

料（glass fiber reinforced polymer，GFRP 或 FRP），由于其强度可与钢材媲美，所以被称为玻璃钢。广义地说，凡是由纤维材料与树脂复合的材料，都可以称作玻璃钢（FRP），比如碳纤维-树脂复合材料（CFRP）、硼纤维复合材料（BFRP）、芳纶树脂复合材料（KFRP）等。玻璃钢是一种品种繁多、性能各异、用途广泛的复合材料。自开发以来，由于其优良的性能而获得了非常广泛的应用，成为了一个专门的工业行业，并渗透到许多工业领域，成为一种有名的工业结构材料。现在，在建筑、造船、航空、汽车、电子、环境装饰等工业领域和工艺品、日用品、家具、玩具等众多领域都已经用到玻璃钢制品。

玻璃钢电镀的具体工艺如下。

（1）表面整理

这个工序是一个比较重要的工序，如果引入流程质量管理，这里就是一个管理点。这是因为玻璃钢的成型特点决定了其表面的不一致性总是存在的。固化剂与成型树脂的均匀分散性如果不够，不同区域的固化速度就会不一样，应力状态也不一样，甚至有局部半固化或不能固化的现象。还有就是表面脱模剂的使用、胶衣的使用都使其表面的微观状态比成型塑料的表面要复杂得多。因此，所有电镀玻璃钢在电镀前，一定要有表面整理工序，以排除进入下道工序前能够排除的表面缺陷，包括用机械方法去掉表面脱模剂，挖补没有完全固化的部位，对表面进行打磨等。有些大型构件采用石膏做模具时，要将黏附在表面的石膏完全去除。只有确认表面已经清理完全，所有不利于电镀或表面装饰的缺陷排除后，才能进行以下流程。

（2）除油

对于玻璃钢制品，仍然可以采用碱性除油工艺，但是碱液的浓度不宜过高，推荐的配方和工艺如下：

氢氧化钠	10～18g/L
碳酸钠	30～50g/L
磷酸钠	50～70g/L
温度	55～65℃
时间	15～30min

在实际生产过程中，经过除油后，还应当检查一次表面状态，看是否有在表面整理中没有发现的疵病。比如乳胶脱模剂没有完全清除，经除油才显示出来。这时要进一步清理表面，再经除油后进入下一步工序。

（3）粗化

粗化可以有多种选择，这里介绍几种有实用价值的方法，当然最好是采用无铬粗化方法，因为不仅是环保的需要，也是降低成本的需要。

① 铬酸-硫酸法

铬酸	200～400g/L

硫酸　　350～800g/L

温度　　60℃

时间　　1～2min

② 混酸法

硫酸（98%）　　500～750g/L

氢氟酸（70%）　　80～180g/L

温度　　40～60℃

时间　　15～90s

③ 无铬粗化法

硫酸　　300～500g/L

温度　　40～50℃

时间　　15～30min

无铬粗化经实践证明是有效的粗化方法，不仅去掉了严重污染环境的铬酸，也不用有争议的磷酸。温度再低时，还可以延长时间来达到粗化效果，加温可以强化粗化和缩短时间，但工作现场的酸雾会成为问题。所以不要加到过高的温度。当然这种粗化液要求所加工的玻璃钢一定要是按电镀级配制的树脂，否则达不到合格的粗化效果。

（4）敏化和活化

① 敏化。建议采用以下敏化液：

氯化亚锡　　50g/L

盐酸　　10mL/L

温度　　室温～40℃

时间　　5～10min

这里采用了较高的亚锡盐而用了较低的盐酸，主要为了使敏化离子能在表面有较多的吸附。只要表面去油充分并且有适当粗化的表面，也可以采用 ABS 塑料中的敏化法，也就是通用的敏化液。敏化后要注意充分地清洗，防止有敏化液不小心带到下道工序活化液中，引起活化液分解失效。

② 活化。活化适合采用银盐活化法：

硝酸银　　0.5～1.0g/L

氨水　　加至溶液刚好透明

温度　　室温

时间　　5～10min

同样可以用 ABS 塑料电镀的银活化工艺，特别是对于大型结构件，只有采用银盐才比较经济。并且当采用浇淋法时，银离子的浓度可以适当低一些。只有大批量小型化的精密制品，如小型工艺品和小结构件，才可以采用钯盐活化或胶体钯活化，否则是不经济的。

（5）化学镀铜

经过活化后的制品要尽快进入化学镀铜工艺，进行化学镀铜。

硫酸铜	5g/L
酒石酸钾钠	25g/L
氢氧化钠	7g/L
甲醛	10mL/L
pH 值	12.8
温度	室温
时间	视表面情况而定

对于大型构件，其化学镀铜的时间要长一些，这是因为过大的表面积如果没有足够厚度的化学铜层，构件远端的导电性能难以保证，在其后的电镀加工中会在难以避免的双极现象中导致局部溶解而使电镀层不完全。因此，对于大型玻璃钢电镀制品，在化学镀铜时要有足够的厚度，化学镀的时间要在 1～2h，甚至长达 4h。

（6）加厚电镀

玻璃钢电镀中的一个重要工序是对化学镀层进行加厚。理想的加厚镀液是中性或弱酸性镀镍，或者弱碱性的焦磷酸盐镀铜，但是在实际生产过程中，考虑到方便和成本，多采用酸性光亮镀铜工艺：

硫酸铜	180～220g/L
硫酸	30～40mL/L
酸铜光亮剂	2～5mL/L
阳极	酸性镀铜专用磷铜阳极
阴极	移动或镀液搅拌
温度	15～25℃
阴极电流密度	$0.5\sim2.5A/dm^2$
时间	视要求而定

2.3.4 陶瓷电镀

陶瓷是陶器和瓷器的总称。人类使用陶器的历史可以追溯到一万多年以前，虽然有资料认为在八千多年前的新石器时代是陶器产生的时代，但不断有考古新发现在更新人们关于人类发展进程的认识。可以肯定的是，陶器是原始人类一项重大的发明，在人类发展史上有着重要的意义，第一个将泥土糊在植物编织成的容器上让它可以耐火的原始人，应该是一个绝顶聪明的人。没有一项发明像他的发明有着这么长久的生命力。直到21世纪的今天，陶器仍然是人类的生活器皿。现在很多家庭煲汤的罐子就一直用陶罐。

现在，陶瓷早已经不仅仅是生活器皿和艺术品的重要材料，更是重要的工业材料，对其进行的研究和所取得的进展，都非常令人振奋。从无线电工业到航天工业，无一不用到陶瓷制品。当我们知道美国航天飞机至今都不得不涂覆陶瓷层来抵挡进出大气层的摩擦高温时，你就不得不惊叹这古老发明的魅力。

陶瓷在各工业领域的持久应用，使得与之相关的工艺和技术的研究都有很大进步，其中就包括对其表面进行金属化的电镀技术。

2.3.4.1 陶瓷的组成与粗化

陶瓷的化学组成主要是碱土金属的氧化物，是地球上大量存在的物质。因它们之间的含量、比例不同而在性质上有着很大差别。

一般，当酸性氧化物含量增高、碱性氧化物含量相对减少时，它的烧成温度提高，质地也最硬。所谓酸性氧化物主要是指二氧化硅（SiO_2），它在陶瓷中所占的比例在60%～75%之间，再就是三氧化二铝（Al_2O_3），约占15%～20%，其他成分为Fe_2O_3、FeO、MgO、CaO、Na_2O、K_2O、TiO、MnO等。吸水率也因烧制技术不同而有较大差别。现代陶瓷的吸水率均在1%以下。

陶瓷外表面的釉质，也是金属氧化物，尤其是各种色彩的瓷质，都是金属氧化物在熔融后分布在表面的结果。各种金属离子在不同价态时的特殊颜色，都可以在彩釉中得到充分反映。常用的有铜盐、钴盐、铁盐等。

通常将没有上过釉的陶瓷称为素烧瓷。素烧瓷的表面是无光且多孔的，经过处理容易亲水化。因此，需要电镀的陶瓷以素烧瓷为好。

针对陶瓷的主要成分是二氧化硅的情况，粗化液主要成分是氢氟酸（HF）。但是处理前仍然必须进行必要的除油等处理。流程如下：化学除油—清洗—酸洗—清洗—粗化—清洗—表面金属化。

化学除油采用碱性除油。可以采用氢氧化钠、碳酸钠、磷酸钠等任何一种或混合物以50～100g/L的浓度煮沸处理。

酸洗是为了中和碱洗中残余的碱液，也是为粗化做准备。常用重铬酸盐与硫酸的混合液进行，组成如下：

10%重铬酸钾（钠）水溶液	1份
浓硫酸	3份

配制时要将硫酸非常慢地滴加到重铬酸钾（钠）的水溶液中，并充分搅拌，使温度不要上升太快。最好外加水浴降温，以保证安全。

也可以在1L的硫酸中加入重铬酸钾（钠）30g。从环保的角度，现在可以不用重铬酸盐，完全采用1∶1的硫酸也是可以的。

酸洗操作均在常温下进行，浸入时间以表面可以完全亲水为标准。对于表面比较干净的制品，可以只有 10%的硫酸中和。

酸洗完成后，将制品清洗干净就可以进行粗化处理。粗化是为了使表面出现有利于增强金属镀层与基体结合力的微观粗糙。由于陶瓷的主要成分是二氧化硅，对其进行粗化的有效溶液是氢氟酸。有以下反应发生：

$$SiO_2 + 4HF = SiF_4 + 2H_2O$$

SiF_4 是水溶性盐，这样仅用氢氟酸就可以获得陶瓷表面粗化的效果。

粗化液的组成如下：

氢氟酸（55%）　200mL/L

实际上氢氟酸的浓度还可以调整，时间不宜过长，以防出现过腐蚀现象。

由于氢氟酸也是对环境有污染的酸，所以现在有改良的粗化法，就是在硫酸溶液中加入氟化物盐，取其同离子效应来进行粗化。这样相对氢氟酸对环境的危害要小一些。

如果想避免化学法对环境的污染，也可以采用湿式喷砂法，对于有釉的陶瓷，有时也采用湿式喷砂法去釉。

2.3.4.2　陶瓷的金属化与电镀

（1）敏化与活化

陶瓷表面进行金属化处理的方法和塑料表面的金属化方法大同小异。在完成粗化以后的陶瓷，即可以进入以下流程：敏化—清洗—蒸馏水洗—活化—清洗—化学镀镍或铜—清洗—电镀加厚。

实践证明，对陶瓷进行金属化处理，采用胶体钯活化比较好：胶体钯活化—回收—清洗—加速—清洗—化学镀镍—电镀加厚。

由于陶瓷的粗化效果不同于塑料，其吸附敏化和活化的能力要低于塑料。而胶体钯具有较好的吸附性能，因此，采用胶体钯活化，效果会好一些。同时，对于陶瓷来说，有比塑料高得多的耐高温性能，采用钯活化，可以采用高温型化学镀镍，这对提高效率和质量都是有利的。

推荐的胶体钯活化工艺的配方和要求如下：

氯化钯	0.5～1g/L
氯化亚锡	10～20g/L
盐酸	100～200mL/L
温度	20～40℃
时间	3～5min

（2）化学镀镍

陶瓷上化学镀宜采用高温型化学镀镍。这是因为陶瓷有很好的耐高温性能。

高温化学镀的反应能力强一些，有利于获得完全的镀层沉积。

可供选择的化学镀镍工艺如下：

① 氯化物型

氯化镍	30g/L
氯化铵	50g/L
次亚磷酸钠	10g/L
pH 值	8～10（用氨水调）
温度	90℃
时间	5～15min

② 硫酸盐型

硫酸镍	20～30g/L
柠檬酸钠	5～10g/L
醋酸钠	5～15g/L
次亚磷酸钠	10～20g/L
pH 值	7～9
温度	50～70℃
时间	10～30min

（3）化学镀铜

有些陶瓷制品要求化学镀铜，不能用镍。这时可以采用银作活化剂，配方前面已经有几种可供选用。化学镀铜也举出两种供选用：

① 普通型

硫酸铜	7g/L
酒石酸钾钠	34g/L
氢氧化钠	10g/L
碳酸钠	6g/L
甲醛	50mL/L
pH 值	11～12
温度	室温
时间	30～60min

可根据受镀面积来计算镀液中原料的消耗。从理论上讲，每镀覆 30～50dm^2 的铜膜，将消耗 1g 金属铜。这样，可以根据镀液所镀制品的表面积来补充铜盐以及相应的辅盐和还原剂。并且在计算时应取面积的下限，还要考虑到无功消耗的补充。

② 加速型

A 液：硫酸铜　　　60g/L

　　　氯化镍　　　　15g/L
　　　甲醛　　　　　45mL/L
B 液：氢氧化钠　　　45g/L
　　　酒石酸钾钠　　180g/L
　　　碳酸钠　　　　15g/L

使用前将 A 液和 B 液按 1∶1 混合，然后调 pH 值至 11 以上，这时甲醛的还原作用才能得到最大发挥。反应要在室温下进行，并充分加气搅拌。

（4）电镀加厚

完成了化学镀以后的陶瓷制品即可以装挂具进行电镀加厚。注意接点要多且接触面要大一些。也可以用去漆的漆包线缠绕后与阴极连接。尽管陶瓷的密度较大，但仍然不能采用重力导电连接，因为陶瓷易碎，所以要特别小心。

对于要制作古铜效果的制品，电镀铜的厚度要更厚一些，这样可以在化学处理时多一些余量。

2.3.5　非金属电镀技术的发展与展望

塑料电镀技术的进步使其应用扩展到其他非金属材料的电镀，从而综合了非金属材料，特别是塑料和树脂类材料以及金属材料两方面的优点，因此其应用前景是非常广阔的。随着电镀和非金属材料技术的进步，这种应用的潜力会进一步释放。

在陶瓷体上电镀铜制作特制的电容器已经是成熟的技术；也有人对全塑料封装的小型变压器的外封装塑料进行电镀来屏蔽电磁场等。这些都利用了非金属电镀的特点。其中一个很重要的应用就是将非金属电镀作为加工过程来获得所需要的产品。这方面最为典型的就是以非金属为模型的电铸。下面以高性能电池用泡沫镍的生产作为例子，来说明非金属电镀在电子工业领域的应用情况。随着移动通信向 5G、6G 时代发展，微波陶瓷电子器件的应用越来越多，陶瓷电镀的需求也就随之增长。

现在，手机、笔记本电脑、数码相机等已经是家喻户晓的电子产品，这些产品的电池寿命是大家非常关心的，而决定电池寿命的一个很重要的参数是电池内电极的表面积。最终一种大面积的产品被开发出来了，这就是泡沫镍电极。而泡沫镍电极的生产采用的就是非金属电镀技术。大家知道，仿海绵泡沫塑料的表面积是很大的，制成海绵泡沫很容易，但是在没有非金属电镀技术以前，如果想制成像海绵泡沫一样的金属泡沫，几乎是不可能的。在有了非金属电镀技术后，世界各地已经在大量生产泡沫镍，以满足世界对大量高能可充电电池的需要。而泡沫镍的生产就采用了典型的非金属电镀的加工过程。泡沫镍的生产者将一定厚度较大面积的泡沫塑料经过前处理后，经敏化、活化进行化学镀镍，然后电镀加厚，使整个泡沫塑料都镀上了厚厚的一层镍，然后经过高温烘烤，将作为模体的泡沫塑料蒸发掉，所得就是完全由金属镍构成的泡沫镍了。

非金属电镀技术经过半个多世纪的发展，已经是十分成熟的工艺技术，这是没有疑问的。其应用领域也在进一步扩大，这也有了许多例证。特别是现代电子工业的发展，给了非金属电镀和精饰更大的空间。

但是非金属电镀技术并非是十全十美的技术，仍然存在比较烦琐的加工过程和工艺限定。因此，有不少人在简化工艺过程和扩大其适应性方面做了许多工作，比如集粗化、敏化、活化于一体的“一步活化法”，就有不少专利申请。还有开发直接催化化学镀的塑料，以完全省掉金属化的前处理工艺，并且已经取得了成功。更有在聚丙烯为载体的塑料中分散导电微粒，在低电压下以小电流直接电镀镍，已经可以获得连续的镀层。

所有这些技术进步都是因为塑料电镀技术仍有较大的市场需求。相信还会有一些新的技术改进涌现出来。以下是这方面的若干展望。

（1）新型直接催化或直接电镀塑料

一种可行的方案是开发塑料成型前添加在母料中的化学镀催化剂，这种催化剂分散在塑料中，经过粗化处理后裸露在表面，成为化学镀的催化中心，这一技术与已经开发出的专用催化镀塑料最大的不同是可以在任何塑料中添加这种催化剂，从而使直接催化镀塑料技术普及化。

也有的技术开发的目标是在塑料表面分散导电性微粒，使塑料略经表面处理后就可以在电镀槽中直接进行电镀。

（2）高强度可镀塑料

现在，可以称为电镀级的塑料并不多，而 ABS 塑料虽然可镀性很好，但是强度不高。因此，开发可电镀的高强度塑料是很有必要的，这将扩大塑料在各个领域的应用，使更多的工程塑料表面具有金属的功能。

已经有短纤维复合材料技术在塑料中应用的实例，也已经有短纤维和颗粒混杂增强 ABS 复合材料的研究报告发表。这项研究开发了一种新型短玻纤/颗粒混杂增强 ABS 复合材料，对于如何在显著降低成本的情况下同时提高短纤维增强树脂基复合材料的综合力学性能有指导意义。可以设想，当颗粒的细微程度达到纳米级时，复合材料的性质会发生一些重要的变化，相信是有利于提高复合材料力学性能的。细微颗粒的加入不会影响塑料表面的光洁度，这对进行装饰性电镀是有利的。而当可镀性复合材料的品种增加以后，复合材料的应用就会有更加迅速的扩展。事实上，正如前面已经介绍过的，增强复合材料已经在航空、航天和航海产品中大量采用。特别是在军工领域，更是各国竞相开发而又相互保密的课题。而在高强度复合材料上电镀金属镀层，可以说是如虎添翼，相信有着重要的应用前景。

（3）选择性电镀塑料

目前塑料电镀基本上是全件电镀方式，但是塑料优越的成型性在众多应用中有时需要局部电镀或选择性电镀。如果靠现行工艺来达到局部镀或选择性电镀的效果是比较困难的。塑料表面的有机基团或键位有可能利用印刷方式获得局部镀与不镀的选择性印刷膜层，在其后的金属化或电镀中只对需要镀层或精饰的部位施镀。

（4）生物工程塑料的图形电镀

无论是从医学还是人工智能的角度看，生物工程塑料的开发都在加紧进行中。有些人工骨关节已经投入使用，但是更高级的人工生物材料涉及微处理器的连接等问题，而在生物工程塑料中再植入印制板将增加空间需求，在有些场合是很难办到的。在这种情况下，完全可以在其上用非金属电镀技术直接制作所需连接的线路，从而达到连接所有功能块的目的，这样可以省掉印制电路基板。这种直接在功能器件上印制电路并实施电镀的方法将是流行的加工方法。

2.4 印制电路板电镀

2.4.1 工艺的特点

印制电路板之所以需要电镀，是因为电镀是制造印制板不可缺少的加工过程，同时印制板使用功能中又需要用到电镀层作为最终的表面处理工艺。用于印制板电镀的工艺与常规电镀工艺相比，有其不同的要求，主要表现在以下几个方面。

（1）镀层的功能性要求高

印制板电镀主要是功能性镀层，其主要的功能是导电性能。这就要求镀层有一定的厚度和致密性（孔隙率要低），以保证导电部位的截面积符合要求。同时还要有保持功能的有效性和时效性，以及有较高的耐腐蚀性能和一定的耐磨性能。对整机来说就是要求有三防性能。

（2）镀层的物理性能要求高

要想使印制板镀层保持高的功能性，就要求镀层有良好的物理性能。比如要求镀层的纯度要高，杂质相对要少，以保证镀层的高导电性和良好的物理性能，比如镀层的可塑性、延展性、硬度、脆性、导电性等，都有较高要求。

（3）镀液的工艺与管理要求高

印制板电镀的工作液从原料的选用到配制都有很高要求，首先是从纯度上保证原料的可靠性，水基本上采用纯净水。对配制好和使用中的镀液、工作液的管理要求也很高，除了定期的参数测试和检验，还要有相应的记录可供追溯。

2.4.2 常用的电镀工艺

用于印制电路板制造的电镀工艺有化学镀铜、酸性光亮镀铜、镀锡等。功能性镀层有镀金、镀镍、镀银、化学镀镍和化学镀锡等。这些基本上可以采用常规电镀中的工艺，但是，要获得良好的印制电路板产品，还是要采用针对印制电路板行业的需要而开发的电镀技术，也就是电子电镀工艺技术。比如酸性镀铜，要求有更好的分散能力，镀层要求有更小的内应力，这样才能满足印制板的技术要求。镀锡则要求有很高的电流效率和分散能力，以防止电镀过程中的析氢对抗蚀膜边缘的撕剥作用，影响图形的质量。镀镍则要求是低应力和低孔隙率的镀层等。

2.4.2.1 全板电镀和图形电镀

从字面上看出，对整个印制板进行电镀，就叫全板电镀，只对需要的图形部分进行电镀，就是图形电镀。这是印制电路板制造中经常用到的制造方法。

全板电镀时，完成钻孔后的电路板经过去钻污、微蚀、活化后，进行化学镀铜，再进行全板电镀。电镀完成后再进行图形的印制（正像图形，即所需要的线路形成的图形），然后将非图形部分脱膜、蚀刻，就形成了印制电路，脱去线路上的抗蚀膜后即成为印制电路板。

图形电镀法在进行图形电镀前仍需要进行全板电镀，区别在于图形印制的是负像图形，即将线路的空白区进行保护。这样线路就是裸露的铜镀层，再在其上进行图形电镀锡，然后去掉保护膜，再进行蚀刻，这时锡对图形进行保护，而将没有锡层的空白区全部蚀掉，留下的就是印制电路。锡层有两种不同的应用，一种是保留，用作锡层印制板，另一种是再将锡层退除后镀其他镀层（热风整平、化学银或化学镍、金等）。实际制作过程中，由于所采用的工艺不同，所用的电镀流程也有所不同。这些不同的流程依照所采用方法的原理可分为加成法、减成法和半加成法等。

2.4.2.2 加成法和半加成法

在印制板制造工艺中，加成法是指在没有覆铜箔的胶板上印制电路后，以化学镀铜的方法在胶板上镀出铜线路图形。形成以化学镀铜层为线路的印制板。由于线路是后来加到印制板上去的，所以叫作加成法。加成法对化学镀铜的要求很高，对镀铜与基体的结合力要求也很严格，这种工艺的优点是工艺简单，不用覆铜板（材料成本较低），不担心电镀分散能力的问题（完全是采用化学镀铜），因此这种工艺大量用于制造廉价的双面板。

加成法的制造工艺流程如下：无铜基板—钻孔—催化—图形形成（负像图形、网版印制抗镀剂）—图形电镀（化学镀铜）—脱模—进入后处理流程。

全加成法的特点是工艺流程短，由于不用铜箔，加工孔位简单、成本低，采用化学镀铜，镀层分散能力好，因而也适合多层板和小孔径高密度板的生产。

全加成法的技术要点是化学镀铜技术。因为所有图形线路都是由化学镀铜层形成的，因此要求化学镀铜层的物理性能好，有高的韧性和细致的结晶。同时，还要求化学镀铜有较高的选择性，即在有抗镀剂的区域不发生还原反应，否则会引起短路事故。

半加成法是采用覆铜板制作印制电路板，其中线路的形成是用减成法，即用正向图形保护线路，而让非线路部分的铜层被减除。再用加成法让通孔中形成铜连接层，将双层或多层板之间的线路连接起来，这是大多数电路板的主要制作方法。由于只是孔金属化采用加成法，所以叫半加成法。

半加成法的工艺流程如下：覆铜板—钻孔—催化（孔壁）—图形形成（在表面制负像图形、抗蚀层）—蚀刻（对除去非图形部分的铜箔）—脱膜（完成外层线路）—阻焊剂（网版印制、抗镀膜）—通孔电镀—往后工序。

2.4.2.3　减成法

减成法是指在覆铜板上印制图形后，将图形部分保护起来，再将没有抗蚀膜的多余铜层腐蚀掉，以减掉铜层的方法形成印制电路。最早的单面印制电路板就是采用这种方法制造的，现在的双面板、多层板在采用半加成法时，也要用到减成法。

覆铜板（用于普通多层板内层制程）—图像形成—蚀刻—脱膜—表面粗化—层压—外形整形—内层线路层压板—钻孔—除钻污—全板电镀—线路图像形成—蚀刻—脱膜—前工序完成。

如果是有埋孔的内层板，要增加钻孔—全板电镀（先化学镀铜、再电镀铜）后再进入图像形成流程。

前工序完成后，即可进入后工序：（镀铜电路板）金手指电镀—阻焊剂（照相法、干膜片、丝网印刷）—字符印刷—热风整平—外形加工。

（镀锡电路板）金手指电镀—热熔—阻焊剂—字符印刷—外形加工。

2.4.3　孔金属化

2.4.3.1　制作双面板与多层板技术关键

要了解和掌握孔金属化技术，必须先对印制电路板的基板有所了解。

制造印刷电路板的基板材料主要是酚醛树脂板、环氧树脂板、聚乙烯对苯二酚纤维增强环氧树脂板、玻璃纤维增强环氧树脂板以及玻璃纤维树脂增强硅树脂板等。还有采用聚酰胺塑料软片制作的挠性板，以陶瓷为基板的陶瓷板和为了解决大功率散热问题而采用的铝基板。当然这种铝基板早已不是早期的纯粹铝板，而是利用现代氧化技术和掩膜技术在铝表面制作出图形，并将非图形部分加以氧化的新型铝基板。

电路板的主要作用就是对电子元器件的连接提供线路，对于简单的电子产品，单面电路板就足够保证其连接了。但是，随着电子产品的高性能化，产品所使用的元器件增加，单面的线路已经不够连接，需要两面甚至更多面的线路才能够将所有电子元件连接起来。为了适应这种需要，首先开发出了双面印制板。

孔金属化是指采用加成法在双面板的通孔中形成金属导通层，让两面的线路连接起来的工艺方法。由于这些孔原来都是在非金属材料基板上钻成的，只有将其通过化学镀和电镀形成金属层，才能起到导电的作用。在没有这种工艺方法之前，将双面板线路连接起来的方法是在这些孔内一个一个地安装铆钉。有了小孔金属化工艺后，就可以用化学（加成）法在这些小孔内一次制造出金属铆钉，显然，小孔金属化对提高印制板的制造效率起到了关键的作用。

孔金属化也是多层板生产过程中最关键的环节，关系到多层板内在质量的好坏。孔金属化过程又分为去钻污和化学镀铜两个过程。化学镀铜是对内外层电路互连的过程；去钻污的作用是去除高速钻孔过程中因高温而产生的环氧树脂钻污（特别是铜环上的钻污），保证化学镀铜后电路连接的高度可靠性。多层板工艺分凹蚀工艺和非凹蚀工艺。凹蚀工艺同时要去除环氧树脂和玻璃纤维，形成可靠的三维结合，非凹蚀工艺仅仅去除钻孔过程中脱落和汽化的环氧钻污，得到干净的孔壁，形成二维结合。单从理论上讲，三维结合要比二维结合可靠性高，但通过提高化学镀铜层的致密性和延展性，完全可以达到相应的技术要求。非凹蚀工艺简单、可靠，并已十分成熟，因此在大多数厂家得到广泛应用。高锰酸钾去钻污是典型的非凹蚀工艺。

2.4.3.2 孔金属化的工艺流程

孔金属化的工艺流程如下：印制电路板—钻孔—去钻污—清洗—活化—清洗—解胶—清洗—化学镀铜—清洗—电镀铜—清洗—干燥—图形印制（光致抗蚀膜）—第二次镀铜（图形电镀）—清洗—图形保护电镀锡—清洗—去掉抗蚀膜—蚀刻—退锡—清洗—干燥—检查—后工序。

以上是所谓减成法（也叫减法）图形电镀印制电路板的制作工艺流程。实际上在第一次镀铜后，孔金属化的工作就已经完成了，但就双面印制电路板的制作而言，完成后工序（比如镀镍、金、银，热镀锡和热风整平等）以后才是全工序的完成。

还有一种加成法（加法）是廉价生产双面印制电路板的工艺。这种工艺不用有铜箔的基板，在材料成本上已经比减法低。其后的工艺流程也简单许多：无铜树脂板—钻孔—图形印制（抗镀膜）—活化—清洗—解胶—清洗—化学镀铜—清洗—干燥—检查—后工序。

这一方法是完全依靠化学镀铜技术在树脂基板上镀出线路图形，并且只能让化学镀铜在没有抗镀膜的线路上沉积。同时要求化学镀铜工艺有良好的物理性能，比如低脆性、厚镀层性和低电阻率等。因为全加成法没有利用电镀技术，是完全的化学镀制成的双面印制电路板。

2.4.3.3 孔金属化工艺

（1）去钻污

钻孔是孔金属化的第一道工序，钻孔的质量直接影响孔金属化的质量。现在的钻孔工序已经完全由电脑控制的全自动加工机械来完成。采用的是多钻头的高速群钻。孔的位置完全按照线路图形进行数字化处理后输入到电脑控制系统，由电脑指引钻孔。由于是高速钻孔，可以保证孔壁的高光洁度，以利于进行孔金属化加工。

由于现在印制电路板的孔径越来越小，加上孔壁的光洁程度也不可能完全一致，并且有可能会有钻孔加工过程中由于树脂受热熔化等因素带来的污染。因此，在进行孔金属化加工前对孔壁进行清理是十分必要的，只有将孔壁清理干净，才能使其后的孔金属化获得良好的效果。有时对这道工序也称为去钻污。所包含的意义是一样的，那就是去掉孔内的污染物。

孔壁的清洗相当于塑料电镀的除油和预粗化工序。清洗可以采用碱性洗液、有机溶剂和过硫酸铵溶液处理。对于深孔还要采用超声波增强清洗效果，并同时采用几种方法以保证孔壁的清洁。

双面和多层板的清洗可采用以下工艺。

有机溶剂清洗：

三氯甲烷　　CP 溶剂
温度　　75～85℃
时间　　2～5min

预粗化：

过硫酸铵　　10%溶液
温度　　25～35℃
时间　　1～3min

粗化有几种方案可供选择，用得较多的是浓硫酸粗化：

硫酸　　98%

温度　　　室温
时间　　　1～2min
混合液粗化：
硫酸　　　60%
氢氟酸　　40%
温度　　　室温
时间　　　1～2min

在采用浓硫酸，特别是混合酸处理时，要十分小心，穿戴好防护用品，包括眼镜、橡胶手套、工作服等，防止发生意外。

（2）活化和解胶

在粗化完成后，经过充分清洗，即可以进行活化处理。流程中介绍的是胶体钯活化法。也可以采用分步活化法，也就是增加敏化处理：

敏化：
氯化亚锡　　4g/L
盐酸　　　　40mL/L
OP 乳化剂　 2mL/L
活化：
氯化钯　　　0.5g/L
盐酸　　　　10mL/L
OP 乳化剂　 2mL/L

在活化过程中，由于发生了氧化还原反应，除了生成了具有催化作用的金属钯外，还会有胶体状的四价锡离子生成。这些胶体状的锡盐残留在孔内会影响化学镀铜的效果。因此，在活化之后，要进行去锡盐处理，也就是所谓的解胶工序。可以采用表 2-13 所列举的任何一种溶液作为去锡的溶液。

表 2-13　可供选用的解胶液

工序	可以选用的化学品	推荐的浓度
解胶（加速或去锡）	盐酸	10%
	高氯酸	10%
	硫酸	5%
	磷酸	10%
	氢氧化钠	5%
	碳酸钠	5%
	重铬酸钠	5%

如果采用胶体钯活化法，则可以采用前面介绍过的胶体钯工艺。为了效果更好，也可以在其中加入少许表面活性剂。不过现在流行的方法是选用商业销售的活化等全套孔金属化学镀产品，这样可以由供应商保证产品质量，对加工过程中出现的问题提供技术服务。但是，由供应商提供产品和服务也有负面影响。

事实上，了解和掌握所有工艺流程中的化学配方无论是对于现场操作人员还是现场技术人员都是至关重要的。产品质量的保证最终还是由一线操作者的技能和态度所决定。

（3）化学镀铜

在解胶完成之后，经过仔细清洗，即可以进行孔金属化的重要工序——化学镀铜。必须保证在孔内获得 0.25～0.5μm 的金属铜。

可以使用以下化学镀铜工艺：

硫酸铜	7g/L
酒石酸钾钠	35g/L
氢氧化钠	10g/L
甲醛	50mL/L
pH 值	12.5
温度	25℃
时间	30min

（4）化学镀镍

在双面板孔金属化工艺中，也有采用化学镀镍工艺的。这是因为化学镀镍的稳定性比化学镀铜好，且沉积速度快，获得与化学镀铜一样的厚度只需要 5min；缺点是延展性差，导电性也没有化学镀铜好。

用于印制电路板的化学镀镍也分为酸性液和碱性液两种，并且温度都不能太高。

① 酸性化学镀镍

硫酸镍	10～40g/L
柠檬酸钠	10～40g/L
氯化铵	30～50g/L
次亚磷酸钠	10～40g/L
pH 值	5.0～6.2
温度	55～63℃

② 碱性化学镀镍

硫酸镍	10～40g/L
焦磷酸钾	20～60g/L
次亚磷酸钠	10～40g/L

pH 值　　　　　8.3～10.0

温度　　　　　20～32℃

在完成孔金属化后的加厚电镀和表面电镀，可以采用前面介绍的非金属电镀中的任一种电镀工艺，包括镀铜、镍、锡等。

2.4.3.4 电镀镍金

有些印制电路板在完成电路上的电子元件安装后，成了一个功能块。这种功能块在电子整机中使用时，为了维修或更换方便，采用了插拔的方式，即在电路板的一个边上制作有一排像手指一样张开的线路插脚，以便在插入电子整机的插槽中时，与整机的线路完成连接。为了提高连接性能，并经受住多次插拔，这种连接线接口部位要特别镀上耐磨金镀层，以便可以长期使用而不出现腐蚀。为了节省宝贵的金资源，就只能对这种像手指一样的连接部位进行镀金，而不是对全板进行镀金，所以叫金手指电镀。这是一种局部镀技术，即只对需要的部位进行电镀。

印制板上的金镀层有几种作用。金作为金属抗蚀层，它能耐受所有一般的蚀刻液。它的电导率很高，其电阻率为 2.44μΩ・cm。由于它有很正的电位，因此它是一种抗锈蚀的理想金属和接触电阻低的理想表面金属。同时，金作为可焊接的基底，是多年来争论的问题之一。显然，不能只是为了焊接才选择镀金，但是镀金层易于焊接也是事实。

近年来已经发展了一些新的镀金工艺，它们大多数有专利。这是为避开有毒的碱性氰化物镀金及其对电镀抗蚀剂的破坏作用所做的努力。

（1）电镀镍

① 硫酸型

硫酸镍　　　　300g/L

氯化镍　　　　45g/L

硼酸　　　　　40g/L

添加剂　　　　适量

pH 值　　　　　4.0～4.6

温度　　　　　55℃

阴极电流密度　　$1.0\sim4.0A/dm^2$

② 氨基磺酸型

氨基磺酸镍　　350g/L

氯化镍　　　　5g/L

硼酸　　　　　40g/L

添加剂　　　　适量

pH 值　3.5～4.5

温度　55℃

阴极电流密度　1.0～5.0A/dm^2

（2）电镀金

① 酸性硬金（金手指用）

金盐　2～8g/L

柠檬酸钾　60～80g/L

柠檬酸　10～20g/L

钴、镍、铁离子　100～500mg/L

pH 值　4.0～4.5

温度　30～50℃

阳极　铂金镀钛膜

阴极电流密度　0.5～2.0A/dm^2

② 镀金（导线连接用）

金盐　6～12g/L

磷酸钾　40～60g/L

氯苯酸钾　微量

pH 值　6.0～8.0

温度　60～80℃

阳极　铂金镀钛膜

阴极电流密度　0.1～0.5A/dm^2

（3）化学镀镍金

由于印制板上有些线路互相之间是绝缘的，在电镀时那些与主线路分开且绝缘的线路就无法完成电镀过程，这时，可以采用化学镀镍和化学镀金的方法。由于化学镀操作比电镀简单，且镀层均匀性好，因此，现在已经普遍用化学镍金替代电镀镍金。但化学镀镍和化学镀金工作液自己配制稳定性等都难以掌握，因此，现在也普遍采用商业化化学镍金产品，以满足印制板制造量大的需求。

2.5　印制板水平电镀模式和特殊材料印制板

2.5.1　印制板垂直电镀的缺陷和水平电镀的兴起

传统的印制板制造中的电镀过程采用的是垂直电镀方式，这种电镀方式基本上是由常规电镀模式转换过来的。为了方便印制板的装挂，垂直电镀挂具是双杆双导电钩的方框形挂具，印制板在装入挂具后，与挂具基本在同一平面，在镀液中呈垂直状态而与阳极保持平行。这种悬挂方式的优点是镀槽的装载空间可以充分利用，从而使同一镀槽有最大的装载量，同时平面镀层厚度较为均匀，清洗也较为方便。因此，自从印制板开发以来，一直采用的都是这种垂直的电镀方式。图 2-3 是印制板垂直电镀方式装挂具。

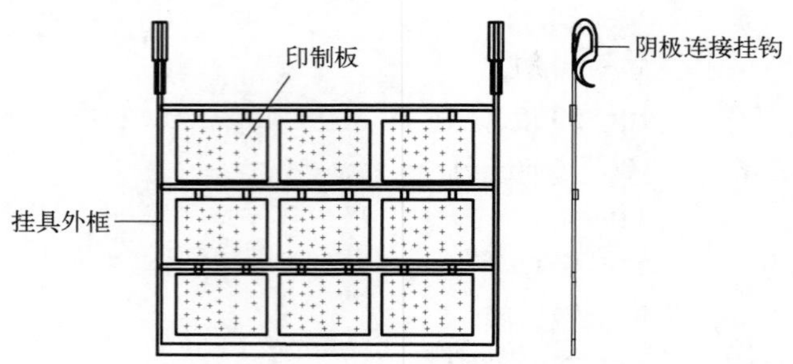

图 2-3　印制板垂直电镀方式的挂具

随着微电子技术的飞速发展，印制电路板制造向多层化、积层化、功能化和集成化方向迅速发展，促使印制电路设计大量采用微小孔、窄间距、细导线进行电路图形的构思和设计，使得印制电路板制造技术难度更高，特别是多层板通孔的纵横比超过 5∶1，多层板中大量采用较深的盲孔，使常规的垂直电镀工艺不能满足高质量、高可靠性互连孔的技术要求。通过对印制板实际电镀过程进行观察发现，孔内电流的分布呈现腰鼓形，由孔边到孔中央逐渐降低，致使大量的铜沉积在表面与孔边，无法确保孔中央需铜的部位的铜层达到标准厚度。有时铜层极薄或无铜层，严重时会造成无可挽回的损失，导致大量的多层板报废。为解决批量生产中产品质量问题，以往都是从调整电流及添加剂方面去解决深孔电镀问题。在高纵横比印制电路板电镀铜工艺中，大多是在优质添加剂的辅助作用下，配合适度的空气搅拌和阴极移动，在相对较低的电流密度条件下进行的。加大孔内的电极反应控制区，电镀添加剂的作用才能显示出来，再加上阴极移动非常有利于镀液深镀能力的提高，镀件的极化度加大，镀层电结晶过程中晶核的形成速度与晶粒长大速度相互补偿，从而获得高韧性铜层。

但是，当通孔的纵横比继续增大或出现深盲孔时，这两种工艺措施就显得无能为力了，正是在这种背景下产生了水平电镀技术。

2.5.2　水平电镀方式

水平电镀是垂直电镀技术的发展，也就是在垂直电镀工艺的基础上发展起来的创新电镀技术。这种技术的关键就是根据水平电镀的特点，制造出与之相适应、相互配套的水平电镀系统，并采用有高分散能力的镀液，在改进供电方式和其他辅助装置的配合下，显示出比垂直电镀更为优异的功能作用。

顾名思义，水平电镀方式就是让印制板的板面与液面平行放置进行电镀的模式。这种模式充分利用了水平喷锡和引线框水平高速连续电镀装置的技术成果。水平电镀技术在很大程度上是一种电镀设备技术，印制板水平放置后，要想能连续在各个流程中顺利移动而又良好导电，就需要靠设备来保障，这种水平传送带式的阴极，既要保证能让印制板受镀位导电，镀上镀层，又要保证夹具自己本身除与印制板直接连接的导电点外，都是绝缘的。否则设施就难以持续地工作，且镀件上的电流也因分流而难以控制在工艺规范之内。图 2-4 是水平连续电镀方式的示意图。

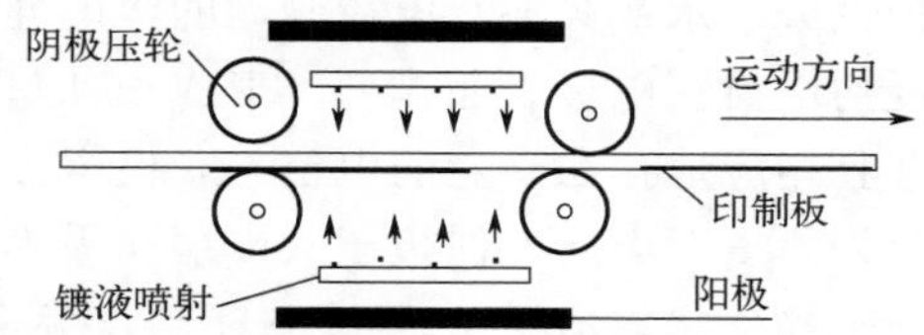

图 2-4 印制电路板水平电镀方式

这种电镀方式是由精密设备保证的，需要专业的电镀技术与设备开发商才能制造。图 2-5 是印制电路板水平电镀方式的工业生产设备的实物照片。

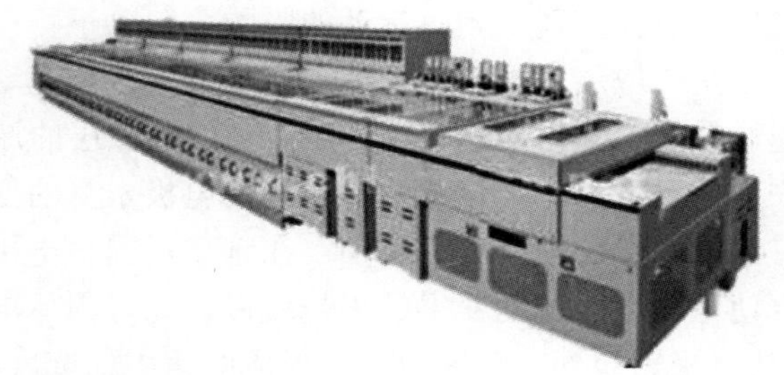

图 2-5 印制电路板水平电镀生产装备

将印制板水平放置使高密度布线和高板厚孔径比的印制板的电镀质量得到改善，同时具有以下优点：制程时间缩短；薄板处理能力增强；小孔盲孔金属化制程能力提升；镀层厚度及均匀度控制良好；成本降低；适合处理多种绝缘基材。

2.5.3 水平电镀技术原理

水平电镀与垂直电镀方法的电镀原理基本上相同，即都必须具有阴阳两极，通电后产生电极反应使电解液主成分产生电离，带电的阳离子向电极反应区的负相移动；带电的阴离子向电极反应区的正相移动，于是产生金属沉积镀层。

金属在阴极沉积的过程可以分解为三个步骤：第一步，金属的水合物离子或配合物离子向阴极扩散；第二步是金属水合物离子或配合物离子在通过双电层时，逐步脱去水合物或配合物，并吸附在阴极的表面；第三步就是吸附在阴极表面的金属离子接受电子而进入金属晶格中。

在实际电镀过程中，金属的还原是瞬间完成的，我们不可能从宏观上观察到异相电子传递反应。而金属离子在阴极的还原过程，可用电镀理论中的双电层原理来说明，我们在第 1 章中就已经介绍过双电层的相关理论。所谓双电层，是指当电极浸入到电解质溶液中时，由于金属电极表面的电荷密度高过溶液中分散的离子或偶极子（比如极性分子水或其他有电荷倾向的溶质分子）的电荷，这些溶液中的离子等会以相反的电荷在电极表面排列，形成一种与电极表面电荷极性相反的动态的双电层。并且相应地存在一定的电位差。根据形成双电层的电荷载体的不同，双电层可以分为离子双电层、偶极子双电层和吸附双电层。

当电极为阴极并处于极化状态情况下，被水分子包围并带有正电荷的阳离子，因静电作用力而有序地排列在阴极附近，最靠近阴极的阳离子中心点所构成的极薄层称为紧密层，该层距电极的距离一般为 1～10nm。但是由于紧密层的阳离子所带正电荷的总电量，其正电荷量不足以中和阴极上的负电荷。而离阴极较远的镀液受到对流的影响，其溶液层的阳离子浓度要比阴离子浓度高一些。此层由于静电力作用比紧密层要小，又要受到热运动的影响，阳离子排列并不像紧密层那样致密和整齐，这就是扩散层。扩散层的厚度与镀液的流动速率成反比。也就是镀液的流动速率越快，扩散层就越薄，反之则厚，一般扩散层的厚度是 5～50μm。

镀液对流的产生是通过机械搅拌和泵的搅拌、电极本身的摆动或旋转方式来实现的，当然也有温差引起的电镀液的流动。在越靠近固体电极表面的地方，其摩擦阻力的影响致使电镀液的流动变得越来越缓慢，此时固体电极表面紧密层内的对流速率为零。从电极表面到对流镀液间所形成的速率梯度层称为流动界面层。该流动界面层的厚度约为扩散层厚度的十倍，故扩散层内离子的输送几乎不受对流作用的影响。

在电场的作用下，电镀液中的离子受静电力而引起的离子输送称为离子迁移。其迁移的速率用公式表示如下：

$$u = ze_0E/6\pi r\eta \tag{2-1}$$

式中，u 为离子迁移速率；z 为离子的电荷数；e_0 为一个电子的电荷量（即 1.61019C）；E 为电位；r 为水合离子的半径；η 为电镀液的黏度。

由上式可以得出，电位 E 越大，电镀液的黏度越小，离子迁移的速率也就越快。

根据电沉积理论，电镀时，位于阴极上的印制电路板为非理想的极化电极，吸附在阴极表面上的铜离子获得电子而被还原成铜原子，而使靠近阴极的铜离子浓度降低。因此，阴极附近会形成铜离子浓度梯度。铜离子浓度比主体镀液浓度低的这一层镀液即为镀液的扩散层。而主体镀液中的铜离子浓度较高，会向阴极附近铜离子浓度较低的地方扩散，不断地补充阴极区域。印制电路板类似一个平面阴极，其电流的大小与扩散层厚度的关系符合以下方程：

$$i = \frac{zFAD(C_b - C_0)}{\delta} \tag{2-2}$$

式中，i 为电流；z 为铜离子的电荷数；F 为法拉第常数；A 为阴极表面积；D 为铜离子扩散系数；C_b 为主体镀液中铜离子浓度；C_0 为阴极表面铜离子的浓度；δ 为扩散层的厚度。

当阴极表面铜离子浓度为零时，其电流称为极限扩散电流 i_i：

$$i_i = \frac{zFADC_b}{\delta} \tag{2-3}$$

根据上述公式得知，要达到较高的极限电流值，就必须采取适当的工艺措施，比如采用加温的工艺方法。因为升高温度可使扩散系数变大，加快对流速率可使其成为涡流而获得薄而均一的扩散层。从上述理论分析可知，增加主体镀液中的铜离子浓度，提高电镀液的温度以及加快对流速率等均能提高极限扩散电流，而达到加快电镀速率的目的。

水平电镀基于镀液的对流速度加快而形成涡流，能有效地使扩散层的厚度降至 10μm 左右。故采用水平电镀系统进行电镀时，其电流密度可高达 8A/dm² 或更高。

印制电路板电镀的关键，就是如何确保基板两面及导通孔内壁铜层厚度的均匀性。要得到厚度均匀的镀层，就必须确保印制板的两面及通孔内的镀液流速要快而且又要一致，以获得薄而均一的扩散层。要得到薄而均一的扩散层，就目前水平电镀系统的结构看，尽管该系统内安装了许多喷嘴，能将镀液快速垂直地喷向印制板，以加速镀液在通孔内的流动速度，致使镀液的流动速率很快，在基板的上下面及通孔内形成涡流，使扩散层降低而又较均一，但是通常当镀液突然流入狭窄的通孔内时，通孔的入口处镀液还会有反向回流的现象产生，再加上一次电流分布的影响，常常造成入口处孔部位由于尖端效应，铜层厚度过厚，通孔内壁构成哑铃状的铜镀层。根据镀液在通孔内流动的状态即涡流及回流的大小，以及对导电镀通孔质量的状态分析，只能通过工艺试验法来确定控制参数，以达到印制电路板电镀厚度的均一性。因为涡流及回流的大小至今还是无法通过理论计算获知，所以只有采用实测的工艺方法。从实测的结果得知，要控制通孔电镀铜层厚度的均匀性，就必须根据印制电路板通孔的纵横比来调整可控的工艺参数，甚至还要选择高分散能力的电镀铜溶液，再添加适当的添加剂及改进供电方式，即采用反向脉冲电流进行电镀，才能获得具有高分散能力的铜镀层。

特别是积层板微盲孔数量的增加，不但要采用水平电镀系统进行电镀，还要采用超声波振动来促进微盲孔内镀液的更换及流通，再改进供电方式，利用反脉冲电流及实际测试的数据来调整可控参数，才能获得满意的效果。

2.5.4 水平电镀系统基本结构

水平电镀是将印制电路板放置的方式由垂直式变成平行镀液液面的电镀方式。这时的印制电路板为阴极，而电流的供应方式有导电夹子和导电滚轮两种。

从操作系统方便的角度，采用滚轮导电的供应方式较为普遍。水平电镀系统中的导电滚轮除作为阴极外，还具有传送印制电路板的功能。每个导电滚轮都安装有弹簧装置，能适应不同厚度（0.10～5.0mm）的印制电路板电镀的需要。但在电镀时会出现与镀液接触的部位可能被镀上铜层，久而久之该系统就无法运行。因此，目前所制造的水平电镀系统，大多将阴极设计成可切换阳极，再利用一组辅助阴极，便可将被镀滚轮上的铜溶解掉。为维修或更换方便，新的电镀设计也考虑到容易损耗的部位便于拆除或更换。阳极采用数组可调整大小的不溶性钛篮，分别放置在印制电路板的上下位置，内装有直径为 25mm 圆球状、含磷量为 0.004%～0.006%的可溶性磷铜阳极球，阴极与阳极之间的距离为 40mm。

采用泵及喷嘴组成的系统，使镀液在封闭的镀槽内前后、上下交替迅速地流动，并能确保镀液流动的均一性。镀液垂直喷向印制电路板，在印制电路板面形成冲壁喷射涡流。最终达到印制电路板两面及通孔的镀液快速流动形成涡流的目的。另外槽内装有过滤系统，其中所采用的过滤网眼为 1.2μm，以过滤电镀过程中所产生的颗粒状的杂质，确保镀液干净无污染。

在制造水平电镀系统时，还要考虑到操作方便和工艺参数的自动控制。因为在实际电镀中，随着印制电路板尺寸的大小、通孔孔径的大小及所要求的铜厚度的不同，传送速度、印制电路板间的距离、泵功率的大小、喷嘴的方向及电流密度的高低等工艺参数的设定，都需要进行实际测试和调整及控制，才能获得合乎技术要求的铜层厚度和通孔效果。

图 2-6 是这种设备的示意图，这种设备实际上是一个封闭系统，自动化程度很高，有较高的生产效率和品质保证能力。

水平电镀技术的发展不是偶然的，高密度、高精度、多功能、高纵横比多层印制电路板产品特殊功能的发展是个必然的结果。它的优势就是比现在所采用的垂直挂镀工艺方法更为先进，产品质量更为可靠，能实现规模化的大生产。它与垂直电镀工艺方法相比具有以下长处：

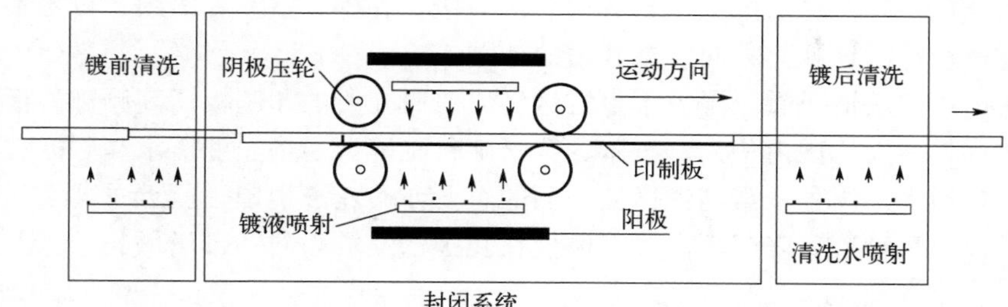

图 2-6　连续全自动印制电路板水平电镀设备原理示意图

① 适应尺寸范围较宽，无须进行手工装挂，实现全部自动化作业，对基板表面无损害，对提高和确保作业过程、实现规模化的大生产极为有利。

② 在工艺过程中，无须留有装夹位置，增加了实用面积，大大节约了原材料的损耗。

③ 水平电镀采用全程计算机控制，使基板在相同的条件下，确保每块印制电路板的表面与孔的镀层的均一性。

④ 从管理角度看，电镀槽从清理到电镀液的添加和更换，可完全实现自动化作业，不会因为人为错误造成管理上的失控。

⑤ 从实际生产中所知，由于水平电镀采用多段水平清洗，大大节约清洗水的用量及减少污水处理的压力。

⑥ 由于该系统采用封闭式作业，减少对作业空间的污染和热量的蒸发对工艺环境的直接影响，大大改善作业环境。特别是烘板时由于减少热量的损耗，节约了能量的无谓消耗，从而提高生产效率。

2.5.5　特殊基材印制电路板

2.5.5.1　高频微波印制电路板

高频波具有定向性传导和良好的通信载波性能，且具有高的保密性和传送质量，在现代移动通信中的应用日益增长。与高频率相关的电子产品以及元器件包括印制板，都已经有了相应的产品。

近年来，在华东、华北、珠三角已有众多印制板企业开始关注高频微波板市场，注意收集高频波、聚四氟乙烯（PTFE）的动态信息，将这类印制板新品种视为电子信息高新科技产业必不可少的配套产品，加强调研和开发。一些企业认定高频微波板为未来印制板行业新的经济增长点。

有专家预测，高频微波板的市场发展会非常快。在通信、医疗、军事、汽车、电脑、仪器等领域，对高频微波板的需求正急速增长。几年以后，高频微波板可能占到全球印制板总量的15%，我国台湾地区、韩国、欧洲、美国、日本不少印制板公司纷纷制订朝此方向发展开发的计划。

从市场需求情况看，国内不少雷达、通信研究所的印制板厂高频微波板材的需求在逐年增大。国内华为、贝尔、武汉邮科院等大通信企业需求高频微波印制板在逐年增多，国外从事高频微波产品的企业亦搬迁来中国，就近采购高频微波用印制板。种种迹象表明，高频微波板在我国已经成为新的市场增长点。

2.5.5.2 高频微波印制电路板的特性

在电工学中，ε或D_k叫介电常数，是电极间充以某种物质时的电容与同样构造的真空电容器的电容之比，通常表示某种材料储存电能能力的大小。当ε大时，储存电能能力大，电路中电信号传输速度就会变低。通过印制板上电信号的电流方向通常是正负交替变化的，相当于对基板不断进行充电、放电的过程。在互换中，电容量会影响传输速度。而这种影响，在高速传送的装置中显得更为重要。ε低表示储存能力小，充、放电过程就快，从而使传输速度亦快。所以，在高频传输中，要求介电常数低。这就是高频微波印制板所具有的特性，也就是低介电性能。

另外还有一个概念就是介质损耗。电介质材料在交变电场作用下，由于发热而消耗的能量称为介质损耗，通常以介质损耗因数$\tan\delta$表示。ε和$\tan\delta$是成正比的，高频电路要求ε低，介质损耗$\tan\delta$小，这样能量损耗也小。

在印制板基材中，聚四氟乙烯的介电常数ε最低，典型的仅为2.6～2.7，而一般的玻璃布环氧树脂的FR4介电常数ε为4.6～5.0，因此，特氟龙印制板信号传输速度要比FR4快得多（约40%）。特氟龙板的介质损耗为0.002，是FR4的1/10，能量损耗也小得多。加上聚四氟乙烯被称为“塑料王”，电绝缘性能优良，化学稳定性和热稳定性也好（至今尚无一种能在300℃以下溶解它的溶剂），所以，高频高速信号传递就要先用特氟龙或其他介电常数低的基材了。

2.5.5.3 高频微波板的基本要求和加工难点

（1）基本要求

① 线宽　由于是高频信号传输，因此成品印制板导线的特性阻抗是严格要求的，板的线宽通常要求±0.02mm（最严格的是±0.015mm）。因此，蚀刻过程需严格控制，光成像转移用的底片需根据线宽、铜箔厚度而作工艺补偿。

② 表面光洁度　这类印制板的线路传送的不是电流，而是高频电脉冲信号，导线上的凹坑、缺口、针孔等缺陷会影响传输，任何这类小缺陷都是不允许的。有时候，阻焊厚度也会受到严格控制，线路上阻焊过厚、过薄几微米也会被判不合格。

③ 热冲击　许多电子产品需要通过热冲击试验，温度达288℃，要求10s，

1～3 次，不发生孔壁分离。对于聚四氟乙烯板，要解决孔内的润湿性，做到化学沉铜孔内无空穴，电镀在孔内的铜层经得起热冲击，这是制作特氟龙孔化板的难点之一。

④ 翘曲度　高频板对翘曲度有一定要求，通常要求成品板控制在 0.5%～0.7%。

（2）加工难点

基于聚四氟乙烯板的物理、化学特性，其加工工艺有别于传统的 FR4 工艺，若按常规的环氧树脂玻纤覆铜板相同条件加工，则无法得到合格的产品。

① 钻孔　基材柔软，钻孔叠板张数要少，通常 0.8mm 板厚以二张一叠为宜；转速要慢一些；要使用新钻头，钻头顶角、螺纹角有其特殊的要求。

② 印阻焊　板子蚀刻后，印阻焊绿油前不能用辊刷磨板，以免损坏基板。推荐用化学方法做表面处理。

③ 热风整平　基于氟树脂的内在性能，应尽量避免板材急速加热，喷锡前要做 150℃、约 30min 的预热处理，然后马上喷锡。锡缸温度不宜超过 245℃，否则孤立焊盘的附着力会受到影响。

④ 铣外形　氟树脂柔软，普通铣刀铣外形毛刺非常多，不平整，需要以合适的特种铣刀铣外形。

⑤ 工序间运送　不能垂直立放，只能隔纸平放于筐内，全过程不得用手指触摸板内线路图形。全过程防止擦花、刮伤，线路的划伤、针孔、压痕、凹点都会影响信号传输，板子会被拒收。

⑥ 蚀刻　严格控制侧蚀、锯齿、缺口，线宽公差严格控制在±0.02mm。用 100 倍放大镜检查。

⑦ 化学沉铜　化学沉铜的前处理是制造特氟龙板的最大难点，也是最关键的一步。有多种方法做沉铜前处理，但总结起来，能稳定质量且适合于批量生产的，有以下两种方法：

a. 化学法：金属钠加萘四氢呋喃等溶液，形成萘钠络合物，使孔内聚四氟乙烯表层原子受到浸蚀达到润湿孔的目的。这是成功的经典方法，效果良好，质量稳定，但毒性大，金属钠易燃，危险性大，需专人管理。

b. 等离子体法：在抽真空的环境下，在两个高压电极之间注入四氟化碳或氩气、氮气、氧气，印制板放在两个电极之间，腔体内形成等离子体，从而把孔内钻污、脏物除掉。这种方法可获得均匀一致的满意效果，批量生产可行。但要投资昂贵的设备。

2.5.6　陶瓷多层板

陶瓷印制板大多作为厚膜和薄膜电路板以及混合电路板，用于汽车发动机控制电路等。此类印制板多数含有阻容等元件，故也可作为多片电路封装和电调谐器板。

由于陶瓷基板有异常低的介电常数和热膨胀系数，其在一个宽广的温度范围内获得了一致的电气性能。因而在微波印制板中也有较广泛的应用。通常将微波陶瓷基印制板分为硬陶瓷基板和软陶瓷基板两大类。由于其各自组成不同，将直接导致其所可能采取的制造工艺流程的差异。

硬陶瓷基板的制造，是采用陶瓷粉填充到热固性树脂中而制成的聚合物复合材料，专为高可靠性带状线和微带线应用而设计，有助于发挥陶瓷和传统 PTFE 微波电路层压板的各自特性，且无须专用生产技术进行此类电路板材料的加工。对于需金属化孔制作的层压板材料，在进行化学沉铜前，无须进行钠萘溶液处理。

陶瓷层压板材料具有均衡的热膨胀系数，与铜非常匹配，可用来生产高可靠性金属化孔，且其有低蚀刻皱缩值。此外，陶瓷系列层压板材料的热导率，接近于两倍的传统 PTFE/陶瓷层压板材料，因此，其易于散热。由于陶瓷层压板材料是建立在热固性树脂基础之上的，因此当受热时不会变软。此特性可被用于电装过程中，元器件引脚和线路焊盘之间的线路连接，且可不必考虑到焊盘的漂移或基板的变形。

陶瓷多层板的制造工艺有一次烧结多层法和厚膜多层法。简单的工艺流程如下。

① 一次烧结多层法　陶瓷坯料—冲压成型—印制导电层—层压或印制绝缘层—外形冲切—烧结—镀贵金属。

② 厚膜多层法　陶瓷坯料—冲压成型—烧结—印制导电层—烧结—印制绝缘层—印制导电层—烧结（按层数往返操作）。

2.5.7　仿生基材印制电路板

医学用仿生材料现在已经有一些用于临床，比如人工骨、人工皮等，还有一些仿生材料正在开发中。而现代仿生技术中的一个重要领域就是现代电子技术与生物技术的结合，即使是完全物理学的需要，从心脏起搏器到收集生命体征信号的电极和传感器，都有复杂和精细的电子线路，这些电子器件的电路板如果能与生物体有机地结合在一起，对减少生物机体的排异性和提高机体适应性能，都将有重要意义。

目前用于医学上植入机体的电路板基本采用抗氧化性极好的金或铂金，这是非常昂贵的材料，目前还没有好的替代材料。即使采用镀金也是有风险的。但是如果开发出新的导电性生物材料，则可望在生物基电路板上应用，这不是科学幻想，而是可以开发的重要课题。

2.6 印制电路板电镀的检测

印制板的质量对电子产品有着至关重要的关系。电子产品无论是整机的功能还是各器件的互连都是靠印制电路板来实现的。因此，对印制板质量的检测也就非常重要。为了向用户提供可靠的产品，印制板制造者要通过一系列的过程控制和测试来提供质量保证。

2.6.1 质量检测项目

品质保证的一个重要工作是控制重要性能和确定整个制造流程中的关键工序，对于印制电路板，需要加以检测的性能和项目如下。

（1）电气特性

印制电路板的导体电阻、绝缘电阻、耐电压、特性阻抗、高频特性、抗串扰性、电磁遮蔽性等是保证电路板电性能的重要参数，一定要控制在设计要求的范围。

（2）尺寸

印制板的尺寸对性能有重要影响，这包括印制电路导体宽度、导体间距、环形连接盘（焊盘）、孔径、板的外形尺寸、平整度（翘曲、扭曲）、板的厚度精度、孔与外层图形的位置精度、孔与内层图形的位置精度、阻焊剂图形尺寸、阻焊剂图形位置精度等。

（3）图形的缺陷控制

必须控制印制板制造过程中的断线、图形缺陷、图形导线过细、图形中针孔、可能出现的短路、图形导线过粗、残留铜渣、凸突等。

（4）电镀及蚀刻的控制

要控制电镀层的结合力、电镀层气孔、电镀层裂缝、电镀层剥离、基板气泡、镀层脱落、漏镀、电镀变色、钻污、电镀层过厚、蚀刻过量、镀屑等。

（5）绝缘基板的质量控制

基板气泡、分层、白点、褶皱、变色、其他外观缺陷等。

（6）阻焊剂控制

针孔、偏离、剥离、裂缝等。

（7）安装过程控制

焊接耐热性、焊剂附着性、焊接层偏厚、弯曲强度、平整度（翘曲、扭曲）。

（8）可靠性

连接可靠性：导通孔电镀的连接可靠性、导体图形和接合用的电镀层的连接可靠性、导体的连接可靠性、焊盘与元器件引脚的焊接的可靠性、基板线路连接可靠性等。

绝缘可靠性：导体图形间的绝缘可靠性、层间的绝缘可靠性、导体图形连接用的电镀层间的绝缘可靠性、连接的电镀间的绝缘可靠性。

以上各个品质项目的检查，既有破坏性的检测，也有非破坏性的检查，以及对印制板的微细局部位置的检测，其中热冲击性试验、加湿环境试验等所进行的时间，是由观察其变化而去确定的。

对印制板品质要求的水平档次，因所使用的电子产品的不同场合而各有差异。在整机产品的设计阶段，已对印制板的水平档次加以明确。要根据设计的要求来选择材料、工艺路线，以保证生产出合格的产品。

2.6.2 印制电路板的检验

印制电路板的检验，分为对产品品质保证所进行的检验，和对用户在产品品质上的承诺。

（1）原材料的接纳性能检验

PCB 用材料的接纳性能检验俗称入厂检验。若使 PCB 产品始终保持均一的品质，就需从 PCB 制造用的原材料入手，对其品质有严格的要求。这些原材料是 PCB 制造中的原始物质。它们必然会对 PCB 成品带来很重要的性能影响。作为 PCB 生产者，要了解所被提供的原材料的品质的履历情况，了解交货时它所要达到的条件，并掌握供应方提供的批量检验的实测数据报告单的内容。PCB生产方，在原材料入厂时，应作抽样的接受性检验，从而确认这些原材料的特性在允许范围内变化。

印制电路板生产用的原材料品种中，以基板材料为中心。它们是多层板用的覆铜板作为多层板的层间连接及起绝缘作用的半固化片以及积层法多层板用绝缘材料（如附树脂铜箔、垫固性绝缘树脂、感光性绝缘树脂等）。其次是化学镀液、化学镀的前处理液、电解液、阻焊剂（干膜状、液态状）、钻孔加工用钻头、各种工序内的处理剂等。这些众多的原材料，要视在 PCB 产品的品质影响的程度，去研究和实施对它们的接纳性检验项目和检验频率。如果某种原材料在接纳性检验中，始终保持着稳定的工艺要求范围内的实测结果，那么对它的检验频率就放得宽些。而若某种原材料产品在接纳性检验中，发现它的实测特性值变化较大，就可将它的接纳性检验频率定得更密些。所希望的是，特性波动大的材料，会通过各方面的努力变得越来越少。当某个原材料的要求特性都非常稳定的时候，就可免去接纳性检测，以它的出厂检验书为确认的依据即可。

（2）工序内检验

印制电路板的整个加工工序是由许多独立小工序组合而成的。因为一般不是全部连续加工完成的，因而一般容易实施经过几个小工序之后就进行一次工序性检验的方法。这种工序内检验，是以自检（作业者在加工操作中的自己检查）为主。检验方法多为目视半成品的外观。其检验内容因工艺加工情况的不同而各异。表 2-14 所示为印制电路板制造工序检验的各个项目。

表 2-14　工序检验的项目

工序		检验项目
大工序	小工序	
基准孔加工		孔径、毛刺
图形制作（内层、外层）	整面	研磨的深浅不均、毛刺、突起、污斑等
	膜贴压	膜膨胀、气泡混入、污点等
	曝光	掩膜破损、跑偏、钻污等
	显影	抗蚀层残渣、脱离不良、污点、损伤等
	蚀刻	断线、缺路、图形缺损、铜渣残留、图形尺寸精度、基板材料破裂、损伤、污斑等
	剥离	抗蚀层残留、跑偏、污斑等
层压	定位孔加工	定位孔孔径、定位孔精度等
	层压前处理	处理面深浅不均、处理后色泽不均、损伤等
	层压加工	破损、划伤、平坦度、污点、板厚、层间厚度、定位孔精度等
树脂涂层	前处理	处理面深浅不均、处理面色泽不均、损伤等
	涂层加工	树脂涂层厚度不均、损伤、针孔、污斑等
孔加工（机械钻孔）		孔数、孔径、毛刺、损伤、孔内粗化度、钻污等
孔加工（激光成孔）		孔数、孔径、树脂残渣等
孔加工（光致成孔）	整面	研磨的深浅不均、毛刺、膨泡、污点等
	曝光	孔数、孔径、掩膜损伤、跑偏、污斑、损伤等
	显影	树脂残留等
	固化	偏移、污点、损伤等
粗化处理、除钻污		钻污、孔内异物、剥落等
化学镀铜、导通化		沉积层不均、变色等
电解铜电镀		镀层厚、镀层气泡、镀层黏附力
阻焊剂层	整面	研磨的均匀程度、毛刺、凸突、污点等
	曝光	掩膜跑偏、损伤、图形偏移、污点等
	显影	抗蚀层残留等
	固化	起泡、抗蚀层残留、剥离不良、污迹等
镀金		镀层厚度、镀层均匀程度、针孔、黏着性、污点等
助焊剂涂覆、焊锡层形成		涂覆均匀程度、再流焊锡层的均匀程度、变色等
外形加工		外观尺寸、端面外观、损伤、基板材料分层、导体图形脱离等

2.6.3 成品检验

最终的PCB成品检验，是该制品的合格性检验，也是实现对用户所进行的品质保证、承诺的检验。对多层板来讲，这种成品检验是在全部出厂成品中的逐块检验。

成品检验与工序内检验有所不同，它不是品质控制（quality control）性检验。也就是说，在线的品质控制性检验的意义，在成品检验中是不体现的。成品检验包括非破坏性的外观检查、布线检查、尺寸检查和绝缘性能的检测等。

① 外观、尺寸检查　外观、尺寸的检查包括以下所列出的缺陷对象：导体宽度、外形尺寸、平整度（翘曲、扭曲）、导体间距（间隙）、环形连接盘尺寸、孔径尺寸、基材厚度和外层电路图形位置精度、孔与内层电路图的位置精度、阻焊层图形尺寸、助焊剂层电路图形的位置精度等。

② 图形缺陷　断线、图形缺陷、图形线条过细、针孔、损伤、滑槽、图形导线过粗、铜残留、隆起、污迹等。

③ 镀层、蚀刻的缺陷　漏镀、镀层起泡、镀层变色、污斑、镀层脱落、裂缝、孔损坏、镀层剥离等。

④ 阻焊层的缺陷　涂覆不均匀、剥离、裂缝、鼓胀等。

⑤ 绝缘基板材料的缺陷　基板材料内起泡、白斑、分层、划痕、变色、短缺等。

⑥ 印制电路板连接端的缺陷　镀层变色、镀层不均匀、针孔、剥离、端子数缺少、端子太厚、表面加工不良等。

⑦ 其他缺陷　基板端侧面粗糙、不平滑等。

通过以上PCB产品的外观检查，将结果编制成一个检查报告书。不同的客户厂家，有着不同的质量要求，因而对PCB产品的外观检查可能还会增加个别项目。在检验中使用的标准应该是委托方和加工方双方认同的标准。但是，一些外观的检查项目，在标准的把握判定上，是有困难的。因此，遇到这些判定方面的问题，就要采用将具有典型缺陷的样品用透明胶带“封样”的方法，保存在检验室。以这些封样样品作为对照去进行产品外观的检验。而这些封样样品，会随着时间的推移在缺陷位置、形态上产生变化，因此隔一段时间后，就要对封样样品加以更新替换。

第3章

电镀装备概论

3.1 电镀装备系列

电镀是一项系统工程。被镀产品进入流程后，从前处理到电镀，再到后处理，要用到一系列设备，这与其他一台单机就能完成的工程是完全不同的。

同时，一台单机的精度和操作者的技能决定产品生产效率和质量；而电镀装备因为涉及设备多、工艺参数多，电镀生产效率和质量与装备的关系密切。

了解如何设计和选用电镀装备以及电镀工艺与装备之间的依存关系，对提高电镀生产效率和产品质量极为重要。

3.1.1 电镀装备及其分类

电镀作为一种特殊的加工工种，所用的装备比较特殊。实现电镀加工要用到的装备较多，可以参照的标准较少。

能够实施电镀的装备五花八门。以镀槽为例，从烧杯到水桶，从陶瓷缸到塑料槽等都是可用的。用砖混水泥做槽体再衬软 PVC 的模式一度在乡镇企业很流行。直到近年自动生产线大量采用，接近标准化的 PVC 硬板镀槽和工作槽才流行开来。作者见过的最简陋的电镀生产是在地面挖一个长约 7m、深和宽约半米的地坑，用塑料布做内衬，配上阴极和阳极，装入酸性镀锌电镀液，用来镀长 6m 的自来水管。

电镀电源也是各种规格和制式的都有。从单相半波到全波、三相半波到三相全波等都可以用作电镀电源。但不论是哪类设备，经过几十年的发展，现在也到了走向规范化和标准化的阶段。

电镀加工的设备大体上可以分为八大类数十种，包括前处理设备、直流电源、镀槽、阳极和电源导线，还要有按一定配方配制的镀液以及后处理设备等。

要使电镀过程生产出质量合格的产品，需要对电镀过程进行控制，也就是要按照一定的工艺流程和工艺要求来进行电镀，这就要用到一些辅助设备和管理设备，比如过滤机、加热或降温设备、试验设备、检测设备等。其中带有炼丹术式神秘的部分就是电镀溶液中的添加剂技术，正是这种技术使电镀过程变得非常有趣而又富于挑战性。其中电镀设备既可以是单一镀种的手工生产线，也可以根据工艺流程组合成全流程的自动生产线。

表 3-1 是电镀所需设备的分类。

表 3-1　电镀设备分类

类别	设备和装置
前处理设备	研磨机（人工研磨、自动研磨）、滚光机、抛光机、喷砂机、除油设备（超声波除油设备）、工作槽、水洗槽等
电镀设备	电镀槽、回收槽、水洗槽、滚镀机、化学镀设备、电镀电源、电极杠、汇流排、阳极和阳极篮、电镀挂具等
后处理设备	离心干燥机、纯水机、烘箱、烘道等
过程强化和辅助设备	阴极移动装置、空气搅拌装置、过滤机、加热器、镀液冷却装置、排气装置、污水处理装置、检验检测装置、工艺试验装置等
公共设备	供水、供电、照明、空调等
电镀自动生产线	按工艺流程，由前处理到电镀，再到后处理设备组成的电镀生产系列化成套设备
特殊产品专用生产设备	线材、带材自动电镀设备，印制电路板电镀生产设备等
检测与试验设备	外观、厚度、镀液成分等检测和分析装置，盐雾试验、霍尔槽试验、微观检测设备等

各种设备、机电一体化技术，使电镀过程的劳动强度下降的同时，劳动效率有很大提高，工艺参数的控制也得到保障。有些电镀过程已经非常依赖电镀设备，比如高速电镀、印制板电镀、芯片电镀、化学镀等。没有这些专用设备，一些新的电化学加工方法就无法执行。“工欲善其事，必先利其器”在电镀行业也是非常适用的至理名言。

3.1.2　电镀装备的运行方式

通过以上介绍，我们知道电镀装备对电镀而言是一个系统，也是一种按工艺流程排列的流水线。因此，电镀装备也叫电镀生产线。无论规模大小，无论是哪个镀种，只要形成生产能力，就一定是一条生产线。并且根据镀种不同而叫镀锌生产线、镀铜生产线、镀镍生产线等。如果是滚镀，则叫滚镀线，相对的非滚镀生产线则叫挂镀线。

根据电镀生产线不同的运行方式，可分为人工生产线、半自动生产线和全自动生产线。

3.1.2.1　人工生产线

人工生产线曾经是电镀生产的主要运行模式。在没有开发自动生产线之前，电镀生产就完全是依靠人工来进行的。一条电镀生产线至少要一到两名操作工人来管控，现场还有工艺人员或过程检验人员到生产线上观察电镀过程。由于电镀件在镀槽中要镀一定时间才能保证镀层达到所需要的厚度，因此，操作者并不是一直在镀槽边盯着，而会合理安排做下一槽的准备工作，例如将待镀产品上挂具，或将镀好的产品烘干等。虽然如此，人工操作电镀劳动强度还是较大的，尤其是较重的金属零件电镀，一个挂具会重达几千克甚至几十千克，同时，电镀现场阴阳极排出的气体是有害健康的。因此，电镀生产线要求有良好的排气装置，以保护劳动者安全。

为了提高生产效率和保护劳动者身体健康，开始采用自动或半自动生产线，并且对电镀现场的排气等环保要求是强制性的。没有环保措施的电镀企业是不允许开工生产的。

不过，由于电镀生产涉及的产品品类实在太多，有时是多品种、小批量的，不适合采用自动生产线生产。因此，人工电镀生产线仍然是电镀生产的一种运行模式（图 3-1）。

图 3-1　人工电镀生产线

还有一些小型精细产品镀贵金属，例如镀金、银等，镀槽都很小，也只适合人工生产。当然，这些采用人工生产的电镀生产线，都具有良好的环境保护措施。

3.1.2.2 半自动生产线

所谓半自动生产线，是指电镀生产线的挂具升降机构沿生产线行走、提升、放下挂具是由机械动力控制的，即自动的，但是升降机构运行到哪个工位或者在工位提升挂具或放下挂具，需要人工按动操控按钮来操控电动机构执行。

半自动电镀生产线大大提高了生产效率，降低了操作者的劳动强度；同时，由于仍然由人工根据产品要求控制电镀生产节奏，适用于各种产品的生产，具有一定灵活性，是现在大多数小型电镀企业仍然采用的生产线。

如图 3-2 所示的是一种滚镀半自动生产线。这是双台提升机构的半自动生产线，可以由人工操作在电镀流程中各工位之间运行，进行入槽电镀和起槽清洗、干燥等操作。因为滚桶的装载量比较大，通常都在每桶 30kg 左右，由人工操作是很难的，采用半自动生产模式就轻松许多了。

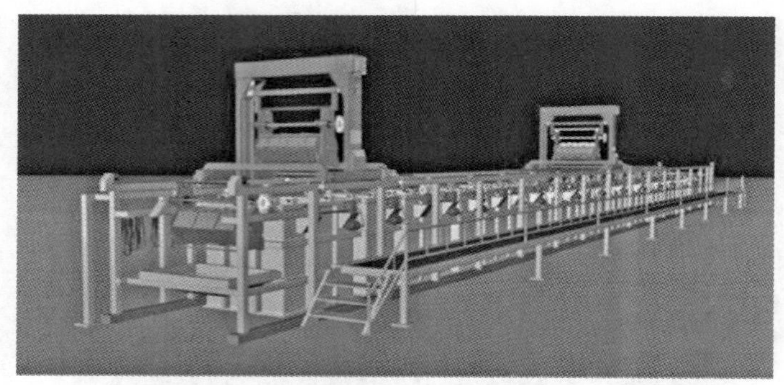

图 3-2 双行车龙门式滚镀半自动生产线

3.1.2.3 全自动生产线

全自动电镀生产线适合定型产品的大批量生产。这种生产线的机电系统可以完全按照电子计算机编制的工艺流程和在各个工位上的工作时间和动作要求来自动执行操作。

这种生产线除了产品上挂具和加工流程完成后从挂具上取下产品仍是人工操作外，电镀过程是全自动化的。有些滚镀全自动生产线则包括零件装桶和完成加工后的干燥、包装，都可以由机器人完成，是真正意义上的全自动生产线。

由于可以根据不同产品的要求和不同工艺流程编制程序指令，全自动生产线也是可以适合多种产品生产的。同时，这类生产线也可以关闭全自动控制模式，转变为人工下达指令，用半自动生产线模式运行。因此，现在进入电镀工业园的大多数电镀企业或单位，都采用这种全自动电镀生产装备（图 3-3）。

图 3-3　龙门式双行车电镀全自动生产线

3.1.3　智能化电镀生产线

3.1.3.1　常规电镀生产线存在的问题

电镀行业的生产具有其特殊性，全流程包括前处理、电镀、后处理等多个工段，同时具有间歇和连续生产特点，即产品在各个工段都需要经过多个不同工序，工序内停留的浸泡处理时间不同，并且产品搬运过程的空间停留时间不能超过工艺范围，一旦工艺时间或者搬运时间超出工艺范围，就会导致产品不良，甚至报废。传统电镀生产线自动控制系统是基于 PLC 的电气控制系统，也就是用电脑替代人工来统一控制不同搬运间隔生成不同的工件槽内时间，这种方式比较简单，对单一的批量产品有很好的效果。但是这种方式的不足是当工艺改变时需要重新规划行车搬运轨迹，工艺更改后调试周期长，一般的工厂不具备这种技术人才，调整工艺时效性不高；同时，一条生产线生产多种工艺产品比较困难，需要生产完成前批次产品后，才能切换程序生产下一批次产品，混合生产多工艺产品比较困难，生产效率大大下降，不适合多批次、小批量的生产场景。另外一种常见的控制方式是简单的开放程序，客户可以编辑产品的工艺流程及各个工位的停留时间，工件槽内剩余时间，驱动行车搬运，这种控制方式可以生产多工艺产品，不足之处是生产间隔不可知，产品进线控制靠有经验的上挂工人掌控，控制不好，产品在生产线上容易发生搬运冲突，导致产品报废或品质下降。这时只能由人工管控，为了减少线上冲突，人为拉大生产间隔，导致产量不高。

基于现有技术存在的不足，以及国内装饰电镀的现状，一些电镀设备生产制造企业开始研制智能化电镀自动生产装备，来解决这些问题。其中无锡星亿公司研发的智能化电镀自动生产线，就采用了多机器人协同智能调度控制系统。

3.1.3.2　智能化电镀自动生产线的特点

智能化全自动电镀生产线具有以下创新性特点。

（1）实时交互

对生产信息、设备信息、工艺信息、订单信息等线上所控制的信息进行整合收集，实现数据共享，解决了出现问题再排查的缺陷，能够快速找出事故点，减少因生产线暂停带来的损失。

（2）毫秒级计算

解决了生产间隔控制不准确和常规线依靠人工经验控制发生搬运冲突及生产随机干扰等问题。一旦发生问题，通过毫秒级计算，系统能够快速自动生成新的计划指令，完成生产。

（3）全方位协调

解决了生产过程中因出现人工暂停或产品质量不合格需要取消后续加工处理流程带来的限制，该关键技术能够在遇到随机干扰后调度系统自动纠偏，实时在线调度，继续完成生产。

（4）人性化排产

解决了一条生产线多种工艺生产比较困难的问题，该技术能够让客户任意编辑生产工艺流程，工艺更改后调度系统自适应自动调整。

（5）在线自动质量检测

解决了人工干预质检结果、检验标准不统一及检验时间过长等问题，该关键技术采用工业摄像机采集产品图像特征，和产品信息库产品缺陷特征自动匹配，如果触发缺陷异常警报，机械手自动取出异常产品并隔离。

3.2 通用和专用装备

3.2.1 通用电镀装备

所谓通用电镀装备是指无论哪个镀种的一条电镀生产线，都可以用于各种形状产品的加工生产。例如一条酸性镀锌生产线，可以对各种钢铁制件进行镀锌加工，不论是机架还是盖板，只要大小尺寸在生产线全流程的槽体内可以容下，就可以进行生产。这种通用电镀生产线只有大小规模的不同，除了尺寸限制，对钢铁制件酸性镀锌而言，是通用的装备。通用装备也是根据通用工艺研制的。

通用工艺是指电镀产业中大量使用的各种常用或者必备工艺。特别是专业的电镀加工企业，为了满足各行业对电镀加工的需求，要配备常用的各种镀种。例如镀锌、镀铜、镀镍、镀铬、镀合金、化学镀、滚镀等常用工艺。还要有根据用户要求配备特别镀种或加工要求的能力。

专门从事对外电镀加工的电镀企业，所配备的基本上都是通用电镀生产线，但是同一个镀种会有几条生产线，其区别就是槽体的规模。例如通用装备中 3000L 镀槽是常见的，但也有 5000L 或 10000L 的规模，以此为基础来配置电镀电源的功率和相应的辅助设备。

对电镀生产线而言，配备多大功率的整流电源很重要。否则在电镀生产过程中会出现因输出电能不足而满足不了电镀生产需要的情况。超过负荷运行会出现电力故障，严重的会烧坏供电装置。

计算电镀槽允许通过的最大电流通常是以镀液的容量估算的，也可以通过镀槽能够加工的受镀面积和工艺规定的工作电流密度进行计算。镀液容量允许的电流计量单位为 A/L。表 3-2 是电镀槽允许通过的电流参考值。

表 3-2　电镀槽允许通过的电流参考值

镀种和工作液	允许的电流容量/（A/L）	镀种和工作液	允许的电流容量/（A/L）
电解除油	1	光亮镀镍	0.3～0.5
氯化钾镀锌	1～1.2	半光亮镍	0.3
氰化物镀锌	0.5～0.8	冲击镍	0.8
无氰碱性镀锌	0.4～0.5	镍封	0.5
酸性镀铜	0.6	镀铬	2
氰化物镀铜	0.3～0.5	滚镀	相应镀种值加 50%
普通镀镍	0.2～0.3	—	—

根据镀槽中可以悬挂的产品的表面积和工艺规定的电流密度来计算工作时可以允许的最大电流是比较可靠的。但是这个计算出来的值不能大于镀液容量允许通过的电流总值，否则就是超负荷运行。同时，这种计算也是电镀生产线产能统计的依据。如果生产纲领要求达成的产能是确定的，则要以此来推算出镀槽容量（或产品最大装载量）所要求的镀槽大小、尺寸和结构。

由于电镀阴阳极工作的电流密度有一定比例关系，通常规定阳极表面积应该是阴极的两倍，因此，也可以根据电镀槽配置阳极的表面积来推算阴极可装载的产品面积，并计算出允许的最大电流。当然，由于实际生产过程中阳极面积难以保证在固定的比例内，并且往往出现阳极面积不足的情况，因此通常没有采用这种算法。

电镀产品加工委托方根据合同规定应该提供被镀产品的图纸，图纸除了有产品的直观结构形态和尺寸外，还有制造产品所用的材料、重量、表面积和要进行哪种表面处理的标记（镀种、层数、镀层厚度、后处理要求、有无特别要求等）。这些参数是用来选择工艺和计算挂具装载量和镀槽工作电流范围的重要依据。电镀企业应该主动要求对方提供图纸并注明这些重要参数。

3.2.2 专用电镀装备

严格来说，电镀生产采用的基本上是专用电镀装备。也就是说电镀工艺及其装备是根据企业产品的纲要来进行配置的，是为了适合企业或者某类、某种产品的电镀加工需要来进行配备的。往往需要进行设计和定制，而不能简单采用通用装备。

专用电镀装备与通用装备的不同之处有两个方面：一方面是槽体的形状会有所不同，不一定是长方形的，可能是圆形或者尺寸与通用装备不同的矩形、锥体或异形构造。这类镀槽往往会由设计者申请专利保护其创意。另一个方面是专用电镀设备的辅助设备也是针对专用设备定制的，包括专用阳极和电源等。

正如前面已经提到的，现在高端制造中的电镀装备大多数都已经是专用电镀装备了。从印制板到芯片，从引线框架到专用线材，没有专用的电镀装备根本就没有办法生产出来。

不只是整线装备，对于专用电镀生产来说，挂具或产品加载方式也是不同的。不是使用通用挂具，而是针对所加工产品的构造来设计专用挂具，只能用于这种产品的生产。

电镀挂具是电镀生产中极为重要的工具。我国电镀生产特别是手工电镀生产所使用的挂具是极不规范的。虽然电镀生产线普及以来，电镀挂具的设计、使用和管理已经有很大进步，但是同样仍然存在一些问题。电镀产品的质量、生产的效率、劳动强度等，都会因为挂具的不同而有不同的结果，是很值得研究的课题。因此，电镀挂具这一块要引起高度重视。我们将在第 6 章中详细介绍。

3.2.3 专用电镀设备中的专用阳极

在电镀生产过程中，阳极与挂具一样是非常重要的装置，同样要有专门章节（本书第 7 章）加以详细介绍和讨论。强调和重视阳极和挂具，可以说是本书的特色之一。从事电镀工作的工程技术人员和生产人员，都可以从中受到很大启发。

专用阳极是根据不同产品电镀需要而设计的阳极。例如镀铬用的铅锑合金条形阳极，还有为专用电镀设备配置的专用阳极。再例如线材电镀设备就是专用电镀设备，这种设备采用的阳极已经由过去的桥式阳极改进为网式阳极。

这种采用网式阳极的线材连续电镀装置的镀槽构造如图 3-4 所示。在大镀槽 1（图 3-4 中所标示序号，下同）中安装有小镀槽 2 和在小镀槽内的阳极网篮 3；网篮两端装有阴极压线轴 4，在大镀槽两端装有陶瓷或尼龙导线轮轴 5；大镀槽中的镀液通过泵 6 往小镀槽中补加；图中 7 和 8 是热交换器的安装位和电源接口；9 是补液管出液口，10 是阴极导电条。采用这种装置进行线材连续电镀生产，产品质量好且稳定，生产效率明显提高。

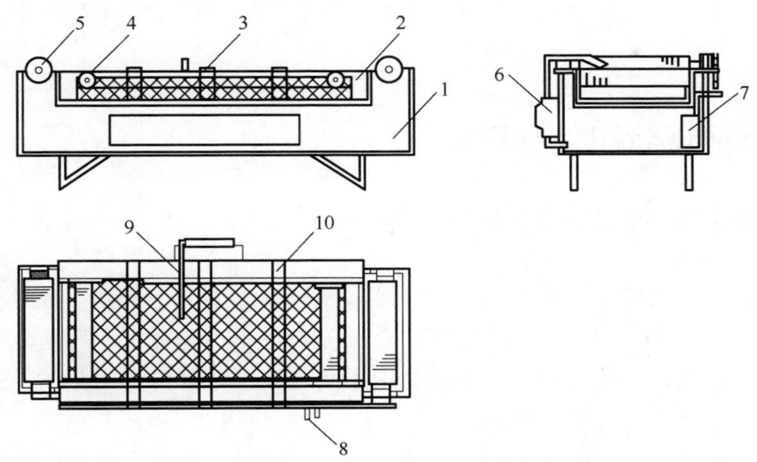

图 3-4　采用网式阳极的线材电镀装置三视图

以往用于线材连续电镀的装置有多头直线式和单头往复式两种。这两类装置的阳极连接方式都是所谓桥式连接法，即以不溶于电解液的铅或钛等制成阳极桥，将电镀过程中的消耗性阳极，如锌板、铜板等置于阳极桥上，使其通过阳极桥导通电流。

这种桥式电极，有一个严重的缺陷，就是这种电极要求置于其上的阳极，例如锌或铜等有足够的长度，即阳极板的长度必须大于或者等于每两个阳极桥之间的距离。否则，阳极板很容易从桥上滑入镀槽底失去与阳极的连接而不再参与电极反应。由于阳极板在生产过程中是消耗性的，即阳极板要在电镀过程中溶解而不断减小其体积，这样，阳极板的长度和厚度都会减小，最终从阳极桥上脱落而不再起作用。这时只有将体积减小的阳极板取出，代之以有足够长度的新阳极板。显然，这种补加和正常的阳极消耗补加是不同的，严格地说是一种替换，被换下来的阳极头只能用来回炉或作废品处理。由于阳极在消耗中随时会从阳极桥上滑落，而这种滑落在生产过程中又不易观测到，对电镀质量会带来明显的不利影响。因此可以说桥式阳极连接法是线材电镀生产质量不稳定的重要原因之一。

桥式阳极的另一个缺点是表面积较小，当需要提高生产速率或增加镀层厚度而加大电流时，阳极由于电流密度太高容易发生钝化，使槽电压上升，电解液温度升高，最终无法正常工作。

采用网式阳极的线材连续电镀装置，可以使阳极材料在电镀过程中完全溶解，并且无须停止机器运作就可以往网中补充诸如球状、块状阳极材料。

由这个例子可见，专用的电镀装备对于电镀生产的效率和质量都是重要的保证。正是各种专用电镀装备使电镀技术在现代制造各领域中，包括在高端制造中广泛应用，才使得电镀技术的重要性得到了认可。

3.3 电镀试验和检测装备

3.3.1 通用电镀试验与检测设备

电镀试验和检测是一个非常专业的领域，至少需要一个章的篇幅来介绍，本书也是这样安排的。本章作为电镀装备概论，先介绍一下电镀试验和检测的概要。

所谓通用电镀试验与检测设备，是指所有电镀工艺都可以用到的一系列试验与检测方法、工具、工装和装备。

与其他单一机加工产品不同，电镀产品的检测不只是在产品生产完成后做最终检测就可以。即使是做最终检测，所要检测的项目也不只是外观和厚度这几个指标。根据产品对表面的要求不同而会对物理性能、化学性能等做多个指标的检测，涉及的工具和仪器也会较多。更不要说在进行新工艺开发和镀液配方验证等方面要做的各项工艺测试，就涉及更多流程和装备。还有过程检测和控制等，都要有相应规范和工具的支持。

电镀试验和检测的通用装备很多，既有为电镀专业专门开发的通用设备，也有一些其他通用设备。

专业用于电镀试验和检测的设备，包括霍尔槽试验设备、镀层脆性测试设备、分散能力测试设备、抗腐蚀性能测试设备等。其他通用设备包括放大镜、显微镜、温度计、电子秤、千分尺、游标卡尺等。

电镀技术和原理研究用的检测和试验设备包括电化学工作站、极化曲线测试设备、旋转圆盘电极测试设备、极谱测试装备等。这些都是由专业的检测测试设备制造公司研制和提供的商品化产品。

3.3.2 专用电镀试验与检测设备

专用电镀工艺生产的产品是否合格是需要检测后才能确定的。有些电镀过程不只是在产品完成后才做终检，而是需要做过程检测，或者是过程抽检，以确定工艺是否处在正常状态。否则要做出调整或停止，在排除故障后恢复工艺。

例如印制板电镀孔金属化过程中如果采用的是化学沉铜工艺，每次开机生产时的第一缸生产就要对孔位的沉铜情况做背光试验，并且要求连续测试几缸后确定都合格才能进入正式生产流程。新配槽等都是如此。

如果说印制板孔金属化的检测设备还可以因陋就简，各个单位可以根据原理自己配置或制造检测装备，那么芯片的电镀和封装检测则是更为专业和重要的工作流程，当然也涉及一些重要的检测装备。而这些设备的设计和制造就不是用户可以自己制造的了。这类检测设备是由专业的精密仪器制造企业设计和制造出来的，都是商用专用设备，只能采购或定制获得。

3.4　电镀生产的环保和安全

电镀生产过程的环保措施和安全措施极为重要，不仅要高度重视，还要有完备的具体措施和装备保障。

3.4.1　电镀废气治理装置

电镀生产过程中的许多工作槽都会挥发出含有化学物质的分子气体。尤其是前处理工段的碱雾、酸雾，氰化物镀槽中的氰化物，还包括加温镀槽和工作槽的蒸汽等。因此，电镀生产车间严格规定在电镀生产线所有工位都要安装统一的抽气装置，并且将收集的气体进行净化处理后才能向空气中排放。

即使进入电镀工业园区的电镀企业，废气治理得由企业自己完成，或者由工业园为企业电镀生产线就近提供废气处理装置。因为气体抽取后远程输送比较困难，只能在生产车间或厂房就近设置气体处理设备，才比较合理。因此，废气处理装置需要在电镀生产区就近安装。

现在的废气处理装置是多级多工艺处理模式，包括对酸雾的碱性溶液喷淋法、有害气体多级处理塔、活性炭吸收等。有专业的废气处理装置设计和制造企业根据电镀企业生产设计和定制废气处理设备。图 3-5 是企业安装的废气处理设备。

3.4.2　固体废弃物处理

固体废弃物的处理通常是指用物理、化学、生物、物化及生化方法把固体废物转化为适于运输、储存、利用或处置的过程，固体废弃物处理的目标是无害化、减量化、资源化。有人认为固体废物是“三废”中最难处置的一种，因为它含有的成分相当复杂，其物理性状（体积、流动性、均匀性、粉碎程度、水分、热值等）也千变万化，要达到上述无害化、减量化、资源化目标会遇到相当大的麻烦，一般防治固体废物的方法首先是要控制其产生量，例如，逐步改革城市燃料结构

图 3-5　安装在企业厂房外的废气处理装置

（包括民用工业）控制工厂原料的消耗，定额提高产品的使用寿命，提高废品的回收率等；其次是开展综合利用，把固体废物作为资源和能源对待，实在不能利用的则经压缩和无毒处理后成为终态固体废物，然后再填埋和沉海。目前主要采用的方法包括压实、破碎、分选、固化、焚烧、生物处理等。

电镀生产中的固体废弃物主要有两大类：一类是各种化学原料的包装材料，这些包装材料（桶、袋、盒等）因为沾染有化学物质，有些就是有毒物质，绝对不能当普通垃圾处理，要收集到专业处理机构处理；另一类是液体沉淀室中的沉淀污泥，这些污泥含有各种污染物，也要由专业处理企业收集后集中处理。

固体废弃物处理的技术有以下几种。

（1）压实技术

压实是一种对废物实行减容化、降低运输成本、延长填埋寿命的预处理技术，压实是一种普遍采用的固体废弃物预处理方法，如汽车、易拉罐、塑料瓶等通常首先采用压实处理，不适于减小体积处理的固体废弃物，不宜采用压实处理，某些可能引起操作问题的废弃物，如焦油、污泥或液体物料，一般也不宜做压实处理。

（2）破碎技术

为了使进入焚烧炉、填埋场、堆肥系统等废弃物的外形减小，必须预先对固体废弃物进行破碎处理，经过破碎处理的废物，由于消除了大的空隙，不仅尺寸大小均匀，而且质地也均匀。固体废弃物的破碎方法很多，主要有冲击破碎、剪切破碎、挤压破碎、摩擦破碎等，此外还有专用的低温破碎和混式破碎等。

（3）分选技术

固体废物分选是实现固体废物资源化、减量化的重要手段，通过分选将有用的成分选出来加以利用，将有害的成分分离出来，方法是将不同粒度级别的废弃物加以分离。分选的基本原理是利用物料某些性能方面的差异，将其分离开。例如，利用废弃物中的磁性和非磁性差别进行分离；利用粒径尺寸差别进行分离；利用密度差别进行分离等。根据不同性质，可设计制造各种机械对固体废弃物进行分选，分选包括手工挑选筛选、重力分选、磁力分选、涡电流分选、光学分选等。

（4）固化处理技术

固化技术是向废弃物中添加固化基材，使有害固体废物固定或包容在惰性固化基材中的一种无害化处理过程，经过处理的固化产物应具有良好的抗渗透性、机械性以及抗浸出性、抗干湿性、抗冻融特性，根据固化基材的不同固化处理可分为沉积固化、沥青固化、玻璃固化及胶质固化等。

（5）焚烧和热解技术

焚烧法是固体废物高温分解和深度氧化的综合处理过程，好处是大量有害的废料分解而变成无害物质。由于固体废弃物中可燃物的比例逐渐增加，采用焚烧方法处理固体废弃物，利用其热能已成为发展趋势，以此种处理方法，固体废弃物占地少，处理量大，焚烧厂多设在 10 万人口以上的城镇，并设有能量回收系统。但是焚烧法也有缺点，如投资较大，焚烧过程排烟造成二次污染，设备锈蚀现象严重等。热解是将有机物在无氧或缺氧条件下高温（500～1000℃）加热，使之分解为气、液、固三类产物，与焚烧法相比，热解法则是更有前途的处理方法，它最显著的优点是基建投资少。

（6）生物处理技术

生物处理技术是利用微生物对有机固体废物的分解作用使其无害化，可以使有机固体废物转化为能源、食品、饲料和肥料，还可以从废品和废渣中提取金属，是固化废物资源化的有效技术方法，目前应用比较广泛的有堆肥化、沼气化、废纤维素糖化、废纤维饲料化、生物浸出等。

电镀企业根据国家法规，不得私下处理废弃物。其中固体废弃物要与有资质的专业处理企业签订有法律约束力的委托处理合同，才能从事电镀生产。

3.4.3　废水处理

由于电镀生产用水量大，其排水量是惊人的。工作中电镀生产线的清洗水一直在排放状态。而这些水由于含有大量有害化学物质，不能直接排入城市下水管网，要经过专业的技术处理并确认合格后才能排往指定的排放系统。

早期电镀企业的排水是混合型水，就是各种电镀镀种和工艺的排放水都走一个总管路混合进入废水池再处理，这增加了处理难度和处理成本。现在已经普遍实行分镀种、分类别、分管线收集、分类处理的模式。

即使是进入电镀工业园的电镀企业，也不能将自己的分类废水直接往园区处理池排放。而是应该在自己的电镀场地设立缓冲收集池，在这些缓冲池中将自家废水的 pH 值调到 8～9 左右，必要时还要做一些沉淀处理，再根据园区总池容量有调节地往总处理池送水。曾经有些电镀工业园区没有对入园企业做这种缓冲和预处理安排，所有入园企业的废水都往处理中心排放，结果大大超出园区水处理设计的处理能力，使总排口的排放水始终难以达标，园区迟迟不能验收，只能加大污水处理投入，导致难以收回投资成本。

第4章

前后处理工艺与装备

电镀生产全流程中，前处理和后处理都要用到一些工艺设备，以达到产品设计所要求的表面。尤其是高精饰表面要求的金属制品，其前处理的要求是非常高的，必须有相应的工艺装备来加以保障，才能达到设计的要求。

4.1 前处理设备与材料

在电镀行业，从质量保证的角度，流行“三分电镀、七分前处理”的说法。原因是如果前处理做不好，最终镀出来的产品结合力就会有问题。而结合力不好是电镀质量事故中最大的问题。

4.1.1 打磨设备与材料

打磨也叫打砂。这是在特制的皮布轮的外圆上用牛皮胶粘上金刚砂等打磨材料，在高速旋转下对金属制品表面除去氧化皮的前处理加工方法。打磨在很多时候不只是表面除锈的方法，而是一种表面精饰的需要。但是，当采用粗砂进行表面打磨时，主要就是去除表面的锈蚀，以利于其后的精饰加工。

一些高级的装饰镀件表面不仅需要去除锈蚀，还需要对表面进行精饰预处理，比如表面有镜面光亮，或者有某种金属纹理，例如拉丝纹、刷光纹等。这些也经常是在物理除锈的过程中进行加工的。

4.1.1.1 常规打磨设备

（1）打磨机与磨轮

打磨所用的设备类似于砂轮机（图 4-1），但是又明显不同于砂轮机。其主要的差别在于所用的轮子。砂轮机上的打磨轮是完全刚性的，有很强的切削力。经砂轮打磨的制件在尺寸上有较大改变。而电镀打磨轮是半柔性的，主要用来去除氧化皮，制件的尺寸只有较小改变。

打磨轮通常由多层旧布料叠加后用针线扎牢制成，厚度约为 5cm。为了使其耐用，也有在扎紧布轮的双面最外层用了牛皮等较硬的材料。这种打磨轮由于基本靠手工制作，生产效率低而成本较高，现在已经采用合成材料等成型磨轮。布轮也是采用机器切割后机器扎线制造（图 4-2）。

图 4-1　台式打磨机

图 4-2　打磨用布轮

磨轮在使用前，先要在作为打磨工作面的外圆上涂一层明胶，然后根据需要在砂盘中滚粘上一定牌号的金刚砂。

（2）常用的打磨材料

① 人造金刚砂　即碳化硅，它的硬度接近金刚石。其颗粒具有非常锐利的棱角，主要用来对镀件进行粗磨加工。由于韧性低于刚玉，较脆，因此多用在青铜、黄铜、铸铁、硬铝、铝合金、锌和锡等抗拉强度较低的材料上。

② 刚玉　在实际生产中也多用人工刚玉。由于其韧性好，脆性小，是一种较好的粗磨材料，它适合于磨光韧性较好和较大抗断强度的金属，如淬火钢、可煅铸铁、锰青铜等。

③ 金刚砂　又称杂刚玉。可用于所有金属的磨光，尤其是韧性金属。金刚砂是磨料中应用最广的一种。它们的型号是按粒径来分的，数值越大，砂粒越细，常用的有 80#、100#、120#、140#、160#、180#，直至 300#、320#等。对于除锈打磨，基本采用 80#～100#的粗磨砂料。

打磨加工需要操作者有一定实践操作经验。能根据不同材料制件和不同产品表面状态选用不同直径的磨轮和不同材料的磨料，并合理选择转速（表 4-1）。

表 4-1　不同基材磨光转速选择

基体材料	磨轮直径/mm				
	200	250	300	350	400
	转速/（r/min）				
铸铁、钢、镍、铬	2800	2300	1800	1600	1400
铜及其合金、银、锌	2400	1900	1500	1300	1200
铝及其合金、铅、锡	1900	1500	1200	1000	900
塑料	1500	1200	1000	900	800

（3）轮带式打磨

为了提高效率和可操作性，在轮式打磨的基础上，发展了轮带式打磨（图 4-3）。

轮带上的磨料与轮式打磨一样，也是由胶黏合上去的（图 4-4）。这种轮带式打磨设备有较灵活的加工面，可以在转轮部进行打磨，也可以在轮带平动的部位进行打磨，从而获得更好的打磨效果。

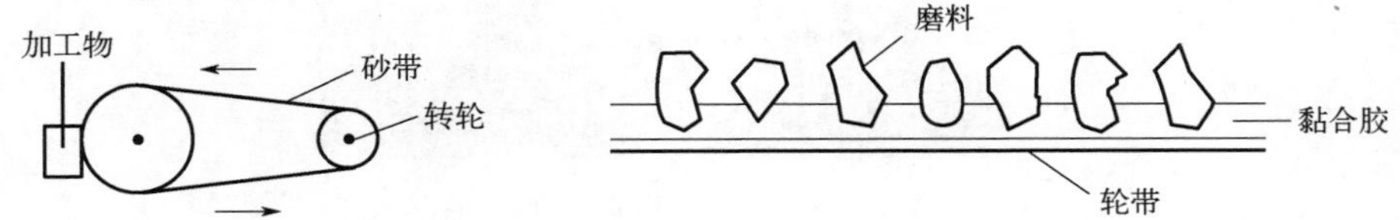

图 4-3　轮带式打磨设备示意图　　图 4-4　轮带式打磨的磨料黏合示意图

这种轮带式打磨设备有以下优点：①即使没有打磨经验的操作者也可以较快掌握打磨操作；②打磨速度高，可提高打磨效率；③不需要经常更换磨轮，节省操作时间。

采用轮带式打磨的材料与转速的关系见表 4-2。

表 4-2　轮带式打磨的材料与转速

被加工制品的材质	轮带转速/（r/min）
热敏感材料	1200～6000
工具钢	1600～2400
高速钢、不锈钢、合金钢	3600～6000
碳素钢	6300～7500
铸铁	6000～9000
锌、黄铜、铜	6300～9000
轻合金（铝、镁合金）	6300～11500

4.1.1.2 打磨机器人

人工操作的打磨工作在传统电镀行业是一项重体力劳动。一个是需要打磨的产品多为钢铁制品，产品本身有一定重量。同时打磨产品的数量有时会很多，一天工作下来是很辛苦的。在光亮剂没有应用以前，很多装饰性电镀产品都要经过人工打磨后再电镀。即使有了光亮电镀，对于高端精饰产品，产品表面打磨和抛光仍然是不可缺少的工序。为了节省劳动力和提高生产效率，现在已经引进机器人进入打磨行业。机器人实施的打磨不仅效率高，而且打磨后的产品质量也很好，同时表面效果非常一致。图 4-5 是打磨机器人在对黄铜制品进行打磨加工。

图 4-5 打磨机器人在工作

图 4-5 中的打磨设备是一种立式轮带式打磨机，这样方便机器人进行操作。

4.1.1.3 布轮抛光

高光亮装饰电镀在打磨后还要进行布轮抛光。这道工序所使用的设备仍然是台式可立式打磨抛光机。通常是将打磨机上的磨轮取下来，换上布轮即可。所用的布轮是将若干层圆形软布叠加而成（图 4-6）。有些产品需要刷光痕效果时，可以改用金属钢丝轮或尼龙丝轮获得轻重度不同的刷光效果。仿古铜产品的局部高光区通常也会采用这种刷光轮刷出效果。

图 4-6 抛光用布轮

4.1.2 喷砂

喷砂是以高压空气流将用作打磨料的砂子吸入后集中喷打在制件表面的一种

表面处理方法。这种方法以压缩空气为动力，以形成高速喷射束将喷料（铜矿砂、石英砂、金刚砂、铁砂、海南砂等）高速喷射到需要处理的工件表面，使工件外表面的形状发生变化，从而对工件表面进行强力处理。喷砂所用的砂料根据产品表面加工要求在规格（目数）上有所不同，常用砂料的规格参见表 4-3。

表 4-3　砂粒目数与粒径对照表

目数	粒径/μm	目数	粒径/μm	目数	粒径/μm	目数	粒径/μm
2.5	6000	12	1250	50	300	300	50
3	5000	14	1100	60	250	400	38
4	3750	16	950	80	190	500	30
5	3000	20	750	100	150	600	25
6	2500	25	600	120	125	700	20
7	2150	30	500	150	100	800	18
8	1900	35	430	180	85	1000	15
9	1700	40	375	200	75	2500	6
10	1500	45	330	250	60	15000	1

由于砂料对工件表面的冲击和切削作用，工件的表面可获得一定的清洁度和不同的粗糙度，同时使工件表面的力学性能得到改善，因此提高了工件的抗疲劳性，也增加了它和镀层之间的附着力。

喷砂可以去除用化学法难以去除的陈旧氧化皮类的锈蚀，通常需要在去油后再进行，这样经喷砂处理的工件不用再经酸蚀即可以进入电镀流程。当然仍需要活化处理。对于表面固化涂料的清除，也适合用喷砂法去除。

喷砂所需要的气源和压力由空气压缩机供给，为了保证被喷表面不被压缩空气污染，压缩空气在进入喷砂机前要先经过一个油水分离装置对气体进行过滤处理，将压缩空气中混入的水分和油污去掉。

喷砂根据其工作原理和方式分为干式喷砂和湿式喷砂两大类（图 4-7）。

干式喷砂机又可分为吸入式和压入式两类。

（1）干式喷砂机

吸入式干喷砂机是以压缩空气为动力，通过气流的高速运动在喷枪内形成负压，将磨料通过输砂管吸入喷枪并经喷嘴射出，喷射到被加工表面，达到预期的加工目的。在吸入式干喷砂机中，压缩空气机既是形成负压的供气设备，也是进行喷砂工作的动力。

压入式干喷砂机是以压缩空气为动力，通过压缩空气在压力罐内建立的工作压力，将磨料通过出砂阀，压入输砂管并经喷嘴射出，喷射到被加工表面达到预期的加工目的。在压入式干喷砂机中，压缩空气直接对砂粒产生动力。

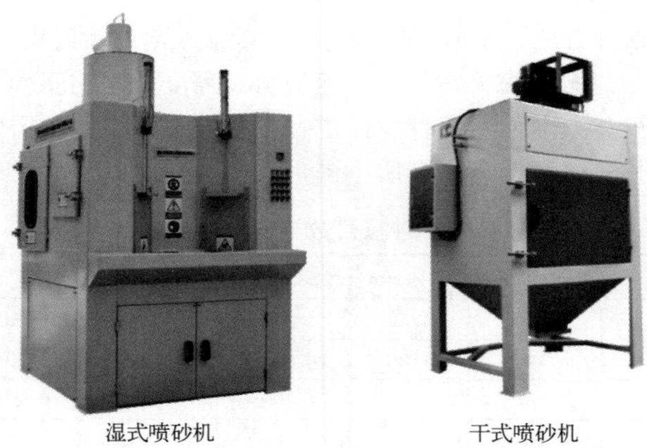

图 4-7　两种喷砂机实物图

（2）湿式喷砂机

湿式喷砂机相对于干式喷砂机来说，最大的特点就是很好地控制了喷砂加工过程中粉尘污染，改善了喷砂操作的工作环境。

湿式喷砂机是以磨液泵作为磨液的供料动力，通过磨液泵将搅拌均匀的磨液（磨料和水的混合液）输送到喷枪内。压缩空气作为磨液的加速动力，通过输气管进入喷枪，在喷枪内，压缩空气对进入喷枪的磨液加速，并经喷嘴射出，喷射到被加工表面达到预期的加工目的。在液体喷砂机中，磨液泵为供料动力，压缩空气为加速动力。

（3）水汽磨料喷砂

水汽磨料喷砂模式是湿式喷砂的强化过程，让玻璃珠等磨料在水箱中在高压泵的作用下以水枪的方式喷向待处理表面，可以强力去除严重锈迹、陈旧涂料以及重整粗糙表面等。以这种模式制造的水汽磨料喷砂机可以有移动式和柜机式等不同制式，已经有重庆立道等多家企业生产这种装备。

4.1.3　滚光

4.1.3.1　滚桶滚光机

滚光是借助滚桶的翻动力，再加上磨料的摩擦作用来对金属制件进行表面处理的过程。滚光通常在湿式条件下进行，个别场合也有用干式滚光的。图 4-8 是一种六边形滚光机。

图 4-8　六边形滚光机

（1）磨料

磨料是滚光中主要的磨削材料，是与制件表面有机械作用的刚性材料。滚光所采用的磨料见表 4-4。

表 4-4　滚光磨料的种类

磨料种类	磨料材质	磨料举例
天然磨料	天然石料	金刚砂、石英砂、石灰石、建筑用砂等
	天然有机磨料	锯末、糠壳、果壳等
人造磨料	金属	钢珠、铁钉等
	烧结料	碳化硅、氧化铝等
	塑料	定形或无定形颗粒
	陶瓷	定形或无定形颗粒

现在已经流行采用人造定形磨料，因为这些定形的人造磨料的形状是经过实验研制出来的。可以根据产品对滚光的需要，选用不同形状的磨料，配合适当的滚光液和一定转速，可以达到预期的表面效果。

常用的人造定形磨料有 6 种，即圆形、扁四方形、扁三角形、正三角楔形、锐三角楔形、长圆柱形等（图 4-9）。

（2）滚光液

滚光要用到滚光液，主要是为了提高滚光的效果和保证制件在滚光中不受到损害。滚光时添加一定量的滚光液，可以起到分散作用、清洗作用和防腐蚀作用。根据不同表面处理需要，可以添加各种盐类、表面活性剂或碱、酸等。

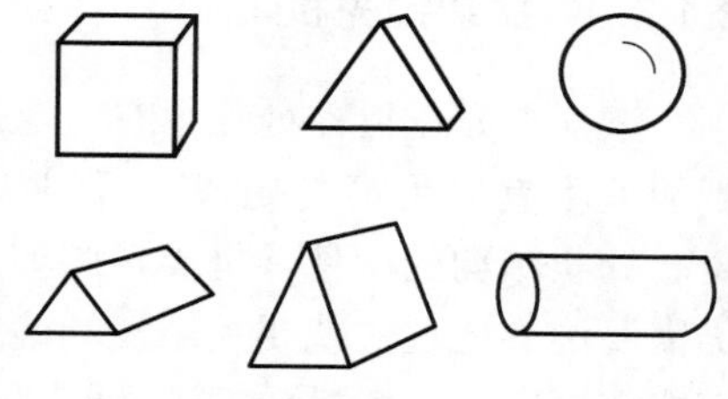

图 4-9　人造定形磨料形状示例

考虑到碱性环境对黑色金属的保护作用，大多数滚光液都偏碱性，也有根据需要采用酸性添加液的，特别是铝材等不宜采用碱性溶液的制件，需要用酸性溶液（表 4-5）。

表 4-5　适合不同金属滚光用添加液的分类和组成

溶液分类	适合不同金属的溶液组成/（g/L）			
	钢铁	铜及其合金	锌合金	铝合金
碱性液	磷酸钠 20 OP 3		—	—
	焦磷酸钠 35 亚硝酸钠 15	—	焦磷酸钠 5	—
	氢氧化钠 20	—	—	—
酸性液		硫酸 5	硫酸 1	磷酸 1
说明	所有滚光液中都可以适量加入表面活性剂（1～2mL/L）			

（3）操作条件

滚光的操作条件主要是滚桶的转速和工作时间。滚桶的转速与滚桶的直径有关。通常直径较大时，转速要低一些。可以通过以下经验公式来计算滚光时滚桶的转速：

$$U = \frac{14}{D^{1/2}} \tag{4-1}$$

式中，U 为滚桶转速 r/min；D 为滚桶直径，m。

由公式可知，如果滚桶的直径为 1m，则滚桶的转速为 14r/min。由于滚光的转速还与装载量、制品的材质以及滚光的时间等因素有关。因此，具体的滚桶转速，要根据工艺需要调整。

滚光的时间至少 1h，但常用的时间在 3h 左右。个别场合会在 5h 左右。同样，时间也与转速有关，当转速较高时，时间就要缩短。从效率上看，似乎要取较高转速和尽量短的时间。但是，当转速较高时，滚光的作用会下降，所以要采用适中的转速和时间。

4.1.3.2　振动抛光机

滚桶滚光在镀前处理中有广泛应用。但是，有些制品出于结构形状的限制，不能或不宜采用滚光处理，否则就会对制件造成变形或磨损等损伤，比如有锐角、针状结构的制件，框类，腔体等。对于这些不宜采用滚动滚光的制件，如果仍需要滚磨处理，就要采用振动滚光处理。振动滚光也被称为振动抛光。振动的模式有纵向振动和横向振动，也可以两种模式交替进行。图 4-10 就是一种现代的可选可调振动抛光机。

振动滚光的主要功夫不只是在设备方面，传递振动能量同时具有摩擦效果的是振动磨料，基本上与滚光是一样的。但所用的多为细小的磨料，将被加工件基体埋入其中，在各种振动模式中翻动摩擦，达到滚光效果。

4.1.3.3　磁力抛光机

磁力抛光机突破传统振动抛光理念，采用磁场力驱动不锈钢针磨材，产生快速旋转运动，从而达到去除毛刺、抛光、洗净等多重效果，适用于金、银、铜、铝、锌、镁、铁、不锈钢等金属类与硬质塑料等非金属类工件的研磨抛光。图 4-11 为一种磁力抛光机。

采用这种设备具有以下优点。

① 相比其他布轮抛光机等抛光设备，磁力抛光机可进行批量抛光处理，完成抛光后可用筛网批量将钢针分离开来，大大提高工作效率和抛光效果。

② 磁力抛光机针对小五金件、小饰品等死角，内孔处理效果极佳，可清除灰

尘，去除毛刺，提高产品表面光亮度，去除表面氧化层，这是其他类型抛光设备无法比拟的特点。

图 4-10　振动抛光机　　　　图 4-11　磁力抛光机

③ 磁力抛光机操作简单，可一人同时操作多台设备，节省成本。

④ 磁力抛光机采用抛光液和钢针，再加上适当自来水批量抛光工件，不带酸碱性的污水，便于处理。

4.1.3.4　研磨与机械抛光的工艺

对于需要磨光和抛光的制品可以选用以下工艺。

（1）铸铁

第一道粗磨，用 $80^{\#}$～$100^{\#}$的粗金刚砂轮磨光；第二道细磨，采用 $140^{\#}$～$160^{\#}$的金刚砂轮；第三道走油砂，采用 $180^{\#}$～$200^{\#}$的金刚砂轮磨光，是最后一道磨光。

（2）热轧、冲压和切削钢件

第一道用 $120^{\#}$～$140^{\#}$的金刚砂轮磨削；第二道用 $160^{\#}$～$180^{\#}$的金刚砂轮磨光；第三道用 $200^{\#}$～$240^{\#}$的金刚砂轮进行最后抛光。

（3）冷轧的钢件

对于冷轧钢制件，只需要两道工序，第一道用 $160^{\#}$～$180^{\#}$的金刚砂轮抛磨；第二道用 $200^{\#}$～$240^{\#}$的金刚砂轮抛光即可。

（4）铜、铜合金、铝、锌合金等

第一道用 $120^{\#}$～$140^{\#}$金刚砂轮磨光；第二道用 $160^{\#}$～$180^{\#}$金刚砂轮磨光；第三道用布轮白膏抛光。

（5）钢、铜合金的铸件

第一道用 $80^{\#}$～$100^{\#}$金刚砂轮磨光；第二道用 $120^{\#}$～$140^{\#}$金刚砂轮磨光；第三道用 $160^{\#}$～$180^{\#}$金刚砂轮磨光。

对于要求有镜面光泽的镀层，还要求在以上工序的基础上采用 $300^{\#}$以上的磨轮精磨。

由于研磨抛光是表面精饰加工，人工和材料成本都较通常的表面处理工艺要高，加强成本管理是必要的。表 4-6 列举了研磨抛光材料消耗的平均定额，对于不同形状和大小的制件，实际消耗量会有所变化。

表 4-6 研磨抛光材料消耗平均定额

材料名称	1m² 金属镀层上的消耗量					
	钢制件		黄铜件		锌合金件	
	Cu + Ni + Cr	Cu + Ni	Ni + Cr	Ni	Cu + Ni + Cr	Cu + Ni
金刚砂 80#～100#/g	72	72	—	—	—	—
金刚砂 120#～140#/g	70	70	—	—	70	70
金刚砂 160#～180#/g	108	108	108	108	108	108
金刚砂 200#/g	54	54	90	90	90	90
金刚砂 240#/g	36	36	—	—	150	150
木工胶/g	100	100	92	92	92	92
抛光膏/g	760	640	1000	900	1000	900
直径 350mm 布轮/m	1.26	1.26	8.4	8.4	8.4	8.4
直径 300mm 布轮/m	0.6	0.6	—	—	—	—

4.2 除油

除油是金属表面处理不可缺少的第一道工序，无论其后需要进行哪一种类的表面处理，包括机械或化学、电化学处理，所有的金属制件，在电镀之前，首先都必须进行除油。

4.2.1 金属表面油污的分类与来源

电镀制品大多数是由金属材料制成的，这些金属材料在加工过程中都会接触到各种油脂，并由此产生油脂对制品表面的污染。

各种油污如果按其组成分类，可以分为两大类，即矿物油和动植物油。这两类油根据其与碱反应的能力不同而又分别被叫作皂化油（动植物油）和非皂化油（矿物油）。

4.2.1.1　油污的分类

（1）矿物油

依据习惯，把通过物理蒸馏方法从石油中提炼出的基础油称为矿物油，其是在原油提炼过程中，在分馏出有用的轻物质后，残留塔底的油再经提炼而成的，主要是含有碳原子数比较少的烃类物质，多的有几十个碳原子，多数是不饱和烃，即含有碳碳双键或三键的烃。

有些领域叫白矿油或白油，常用的有工业级白油、化妆品级白油、医用级白油、食品级白油等。不同类别的白油在用途上也有所不同。

工业级白油，是以加氢裂化生产的基础油为原料，经深度脱蜡、化学精制等工艺处理后得到，可用于石油化工、电力、农业等领域。

（2）动植物油

动植物油脂属于真脂类。在常温下，植物油脂多数为液态，称为油（oil）；动物油脂一般为固态，称为脂（fat）。天然油脂往往是由多种物质组成的混合物，但其中主要成分是甘油三酯。在甘油三酯中，脂肪酸的分子量约为 650～970，而甘油是 41，脂肪酸分子量占甘油三酯全分子量的 94%～96%。天然油脂中，脂肪酸的种类达近百种。不同脂肪酸之间的区别主要在于碳氢链的长度、饱和与否、双链的数目与位置等。陆生动物脂肪中饱和性脂肪酸比例高，熔点较高，故在常温下为固态；植物脂肪中不饱和性脂肪酸比例高，熔点较低，故在常温下为液态。鱼类等水生动物脂肪中不饱和性脂肪酸比例也较高。一般来说，陆上动、植物脂肪中大多数脂肪酸为 C_{16}、C_{18} 脂肪酸，尤以后者居多；水生动物脂肪中大多数脂肪酸为 C_{20}、C_{22} 脂肪酸；反刍动物乳脂中还含相当多（5%～30%）的低级脂肪酸（C_4～C_{10} 脂肪酸）。

油脂中还含有少量的其他成分，包括不皂化物、不溶物等。不皂化物是指固醇类、碳氢化合物类、色素类、蜡质等物质；不溶物是指油脂中不可溶的动物毛、骨以及砂土等杂质。

矿物油与碱不能生成肥皂等可溶性化学物质，但是可以被表面活性剂分散成极小油粒而成为乳状液，因此可以利用乳化作用来除去。这些油污是机加工过程中可能用到的切削油或工序间的防锈油。

动植物油主要的成分是脂肪类油，通过与碱反应生成可溶于水的肥皂和甘油，因此可以在热的碱水中除去。其来源主要是抛光膏或存放、手触摸中污染的油脂。

但制品表面往往不是单纯地只有一类油污，因此除油工艺多数采用组合工艺，进行综合除油或分步除油，要点是将表面的油污完全去除干净。

4.2.1.2 油污的来源

金属制件的油污主要来自机械加工过程中的切削油、冷却液等，还有存放、转运中的工序间防锈油等，再就是操作和搬运过程中接触油污、手汗、空气污染沉积物等。

（1）加工过程

金属制件的加工过程中用得最多的是切削油和冷却液，特别是高速机械加工过程，一定要有保证切削精度和带走切削热的油类冷却液。这样被加工的制件表面会沾染大量的油污。为了节约油类，现在大量采用的是乳化液，由于含有大量水分，对金属制件表面的影响就更大。

电镀加工过程中另一个重要的油脂污染是抛光过程中使用的抛光膏。用于金属抛光和塑料抛光等的固体油膏，由油脂和磨料配制而成。其软硬程度应在受了抛光轮所产生的摩擦力后，足够使抛光膏附着于抛光轮上，并使被抛光制品表面上清洁无污。常用的有四种。

① 白色抛光膏。由脂肪酸（硬脂酸、牛油、羊油等）、漆脂、白蜡、石灰石粉、烧碱等配制而成，主要成分是石灰石粉，适用于镍、铜、铝和胶木等的抛光。

② 黄色抛光膏。由漆脂、脂肪酸、松香、黄丹、石灰、长石粉、土红粉等配制而成，主要成分是长石粉，适用于铜、铁、铝和胶木等的抛光。

③ 绿色抛光膏。由脂肪酸和氧化铬绿等配制而成，主要成分是氧化铬，适用于不锈钢和铬等的抛光。

④ 红色抛光膏。由脂肪酸、白蜡、氧化铁红等配制而成，主要成分是氧化铁，适用于金属电镀前抛光金、银制品等。

（2）中转和存放过程

某一工序完成后的金属制件，还会有转入另一种加工过程的转序流程，有时也需要存放一定时间再用于其他流程。为了防止中转和存放中生锈，往往要对这类制件进行工序间的防锈处理，这种处理用得最多的就是防锈油。这种处理方式简便易行，成本也不是很高。用于中间过程的防锈油通常有如下几种。

① 封存防锈油　封存防锈油具有常温涂覆、不用溶剂、油膜薄、可用于工序间防锈和长期封存、与润滑油有良好的混溶性、启封时不必清洗等特点。通常可分为浸泡型和涂覆型两种。

a. 浸泡型　可将制品全部浸入盛满防锈油的塑料瓶内密封，油中加入质量分数为2%或更低的缓蚀剂即可，但需经常添加抗氧化剂，以使油料不至氧化变质。

b. 涂覆型　可直接用于涂覆的薄层油。油中需加入较多的缓蚀剂，并需与数种缓蚀剂复合使用，有时还需加入增黏剂，如聚异丁烯等，以提高油膜黏性。

② 乳化型防锈油　这是一种含有防锈剂、乳化剂的油品。使用时用水稀释成为乳状液，故称为乳化型防锈油。它具有成本低、使用安全、减少环境污染、节约能源等特点。将它涂布于金属表面上，待水蒸发后便形成一层保护油膜，目前多用于工序间防锈，也可作为长期封存用。

③ 防锈润滑两用油　这是具有润滑和防锈双重性质的两用油，启封后，可以不必清除封存油而直接安装使用。或试车后，不必另换油料，即以试车油封存产品，一般用于需要润滑或密封的系统。故根据用途，又可分为内燃机防锈油、液压防锈油、主轴防锈油、齿轮防锈油、空气压缩机防锈油、仪器仪表和轴承防锈油、防锈试车油等。内燃机防锈油主要用于飞机、汽车以及各类发动机的防锈；液压防锈油主要用于机床等设备的液压系统及液压筒的封存防锈；仪器仪表和轴承防锈油品种较多，并都兼有一定的润滑性。一般要求基础油黏度低、精制程度高、防锈添加剂加入量为3%～5%（质量分数）、较好的低温稳定性、低挥发度和油膜除去性好等特点，适于多种金属使用。

④ 防锈脂　是以工业凡士林或石蜡、地蜡等石油蜡为基础油脂，加入防锈添加剂制成的软膏状物，一般以热涂方式进行封存。其特点是油膜厚（一般为 0.01～0.2mm，甚至 0.2～1mm），油膜强度高，不易流失和挥发，防锈期长。但电镀前的清除更为困难。

（3）电镀操作过程

除了电镀前处理不完全，没有将加工和存放过程中的油污去除干净外，电镀操作过程中的油污也是时有发生的，最常见的是操作者以自己的手触摸镀件，将手上的油脂沾到了产品上。另外还有电镀设备上的油污不小心污染了产品，比如阴极移动等传动设备上的润滑油等，沾染到产品上。

4.2.1.3　金属表面油污对电镀的影响

金属表面油污对电镀最主要和最直接的影响就是对镀层结合力的影响。由于油污所具有的黏度和成膜性能，金属表面一旦有油脂污染，就不容易去掉，从而在金属表面形成一层油膜。这层油膜在表面的吸附性极强，对于油污没有去除干净的表面，即使再对表面进行去除氧化物的处理，在氧化皮等锈渍去掉以后，油膜仍然会吸附在金属表面，无论其后经历哪些处理，只要是没有进行专业的除油处理，这层油膜都将存在，从而影响镀层与金属基体间的结合力。

油膜对金属镀层结合力的影响是非常大的，许多表面上进行了除油处理的电镀件仍然出现结合力不良的现象，究其原因基本上都是没有真正将油污去除干净。

油污影响结合力的原因，主要是这层极薄的油分子膜介于金属基体与析出的金属原子之间，使新生的金属晶格与基体的金属组织间有了一层隔离层，使得镀层的金属组织与基体的金属组织间的金属键合力大大削弱，严重的甚至没有了结合力。因此，除油不良的产品镀层可以整块地从基体上揭下来。

4.2.2 除油工艺

4.2.2.1 有机除油

常规有机除油通常是整个除油工艺中的首道工序,其目的是粗除油或预除油,这对于油污严重或油污成分复杂等情况是很有效的。这样可以提高其后化学除油的效率和延长化学除油液的使用寿命。

有机除油也可用作精细产品的预除油。这是因为有机溶剂除油的优点是除油速度快，操作方便，不腐蚀金属，特别适合于有色金属。最大的缺点是溶剂多半是易燃而有毒的,并且除油并不彻底,成本也较高,同时还需要进一步进行后续的除油处理。因此多数作为油污污染严重的金属制品，特别是有色金属制品的预除油处理工艺。

有机除油应该在有安全措施的场所进行，有良好的排气和防燃设备。常用的有机除油溶剂性能见表 4-7。

表 4-7　精细有机除油溶剂的性能

有机溶剂	分子式	分子量	沸点/℃	密度/(g/cm³)	闪点/℃	自燃点/℃	蒸汽密度与空气比
汽油	C_2～C_{12} 烃类	—	40～205	0.70～0.78	58	—	—
煤油	C_9～C_{16} 烃类	200～250	180～310	0.84	40 以上	—	—
苯	C_6H_6	78.11	78～80	0.88	−14	580	2.695
二甲苯	$C_6H_4(CH_3)_2$	106.2	136～144	—	25	553	3.66
三氯乙烯	C_2HCl_3	131.4	85.7～87.7	1.465	—	410	4.54
四氯化碳	CCl_4	153.8	76.7	1.585		—	5.3
四氯乙烯	C_2Cl_4	165.9	121.2	1.62～1.63	—	—	—
丙酮	C_3H_6O	58.08	56	0.79	−10	570	1.93
氟里昂 113	$C_2Cl_3F_3$	187.4	47.6	1.572	—	—	—

在有机溶剂中，汽油的成本较低，毒性小，因此是常用的有机除油溶剂。但是其最大的缺点是易燃，使用过程中要采取严格的防火措施。作为替代，煤油也被用于常规有机除油，效果虽然没有汽油好，但是在防火方面优于汽油。

最有效的是三氯乙烯和四氯化碳,它们不会燃烧,可以在较高的温度下除油。但需要有专门的设备和防护措施才能发挥出除油的最好效果和满足环境保护的要求。

易燃性溶剂除油只能采用浸渍、擦拭、刷洗等常温处理方法，工具简单，操作也简便，适合于各种形状的制件。

不燃性有机溶剂除油，应用较多的是三氯乙烯和四氯化碳。这类氯化烃类有机除油剂除油效果好，但必须使用通风和密封良好的设备。三氯乙烯是一种快速有效的除油剂，对油脂的溶解能力很强，常温下比汽油大 4 倍，50℃时大 7 倍。

采用有机溶剂除油必须注意安全与操作环境的保护，特别是使用三氯乙烯作除油剂时，应该注意如下几点：

① 有良好的通风设备；

② 防止受热和紫外光照射；

③ 避免与任何 pH 值大于 12 的碱性物接触；

④ 严禁在工作场所吸烟，防止吸入有害气体。

4.2.2.2 化学除油

（1）碱性化学除油

不同的基体材料要用到不同的化学除油工艺。对于钢铁材料，主要用以氢氧化钠（工业中俗称烧碱）为主的碱性除油液，但所用的浓度也不宜过高，一般在 50g/L 左右。考虑到综合除油作用，也要加入碳酸钠和表面活性剂，考虑到对环境的影响，现在已经不大用磷酸盐。

对于有色金属，采用碱性化学除油也被称为碱蚀。这是因为对于锌、铝等两性元素，碱有腐蚀作用。因此，对于铜合金的碱性除油，要少用或不用氢氧化钠。对于铝合金、锌合金制品则更要少用或不用氢氧化钠，防止发生过腐蚀现象而损坏产品。

对于含有水玻璃（硅酸钠）的除油液，在进行除油后一定要在热水中充分清洗干净，防止未能洗干净的水玻璃与酸反应后生成不溶于水的硅胶而影响镀层结合力。

除油液的温度现在也已经趋于中低温化，可以节约能源和改善工作现场环境。但因为使用较多表面活性剂，排放水对环境也会有一定污染，要加以注意。

化学除油是基于碱对油污的皂化和乳化作用。金属表面的油污一般有动植物油、矿物油等。不同类型的油污需要用不同的除油方案，由于表面油污往往是混合型油污，因此，化学除油液也应该具备综合除油的能力。

动植物油与碱有如下反应，也就是所谓的皂化反应：

$$(C_{17}H_{35}COO)_3C_3H_5+3NaOH=\!=\!=3C_{17}H_{35}COONa+C_3H_5(OH)_3$$

由于生成的肥皂和甘油都是溶于水的物质，因此就能将油污从金属表面清洗掉。

矿物油与碱不发生皂化反应。但是在一定条件下会与碱液发生乳化反应，使不溶于水的油处于可以溶于水的乳化状态，从而从金属表面除去。由于肥皂就是一种较好的乳化剂，因此，采用综合除油工艺，可以同时除去动植物油和矿物油。

有些除油工艺中加入乳化剂是为了进一步加强除油的效果。但是有些乳化剂有极强的表面吸附能力，不容易在水洗中清洗干净。所以用量不宜太大，应控制在 1～3g/L 的范围内。

还需要注意的是，对于有色金属材料制作的产品，不能采用含氢氧化钠过多的化学除油配方。对于溶于碱的金属，如铝、锌、铅、锡及其合金，也不能采用含有氢氧化钠的除油配方。氢氧化钠对铜，特别是铜合金也存在使其变色或锌、锡成分溶出的风险。同时碱的水洗性也很差。表 4-8 列举了不同金属材料的常规除油工艺。

表 4-8 各种金属常规除油工艺规范

除油液组成及工艺条件	钢铁、不锈钢、镍等	铜及铜合金	铝及铝合金	镁及镁合金	锌及锌合金	锡及锡合金
氢氧化钠/（g/L）	20～40	—	—	—	—	25～30
碳酸钠/（g/L）	20～30	10～20	15～20	10～20	20～25	25～30
磷酸三钠/（g/L）	5～10	10～20	—	15～30	—	—
硅酸钠/（g/L）	5～15	10～20	10～20	10～20	20～25	—
焦磷酸钠/（g/L）	—	—	10～15	—	—	—
OP 乳化剂/（g/L）	1～3	—	—	1～3	—	1～3
表面活性剂/（g/L）	—	—	1～3	—	1～2	
洗洁剂/（g/L）	—	1～2	—	—	—	—
温度/℃	80～90	70	60～80	50～80	40～70	70～80
pH 值	—	—	—	—	10	—
时间/min	10～30	5～15	5～10	—	—	—

除油过后的第一道清洗必须是热水。因为所有的除油剂几乎都采用了加温工艺。加温可以促进油污被充分地皂化和乳化。这些被皂化和乳化后的物质中难免还有反应不完全的油脂，一遇冷水，就会重新凝固在金属表面，包括肥皂和乳化物在冷水中也会固化附着在金属表面，增加清洗的难度。如果不在热水中将残留在金属表面的碱液洗干净，在往下的流程中就更难洗净而影响以后流程的效果，最终会影响镀层的结合力。有些企业对这一点没有加以注意，所有清洗都采用冷水，削弱了碱性除油的效果。

（2）酸性化学除油

酸性除油适合于油污不是很严重的金属，并且是一种将除油和酸蚀融于一体的一步法。用于酸性除油的无机酸多半是硫酸，有时也用盐酸，再加上乳化剂，不过这时的乳化剂用量都比较大。

① 黑色金属的酸性除油工艺

硫酸	30～50mL/L
盐酸	900～950mL/L
OP 乳化剂	1～2g/L
乌洛托品	3～5g/L
温度	60～80℃

② 铜及铜合金的酸性除油工艺

硫酸	100mL/L
OP 乳化剂	25g/L
温度	室温

需要注意的是，当采用加温工艺时，第一道水洗流程同样要采用热水，再进行流水清洗，否则也会使效果欠佳。

（3）其他化学除油方法

可用于金属制件除油的方法还有乳化除油、低温多功能除油、超声波除油等。为了提高除油效果或节约资源，应该选用合适的而非最好的工艺。尤其要将成本因素和环境保护因素都加以考虑。

① 擦拭除油　擦拭除油特别适合于个别制件或小批量异形制件。这种除油方法实际上就是用固体或液体除油粉以人工手拭的方式对制件表面进行除油处理。特别是较大或形状复杂的制件，用浸泡除油的方法可能效果不是很好，这时就可以用擦拭的方法进行除油。用于擦拭的除油粉有洗衣粉、氧化镁、去污粉、碳酸钠、草木灰等。有些在碱液中容易变暗的制件也常用擦拭的方法除油。

② 乳化除油　由于表面活性剂技术的发展，采用以表面活性剂为主要添加材料的乳化除油工艺也已经成为除油的常用工艺之一。乳化除油是在煤油或普通汽油中加入表面活性剂和水，形成乳化液。这种乳化液除油速度快，效果好，能除去大量油脂，特别是机油、黄油、防锈油、抛光膏等。乳化除油液性能的好坏主要取决于表面活性剂。常用的多数是 OP 乳化剂或日用洗涤剂。

4.2.2.3　电化学除油

电化学除油也叫电解除油，这是将制件作为电解槽中的一个电极，在特定的电解除油溶液中，通电进行电解的过程。电化学除油过程中，在电极表面生成的大量气体对金属（电极）表面进行冲刷，从而将油污从金属表面剥离，再在碱性电解液中被皂化和乳化。这个过程的实质是水的电解：

$$2H_2O = 2H_2 + O_2$$

（1）阴极电解除油

当被除油金属制品作为阴极时，其表面发生的是还原过程，析出的是氢，我们称这个除油过程为阴极电解除油：

$$4OH^- + 4e = 2H_2\uparrow + 2O_2\uparrow$$

阴极电解除油的特点是除油速度快，一般不会对零件表面造成腐蚀。但是容易引起金属的渗氢，对于钢铁制件是很不利的，特别是对于电镀，这是很大的一个缺点。另外，当除油电解液中有金属杂质时，会有金属析出而影响结合力或表面质量。

（2）阳极电解除油

当被除油金属是阳极时，其表面进行的是氧化过程，析出的是氧，这时的除油过程被称为阳极电解除油：

$$4OH^- - 4e = O_2\uparrow + 2H_2O$$

阳极电解除油的特点是基体不会发生氢脆，并且能除去金属表面的浸蚀残渣和金属薄膜。但是除油速度没有阴极除油高，同时对于一些有色金属，如铝、锌、锡、铜及其合金等，在温度低或电流密度高时会发生基体金属的腐蚀过程，特别是在电解液中含有氯离子时，更是如此。因此有色金属不宜采用阳极除油。而弹性和受力钢制件不宜采用阴极除油。

（3）换向电解除油

对于单一电解除油存在的问题，最好的办法是采用换向电解除油法加以解决。换向电解也叫联合除油法，就是可以先阳极除油再转为阴极除油，也可以先阴极除油再转为阳极电解除油。可以根据产品的情况来确定具体工艺。一般最后一道除油宜采用短时间阳极电解，将阴极过程中可能出现的沉积物电解去除。

4.2.3 其他除油方法

除了以上介绍的除油方法，根据产品的不同情况，还可以采用一些特殊的除油方法。

（1）超声波除油

将黏附有油污的制件放在除油液中，并使除油过程处于一定频率的超声波场作用下的除油过程，称为超声波除油。引入超声波可以强化除油过程、缩短除油时间、提高除油质量、降低化学药品的消耗量，尤其对复杂外形零件、小型精密零件、表面有难除污物的零件及有深孔、细孔的零件有显著的除油效果，可以省去费时的手工劳动，防止零件损伤。

超声波是频率为16kHz以上高频的声波，超声波除油基于空化作用原理。当超声波作用于除油液时，由于压力波(疏密波）的传导，溶液在某一瞬间受到负应力，而在紧接着的瞬间受到正应力作用，如此反复作用。当溶液受到负压力作用时，溶液中会出现瞬时真空，出现空洞，溶液中蒸汽和溶解的气体会进入其中，变成气泡。气泡产生后的瞬间，由于受到正压力的作用，气泡受压破裂而分散，同时在空洞周围产生数千大气压的冲击波，这种冲击波能冲刷零件表面，促使油污剥离。超声波强化除油，就是利用了冲击波对油膜的破坏作用及空化现象产生的强烈搅拌作用。

超声波除油的效果与零件的形状、尺寸、表面油污性质、溶液成分、零件的放置位置等有关，因此，最佳的超声波除油工艺要通过试验确定。超声波除油所用的频率一般为 30kHz 左右。零件小时，采用高一些的频率；零件大时，采用较低的频率。超声波是直线传播的，难以到达被遮蔽的部分，因此应该使零件在除油槽内旋转或翻动，以使其表面上各个部位都能得到超声波的辐射，达到较好的除油效果。另外超声波除油溶液的浓度和温度要比相应的化学除油和电化学除油低，以免影响超声波的传播，也可减少金属材料表面的腐蚀。

（2）高温除油法

对于需要热处理而又要电镀的制品，就可以采用高温除油法，也有不需要热处理的制件，但对高温加热没有限制，也可以采用这种对油污进行热分解的方法除去油污。最简单的做法是在明火炉内燃烧去除，也可以在热处理炉内去除。

（3）机械除油法

所谓机械除油，就是将待镀件的表面层完全去掉，使油污与氧化物等完全脱离表面。这种方法通常是进行喷砂或喷丸处理。这种强力颗粒冲击，可以将表面油污连同氧化皮去掉一层，从而获得完全洁净的表面。

4.3　除锈

金属制品在加工制造过程中和存放期间，都会不同程度地发生锈蚀，即使用肉眼看不出锈蚀的金属表面，也会有各种氧化物膜层存在，这些锈蚀和氧化物对电镀是不利的，如果不去除，会影响镀层与基体的结合力，也影响镀层的外观质量。

除锈的方法可以分为三大类，即化学法、电化学法和物理法等，各种方法的优缺点见表 4-9。

表 4-9　各种除锈方法和特点

类别	方案	特点
化学法	酸浸蚀	最广泛采用的方法，存在过蚀和氢脆等问题
	熔融盐处理	用于厚的锈层或氧化皮去除，但设备受限定且能耗较高

续表

类别	方案	特点
电化学法	阳极电解酸蚀法	没有氢脆，有一定抛光作用
	阴极电解酸蚀法	易生氢脆，有还原作用
	换相电解酸蚀法	提高去锈效率
	碱性电解法	适用于不能耐受酸处理的金属
物理法	磨轮打磨法	表面装饰效果好，但对复杂形状制件存在打磨不到的地方，无氢脆
	喷砂（丸）法	去锈效果好，无氢脆，但表面呈消光性，有粉尘污染
	湿式喷砂法	消除粉尘污染

4.3.1 化学除锈

4.3.1.1 化学酸蚀

除锈工序的设立是因为早期电镀件主要是钢铁制品，表面锈蚀较重，需要以强酸加以去除，以致除锈成为所有金属表面去除氧化物的代用语。实际上，酸蚀的目的就是去除黑色金属表面的锈蚀和其他金属表面的氧化物、氢氧化物。

由于金属材料本身都多少含有一些合金成分，因此，强酸除锈往往采用的是混合酸。

常用的酸蚀除锈工艺见表 4-10。

表 4-10 酸蚀除锈工艺一览

所用的酸	常规浓度	备注
硫酸	10%～20%（质量分数）	最常用的除锈工艺，适合于铁和铜，可在室温和加温条件下工作，成本低
盐酸	10%～30%（质量分数）	使用较多的去锈工艺，室温下工作，有酸雾，需要排气设备
硝酸	各种浓度	主要用于铜和铜合金处理。腐蚀性极强，操作安全很重要。有强氮氧化物排出，现场排气很重要
磷酸	各种浓度	多用于酸蚀前的预浸处理，也用于配制混合酸
混合酸	各种配比和浓度	两种或两种以上酸的混合物，用于强蚀去锈或抛光

酸蚀的效果与酸的浓度和时间有关，可参见表 4-11。市场销售的酸的浓度参见表 4-12。

表 4-11　常用酸浓度与除锈时间

常用酸	浓度/%（质量分数）	工作液温度/℃	除锈所需时间/min
硫酸	2	20	135
盐酸	2	20	90
硫酸	25	20	65
盐酸	25	20	9
硫酸	10	18	120
盐酸	10	18	18
硫酸	10	60	8
盐酸	10	60	2

表 4-12　市售常用酸的浓度参数

酸	浓度/%（质量分数）	相对密度	波美度	含量/（g/L）
硫酸	95	1.84	66	1748
硝酸	69	1.42	43	990
盐酸	37	1.19	23	450
磷酸	85	1.70	60	

高碳钢的含碳量在 0.35%以下，酸洗后由于表面铁的腐蚀，碳会在表面富集，形成黑膜，如果不除掉，会影响镀层结合力。所以高碳钢不宜在强酸中进行腐蚀，可以在除油后用 1∶1 的盐酸去锈，然后经阳极电解后再进行电镀。

如果已经形成黑膜，可在以下溶液中退膜：

铬酸　250～300g/L

硫酸　5～10g/L

温度　50～70℃

退尽以后，经盐酸活化，即可进行电镀。

4.3.1.2　缓蚀剂

为了防止酸洗过程中金属基体出现过腐蚀现象，通常在酸蚀用的酸中加入缓蚀剂，特别是强酸蚀，加入缓蚀剂是很有必要的。缓蚀剂能非常明显地降低金属在腐蚀介质中的腐蚀速度。有时可以让金属几乎处于钝态而不发生腐蚀。

用于不同腐蚀介质的缓蚀剂有很多种。

（1）根据化学成分分类

根据产品化学成分，可分为无机缓蚀剂、有机缓蚀剂、聚合物类缓蚀剂。

① 有机缓蚀剂　有机缓蚀剂主要包括膦酸（盐）、膦羧酸、巯基苯并噻唑、

苯并三唑、磺化木质素等一些含氮氧元素的杂环化合物。

② 无机缓蚀剂　无机缓蚀剂主要有钼酸盐、硅酸盐、磷酸盐等，通常具有较强的钝化效果。

③ 聚合物类缓蚀剂　聚合物类缓蚀剂主要包括聚乙烯类、POCA、聚天冬氨酸等一些低聚物的高分子化合物。

（2）根据缓蚀原理分类

根据缓蚀剂对电化学腐蚀的控制部位分类，可分为阳极型缓蚀剂、阴极型缓蚀剂和混合型缓蚀剂。

① 阳极型缓蚀剂　其作用是在金属表面阳极区与金属离子作用，生成氧化物或氢氧化物覆盖在阳极上形成保护膜。这样就抑制了金属向水中溶解，阳极反应被控制，阳极被钝化。硅酸盐也可归到此类，它也是通过抑制腐蚀反应的阳极过程来达到缓蚀目的的。

阳极型缓蚀剂要求有较高的浓度，以使全部阳极都被钝化，一旦剂量不足，将在未被钝化的部位造成点蚀。

② 阴极型缓蚀剂　抑制电化学阴极反应的化学药剂，称为阴极型缓蚀剂。阴极型缓蚀剂能与水中或金属表面的阴极区反应，其反应产物在阴极沉积成膜，随着膜的增厚，阴极释放电子的反应被阻挡。在实际应用中，由于钙离子、碳酸根离子和氢氧根离子在水中是天然存在的，所以只需向水中加入可溶性锌盐或可溶性磷酸盐。

③ 混合型缓蚀剂　某些含氮、含硫或羟基的、具有表面活性的有机缓蚀剂，其分子中有两种性质相反的极性基团，能吸附在清洁的金属表面形成单分子膜，它们既能在阳极成膜，也能在阴极成膜。阻止水与水中溶解氧向金属表面扩散，起缓蚀作用，巯基苯并噻唑、苯并三唑、十六烷胺等属于此类缓蚀剂。

（3）根据生成保护膜的类型分类

除了中和性能的水处理剂，大部分水处理用缓蚀剂的缓蚀机理是在与水接触的金属表面形成一层将金属和水隔离的金属保护膜，以达到缓蚀目的。根据缓蚀剂形成的保护膜的类型，缓蚀剂可分为氧化膜型、沉积膜型和吸附膜型。

① 氧化膜型　铬酸盐和亚硝酸盐都是强氧化剂，无须水中溶解氧的帮助即能与金属反应，在金属表面阳极区形成一层致密的氧化膜。其余的几种，或因本身氧化能力弱，或因本身并非氧化剂，都需要氧的帮助才能在金属表面形成氧化膜。由于这些氧化膜是通过阻止腐蚀反应的阳极过程来达到缓蚀目的的，这些阳极缓蚀剂能在阳极与金属离子作用形成氧化物或氯氧化物，沉积覆盖在阳极上形成保护膜，以铬酸盐为例，它在阳极反应形成 $Cr(OH)_3$ 和 $Fe(OH)_3$，脱水后成为 CrO_3 和 Fe_2O_3 的混合物（主要是 γ-Fe_2O_3），在阳极形成保护膜。因此有时又被称作阳极型缓蚀剂或危险型缓蚀剂，因为它们一旦剂量不足（单独缓蚀时，处理 1L 水，所需剂量往往高达几百上千毫克）就会造成点蚀，使本来不太严重的腐蚀

问题，变得更加严重。氯离子、高温及高的水流速度都会破坏氧化膜，故在应用时，要根据工艺条件，适当改变缓蚀剂的浓度。硅酸盐也可粗略地归到这一类里来，因为它主要也是通过抑制腐蚀反应的阳极过程来达到缓蚀目的的。但是，它不是通过与金属铁本身作用，而可能是由二氧化硅与铁的腐蚀产物相互作用，以吸附机制来成膜的。

② 沉淀膜型　由于它们是由锌、钙阳离子与碳酸根、磷酸根和氢氧根在水中或金属表面的阴极区反应而沉积成膜的，所以又被称作阴极型缓蚀剂。阴极缓蚀剂能与水中有关离子反应，反应产物在阴极沉积成膜；以锌盐为例，它在阴极部位产生 $Zn(OH)_2$ 沉淀，起保护作用。锌盐与其他缓蚀剂复合使用可起增效作用，在有正磷酸盐存在时，则有 $Zn_3(PO_4)_2$ 或 $(Zn, Fe)_3(PO_4)_2$ 沉淀出来，并紧紧吸附于金属表面，缓蚀效果更好。在实际应用中，由于钙离子、碳酸根和氢氧根在水中是天然存在的，一般只需向水中加入可溶性锌盐（如硝酸锌、硫酸锌或氯化锌，提供锌离子）或可溶性磷酸盐（如正磷酸钠或可水解为正磷酸钠的聚合磷酸钠，提供磷酸根），因此，通常就把这些可溶性锌盐和可溶性磷酸盐叫作沉积膜型缓蚀剂或阴极型缓蚀剂。这样，可溶性磷酸盐（包括聚合磷酸盐）既是氧化膜型缓蚀剂，又是沉积膜型缓蚀剂。另外，一些含磷的有机化合物，如膦酸（盐）、膦酸酯和膦羧酸，也可归到这类缓蚀剂中，大约与其最终能水解为正磷酸盐不无关系。由于沉淀型缓蚀膜没有和金属表面直接结合，而且是多孔的，往往出现在金属表面附着不好的现象，缓蚀效果不如氧化膜型缓蚀剂。

③ 吸附膜型　吸附膜型缓蚀剂多为有机缓蚀剂，它们具有极性基团，可被金属的表面电荷吸附，在整个阳极和阴极区域形成一层单分子膜，从而阻止或减缓相应电化学反应。如某些含氮、含硫或含羟基的具有表面活性的有机化合物，其分子中有两种性质相反的基团：亲水基和亲油基。这些化合物的分子以亲水基（例如氨基）吸附于金属表面上，形成一层致密的憎水膜，保护金属表面不受水腐蚀。牛脂胺、十六烷胺和十八烷胺等这些被称作膜胺的胺类，就是水处理中常见的吸附膜型缓蚀剂。巯基苯并噻唑、苯并三唑和甲基苯并三唑这些唑类，是有色金属（尤其是铜）的理想缓蚀剂。它们虽然与铜金属本身作用成膜，但与上述典型的氧化膜型缓蚀剂不同，不是通过氧化，而是通过与金属表面的铜离子形成络合物，以化学吸附成膜的。当金属表面为清洁或活性状态时，此类缓蚀剂能形成缓蚀效果令人满意的吸附膜。但如果金属表面有腐蚀产物或有垢沉积，就很难形成效果良好的缓蚀膜，此时可适当加入少量表面活性剂，以帮助此类缓蚀剂成膜。

4.3.1.3　熔融盐处理

有些材料由于表面生成的氧化锈蚀物用机械或酸蚀的方法去除困难，就需要采用熔融盐处理法。比如含铬的耐热钢或者不锈钢的氧化皮，由于硬度高而又不溶于普通酸类，采用常规去氧化皮方法难以见效。这种情况采用熔融的氢氧化钠进行处理，可以见效。

熔融盐的温度控制在400～500℃，时间为5～30min。取出以蒸汽(或热水）冲洗，以去除表面附着的熔盐，然后进行5～20min的酸洗，并充分水洗即可。可以在熔融盐中添加活性氧化剂硝酸钠或氢氧化钠等。反应原理如下：

$$2FeO \cdot Cr_2O_3 + 7NaNO_3 = Fe_2O_3 + 4CrO_3 + 7NaNO_2$$

$$Fe_2O_3 + 4CrO_3 + 14NaOH = 2Na_3FeO_3 + 4Na_2CrO_4 + 7H_2O$$

$$2(FeO \cdot Cr_2O_3) + 7NaNO_3 + 14NaOH = 2Na_3FeO_3 + 4Na_2CrO_4 + 7H_2O + 7NaNO_2$$

除了含铬钢，其他含锰、硅、钛、钼等元素的钢都容易生成褐黑色氧化物，都可以采用熔融盐法进行去氧化皮处理。

在425℃的氢氧化钠熔融物中，可加入0.5%以上的氢化钠（NaH实际控制在1.3%～1.5%），将有氧化皮的制件在其中浸蚀后，取出以水蒸气或热水冲洗，再在12%的硫酸（或者10%的硫酸＋4%氢氟酸）中处理，然后用冷水清洗干净，可以获得良好的除锈效果。

4.3.2 电化学除锈

电化学浸蚀是零件在电解质溶液中通过电解作用除去金属表面的氧化皮、废旧镀层及锈蚀产物的方法。金属制品既可以在阳极上加工，也可以在阴极上加工。对于电化学浸蚀，一般认为当金属制品作为阴极时，是猛烈析出的氢气对氧化物的还原和机械剥离综合作用的结果，当金属制品作为阳极进行电化学浸蚀时，一般认为是金属的化学和电化学溶解，以及金属材料上析出的氧气泡对氧化物的机械剥离综合作用的结果。

采用电化学浸蚀时，清除锈蚀物的效果与锈蚀物的组织和种类有关。对于具有厚而平整、致密氧化皮的基体金属材料，直接进行电化学浸蚀效果不佳，最好先用硫酸溶液进行化学浸蚀，使氧化皮变疏松之后再进行电化学浸蚀。当基体金属表面的氧化皮疏松多孔时，电化学浸蚀的速度是很快的，此时可以直接进行电化学浸蚀。与化学浸蚀相比，电化学浸蚀的优点是浸蚀效率高、速度快、溶液消耗少、使用寿命长；缺点是要耗费电能，对于形状复杂的零件不易将表面锈蚀物均匀除净，设备投资较大。根据电化学除锈的特点，这种方法多用在自动线和连续电镀装置上进行金属的电解浸蚀，以获得较高的效率和较好的效果。

电化学浸蚀中的阳极浸蚀和阴极浸蚀各有特点。在选择阳极或阴极浸蚀时，必须考虑到它们各自的特点。阳极浸蚀有可能发生基体材料的腐蚀现象，称为过浸蚀，因此对于形状复杂或尺寸要求高的零件不宜采用阳极浸蚀。而阴极基体金属几乎不受浸蚀，零件的尺寸不会改变，但是由于阴极上有氢气析出，可能会发生渗氢现象，使基体金属出现氢脆，故高强度钢及对氢脆敏感的合金钢不宜采用阴极浸蚀。同时，浸蚀液中的金属杂质可能在基体金属材料表面上沉积出来，影响电镀镀层与基体材料间的结合力。为避免阴极浸蚀和阳极浸蚀的这些缺点，常在硫酸浸蚀液中采用联合电化学浸蚀，即先用阴极进行浸蚀将氧化皮基本除净，然后转入阳极浸蚀以清除沉积物和减少氢脆，并且通常阴极过程进行的时间要比阳极过程长一些。

黑色金属阳极浸蚀时，常用的电解液是 15%～20% H_2SO_4，有时也采用含低价铁的酸化过的盐溶液，以加速浸蚀过程：

硫酸	1%～2%
硫酸亚铁	20%～30%
氯化钠	3%～5%
邻二甲苯硫脲	3～5g/L
温度	室温（必要时可加热至 50～60℃）
电流密度	5～10A/dm^2

黑色金属阴极浸蚀时，可以用前述的硫酸溶液，也可用以下电解液：

硫酸	5%
盐酸	5%
氯化钠	2%
温度	室温

因为阴极浸蚀时，基体金属（铁）无明显的溶解过程，所以适当加入含氯离子的化合物，可促使零件表面氧化皮疏松并加快浸蚀速度。阴极浸蚀时，在电解液中可加入乌洛托品作缓蚀剂。在浸蚀液中添加一些氢过电位较高的铅、锡等金属离子，通电以后，在去掉了氧化皮的部分铁基体上会沉积一层薄薄的铅或锡。由于氢不易在铅或锡上析出，所以铅或锡层可防止金属的过腐蚀并减少析氢，从而也可防止氢脆的发生。经阴极浸蚀后，表面覆盖的铅或锡层，可在如下碱性溶液中用阳极处理法除去：

氢氧化钠	85g/L
磷酸钠	30g/L
温度	50～60℃
阳极电流密度	5～7A/dm^2
阴极	铁板

阴极电化学浸蚀法，特别适用于去除热处理后的氧化皮。操作温度为 60～70℃，阴极电流密度为 7～10A/dm^2，阳极采用硅铸铁。

4.3.3 弱浸蚀与活化

4.3.3.1 弱浸蚀

弱浸蚀是采用弱酸对金属表面进行微腐蚀，使金属表面呈现活化状态，有利于电结晶从基体金属的结晶面上正常地生长。弱浸蚀也用在表面油污较少的制件，经精细除油后，直接进行弱酸蚀而避免强酸蚀对表面尺寸或粗糙度的改变。

不同金属的弱浸蚀液是有区别的。黑色金属、不锈钢、镍或镍合金的弱浸蚀酸的浓度要适当高一些。不同金属材料的弱浸蚀工艺如表 4-13。

表 4-13 不同金属材料的弱浸蚀工艺

工艺条件	不锈钢	镍或镍合金	铝合金	无铅易熔合金	含铅易熔合金
硫酸/（g/L）	184～276	184～276	18～184	—	—
过硫酸铵/（g/L）	—	—	—	10～100	—
硼酸/（g/L）	—	—	—	—	10～100
温度/℃	室温	室温	室温	室温	室温
时间/min	2～5	2～5	1～3	2～5s	2～5s

4.3.3.2 活化

活化是电镀前的最后一道工序，它与酸蚀不同，不是与金属作用而主要是活化表面，除去镀件暴露在空气中时形成的氧化膜，让金属结晶呈现活化状态，从而可以保证电镀层与基体的结合力。

当镀液是酸性并且镀液中有同种离子的时候，经活化后的制件可以不经水洗直接进入镀槽。比如镀镍、酸性镀铜、酸性镀锡等，由于都采用硫酸盐，可用 1%～3%的稀硫酸作活化液，制件在浸入 2～3s 后，不用水洗就直接进入镀槽，这样可以保证表面活化状态，同时可以补充镀液在电镀过程中带出损失的硫酸。

弱腐蚀液的浓度不要超过 5%，通常可用 1%的浓度，并且每天或每班都加以更换，可以保证其有效性。

4.3.3.3 水洗

水洗是电镀工艺中最为常见和许多流程都要反复用到的工序。因此，对电镀各工序间的水洗可以说是到了熟视无睹的地步。但是，许多电镀质量的问题，往往就出在水洗上。

（1）宏观干净与微观干净

同样的水洗流程，由于操作习惯不同，镀件的水洗效果是完全不同的。同时，即使从宏观上看上去已经很干净的表面，我们用高倍放大镜观察，仍然可以发现表面并没有彻底清洗干净。一些微孔内或角落部位，可以发现镀液中金属盐的微粒，放大后看上去像饭粒一样大小。正是这些从宏观上已经看不到的微粒，在电镀制品存放或使用过程中，受到潮湿等因素的影响，就会加速变色或泛出锈蚀点等。

因此，对于电镀生产过程的控制，充分的水洗是十分重要的，不能认为经过了清水槽后，镀件表面就干净了，一定要保证清洗达到微观干净的结果。

（2）热水洗与冷水洗

从常识上也可以知道，热水的洗净能力比冷水要强得多。很多盐类在热水中的溶解度是增加的。特别是对于碱性镀液，如果没有热水洗，要想将碱性物质洗干净是很困难的。这是因为碱性基团有较大分子距离，有类似胶体的结构，即使在热水中都难一下洗干净，如果用冷水来洗，就更难以洗净了。但是，很多企业的碱性镀液的出槽清洗，大多数出于能源消耗的考虑而没有用热水。或者用了热水也不经常更换，使热水槽变成了碱水槽。这都不利于对镀件表面的充分清洗。因此，一定要对从碱性工作槽中出来的制件进行热水清洗，并且要保持热水的干净。

（3）逆流漂洗

逆流漂洗是充分利用水流的先进水洗方法，这是将两个以上的流动水洗槽连接起来，只用一个供水口，让镀件逆着水流动方向依次清洗，从而充分利用流动水的洗净能力，保持上游水总是干净的清水，保证清洗效果。要点是水必须是流动的，而在水中的清洗也要有一定时间和力度，否则仍然存在微观不干净的问题。

（4）防止和去除水渍印的方法

在全光亮或全哑光的表面，如果清洗水中有微量盐类，就会在干燥过程中，在最后的蒸发点上留下水渍印。因此，要想在装饰性镀件表面不留水渍印，一定要保证清洗水的水质，特别是最后一道清洗水（通常是高温热水），一定要用去离子水，不能让水中有任何盐类杂质。

在使用过程中，水中会因镀件表面微观不净而带入杂质，因此，要经常更换最后一道清洗水。这是一些企业难以做到的，并非是节约导致这种结果，而是过程控制难以到位，操作者凭习惯操作，有一定惯性，往往只会在发现镀件表面出了水渍时，才记起要换水。如果想要从技术上加以防止，是有难度的，比如用酒精做最后清洗，成本增高不说，酒精用久了同样也有污染。所以要在管理上下功夫。

对于已经出现水渍的镀件，一经发现可以重新在备用的纯净热水中清洗，不要用干布去擦，然后再浸防指纹剂或防变色剂。

4.3.3.4　超声波强除锈

超声波不仅用于强化除油，也可以用于增强除锈。表 4-14 是超声波增强除锈效果的比较。对使用和不用超声波、使用和不用缓蚀剂和不同浓度的酸蚀效果进行了测试。以去锈时间和析氢量的变化做定量比较。

表 4-14　超声波增强除锈效果比较

酸液	温度	缓蚀剂	超声波	锈斑去除时间/min	析氢量/[mL/（25cm²·h)]
3%盐酸	室温	无	无	30	0.41
			有	15	检测不到
		添加	无	120	检测不到
			有	40	检测不到
5%盐酸		无	无	20	0.90
			有	8	检测不到
		添加	无	65	检测不到
			有	20	检测不到
5%硫酸	室温	无	无	65	2.20
			有	23	检测不到
		添加	无	120 以上	检测不到
			有	40	检测不到
	50℃	无	无	5	21.3
			有	4	4.1
		添加	无	10	0.59
			有	9	0.15

在室温条件下，超声波的增强作用明显，同时缓蚀剂也有明显的抑制氢析出的效果。但是需要注意的是，在加温条件下，超声波的作用没有那么明显，但缓蚀剂的作用仍然很明显。

4.4 镀后处理工艺与装备

4.4.1 镀后处理

4.4.1.1 镀锌钝化

铬酸盐钝化是镀锌钝化工艺中使用多年的性能最好的钝化工艺，特别是彩色钝化，因为使镀锌抗蚀性能有明显提高，一直是镀锌钝化的主流工艺。但是随着铬酸盐污染问题的严重，限制和禁止使用铬酸盐的法令法规已经公布并开始实施。现在已经普遍使用低铬或无铬钝化工艺。

（1）低铬钝化

① 彩色钝化

铬酸	5g/L
硫酸	0.1～0.5mL/L
硝酸	3mL/L
氯化钠	2～3g/L
pH 值	1.2～1.6
温度	室温
时间	8～12s

② 蓝白色钝化

铬酸	3～5g/L
氯化铬	1～2g/L
氟化钠	2～4g/L
浓硝酸	30～50mL/L
浓硫酸	10～15mL/L
温度	室温
时间	溶液中 5～8s
	空气中 5～10s

（2）三价铬和无铬钝化

① 三价铬钝化

三价铬盐	20g/L
硫酸铝	30g/L
钨酸盐	3g/L
无机酸	8g/L
表面活性剂	0.2mL/L
温度	室温
时间	40s

② 无铬钝化

钼盐钝化：

钼酸钠	30g/L
乙醇胺	5g/L
pH 值	3（磷酸调整）
温度	55℃

时间　20s

钛盐钝化：

硫酸氧钛　3g/L

双氧水　60g/L

硝酸　5mL/L

磷酸　15mL/L

单宁酸　3g/L

羟基喹啉　0.5g/L

pH 值　1.5

温度　室温

时间　10～20s

4.4.1.2 黑色钝化

在有些产品中，出于产品性能或色彩配套的需要，有时要用到黑色钝化，其工艺配方如下：

铬酸　15～30g/L

硫酸铜　30～50g/L

甲酸钠　20～30g/L

冰醋酸　70～120mL/L

pH 值　2～3

温度　室温

钝化时间　2～3s

空气中停留　15s

水洗时间　10～20 s

4.4.1.3 军绿色钝化

有些产品，特别是军工产品，需要军绿色钝化，这种钝化膜有良好的抗蚀性能，且具有与军工产品匹配的军绿色。

一种常用的军绿色钝化工艺如下：

铬酸　30～35g/L

磷酸　10～15mL/L

硝酸　5～8mL/L

盐酸　5～8mL/L

硫酸　5～8mL/L

温度　20～35℃

时间　　　　45～90s

4.4.2 镀锌着色工艺

镀锌层是少数能够在其表面进行染色的金属镀层之一。由于染料品种多，色彩丰富，因此镀锌染色成为一种对金属表面进行彩色装饰可供选用的方法。

为了配合产品整机色系的要求，有时对外装标准件、连接件等镀锌零件需要进行着色处理，比如袖珍型电器的外装镀锌螺钉，需要有大红色、绿色、蓝色等各种美丽的色彩，这时就要先滚镀光亮锌，再将锌层进行化学处理后进行染色。化学处理实际上也是一种钝化处理，是在锌层表面生成多孔的膜层，使染色剂可以在孔内驻留。但这层膜是极薄的，孔隙也很浅，所以色彩很容易脱落，为了保护色彩的鲜明，染色后还要进行涂清漆处理。

镀锌着色的流程如下：光亮镀锌—水洗—水洗—1%硝酸出光—化学处理—水洗—化学处理（生成无色的钝化膜）—染色—水洗—干燥（50～60℃）—涂清漆—干燥—包装。

由其工艺流程可以看出，染色前要求对表面进行化学处理，这是保证染料可以在表面吸附的关键工序。另外，染色后的膜层要进行涂清漆封闭处理，这样才能保持色彩不发生变化和耐摩擦。

试验证明，不论是有氰镀锌还是无氰镀锌，也不管是酸性镀锌还是碱性镀锌，所有镀锌工艺都可以用于染色。但是都必须进行化学处理，否则就染不上色，而化学处理的原理基本上是在表面形成转化膜，以吸附染料。

（1）化学处理

化学处理的工序如下：钝化—清洗—漂白—清洗。

钝化：	铬酸	200～250g/L
	硫酸	10～15mL/L
	硝酸	15～30mL/L
	温度	室温
	时间	15～30s
漂白：	氢氧化钠	10～30g/L
	温度	10～40℃
	时间	漂白为止

由于化学处理影响其后染色的成败，所以要充分加以注意。一是化学处理后要充分清洗，不要将化学溶液带到后面的染色槽；二是不要在化学处理后再手触和碰撞表面，以免影响染色；三是化学处理后不要干燥处理，应该在表面湿润的情况下入染色槽。

（2）染色

染色液要用蒸馏水配制。先将选好的染料用蒸馏水调成糊状，对于酸性染料要加入 3mL 醋酸，然后溶入染色槽中，并煮沸 15min，然后调整到所需要的 pH 值。

染料　　0.5～10g/L

温度　　15～80℃

pH 值　　3.5～7

染料的选择对染色的影响也是很重要的。染料品种繁多，有天然染料和合成染料两大类。还可以细分为酸性染料、媒染染料、酸性媒染染料、还原染料、硫化染料、冰染染料、溶性染料、分散性染料和活性染料等。实践证明，用于金属染色最好的是媒染染料，其次是活性染料、酸性染料等。

媒染染料的分子结构中有能与金属螯合的基团，能与金属盐以共价键或配价键络合生成不溶性的有色络盐，结合牢固，耐洗耐晒，这时的金属盐是作为媒染剂起作用的，在金属染色中，金属表面经处理后生成的金属盐就起到了媒染剂的作用。因此，媒染染料最适合于金属染色。我们熟悉的茜素染料就是典型的媒染染料。

可用于金属染色的染料见表 4-15。

表 4-15　适合于金属染色的染料

颜色	可用的染料
红色	溶蒽素红紫 IRH、溶蒽素艳桃红 IR、溶蒽素大红 IR、活性艳红 K-2BP、活性艳红 M-2B、活性红紫 X-2R、活性红紫 KN-2R、活性红 K-10B、活性红 M-2B、酸性红 B、酸性红 G、酸性大红 GR、茜素红 s
黄色	溶蒽素黄 V、活性黄 M-5R、活性嫩黄 K-4G、活性黄 K-RN、酸性萘酚黄 s、媒染纯黄、酸性嫩黄 G、直接耐晒嫩黄 5GL、茜素黄 R
橙色	溶蒽素金黄 IGK、溶蒽素艳橙 IRK、活性艳橙 K-7R、溶靛素橙 HR、酸性橙 II、酸性金黄 G
蓝色	溶蒽素蓝 IBC、溶靛素蓝 O、活性艳蓝 X-BR、活性翠蓝 K-GL、活性翠蓝 KN-G、活性深蓝 K-R、酸性艳纯蓝 R、酸络合蓝 GGN
绿色	溶蒽素绿 IB、溶蒽素绿 I3G、溶蒽素橄榄绿 IB、媒染绿 B、酸性墨绿、直接耐晒翠绿
棕色	溶蒽素棕 IBR、溶靛素棕 IRRD、活性棕黄 K-GR、媒染棕 RH、直接棕黄 D3G、直接红棕 M
紫色	溶蒽素艳紫 I4R、溶靛素紫 IBBF、活性紫 K-3R、活性艳紫 KN-4R、酸性青莲 4Bs
黑色	活性黑 K-BR、酸性黑 10B、酸性黑 NBL、苯胺黑、直接黑 BN、弱酸黑 BR、直接耐晒灰 3B

由表 4-15 可见金属镀层染色的颜色有广泛的选择性，但是在实际应用中，需要通过试验找到适合不同镀层表面状态的着色工艺。适合于镀锌着色的各种着色工艺见表 4-16。

表 4-16　各色镀锌着色工艺

镀层颜色	所用染料	染料含量/（g/L）
红色	酸性大红	5
蓝色	直接翠蓝	3～5
绿色	亮绿	3～5
橙色	直接金橙	1～3
金黄	茜素红 s	0.3
	茜素黄 R	0.5
紫色	甲基紫 茜素红 s	3 0.5
黄色	酸性大黄	3～5
棕色	直接棕	3～5
操作条件		
pH 值 5～7 温度 50～70℃ 时间 30～180s		

4.4.3　其他镀层的钝化

（1）镉层的钝化

镀金属镉与锌一样是两性金属，其裸金属容易发生氧化和腐蚀。因此其镀层也要进行钝化处理。镉层钝化前先要进行出光处理，然后再钝化。

出光液：

铬酸　　80～120g/L

硫酸　　3～4g/L

温度　　室温

时间　　5～15s

彩色钝化：

重铬酸钾　　180～200g/L

硫酸　　8～10mL/L

温度　　室温

时间　　5～15s

（2）锌合金镀层的钝化

锌合金镀层主要是为了提高钢铁阳极镀层性而开发，主要用在汽车等使用环境恶劣的钢制结构上，主要有锌镍合金镀层、锌铁合金镀层等。

① 锌镍合金镀层的钝化　可采用化学钝化或者电解钝化的方法进行镀后处理。

化学钝化：

重铬酸钠	20g/L
硫酸	1g/L
硫酸锌	1g/L
pH 值	2.1
温度	50℃
时间	25s

电解钝化：

铬酸	25g/L
硫酸	0.5g/L
温度	40～50℃
阴极电流密度	$8A/dm^2$
阳极	石墨
时间	10s

② 锌铁合金镀层的钝化　锌铁合金镀层如果不钝化，其耐蚀性与镀锌不钝化相似。但是经过钝化后的锌铁合金则比钝化后的镀锌层的耐蚀性提高三倍以上，特别是锌铁的黑色钝化，有极好的耐蚀性。

锌铁镀层黑色钝化：

铬酸	15～20g/L
硫酸铜	40～50g/L
醋酸钠	15～20g/L
醋酸	45～50mL/L
pH 值	2～3
钝化时间	30～60s

（3）通用的金属钝化处理液

有些镀层作为中间镀层还要进行工种转换加工，这时的镀层需要临时做表面钝化处理以防止在转序过程中发生变色等影响表面状态，例如防渗氮的镀铜层、要做双色或多色电镀的光亮镍镀层等。这时往往都会采用通用的钝化液处理后干燥放置。

通用的钝化化学原料为铬酸盐和代铬盐。常用的是重铬酸钾。

重铬酸钾	10～20g/L
氯化钾	5g/L
温度	室温
时间	5～10s

第5章

电镀与电镀槽

5.1 电镀用槽

将电镀槽单独作为一个章节来加以讨论和研究是有原因的。首先是电镀业对电镀槽的认识很有限，包括有些工艺人员都没有将电镀槽放在眼里，认为那只不过就是一个“装药水的容器而已”。电镀工艺研究的重点一直都是工艺配方和添加剂、电镀电源等领域。但是，相信在读过这一章后，读者对电镀槽的认识会有一个新的角度和高度。

众所周知，电镀生产过程要用到各种溶液和大量流动水。因此，全流程中要用到各种槽体，包括前后处理槽、电镀槽和备用槽等。这些槽体的选用不是随意的，而应该按照所执行的生产纲领和工艺要求，设计出相应的结构和容量以及采用的材料，配置哪些附件。特别是电镀用槽，更有一些特别的要求，需要专门加以讨论和研究，才能使电镀生产效率和产品质量得到保障。

5.1.1 电镀用槽的种类

5.1.1.1 前处理槽

电镀前处理的重要性，犹如建筑高楼前的打地基，如果没有打好地基，高楼建起来就会有危险。电镀中结合力不良是最大的质量问题，解决之道就是做好前处理。而做好前处理就要用好的前处理设备。

（1）除油槽

由于电镀加工的镀件在前道工序中会有各种油的污染，而油污是影响镀层结合力的最主要因素，因此，所有进入电镀流程的待加工产品都要经过除油工序。

而除油都是在盛有各种除油液的槽体中进行的。除油液大多数是碱性溶液，也有在碱性除油前面加上有机溶剂除油的，还有更严格的除油要求的产品在除油工艺中要增加超声波或电解除油，这时除油槽要预留有安装或放置这些附件的空间。

因此，除油槽都要采用耐高温的材料。对于碱性处理槽，可以直接用钢材或不锈钢材料制造。或者在钢铁结构的槽体内再衬 PVC 内槽，并且要做到无漏焊接。

（2）酸洗槽和活化槽

被镀产品零件在经过除油处理后，还要经过酸洗处理。酸洗也叫酸蚀，目的是去除制件表面的锈或氧化物，使材料表面的金属组织处在活化状态。有些制件酸洗后经过水洗和在空气中停留还会发生氧化，这时需要在进入镀槽前再在弱酸等活化液中处理，然后再进入电镀槽中。

显然，酸洗和活化用的工艺槽必须是耐酸的。有些产品工艺中要求酸洗要在一定温度下进行，这时要配备加温设备。加温设备也应该是耐酸的。

这类酸洗槽可以用硬质 PVC 板材制造，也可以采用玻璃钢树脂槽内衬无缝软 PVC 槽。

（3）水洗槽

电镀流程中要用到许多水洗槽。几乎每道化学和电化学处理工序后面都紧接着水洗，并且多为两个水洗槽及以上。不只是前处理要用到水洗槽，电镀和后处理过程中同样都要用到水洗槽。这是因为水洗是要保证在化学和电化学处理过程中残留在产品表面的工作液完全去除，尤其不能带到下一道工序，因此水洗通常是流动水洗，两个及以上水洗槽多采用逆流漂洗，也有在水洗槽上加装喷淋冲洗装置的。所有水洗槽都有溢流口，并且溢流口与专用管道连接，这样含有不同金属离子的水可分类流入指定的收集池中（图 5-1）。

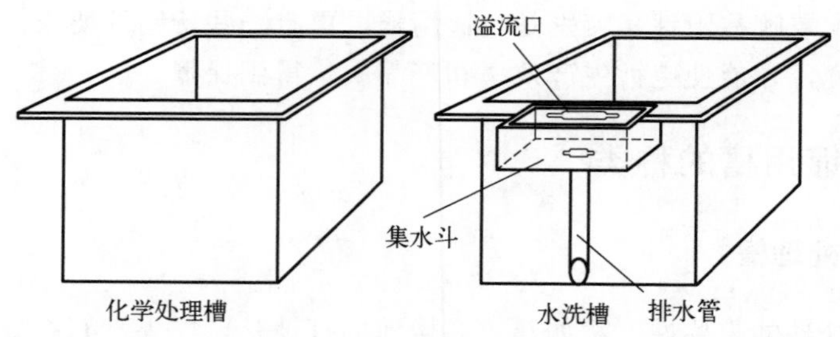

图 5-1　化学处理槽和水洗槽

5.1.1.2　后处理槽

电镀后处理是指产品在电镀槽中完成电镀加工出槽后，要进行的后续处理流程，包括第一道清洗，这道清洗也叫回收，就是让镀件表面的镀液在水中洗掉。

回收槽通常是不排放的，在浸洗镀件过程中镀液中成分浓度会渐渐增加，这种回收液可以补回镀槽中，补充因自然蒸发或带出而下降的液面。

钝化和表面膜处理是电镀层耐蚀性增强的化学措施。镀锌或镀镉、镀锌镍等镀层需要在铬盐或其他金属盐的溶液中处理以获得表面转化膜。这些膜在干燥后有较强耐腐蚀能力，因此，镀锌和镀镉、镀锌镍等镀种的电镀生产线上一定是配备有钝化处理工序的。还有些镀层包括镀锌钝化处理后的镀层，为了进一步增强其耐蚀性能，还会增加表面膜层处理，这类膜是水溶性有机膜，烘干后表面有机膜可以进一步提高产品的耐蚀性能。电镀后处理的最后一道工序通常都是较高温度的热水处理，然后进行干燥、包装。现在很多高精饰表面的产品、电子电镀产品最后水洗采用的是去离子水洗，也就是纯净水洗，使产品洗完干燥后的表面，没有任何水痕。

由此可知，电镀后处理槽包括钝化槽、回收槽、表面膜处理槽、纯净水槽等，也包括水洗槽。

（1）钝化槽、表面膜处理槽

这类工作槽所装载的溶液基本上是无腐蚀性的，但是往往需要加温，因此槽体可以采用类似前处理槽中除油槽的结构。

（2）回收槽

无论是控制金属离子排出含量，还是回收金属，特别是贵重金属，电镀槽和有些工艺槽后紧邻的是回收槽。这个槽没有排口，要将前面电镀槽中带出来的镀液加以处理留在回收槽中，以利回收或回用镀液。

现在已经开发槽边金属回收装置，直接安装在回收槽中，利用电解法或树脂法，将金属还原出来回收或由吸附金属离子的树脂回收金属离子。因此，回收槽一直是电镀生产线中的标配。

（3）纯净水槽

不可小看纯净水槽，这对精饰性镀层和电子电镀层等要求高的镀层后处理是最后一道工序。纯净水槽要确保水是持续纯净的。不能像有些单位上班装满纯净水后，一直用到下班，那早就不是纯净水了。同时这种槽是要加温的，还要配备排水泵和加纯净水的制水装置。没有自动更换功能时，也要在生产周期中的间歇期及时更换纯净水。检测到电导率不符合水质规定的要求，就要及时更换纯净水。人工也可以更换，但最好采用泵来抽出和加入。

5.1.1.3　水洗槽

水洗槽在电镀整个流程中是用量最大的设备，如图 5-1 所示，这种槽都有溢流口，以方便水的排出，并对水流方向有导向作用。由于电镀过程中因为水洗不充分而带来的质量问题较多，电镀企业对水洗过程也重视起来。于是就有了水洗模式的强化措施，包括改浸洗为喷淋冲洗、超声波增强洗等。同时对水洗槽的导流方式也从结构上做了改变，即进水口沉入水洗槽底部，且与溢流口对向设置。这种设置让水从底部上翻流向溢流口。如果两个以上的槽串联，则溢流口变成下一个槽的入水，这时的溢流排水管出水口在下一个槽的底部。清洗时电镀产品是与水流方向逆向而行的。这就构成了所谓的逆流漂洗模式（图 5-2）。

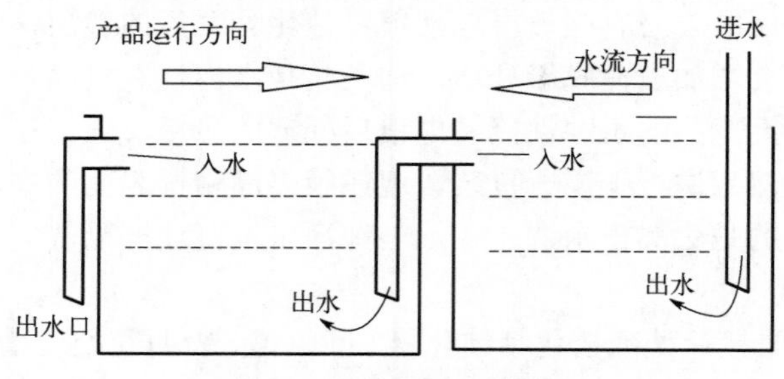

图 5-2　逆流漂洗模式

这种逆流漂洗现在已经是人工电镀线的主流清洗模式。串联的水洗槽通常有三个，也有用四个的。采用这种清洗模式，产品进入第一个水洗槽时，水中洗下的镀液残留液的浓度最高，水洗槽中的水较为混浊，进入逆向第二水洗槽时的水就干净许多，进入第三槽基本上就是清洁水洗了。清洗效果明显好于以前水面溢流的模式。

5.1.2　电镀槽

电镀槽是电镀生产线中最重要的槽体。全电镀线槽体的大小和结构都是在电镀槽的结构和大小确定后才能确定的。因此，电镀槽是整个电镀生产用槽的主角。电镀槽与其他工作槽不同的是，除了槽体较大外，还有必备配件，包括阴极杠、阳极杠、阳极篮等（图5-3）。完整的电镀槽配置除了槽体、电极杠、阳极篮外，还要有电极座、热交换器、镀液循环系统等。

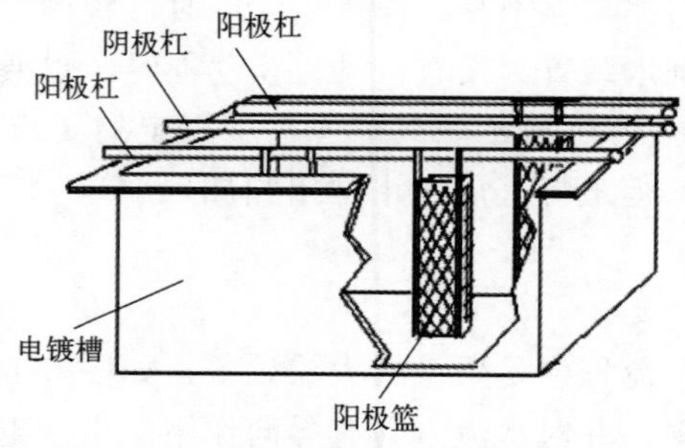

图 5-3　电镀槽及其必备配件

镀槽的主流形状是长方形，通常是独立的单槽。这种大型槽考虑了水量对槽壁的压力，增加了加强筋（图 5-4）。一般容量在 600L 以上的镀槽，都采用了加强筋结构，以防止镀液的泄漏。

根据生产现场的需要，也可以采用连体槽（图 5-5）。有些镀槽将必备辅助设备与槽体安装在一起，比如阴极移动装置，图 5-6 就是一例。

还可以根据产品形状和电镀过程控制的需要制成圆形槽（图 5-7）。

图 5-4　有加强筋的镀槽

图 5-5　矩形连体槽

图 5-6　带阴极移动装置的电镀槽

图 5-7　装有附件的圆形镀槽

图 5-7 的圆形镀槽上装有小圆形添加槽，可以用来补加添加剂，也可以用来装调节 pH 值的调节液。

目前我国电镀槽的应用呈现出很不规范的情况。这是因为电镀用的镀槽是有很大变通空间的设备。小到烧杯，大到水池都可以用来作镀槽。因为只要能将镀液装进去而不流失的装置，就可以作镀槽用。这就是实际电镀工业生产中所用五花八门的镀槽，并没有统一标准的原因。大体上只按容量来确定其大小，比如500L、800L、1000L、2000L的镀槽都有。而其长宽和高度也由各厂家根据自己所生产的产品的尺寸和车间大小来确定。至于做镀槽的材料也是各式各样的，有用玻璃钢的，有用硬PVC的，有用钢板内衬软PVC的，还有用砖混结构砌成然后衬软PVC，或在地上挖坑砌成的镀槽，甚至有用花岗岩凿成的镀槽。这中间当然有不少是不规范的做法，但却是我国电镀加工业中真实存在的状况。

5.1.3 电镀槽与电力线

电镀槽因为是电镀过程发生的主体槽，其结构影响电力线在镀槽中的分布。而电力线分布则直接影响镀层厚度的分布。因此电镀槽电力线分布问题就很值得研究了。

5.1.3.1 电镀槽中电力线的分布

电镀槽中电流分布的状态，与电镀层的分布有重要的相关性。由于镀槽的形状、电极的形态和镀液与电极间的状态等都与电位的分布有关系，因此，镀槽中电流分布，不可能用简单的方程加以描述，这时可以借助拉普拉斯方程来表述。

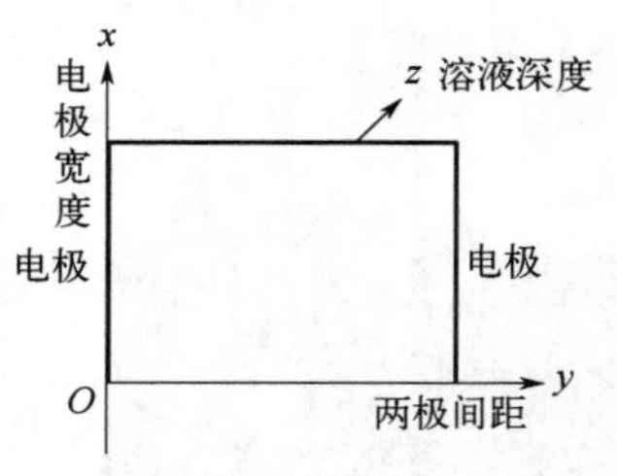

图5-8 矩形镀槽电极参数的坐标系

对于电镀槽内一次电流分布的研究是在不考虑极化和过电位等影响的情况下进行的。这时对于任一个矩形镀槽，两电极内的空间，可以看作平板电极之间的空间，并且随镀液深度的方向是同质的。这就构成一个有电极的三维镀槽空间。参见图5-8。

在三维情况下，拉普拉斯方程可由下面的形式描述，问题归结为求解对实自变量x、y、z二阶可微的实函数φ：

$$\frac{\partial^2\varphi}{\partial x^2}+\frac{\partial^2\varphi}{\partial y^2}+\frac{\partial^2\varphi}{\partial z^2}=0 \tag{5-1}$$

上面的方程常常简写作：

$$\text{div grad}\varphi=0 \tag{5-2}$$

式中，div表示矢量场的散度（结果是一个标量场），grad表示标量场的梯度（结果是一个矢量场），或者简写作：

$$\Delta\varphi=0 \tag{5-3}$$

式中，Δ 称为拉普拉斯算子，拉普拉斯方程的解称为调和函数。这个函数可以用傅里叶级数简单地求解。这时镀槽内的电力线，可以近似地看作是由平行线构成的矩形方格区域，如图 5-9 所示。这是平板电极间的理想电力线分布模式。

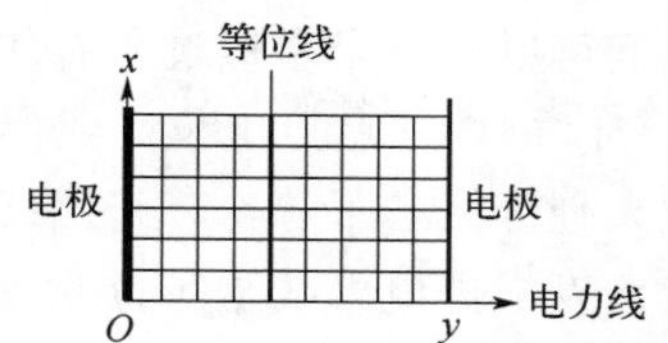

图 5-9　矩形镀槽平板电极间的理想电力线分布

采用拉普拉斯方程只能解析简单电极形状（如平板电极）间的电流分布情况，而电镀所面临的是各种复杂形状的产品，需要有更接近生产实际的方法来描述镀槽中电力线的分布。

5.1.3.2　电镀槽电力线分布的测量

对于镀槽中实际电力线的分布，只有通过测量才有可能得到接近真实分布的信息。事实上要想完全真实地测绘出电镀槽中的电力线是有困难的，只能采用一些间接的方法。

由于加在两极间的电流是在一定电压下流动的，因此，在电镀槽中存在一个两极间的槽电压，这个槽电压比电源输出的电压略低一些。这是因为在两电极表面和镀液中都存在产生电压降的电阻。这也是电流在电极表面分布有差别的原因之一。也就是说，在电镀液中不同部位的电压是不同的，但在相同电阻因素下的同一个区域，其电位是相同的，当我们将两极间的区域划分为一些平行于两极的截面，这些截面上的电位是相等的，将这些面投影到平面上，每一个等电位面都可以有一条线代表，这个线就是等位线。

采用等位线测量的方法，可以比较接近地测出电镀过程中两电极间不同部位的电流分布情况。

测量等位线的设备和线路如图 5-10 所示。图中的 H_2 是一个盘形的玻璃电解

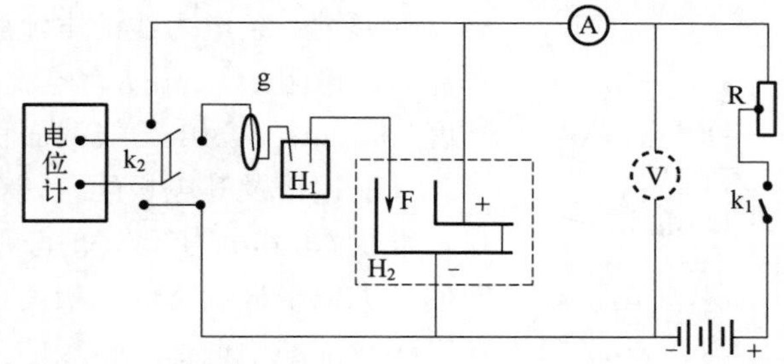

图 5-10　测量电极间等位线线路图

k_1—电源开关；k_2—测量和校正双向开关；A—毫安表；V—极化电流电压表；H_1—中间槽；H_2—被测电解槽和正负电极；R—可调电位器；g—亚硫酸盐电极；F—测量探针

槽，所注入的镀液的高度为1cm，并安放L形阴极和与之形状对应的阳极。这时我们可以将这个电镀过程看作是大型镀槽中的一个横截面。通过探针 F，可以测量 H_2 槽内任意点电位。我们可以将阳极与阴极间的距离以平行两极间的等电位线来划分成若干等份，每两线之间的电位差设定为 0.01V，当测绘出等位线后，就可以根据电力线与等位线垂直的原理，相应绘出电力线（图 5-11）。

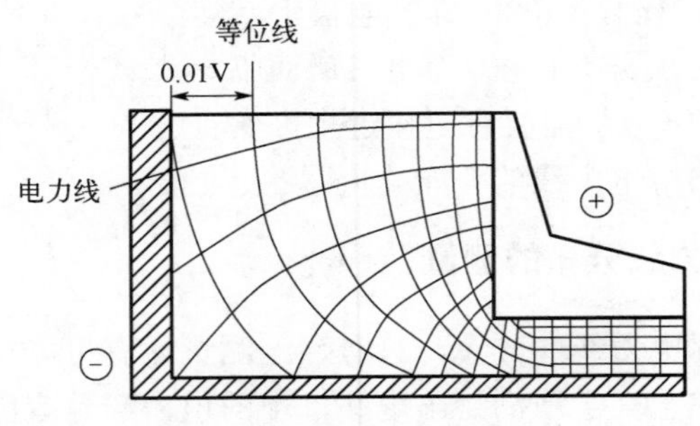

图 5-11　电极间电力线分布

5.1.3.3　电镀槽中实际电力线的分布

从电镀工艺的角度，电极上电流分布不均匀的原因，是电流在到达电极表面时所经历的路径有差别，即遭遇到的阻力不同，从而产生不同的电压降。电压降的大小取决于两电极的电极电位、电流强度、电解液的比电阻和电镀槽的形状与尺寸。我们将每一条电力线看成一根离子导电的电线，可以计算在这根电力线上的电压降：

$$V = e_a + ip\int_0^1 \frac{dl}{Sl} - e_k \tag{5-4}$$

式中，V 为阳极与阴极间的电压降，V；e_a 为阳极电位，V；e_k 为阴极电位，V；i 为通过一条电力线的电流强度，A；p 为电解液的比电阻，Ω/cm；l 为电流的行程（电力线长度），cm；S 为电力线截面积，cm^2。

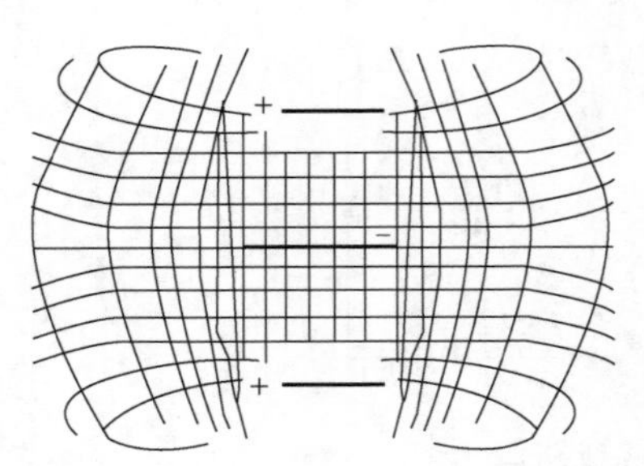

图 5-12　平板电极间电力线实际分布示意图

一般镀槽及其电极配置，都不是完全的矩形三维状态。其电力线分布呈现出复杂的情况。即使是类似平板状态的电极间电力线分布，也在镀槽端部和槽壁部、电极的尖端等部位出现电力线集中和曲线分布。图 5-12 是平板电极间电力线分布的模拟图，电力线密集区是高电流密度区，这种状态表明电流在阴极表面的分布是极不均匀的。

5.1.4　电镀槽等设备几何因素的影响

这里所说的几何因素，是指与电沉积过程有关的各种空间要素，包括镀槽形状、阳极形状、挂具形状、阴极形状、制件在镀槽中的分布、阴阳极间的距离等。所有这些因素对电极过程都有一定影响，如果处理不当，有些因素还会给电沉积的质量造成严重的危害。

5.1.4.1　电镀过程中的几何因素

（1）电解槽

电解槽是电沉积过程进行的场所。从表象来看，电解槽的大小、形状是决定电极及制品在槽内分布的先天因素。但是，在许多场合，电解槽的大小和形状应该是根据制品的大小和形状来确定的。但是，由于电镀加工面对的是各种形状和大小的零件，不可能针对每一种产品设计镀槽，因此，目前电解槽的形状基本上是以长方体为主，也就是由长、宽、高三个尺寸来确定一个槽体。这种矩形槽成为通用的电镀槽，其电力线分布影响电镀槽中一次电流的分布。

（2）电极

电极包括阳极和作为阴极的挂具。它们的形状和大小也可以归纳为立方体。电极的几何因素还包括阳极与阴极的相对位置。还有挂具的结构和挂具上制品的分布。阳极特别是带阳极篮的阳极和挂具，对于一个镀种或产品相对也是确定的。

（3）产品形状

电镀的产品是构成阴极的一部分，对电镀来说，产品的几何形状是不确定的，是变动量最大的几何因素。对于电解冶金和电解精炼，制品也就是阴极总是与阳极一样做成平板形。当阴极和阳极呈平行的平板状时，可以认为阴极上电流密度分布是接近理想状态的，也就是各部分的电流密度相等。

5.1.4.2　几何因素影响的原理

（1）一次电流分布

在金属电沉积过程中，金属析出的量与所通过的电流大小是成比例的，同时还受电流效率的影响。根据欧姆定律，影响阴极表面电流大小的因素，在电压一定时，主要是电阻。而电解质导电也符合欧姆定律。由于电沉积过程涉及金属和电解质两类导体，电流在进入电解质前的路径是相等的，并且与电解质的电阻比起来，同一电路中金属导线上的电阻可以忽略。这样，当电流通过电解质到达阴极表面时，影响电流大小的因素就是电解质的电阻。这种情形我们在介绍电镀槽中电流分布时已经说到。由于阴极形状和制品位置的不同，这种电阻的大小肯定是不同的。这就决定了当有电流通过阴极时，其不同部位的电流值是不一样的。我们将电流通过电解槽在阴极上形成的电流分布称为一次电流分布。并且可以用阴极上距阳极远近不同的任意两点的比，来描述这种分布：

$$K_1=\frac{I_{近}}{I_{远}}=\frac{R_{远}}{R_{近}} \quad (5\text{-}5)$$

式中　K_1—— 一次电流分布状态数；

$I_{近}$，$I_{远}$——距阳极近端和远端的电流强度；

$R_{近}$，$R_{远}$——从阳极到阴极近端和远端的电解液的电阻。

由这个一次电流分布公式可以得知，当阳极与阴极的所有部位完全距离相等时，$I_{近}=I_{远}$，$R_{近}=R_{远}$。$K_1=1$。这是理想状态，在实际当中是不存在这种状态的。在阳极和阴极同时是平整的平板电极时，接近这种状态。而除了电解冶金可以接近这种理想状态以外，其他电沉积过程都不可能达到这种状态，而必须采用其他方法来改善一次电流分布。

（2）二次电流分布

由于电沉积过程最终是在阴极表面双电层内实现的，而实际上这个过程又存在电极极化的现象，这就使一次电流分布中的电阻要加上电极极化的电阻：

$$K_2=\frac{I_{近}}{I_{远}}=\frac{R_{远}+R_{远极化}}{R_{近}+R_{近极化}} \quad (5\text{-}6)$$

式中，$R_{远极化}$、$R_{近极化}$分别表示阴极表面远阴极端和近阴极端的极化电阻。

二次电流分布受极化的影响很大，而极化则受反应电流密度的影响。一般电流密度上升，极化增大。电流密度则与参加反应的区域的面积有关。这一点非常重要。我们可以通过加入添加剂等手段来改变近端的电极极化或缩小高电流区的有效面积，这都会使近端的电阻增加，从而平衡了与远端电阻的差距，使表面的电流分布趋向均匀。

但是，当几何因素的影响太大时，也就是远、近阴极上的电流分布差值太大时，二次电流分布的调节作用就没有多大效果了。这就是深孔、凹槽等部位难以镀上镀层或即使镀上镀层也与近端或高电流区的镀层相差很大的原因。因此，尽量减小一次电流分布的不均匀性，是获得均匀的金属沉积层的关键。

5.1.4.3　阴极上金属分布与分散能力

通过对一次电流分布和二次电流分布的分析，得知阴极上的金属电沉积的厚度受电流分布的影响，或者说，在电流效率一定时，阴极上金属镀层的厚度与所通过的电流强度成正比。电流效率在这里也是一个重要的概念。因为电极过程发生时，不是所有的电流都用在了沉积金属上，设想一下，如果在近端或者说高电流区，我们可以让一部分电流不用来沉积金属，而是进行其他离子的还原。这样，镀层的厚度就得到了一定控制，从而与远端或低电流区的镀层厚度趋于平衡。这与二次电流分布有相似的作用。同样，这种作用也是在一定范围内才有效的，当几何因素成为决定性因素时，这些调节就有限了。但是，这种调节能力还是体现了不同电解液沉积金属均匀性特征，成为衡量镀液分散能力的指标。

分散能力（TP）与电流分布的关系可以用下式表示：

$$TP = (K_1 - K_2)/K_1 \times 100\%$$

由于电极过程中实测 K_1 和 K_2 需要很专业的仪器和人力资源，在实际电沉积过程中，对镀液分散能力的测量采用的是与这一公式的原理相同而测试项目不同的远近阴极法。也就是将不易测量的电阻值，特别是极化的电阻避开，而测量远近阴极上金属沉积物的重量和远近阴极的距离这样两组很容易测量的参数，得出了分散能力公式：

$$T = \frac{K - M_{近} / M_{远}}{K - 1} \times 100\% \tag{5-7}$$

5.2　几何因素影响的消减

5.2.1　槽体体积和形状的影响

电解槽槽体的形状和空间结构直接影响阳极和阴极的配置。对于既定的电解槽，由于尺寸已经是确定的，这时只能因地制宜地配置阳极和阴极，尽量避免镀槽几何因素的不利影响。如果镀槽不符合合理的尺寸配置，则在电沉积过程中会出现高电流区烧焦，低电流区镀层达不到厚度要求，甚至镀不上的情况。

但是最好的方法是根据所要加工的产品的大小和形状来设计电解槽，这样才可以将镀槽几何因素的影响减到最小。

为了使问题简明化，这里的讨论都是以手动单槽操作为例。多槽和自动线所要遵循的原则是一样的，可以以此类推。

5.2.1.1　镀槽大小尺寸设置的依据

（1）宽度

首先要确定的是电解槽采用单排阴极还是双排阴极。这将决定镀槽的宽度。对于单排阴极，是将产品挂在镀槽中间的阴极杠上，两边配置阳极。如果是双排阴极，则要在槽中布置三排阳极，这就要求槽体有足够的宽度。一个基本的原则是要保证两极间的距离在 250mm 以上。对于槽宽来说，还要加上阳极和阴极本身的厚度以及阳极槽壁要留有 50～100mm 的空间。这样算下来，一个单排阴极镀槽的宽度至少在 800mm。

（2）长度

再说长度，长度要依据阴极挂具的宽度和一槽内打算挂几挂来确定。无论是挂多少，镀槽两边阴极的外端点要距槽端板 100～150mm，两挂之间的距离应该保持在 100mm。如果一个单一挂具的宽度是 500mm，每槽挂两挂，这时镀槽的长度就是 1400mm。

（3）深度

最后是镀槽的深度。镀槽的深度应该是挂具浸入电解液内的长度加上距槽底 150mm 以上，挂具上部的制件距电解液液面 100mm 以下。这时，如果挂具的长度是 600mm，则镀槽的深度要至少保持在 1000mm。这就是一个可以一次挂两挂 500mm×600mm 的框式挂具、制品的厚度约 150mm 的常规镀槽。电解液的容量约 1000L。很多中小规模电镀厂的单槽都是这种规格。

电解槽除了常用的 1000L 以外，还有 2000L、2500L、3000L 等几种规格。有些行业和镀种要用到更大的电解槽，如 10000L 甚至 100000L。

5.2.1.2 电镀槽的改进

对于电镀来说，电镀槽是最基本的装备，尽管我国已经开始大量采用电镀自动生产线，但对于电镀槽，却并没有做过多的研究，完全忽略了镀槽对电力线分布和传质过程的影响，这是需要纠正的一个失误。

现在流行的长方体镀槽不仅在用料上存在浪费，而且四个直角形槽角部位容易形成镀液驻留，难以在搅拌中有效溶入镀液循环，是不合理的镀槽形状。以同容积的镀槽为例，1500L 圆柱形镀槽要比方形镀槽少用 60%左右的材料（图 5-13）。根据这个原理，我们将长方体同容积的 3000L 镀槽改成两端是半圆柱体，即将 3 个 1m^3 体积中的一个改成圆柱体且切成两个半圆柱，再组成一个椭圆形槽，不但可以节省材料，而且镀液流动性有很大改善（图 5-14）。

采用优化的镀槽和工作槽结构，对于通常要使用几十个镀槽和工作槽的自动线，可以节省大量 PVC 板材，且有利于镀液的流动和电力线的合理配置。

当然，制作这种圆形端部的镀槽，需要专用的成型工具，这在现代制造中已不是难事。电镀企业的排气管路都是圆形，节约用料的同时，保证气流的畅通。有些单位为了图制造简便，采用方形气管，不仅费料，且同样存在直角部位的流体滞留现象，是不合理的形状。

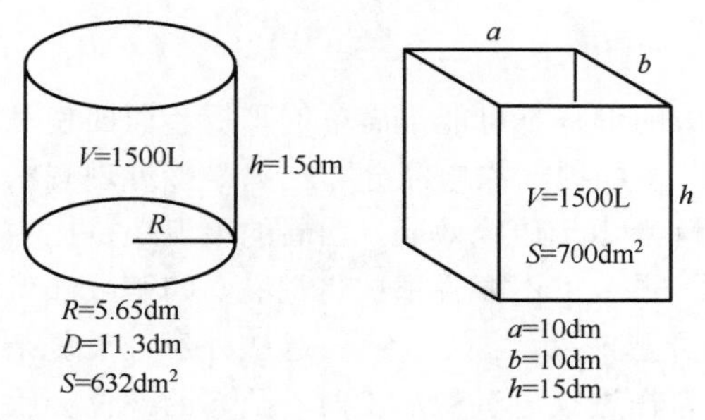

图 5-13　圆形 1500L 镀槽比同容积的方形槽省料 60%

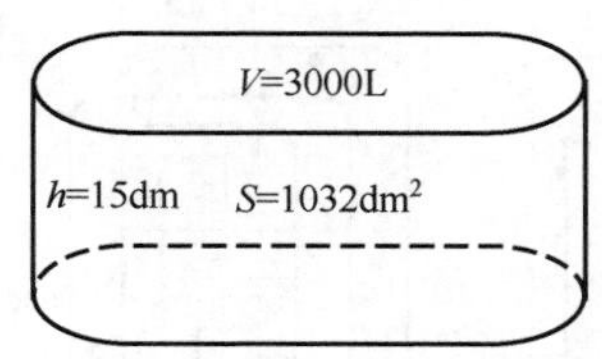

图 5-14　两端半圆的 3000L 槽比矩形槽省材料

研究镀槽的形状首先考虑的并不是节约镀槽材料，而是电力线分布的合理性和镀液流动性的问题。因为根据电镀原理，电力线分布和传质过程是决定电镀质量和效率的两个重要参数。镀槽一经确定，其几何影响就先天存在，成为在这种镀槽中电镀的固定因素，并且往往是不利因素。如果在镀槽设计时对电力线分布做过分析，就有利于电镀过程。当然，这是与阳极的配置及形状有很大相关性的，镀槽设计不考虑阳极配置并预留合理空间，就会出现在实际生产中阳极与阴极（电镀产品）距离不合理的情况。

5.2.2　电极几何形状的影响

这里所说的是阴极和阳极几何形状的影响，而不涉及阳极的纯度和物理状态。

首先要保证阳极的表面积是阴极的 1.5～2 倍，否则会使阳极因电流密度升高而钝化，分散能力会下降。电解液稳定性也会因金属离子的失调而下降。

电沉积过程中的阴极包括制品和挂具。由于挂具是承载制品的重要工具，并且本身也要通过电流，在所有导电部位获得镀层，因此挂具的几何形状对电镀的分布和质量、生产效率等都会有所影响。

为了保持良好的导通状态，挂具上必须有与产品连接可靠的挂钩，并尽量采用张力挂钩，而避免重力挂钩。

所谓张力挂钩，是指产品与挂具的连接钩是采用有弹性的材料制作，并至少有两个连接点，以张开和收缩形式与产品适合装挂的部位连接。而重力挂钩则是将产品挂在刚性单一挂钩上，靠产品的重量来保持与阴极的连接。

挂具上的产品之间最好保持 50mm 距离，挂具的下端距槽底还要有 150mm 的距离。阳极与阴极的距离，要保持在 200～250mm。

5.2.3 制品形状的影响

需要进行电沉积加工的制品，大多数的形状不可能是简单的平板。而即使是平板形，表面的一次电流分布也只是接近理想状态，实际上由于边缘效应，四周的电流还是比中间要大一些。更不要说那些有深孔、凹槽或起伏较大的异形产品（图 5-15）。这些外形过于复杂的产品，在进行电沉积加工时，凸起的部位会因电流过大而烧焦，而低凹部位则又因电流小而镀得很薄或根本镀不上。对于这种有复杂形状的产品，就是用分散能力再好的镀液，也不可能镀出合格的产品。这种情况就要使用阴极屏蔽、辅助阳极等工具加以改善。

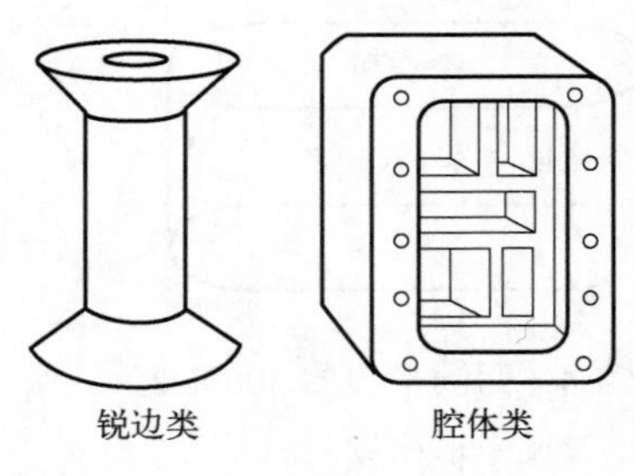

图 5-15 复杂形状的制件举例

当镀槽形状一定的时候，从几何角度对一次电流分布的改善靠调整电极的相对位置来实现。实际上是调整被镀件在挂具上的装挂方式，包括方向、间距等。而真正改善一次电流分布的办法则是通过调整电镀工艺，特别是提高镀液的分散能力，通过二次电流分布来改善镀层的分布。

5.3 电镀槽必备附件

5.3.1 电极杠

电极杠用来悬挂阳极和阴极，并与电源相连接，通常用紫铜棒或黄铜棒制成，比镀槽略长，直径依电流大小确定，但最少要 5cm。

考虑到电极杠强度和重量等因素，在保证导电截面的前提下，也可以采用铜管来制作极杠。或者在铝棒或钢管外套上铜管，以适当节约铜材。有的电镀加工厂采用铁棒作电极材料，显然是不合理的，不仅因为其导电性能好，要增加电能消耗，而且极易生锈而容易污染镀液。因此以采用管状纯铜制作的电极杠为最好。

5.3.2 元宝座

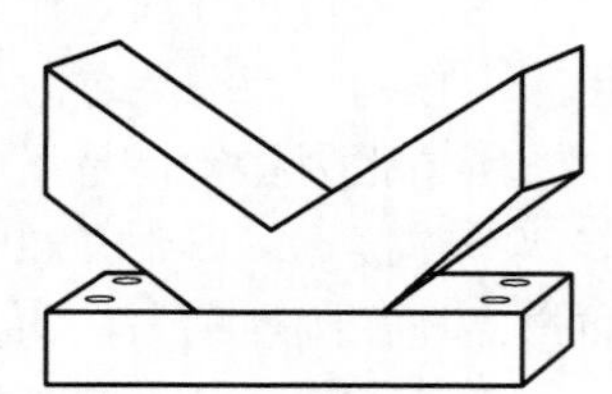
图 5-16 用于镀槽上承载电极杠的元宝座

元宝座是镀槽上承载电极杠的电极连接件，由于形状像元宝而得名(图5-16)。由于其承担导电的任务，对于大型镀槽，通常是用黄铜铸造。有些是用钢材制造，但要在接触电极杠的表面镶上铜板，也有用工程塑料制造的，表面镶上铜板。这些非铜实体元宝座如果导电截面或散热性不好，不宜用于大功率电镀生产设备。

5.3.3　阳极杠防污罩

没有经常去电镀生产现场的人，很难了解电镀槽上的电极是一个什么状态。即使是很大规模的电镀企业，包括有些军工电镀单位，其电镀槽上的黄铜或紫铜阳极杠基本上都污染严重到生出大量绿锈。图5-17就是在一家供应商的电镀车间拍摄的腔体盖板镀银槽的情况。可以清楚地看到，图中镀槽两边的阳极杠上铜绿锈迹严重，阳极篮与极杠之间的导电连接可靠性很低。

图5-17　铜阳极杠上的严重锈蚀状态

由于电镀槽上弥漫着镀液蒸气，对极杠造成腐蚀在所难免，特别是镀件起缸时带出的镀液滴洒在极杠上是经常发生的。因此，要保持极杠表面洁净非常困难。但也并非完全没有办法。除了每天清洗极杠是每个班组上班前或下班前要做的一项重要工作外，还要采用装备保证的措施。图5-18是作者为一家企业提出的在阳极上加盖防镀液污染罩的例子。这种罩板采用硬质PVC塑料排水管从中轴线剖开成两半制成，简便易得。在将阳极杠擦洗干净后，加上这个与阳极杠长度相等的罩管，就有效地防止了手工操作产品出槽时镀液滴下产生的污染。这种污染不仅影响阳极导电，有碍观感，同时会将铜离子带入镀液内，影响产品镀层质量。

随着笔者的讲座和在企业培训中的宣讲增多，这种阳极盖罩在很多电镀企业都开始采用，成为电镀槽必备的配件之一。

这个现象在电镀自动生产线上也同样存在，并且更容易发现这个问题。因此，现在所有电镀自动生产线的镀槽阳极杠上都配置了防起缸时镀液带出污染极杠等的盖板。对于不同镀种镀槽的阳极，由于两槽阳极相距较近，可以使用一块伞形盖板同时将两槽相邻阳极盖住，这种板的斜面可使滴在上面的镀液流回镀槽中。

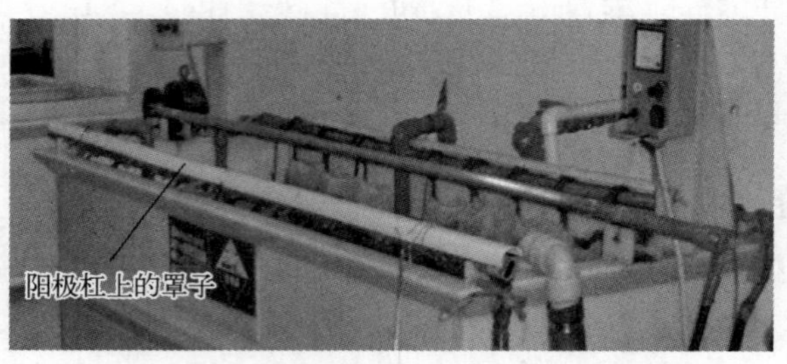

图 5-18　在阳极杠上安装的 PVC 防污罩

第6章

电镀挂具

电镀挂具是实现电镀工艺过程的重要工具。但是在实际操作中却往往被轻视而导致电镀质量和效率下降，成为电镀生产管理中的一个盲点。同时，在理论研究和探讨方面也比较欠缺，可供参考的资料不多。通过多年的生产实践和理论探讨，笔者认为电镀挂具在电镀装备中是一个极为重要的部分。本章将详细讨论这个领域，以提供关于电镀挂具的技术原理与实践经验以及一些新的思考。

6.1 电镀挂具的作用

6.1.1 承载产品的重要工具

电镀挂具无论采用什么形式，首先都是承载被加工产品的重要工具，或者说是对被加工产品进行电镀的器件和工具。

将产品安放在挂具上，放进电镀槽镀液中并挂到阴极上，接通电源就开始了电镀加工。完成加工后，将挂具从阴极上取下来，经过清洗后，再从挂具上取下已经镀上镀层的产品，这就完成了电镀过程。可见挂具是产品实现电镀的重要工具。产品的重量由挂具承受，产品在挂具上的分布取决于与阳极的相对位置，也就影响着电力线的分布。挂具的结构还决定一件挂具可以挂多少件产品，从而决定了电镀的产能。总之，电镀挂具是实现电镀过程的重要工具，应该高度重视和认真研究。挂具设计的水平和使用情况，直接影响电镀产品的质量和生产效率，因此，要做好电镀，先要做好电镀挂具。

要做好挂具，就决不能一挂了之。被镀件在挂具上的位置、方向、数量和前后、左右、上下产品之间的距离和相对位置等，都对这个（或这批）产品的质量和生产效率有着重要影响。

悬挂和装载得当，可以在单位时间里获得最大的产量，并且产品质量都符合设计要求。如果装载量偏少，对质量的影响可能不大，但是效率就会下降。如果装载过多，质量会受到影响，不合格品或返工品增加，就得不偿失，既无效率也没有质量。因此，如何保证挂具的装载量，和如何保证每一件被镀件在挂具上都处在合适于获得均匀镀层的位置，是非常重要的。

6.1.2 电子输入的连接器

电镀挂具除了承载电镀产品，还有一个更重要的功能或者说主要的功能，就是导电。

电镀首先是要用到电能的。电镀正是将电能转化为化学能的过程。所谓化学能是指通过电流的作用，使电子在电化学过程中以结构电子身份进入金属离子空轨而还原为金属原子，进而结晶出金属镀层。可以理解为电能转化为结晶能，获得了金属镀层。因此，电镀是一个消耗电能的过程。既然是耗电，就有一个电能利用效率的问题。由于电镀的电流强度通常都较大，传导电流的导线要求有充分的表面积。这时挂具的导电能力就很重要了。如果挂具总是很烫手，那么这个挂具的设计或选用就是不恰当的。但我们在电镀现场却经常发现电镀挂具烫手的问题。

挂具烫手说明挂具电阻较大，这时有一部分电流要克服电阻而做无用功，说起来相当于在加热镀液。这样一来，分配到被镀产品上的电流就会减少，要保证电镀还能在工艺所需要的电流密度下工作，只能加大电流量，不仅质量受影响，而且电耗增加，生产成本增加。用这种挂具生产，持续下去，镀液温度会上升，对于不需要加温的镀种，会影响电镀质量（比如酸性镀光亮铜），还会增加镀液蒸发量。同时，电流的升高会引起阳极钝化，这对电镀质量的影响就更大，不仅会使主盐浓度下降，镀液失调，而且电力线的分布也会受到影响，使镀液的分散能力下降。

以上说的是能量电流的问题，再说作为结构电子的通道问题。电流从电源负极流往阴极的时候，是通过阴极杠将电流送进挂具，再由挂具分流到每一件产品上的。可见挂具作为提供电子最终到达产品表面的通道，是何其重要。

具体地说，电子从阴极杠进入挂具后，就由一类导体进入了电解液体，也就是二类导体与产品之间的界面。我们知道这个界面就是电极上的双电层。

这样，挂具主杆上的挂钩挂在阴极杠上后，电子仍然是在一类导体内移动，一进入挂具上浸入到镀液中的产品，就来到了产品表面的双电层，向二类导体中的离子空轨跃迁。可见电镀挂具扮演了连接一类导体和二类导体的连接器的角色。

也就是说，挂具是电子在电镀过程中经历的最重要的路段，或者说是最终的路段。电子就是在这里进入到金属离子的空轨中，使之还原为金属原子的，这难道还不足以说明挂具的重要作用吗？

将电镀挂具的作用与电镀中电子还原金属离子的路径联系起来，确实是一个新的思考。电镀挂具的重要性一下子就鲜明起来。

想想那蓝色透明的硫酸铜液体在电子进入到铜离子中后，就变成了亮晶晶的铜层，这是多么奇妙的反应。这时，物质结构的抽象认识一下就被物质变化具象化了，对原子、电子、离子、分子都有了更清晰的认知。这也是学习电化学技术的一个重要心得。如果说由花粉在水中的自由运动推想出水分子的存在，需要对物质结构层次具有极大的想象力，那么由金属盐离子从阴极获得电子还原为原子并形成金属镀层的过程，就很有说服力地证明了物质确实是由质子、电子等组成的。一价离子，只要一个电子就可以还原为原子，二价离子，则要两个电子来还原成原子，以此类推。计算表明相同电流能量通过一价铜镀液和二价铜镀液得到的镀层的质量，一价铜离子镀液还原出的铜的质量正好是二价铜还原出来的铜的质量的两倍。这表明离子失去电子的数量就是还原时需要的电子数量，实证了原子外层电子的结构与理论物理学中的原子结构是一致的。

6.1.3　决定镀层质量和生产效率

在了解了电镀挂具在实现电镀过程中的重要作用后，就能理解电镀挂具决定镀层质量的道理。

挂具如果只考虑承重和导电，是很容易制造出来的，甚至都不用设计和制造，直接拿铜丝、铝丝甚至铁丝，绑住产品，用挂钩挂到电镀槽阴极杠上就行了。

不要以为这是讲笑话，直到现在，有些电镀企业就是这么做的。包括一些已经有比较规范挂具管理的电镀单位，在遇到个别单一产品过重或体积过大而没有合适挂具时，就用铜丝绑住产品，再用多个能承重的粗挂钩挂到阴极上电镀。

对于绝大多数电镀过程，尤其是每天在成千上万的镀槽中镀出的电镀产品，它们的质量如何、生产的效率如何，与电镀挂具极为有关。

（1）电镀挂具与镀层质量

我们在讲镀槽结构时介绍到电镀槽中电力线分布的问题。电力线是指由阳极和阴极构成的电场中电极之间虚构的 N 条连线。通常是指从阳极出发向阴极延伸并与阴极相连的曲线（图 6-1），构成电子从阳极流向阴极的回路。当阳极和阴极都是平板形状时，在两平板之间的电力线是平行和垂直于平板的多条连线。也就是说，如果产品就是一块平板，则理论上平板上所有区域的镀层厚度是一样的。但事实并非如此。即使是平板产品，平板四周和中间的镀层也是不一样厚的，四周厚一些，中间薄一些。更不要说产品的形状不可能都是平板形，而是五花八门，什么形状都有。对于这些零件和制品，在镀槽中与阳极之间构成的电力线分布是极不均匀的，要想在这些零件或产品上镀出厚度基本均匀的镀层是很难的。另外，一些电镀企业为了提高生产效率，挂具也不是只挂一排产品，而是多排多层，产品之间会形成遮挡，这时镀槽中阳极与这些产品（这时就是阴极）之间的电力线就呈现出更为复杂的情况。因为在挂具上过多地挂产品，必然会出现产品相互遮挡的情况，有些地方电力线会很稀疏。而电力线的密度基本上是对应着镀层厚度的，这样，产品上镀层厚度的分布就与挂具有密切关系了。

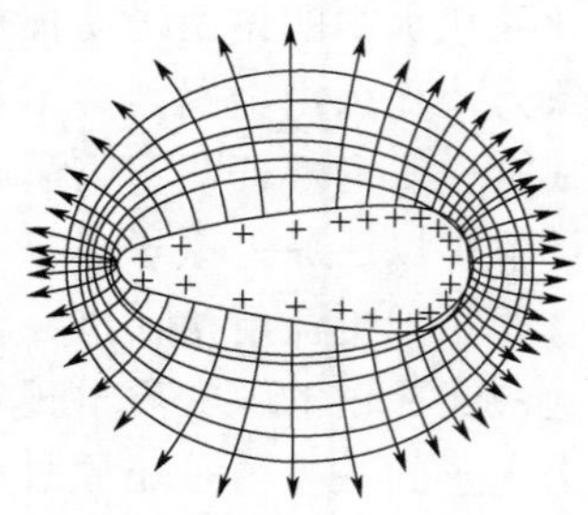

图 6-1　电力线示意图

电镀槽内产品在挂具上与镀槽内阳极构成的电力线，也称为一次电流分布。一次电流分布基本上决定了产品上镀层厚度的分布，仅仅靠挂具设计改善一次电流分布有局限性，这也是几何因素对电流分布影响的局限，只能在可能的情况下通过挂具结构的设计和阴阳极距离的调配等将一次电流分布做到更好。想要进一步改善电流分布情况，需要通过在镀液配方组成和电镀添加剂等方面着手，这时依据的是电化学原理。利用电化学原理改善阴极表面电流分布情况的称为二次电流分布。我们会在另外章节讨论。

（2）电镀挂具与生产效率

电镀挂具与电镀生产效率有关是比较容易理解的。因为一个挂具能装载多少件产品，与生产效率有直接的联系。一个挂具上挂的产品多，其单位时间内生产出来的产品就多。但是，产品做出来是否合格，要通过质量检测后才能确定，也就是说，生产出的产品只有合格品才能计算其产量。如果挂得过多，镀出来的产品至少会有镀层厚度不合格的问题，这些不合格品要返工重镀，这是很大的浪费。同时生产效率也因为合格产品的数量减少而下降。因此超过挂具设定的装载量是不行的。但是挂得太少，虽然可以保证产品质量，但是难以完成预定的产量，使生产效率下降，也是不可取的。这样就有了如何设计好挂具，使其在保证每件产品都合格的前提下有最大的装载量，就是一个很有学问的问题。

一个好的挂具设计师是建立在对电镀原理和工艺都有充分认识的同时，又有丰富的电镀生产实践经验的基础之上的，并且现场生产经验比理论知识更重要。因为只有在丰富实践经验的基础上，才更能理解和发挥理论的指导作用，真正做到“知其然，知其所以然”。

6.2　通用电镀挂具

电镀挂具的设计与制造现在已经是电镀原材料与装备供应链中的一个重要领域。根据电镀原理和对各行各业大量需要电镀的零件和产品的分类分析，包括在电镀生产企业的调研，电镀设计制造业已经制造出各种通用的电镀挂具。这些通用电镀挂具涵盖了大多数电镀生产的零件和产品。一些电镀企业也基本上是采购这些商业化的挂具进行生产。但也多少保留有自己专门的挂具制造部门或小组，用来维护、修复和制造专用挂具。

6.2.1　材料和结构

电镀挂具是电镀加工最重要的辅助工具。电镀挂具有双重功能，它既是保证被电镀制品与阴极有良好连接的工装，又是对电镀镀层的分布和工作效率有着直接影响的装备。现在已经有专业挂具生产和供应商，提供行业中通用的挂具和根据用户需要设计和定做的专用挂具。

挂具常用紫铜做主导电杆，黄铜做支杆。除了与导电阴极杠和产品直接连接导电的部位外，挂具的其他部分应该涂上挂具绝缘胶，这样可以保证电流有效地在产品上分布和防止挂具镀上金属镀层。

最简单的挂具是一只单一的金属钩子。而复杂的挂具则有双主导电杆和多层支杆，还有的带有辅助阳极的连接线等。

有些电镀厂为了节约投入，采用铁丝作挂具，这是得不偿失的。也有的对非有效导电部分不涂绝缘涂料，结果浪费了金属材料和电能，产品质量还受到影响。因此应该按工艺要求配备合适的挂具，不能认为只让电通过就行了。

6.2.2　种类和形式

6.2.2.1　种类

当我们说到挂具的作用时，讲到了悬挂和装载。这就说明挂具的形式不只有挂钩形，还有其他方式，比如盘镀方式、连续镀方式、滚镀方式等，都是挂具方式的延伸。因此，有必要说明我们这里讨论的挂具，是专指挂镀用的挂具。即使是挂镀用的挂具，也可以分成以下几个种类。

（1）通用挂具

电镀通用挂具的特点是一种挂具可以适用于多种形状的零件。它根据被镀制件的外框尺寸分成几种规格来设置挂钩的密度，并且允许在被镀零件外形尺寸超出这个规格的范围时，以跳开一个挂钩挂一个的方式利用这种挂具，从而使挂具的通用性更强。这样，同一个外框尺寸的不同形状的多种产品，可以使用同一种挂具。这是目前挂具设计制作中主流的方式。

（2）专用挂具

有些产品由于形状特殊或产量非常大，需要专门为这种产品设计挂具，只用于这一种产品，这就是专用挂具。专用挂具可以更好地保证产品的质量和效率，在大批量生产固定形态的产品时，宜采用这种模式。

（3）小零件挂具

不适合挂镀的小零件，需要适合小零件的挂具，这就是盘子、滚桶等，其中盘子与挂镀有相似之处，就是仍然靠主导电杆与阴极相连接，但导电杆上不再是安置的挂钩，而是金属网制成的小盘或筛，这些网盘或筛的网目，根据要电镀的零件的大小确定。盘镀适合于不方便挂镀又难以滚镀或不够滚镀装载量的镀件。

（4）化学镀挂具

化学镀由于存在挂具对工作液污染等问题，所以其要有专用的挂具。很多时候化学镀是以橡胶电线或网兜作挂具，完成化学镀后，再上电镀挂具。现在也已经开发出在金属化过程中不参加化学镀过程的挂具涂料，这样也就产生了塑料电镀从前处理到电镀再到成品的一挂到底的全流程使用的挂具，特别适合于电镀自动线的生产。

6.2.2.2 结构与形式

（1）单主杆挂具

单主杆挂具只有一个与阴极连接的主挂钩，导电主杆上可以分布与受镀产品连接的支钩。对于某些较大的镀件，单主杆挂具实际上就是一支挂钩，将主杆的尾部弯成挂钩或在主杆末端安装与产品连接的螺栓或采用其他连接方式。图 6-2 是单主杆电镀挂具的实例。这种单主杆挂具主要用于各种手动生产线，也可以用于小型自动生产线。

（2）双主杆挂具

双主杆挂具的实例如图 6-3 所示。双主杆可以保证挂具与阴极有比较良好的接触，可以通过较大的电流，同时也保证挂具与阴极连接的稳定性，特别是对移动式阴极的连接，这是很重要的。因此，双主杆挂具在自动生产线上用得较多。印制电路板电镀、塑料电镀等基本上都采用双主杆挂具。

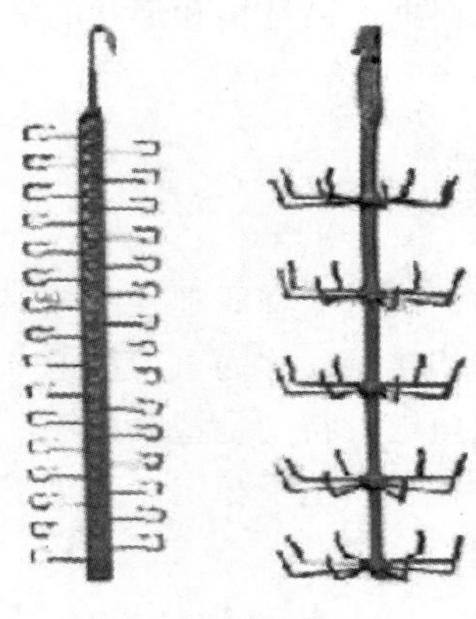

图 6-2　单主杆挂具

图 6-3　双主杆挂具

（3）圆形挂具

圆形挂具通常是用于圆形镀槽的专用挂具。圆形挂具是为了配合圆形镀槽阳极分布的特点，使圆形挂具以中轴为轴心做正反向旋转，以提高镀层质量。图 6-4 示例中提手中部的小孔，就是用来安装与旋转阴极连接挂钩的安装孔。

图 6-4　圆形挂具

（4）其他专用挂具

除了上述几种常见挂具外，电镀生产中还要用到大量的专用挂具。专用挂具是针对特定工艺或产品制作的挂具，比如铝氧化的挂具、塑料电镀的挂具、带有辅助电极的挂具，还有可以组装的挂具等。

图 6-5 所示的挂具组件就是可以在圆规杆形主杆上安装的挂盘，这种镊状挂具可以用来固定有孔的铝氧化制品。图 6-6 是带有辅助电极的专用挂具。

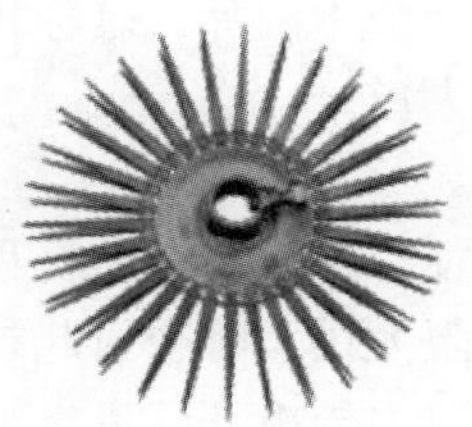

图 6-5　组装式挂具的镊状挂盘

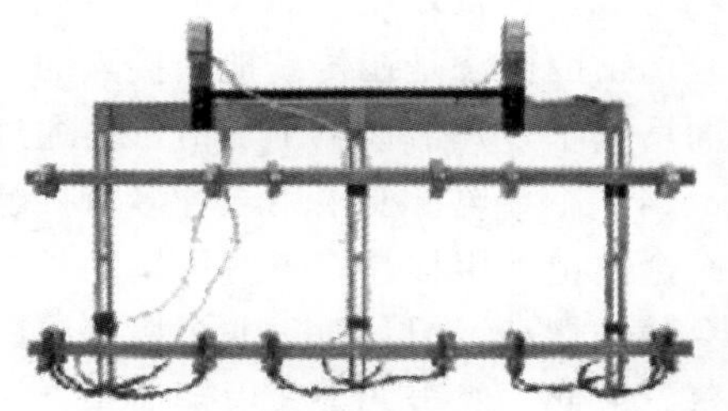

图 6-6　带辅助电极的专用挂具

还有仿形挂具、带屏蔽阴极的挂具等，可以根据产品结构和形状的需要，按照电镀工艺和原理的要求进行创造性发挥。

6.2.3 设计原则

挂具设计的原则，是根据挂具的作用来制订的。对于金属制件的电镀，产品与挂具的连接，主要靠本身的重量与挂具上的挂钩接触，称为重力导电方式。有时也采用弹性张力挂钩。对于塑料电镀和非金属电镀，特别是塑料电镀，由于密度小于或接近镀液，镀液产生的浮力会使被镀件在挂具上不稳定，甚至整个挂具都会上浮。因此，挂具的设计要有一些指导原则。

（1）被镀件与挂具要紧固连接

所有镀件与挂具要有良好的电性连接，特别是非金属电镀制品在电镀前上挂具时，要充分保证制品与挂具的良好连接。这种连接必须是固定式的，在经历多道工序后仍不易脱落。

并且这种挂具上连接被镀产品的卡钩不能采用常用的点状连接，而应该是面状连接，即保证挂具与产品的导电部位接触电阻要尽量小，否则一旦因接触面小而电流过大时，接点部位会将塑料表面的化学镀层溶解而失去导电连接，这是塑料类电镀的大忌。

（2）弹性连接的挂钩要对称设置

在采用弹性连接挂钩时，受力点必须对称设置，并且挂钩的弹性必须适中，不要让被镀件受力过大而变形。特别是当挂钩不对称时，扭曲变形一旦发生，很难纠正。

（3）金属镀件的电接触点要小，而塑料电镀导电接点的接触面要大

由于电接触点位置容易镀不上镀层或露出底镀层，因此，电镀挂具与产品的连接点要尽量小一些。但是，对于非金属电镀件在化学镀以后的镀层厚度只有0.1～0.3μm，如果采用金属电镀时的点接触来导电，由于导电截面太小，一不小心就会烧坏连接点，使电镀失败。因此，对于非金属电镀的挂具接点，要采用面接触方式，也就是挂钩的尖部不应该再是尖状或点状，而应该是一个小型的平面状。通常的做法是在传统挂具接点的触头部位焊上一个小圆片，这样每一个导电截面增加了好几倍甚至十几倍，其通过电流的能力大增。

（4）主导电杆要采用双杆多点接触式

金属电镀用挂具有一些采用的是单杆式主导电杆。这样，在阴极移动时，挂具会随之摆动。但是对于非金属电镀，这种摆动的阻力过大时会引起被镀制件的脱落。因此，对于非金属电镀而言，一律采用的是双主导电杆，以增加挂具与阴极导电杆相对固定的连接。

同时，主导电杆与阴极杠的连接也非常重要。最好是使用紧密连接模式，例如采用磷铜片材制成卡簧式夹形钩。但是，考虑到电镀前处理后的人工操作都有手提电镀挂具的情况，采用挂钩式连接是常见的模式。这种情况下，挂具主导电杆头部的挂钩建议采用图 6-7 所示的结构。

图 6-7 所示的挂钩结构方便在阴极杠挂上和取下，挂钩上有一个方便提起的钩子，挂钩与阴极杠连接时至少有两个电流导通接点，可以保证电流的顺利通过。有些电镀企业对挂具的挂钩不研究，随便弯成半圆就算了，也没有方便提取的把手。图 6-8 列举了几种挂具主杆钩部形状，可供参考。

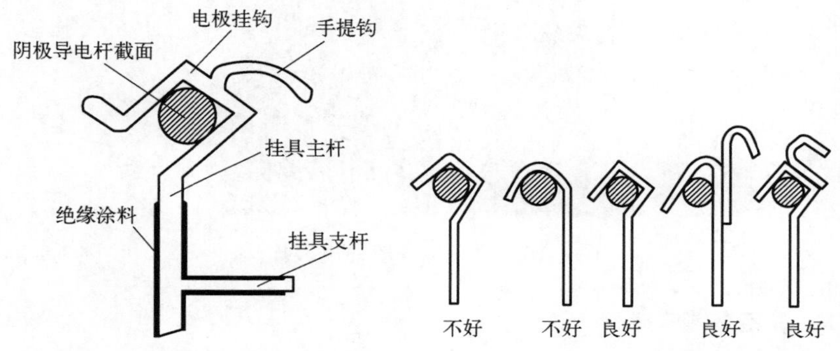

图 6-7　挂钩和导电杆结构示意图　　图 6-8　电镀挂具主杆挂钩的几种形状

另外，手动线上挂具的挂钩不适合在自动线上使用。适合在电镀自动线飞巴上使用的挂具的主杆挂钩宜采用带弹性铜片的挂钩，如图 6-9 所示。

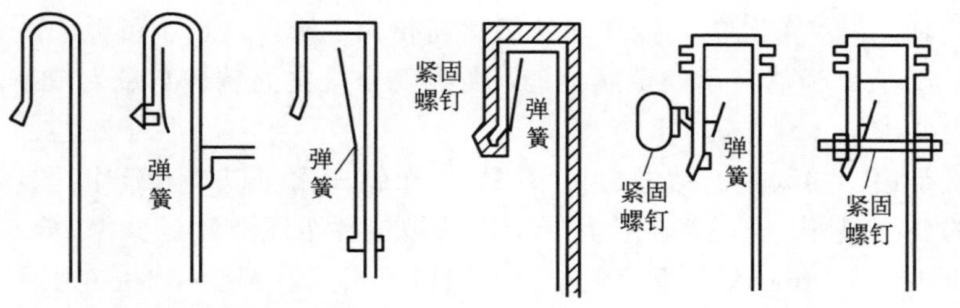

图 6-9　适合在自动线飞巴（阴极杠）上使用的挂钩形状

这种带弹片的挂钩可以与方条形飞巴杆有紧密的接触而有利于电流的导通。

为了保证导电的畅通，有些电镀槽的阴极上备有带夹头的电缆线，在挂具入槽后将连接阴极的夹子夹在电镀挂具主杆上，确保电流送到挂具上。

（5）挂具的非导电部位要用绝缘涂料加以屏蔽

挂具的非导电部位要用绝缘涂料加以屏蔽，这样不仅可以节约电能和物料，并且可以使电流更加集中地在被镀面积上起作用。图 6-10 是涂了热固型绝缘胶的挂具。电镀挂具进行绝缘处理后，只有与产品直接接触的部位露出金属接点，保证挂具与产品接触时的导电性的同时，又使其他非电镀部位不发生电化学反应，节约了电镀过程中在非产品部位浪费的电能和金属镀层。

图 6-10　涂了绝缘胶的电镀挂具

6.2.3.1　确定数量关系

挂具的设计涉及一些参数的确定。只有确定了这些参数，才可能进一步进行挂具的设计。

与挂具设计有关的参数，第一是单挂重量，要考虑单挂具挂满被镀制件的重量。要从人体工学的原理出发，考虑操作者的可连续操作性。即使是自动生产线上用的挂具，最终产品的装挂和卸挂仍然需要人工操作，也不可以一挂太重，以 10kg 以内为宜。当然对于非金属电镀，要以每个挂具的装挂数量为依据，其重量不能作为要求。

其次是镀槽的大小。镀槽的大小决定一个镀槽内可以装入几个挂具，以及每个挂具的外框尺寸。一般每个挂具最上端的被镀件距镀液面至少 3～5cm，下端距槽底至少 10～15cm。左右距槽壁部位的阳极或阳极篮都要在 10cm 以上。

最后是被镀零件的大小。零件的大小是确定挂钩数量和分布的依据。零件决不能互相靠得太近，更不能互相遮盖。在保证导电性的前提下，要让镀件表面电流分布尽量均匀，气体排出畅通，镀液在被镀件内没有存留，可以方便地排出。

对于零件之间的距离，有一个经验公式可供参考：

设零件之间距离为 s，在金属电镀中：

$$s = 1/8(1.5D + 5H + 2.5) \tag{6-1}$$

式中，D 为镀件的直径（当镀件为板状时为长度）；H 为镀件的厚度。

当 $D \geqslant 5$cm 时

$$s = 5/8(H + 2.5)$$

用于塑料电镀的挂具，s 的值要放宽 1.5～2 倍。

6.2.3.2　确定采用什么材料

挂具是保证一次电流分布的重要辅助工具。所用材料首先要考虑导电性能，还有强度和可反复使用性。一般以采用黄铜较多，也有采用不锈钢加黄铜的。尤其是靠弹力接触的挂钩，黄铜较为理想。当然紫铜的导电性是最好的，但是其强度就略显不够。如果以紫铜的导电性能为100%，则黄铜只有20%～25%，铁只有16%～17%。这三种材料通过电流的能力与性能见表 6-1。

表 6-1　不同金属材料通过电流的能力

材料截面积/mm^2	最大通过电流/A		
	紫铜	黄铜	铁
1.0	24	5	3
2.0	60	12	7.5
4.0	130	26	16

很明显，从导电性能看，最适合作挂具的材料是紫铜。事实上电镀的汇流排大多数采用的就是紫铜，如果用其他材料（比如铝），则材料的截面积要大得多。但是现在做挂具的，有些企业仍然采用黄铜，理由是强度和弹性都好一些。其实主导电杆完全可以采用紫铜，只是在挂钩部分可以为了弹性好而用黄铜。这是因为挂钩绝大部分是处在镀液内的，而处在镀液内的导体通过电流的量可以比在空气中大一倍，这样一来，采用紫铜作主导电杆的导电效率要比完全用黄铜高得多。

为了节约资源，也可以用不锈钢或普通钢来做挂具的某些部件，但需要注意的是这时用于一类导体导电的以用铜及其合金为好，浸入到镀液的部分才可以用到其他材料。

6.2.3.3　主导电杆导电截面的确定

在制造挂具的材料确定以后，需要知道选用多粗的主导电杆。这个参数的确定与将通过主导电杆的总电流相关。而总电流的确定又有赖于挂具上所镀产品的总表面积和所采用工艺的允许最大电流密度。

主导电杆截面积的计算也有一个经验公式：

$$A = (s \times \text{零件个数} \times \text{最大允许 } D_K) / (k \times \text{挂具主导电杆数量}) \quad (6\text{-}2)$$

式中，A 为主导电杆截面积，dm^2；s 为被镀零件表面积，dm^2；D_K 为阴极电流密度，A/dm^2；k 为常数，一般为 3～6，当用紫铜时用 6，采用黄铜时用 3。

6.2.4 阴极杠和飞巴

电镀挂具是挂在阴极杠上来获得从电源进入阴极的电流的。因此，阴极杠是电镀槽的必备配件。通常都是采用直径 5～8mm 的紫铜管或黄铜管制造，其长度与镀槽长度等长，一槽配两根阳极杠、一根阴极杠。当槽体是双阴极杠时，要配三根阳极杠。电极杠的端部都有卡导线（汇流排或者电缆）的卡环。以上这是手工生产线的常用电极杠配备模式。对于自动生产线，电镀生产时不是一挂一挂地放进或取出单个挂具，而是将整个阴极杠连同上面挂上的挂具整体放下或取出。执行这个动作的是行车上的起吊机构。由于这时阴极杠是要被行车提起从空中移动到下一个工序或工位的，犹如在空中飞行，发明行车自动线的外国企业将这时的阴极杠称为“fly bar”。我们国内译为飞巴，由于早期我国的电镀自动线多为外国进口，或者外商在我国开设的电镀企业多数是采用电镀自动线生产，因此，将阴极杠称为飞巴已经在我国电镀自动线制造和应用领域成为常用语。就连有些自动线制造企业的控制面板的显示板或屏幕上，都用飞巴来表示阴极杠。这是因为全自动电镀生产线上要用到多条飞巴，几乎是每槽一个，需要编号来区别，以方便自动控制按流程识别提取相应的飞巴。这时行车上配置的是一提一放双吊钩模式，这样就提高了运行效率，使电镀中的起槽、下槽以一台行车就可以执行。

6.3 挂具的创新

6.3.1 印制板电镀的挂具创新

早期的印制板电镀是将印制板垂直挂在挂具上进行电镀的，随着印制板由单面板、双面板向多层板进步，垂直电镀模式已经不能很好地完成多层微孔内的镀铜过程，于是出现了印制板的水平电镀技术与装备。这在印制板电镀一节中已经有详细介绍。但是，由于成本和装备利用方面的原因，垂直电镀生产线还是有一些在使用。在这种生产线上镀多层印制板有一定难度。根据这种情况，作者曾经设计了一种在垂直电镀线镀槽中进行印制板水平电镀的挂具，可以说是挂具应用的一种创新。

这种挂具如图 6-11 所示。使用这种挂具可以在垂直电镀生产线中进行印制板水平电镀模式的电镀。

6.3.2　手机电镀挂具的创新

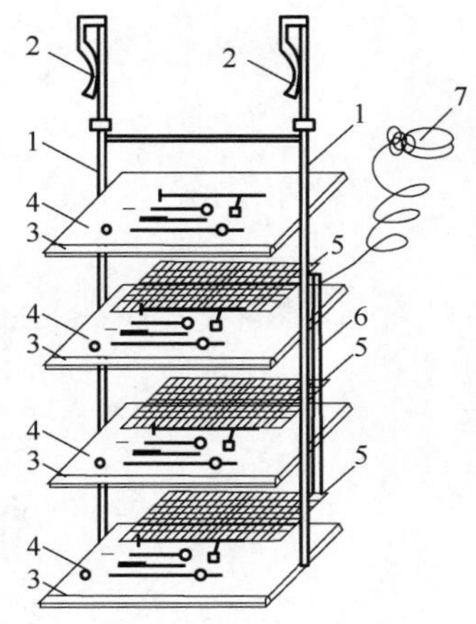

图 6-11　在垂直电镀线中使用的水平镀印制板挂具

1—主导电杆；2—阴极挂钩；3—阴极导电夹；4—印制板；5—与导电杆绝缘的网式阳极；6—阳极连接导电杆；7—与镀槽阳极连接的导线夹头

移动通信用的手机现在已经是人们社会生活中必不可少的重要电子工具。尤其是进入智能化手机时代，各种网络服务平台和信息交互模式给手机使用者带来了极大方便，社会营运和管理也随之方便，且这种信息流与人流、物流都紧密互联，社会活跃程度极大丰富。这也使得手机制造成为一个重要的产业，与之相应的手机中配件的电镀需求也随之增长。这也促进了手机配件电镀技术的进步。

手机通常由面板、中框和背板组成。面板也是显示屏，而中框就是安装和布置手机电路和各种微电子器件的机架，芯片、运算储存器、微受话器、扬声器、录音机、电筒等都要安装在这个框架内。同时这个框架还要有一定强度，因此通常采用金属材料制造，包括钢、铜、铝、钛等，夸张的还有金、银等（豪华定制）。这些金属材料的中框是要表面处理的，以达到强化其抗腐蚀能力的同时又有金属的质感。因此，所采用的表面处理工艺中，相当一部分用到电镀工艺。由此，电镀技术在手机制造中也是不可缺少的技术。当然，手机对电镀的需要不只是框架电镀，包括各种微小金属构件的制造，小到一枚螺钉都要用到电镀加工，更不要说芯片的制造也要用到电镀技术。

图 6-12 就是一款手机中框电镀挂具的创新。

这款手机中框电镀挂具，由顶层内环架、顶层外环架、底层内环架、底层外环架以及悬挂机构等构成。若干下连接杆与上连接杆上下对应设置，每个上连接杆均与每个下连接杆通过竖直设置的挂具支撑柱相连接。

本挂具通过设置多组悬挂机构，能够实现手机中框产品的快速、便捷装卸，并能够实现多手机中框夹装排同时电镀加工，从而提高生产效率。

6.3.3　晶圆电镀挂具的创新

晶圆电镀不仅需要非常专业的电镀装备，而且在电镀挂具上也有许多讲究，不是那种常规电镀挂具能胜任的。即使在最早时期的晶圆电镀生产线，采用垂直

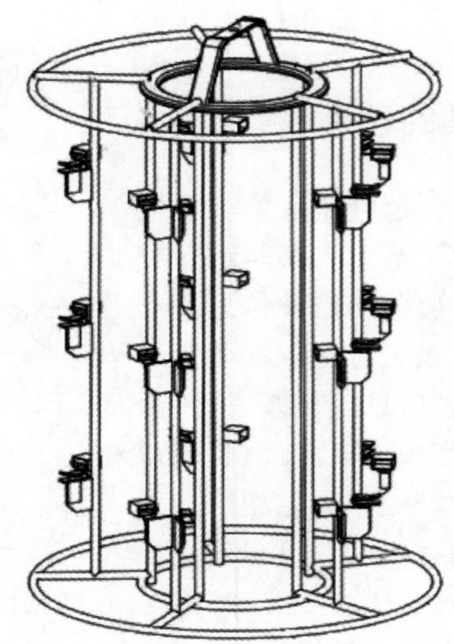

图 6-12　一种手机中框电镀挂具

电镀生产线的时代，所使用的挂具也是专业设计的夹板式挂具。现在出现的一些水平晶圆电镀装置的挂具，基本形态仍然是夹板式的。一些晶圆电镀挂具的创新也是在这个基础上改进的。

图 6-13 就是一种晶圆电镀挂具的创新。

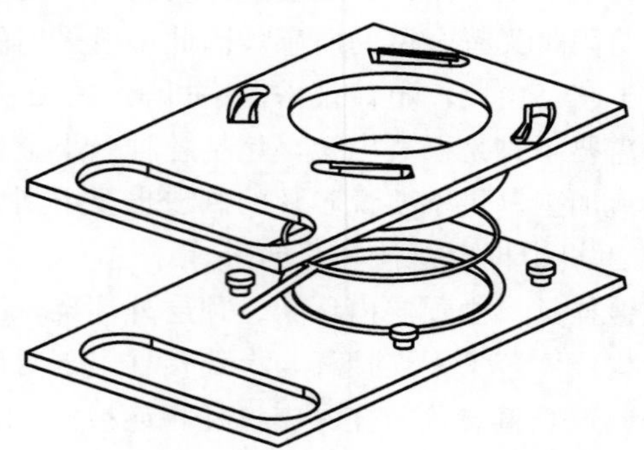

图 6-13　晶圆双面电镀挂具示意图

这款晶圆双面电镀自锁紧挂具，通过设置第一让位孔与第二让位孔，晶圆的两侧面均可以接触到电镀液，晶圆在电镀过程中可以实现双面同时电镀，提高了晶圆电镀的工作效率。

采用这种创新挂具可以在一个专用挂具上电镀两片晶圆，使生产效率提高了一倍以上。

还有一种晶圆电镀挂具，包括挂具主板体和封盖，挂具主板体上晶圆放入口的外围设有沿圆周间隔分布的多个定位凸块，定位凸块与挂具主板体为一体式结构。本发明可通过数控加工方式直接在挂具主板体上一体加工成型出用于规制晶圆外圆的定位凸块结构，加工出的定位凸块位置精度高，由于定位凸块与挂具主板体为一体式结构，故定位凸块的结构稳定性较强，不容易发生变形，定位凸块所形成的内圆周与晶圆之间间隙精准可控于 0.01～0.2mm 之内，此发明最大限度地压缩了晶圆在主体板定位开口内移位的空间，故能够有效控制晶圆在电镀时的压边宽度于 2mm 之内，较市场普遍 2.5～3.0mm 的晶圆压边宽度有很大改善，直接提升晶圆上取用芯片的个数，提高经济效益。

这款挂具的特征在于，包括挂具主板体和封盖，所述挂具主板体上设有用于放入晶圆的开口，所述封盖设于所述开口的一侧面，所述开口的外围设有沿圆周间隔分布的多个定位凸块，所述定位凸块与所述挂具主板体为一体式结构，多个所述定位凸块的根部内壁面所围成的圆周直径比待电镀晶圆的公称直径大 0.01～0.2mm。

这意味着半导体晶圆片上晶体管的利用率有了提高，圆形的半径增加值换算到面积上的增加值是πR^2。即使线性增加值是毫米级的，但晶圆上的芯片是数纳米级甚至更微小级别的，这时在整片晶圆合格时，能切割出的芯片数量肯定是增加的。

因此，所有创新不是与效率有关，就是与效益有关，当然还包括社会效益。

第7章

电镀阳极

电镀过程作为一个系统是同时包括阳极过程的，即一个电化学体系内有阴极过程就同时有阳极过程发生，并且阳极过程的电化学反应对阴极过程也有影响。因为它们两极是在一个电子电路内。因此，研究电镀过程一定也要研究阳极过程。

7.1 阳极过程

7.1.1 金属的阳极过程

7.1.1.1 阳极的功能

电沉积过程是阴极过程，这在前面已经有比较全面的介绍。所有这些有关阴极过程的介绍和讨论，都涉及溶液中离子浓度的变化。这些变化实际上与阳极过程有着密切的关系。理想的电极过程中，阳极过程与阴极过程是匹配的，但是实际当中并非如此。比如阳极的电流效率有时会超过100%，这是因为阳极有时会发生非电化学溶解，使阳极溶解物的量超过了电化学溶解正常情况下的量。而有时又大大低于100%，使阴阳极之间物质转移的平衡被破坏，电解液极不稳定。为什么会发生这些现象？这与阳极过程的特点是分不开的。但是，电化学工业的从业人员多半对阴极过程很重视，而对阳极过程不是很重视，以至于很多本专业的人员对阳极过程的认识要比对阴极过程的认识肤浅得多。

我们有时可以在电镀或电铸现场看到工作中的电镀槽中阳极的面积根本达不到工艺规定的要求。阳极面积不够可以说是目前我国电镀行业普遍存在的现象。而对阳极过程的控制绝不只是阳极面积这一条。因此，从事电沉积工艺开发、生产和管理的人员，不可不对阳极过程有一个正确和全面的认识。阳极的功能如下。

（1）与阴极一起构成电镀系统的电子回路

阳极的功能首先是在电化学体系中构成完整电流的回路。

有了与阴极对应的阳极，才能是一个完整的电化学氧化还原过程。简单地说，阳极首先是在体系中构成电流流通的回路，也就是导电作用。

通常一个标准的电解槽是矩形槽。其阳极与阴极的配置，基本上是对称的。以阴极和阳极都是金属平板为例，在这种矩形电解槽中的平板电极之间的电力线，就是两极间距离的等位线。

不管电解槽中电力线如何分布，电流在通过电解槽时，在两个电极界面上都发生了电子交换，从而使电能得以顺利通过。这时电子从阴极流出，从阳极回到了回路中。这是阳极最为基本也是首要的功能。

（2）可溶性阳极补充镀液中金属阳离子

当使用可溶性阳极时，阳极金属原子通过电化学氧化过程失去电子而转变为离子溶入镀液中，可以补充阴极还原消耗的金属离子。理论上在一个体系内消耗多少金属离子就可以通过阳极补充多少金属离子，但实际过程中并不能够保持这个平衡，有时阳极溶解的金属离子会多过消耗掉，这时反而要减少可溶性阳极而放入不溶性阳极来调节主盐离子含量。

（3）提供镀液中阴离子反应的场所

阳极的另一个功能是为需要在阳极反应的离子提供一个反应的界面。在电镀体系中，可溶性阳极可以为溶液中补充主盐金属离子。当然同时也会有羟基离子在阳极放电而析出氧。如果是不溶性阳极，则可以提供其他阴离子在阳极表面进行氧化反应，包括析氧反应。

7.1.1.2　阳极溶解

阳极过程是比阴极过程更为复杂的过程。这是因为阳极过程包括化学溶解和电化学溶解以及钝化、水的电解、其他阴离子在阳极的放电等。

（1）电化学溶解

作为电解过程中的电极，阳极首先要担当导电的任务，同时本身发生电化学反应：

$$M - ne = M^{n+} \qquad (7\text{-}1)$$

这就是阳极金属的电化学溶解。这也是电镀中可溶性阳极的一项重要功能。这一过程一般是在一定过电位下才会发生，但其电流密度比阴极过程的要小一半左右。因此，电沉积中用的阳极面积往往要求比阴极大一倍，就是为了保证阳极的电流密度在正常电化学溶解的范围内。

（2）阳极的化学溶解

金属阳极除了有电化学溶解，还存在化学溶解。这是在没有外电流情况下，金属的自发性溶解。比如铁在盐酸溶液中置换氢：

$$2Fe + 6HCl \longrightarrow 2FeCl_3 + 3H_2$$

金属的化学溶解也可以看作是金属的腐蚀过程。金属在电解质溶液中发生的腐蚀，称为金属的电化学腐蚀。

特别是当金属结晶中存在缺陷或杂质时，从这些缺陷和杂质所处的位置发生腐蚀的概率要高得多，包括应力集中的地方，也比其他位置容易发生腐蚀。

对于金属阳极来说，电化学腐蚀的过程，就是金属阳极溶解的过程。如果存在化学溶解，阳极的溶解效率会相对阴极电流效率超过100%。阳极的这种过快的溶解，导致电沉积溶液中金属离子的量增加，当超过工艺规定的范围时，就会对电沉积过程带来不利影响。

有些电解液不工作的时候要将阳极从电解槽中取出来，就是为了防止金属阳极的这种化学溶解，以免额外增加镀槽中金属离子的浓度而导致电沉积液比例失调。

因此，我们并不希望阳极在镀槽中发生化学溶解。理想的阳极要有一定程度的钝化。只在有电流通过时才正常发生电化学溶解，而在不导电时不发生化学溶解。

同时，所有用于电沉积的阳极都要保证有较高的纯度，一般应该在99.99%。有些时候要求阳极经过轧制或辊轧，都是为防止其发生化学溶解。当然，要求高纯度的阳极还有一个重要的原因，就是防止从阳极中将其他金属杂质带入镀液中而影响沉积物质量。

7.1.1.3　阳极的钝化

（1）电化学钝化

如果阳极的极化进一步加大，从理论上来说，其溶解的速度会更大。但是，实际在电解过程中，可以观测到，过大的阳极电流不但不能加速阳极的溶解，反而使阳极的溶解停止，只有大量的气体析出。这就是阳极的钝化。阳极钝化的结果是阳极不再向溶液提供金属离子，并且阳极电阻增大，槽电压上升，影响到阴极过程的正常进行，带来一系列不利影响。

随着阳极极化的增加，阳极反应会发生转化，钝化后的阳极在超过一定电位以后，金属阳极不再发生金属的离子化，而是其他阴离子的氧化或氧的析出：

$$4OH^- - 4e \longrightarrow O_2 + 2H_2O$$

阳极钝化对电镀过程通常是不利因素，在生产中应该避免。但是，有些镀种需要阳极有一定程度的钝化，这就是另一种情况了。

（2）化学钝化

除了电化学钝化外，金属还会发生化学钝化。化学钝化的结果也是在金属表面生成金属本身或外来金属的盐膜，也可能生成金属的氧化物膜。人们利用金属的钝化性能，可以在一些金属镀层表面生成钝化膜来保护金属不受腐蚀，比如镀锌层的钝化等。也有些金属正是表面有天然的钝化膜而可以保持美丽的金属光泽，比如镀铬，但对于电沉积过程中的金属表面钝化，有时是有害的。为了防止阳极进入钝化状态，要保证阳极的表面积是阴极的 1.5～2 倍。

7.1.2　电镀的阳极材料

电镀阳极是电镀生产中重要的原材料。没有相应的阳极材料，电镀过程就难以实现。由于阳极材料的质量对电镀过程有重要影响，因此，电镀用阳极材料也发展成为一个专门的行业。这主要是金属阳极材料有纯度和形态等方面的要求，需要专门的加工过程。大多数电镀企业不具备这种加工能力。特别是配合电镀工艺使用的专用阳极，比如酸性镀铜含微少量磷的铜阳极、镀镍用的活性阳极、镀铬用的不溶性阳极等，在常规有色金属冶炼产品中是没有的，需由专业电镀阳极生产企业提供。而阳极又是消耗量大的电镀金属材料，其附加值比较大，从而催生了电镀专用阳极材料行业。

7.1.2.1　专用阳极材料

专用阳极材料是指只供给电镀或电铸用的阳极材料，这类阳极材料由于添加了适合电镀过程需要的元素，已经不能再用作其他用途。这是与以往通用金属阳极不同的。

（1）酸性镀铜专用阳极材料

以酸性镀铜的含磷铜阳极为例，这种阳极因为含磷量很少，并且磷极易氧化，使这种阳极的制造需要很专业的知识和设备。理想的酸性镀铜阳极的含磷量为 0.3%左右，并且要求在铜阳极内有极好的分散性。这种极少的不稳定的磷要在金属阳极内均匀分散，需要用含较高磷的磷铜与大量铜液分散熔化后分步制得。这是非专业厂商难以做到的。

（2）镀镍等专用阳极材料

镀镍用的专用阳极，比如高硫镍阳极、无阳极渣全电解镍阳极等，都是在阳极制造过程中添加了硫等相应的元素，来改变阳极材料的阳极过程行为，使其根据工艺的要求来溶解，从而配合好阴极过程而完成电镀加工。

无论哪个镀种，都要用到阳极。例如电子电镀用纯银阳极、纯锡阳极等，由于对金属的纯度有很高的要求，通常纯度都在99.99%以上。这类阳极只能通过电解提纯再制而获得，通常都是由专业电镀阳极生产企业提供。

可溶性阳极在使用过程中随着电化学溶解过程的持续，大量金属离子进入电镀液，阳极被消耗，体积不断变小。由于金属阳极多是电解阳极再经加工制成，是有一定内应力。同时，电解过程的电力线也不可能是均匀分布，于是就出现溶解过程中的不均匀，出现大量孔蚀、掉块、阳极泥，这些如果进入镀液，会成为颗粒而附在镀层表面，这对装饰性电镀是极为不利的。这种现象在装饰性电镀大量使用的镀镍过程中一度较为严重，对当时汽车制造等高精饰外观要求的电镀带来困扰。为此，世界上最大的镍产品供应商加拿大国际镍公司（INCO）的工程师针对这一问题开展了专题研究，并发明能够均匀溶解的高纯镍饼，专用于镀镍生产，并由此发展为生产镍角、镍饼（图7-1）等。随着高耐蚀性三层镍技术的出现，又开发出高硫镍饼等，使镀镍成为专用阳极材料中品种最多的镀种。

图7-1　专用阳极镍饼

（3）阳极的形态

传统阳极的形态以长方条板形为主。随着阳极篮使用的普及，将阳极材料制成球状或小块状已经是比较普遍的做法。当然也有根据特别要求定制的异形阳极。在普遍使用阳极篮的当下，球状和块状、角状阳极已经是通用的基本形态，尤其适合配备有阳极材料补加装置的电镀自动生产线。这种补加装置可沿行车导轨运行，将料斗的口对准阳极篮的开口，就可以将阳极球等装进阳极篮内。

7.1.2.2　阳极篮

随着阳极钛篮的普及，专业生产、供应和定制阳极篮的企业也应运而生，阳极篮对于保证阳极导电面积和电力线的合理分布，从而稳定和提高电镀质量是有帮助的，因此越来越多的电镀生产单位采用阳极篮，从而促进了阳极篮生产企业的发展。

用阳极篮的好处是可以保证阳极与阴极的面积比相对稳定，有利于阳极的正常溶解。在阳极金属材料消耗过多而来不及补充时，仍然可以维持一定时间的正常电镀工作。同时有利于将溶解变小的阳极残片等装入，充分加以利用。阳极套是为了防止阳极溶渣或阳极泥对镀液的污染。

阳极篮大多数采用钛材料制造，少数镀种也可以用不锈钢或钢材制造。有些工厂为了省投资，不用阳极网篮，用挂钩直接将阳极挂到镀槽中也可以，但至少要套上阳极套。图 7-2 是钛质阳极篮。其构造通常都是长方形盒状，其长度可以根据镀槽深度定制，厚度在 10cm 左右，边框是钛条，篮网是钛网，可以耐大多数镀液，是当下电镀生产中普遍采用的阳极模式。将不同金属阳极材料放入篮内就可以起可溶性阳极的作用，而在阳极材料消耗较大时，其导电面积也仍然是可以保证的。当然镀液浓度会降低，因此仍然要定期分析电镀液，随时补加主盐等。

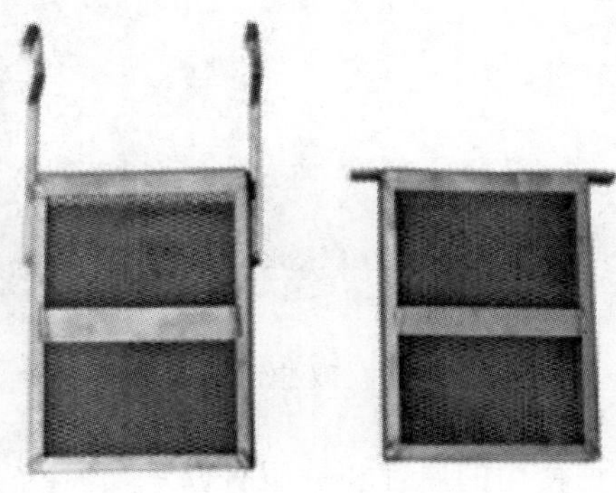

图 7-2 钛质阳极篮

为了方便电镀生产线添加阳极材料，往阳极篮中添加的球状、块状专用阳极材料也由专业阳极材料厂商供应。这种球状、块状阳极可以根据电镀工艺的需要达到各种相应的含量或标准，可以方便地自动或手工往电镀生产线上的阳极篮内添加。图 7-3 是用于酸性镀铜的磷铜阳极球。这种磷铜球的直径在 1～3cm 左右。其他镀种的阳极也有类似形状，如锡球、镍球等。也有做成其他小型块状，如将阳极板材冲切成角块形状，比制成球状生产成本低。

图 7-3 磷铜阳极球

这种阳极球由专业电镀阳极制造企业生产。酸性镀铜用的阳极球磷的含量控制在 0.1%～0.3%之间。也有研究主张更少的含磷量，例如 0.02%左右，可以使铜阳极在溶解过程中以正二价形态进入镀液。

7.1.2.3 专用不溶性阳极

这类专用不溶性阳极采用钛材制造，为了减少阳极重量和增加表面积，这些专用不溶性阳极多采用网式结构或多孔结构。图 7-4 是一款双挂钩网板式钛材不溶性阳极。

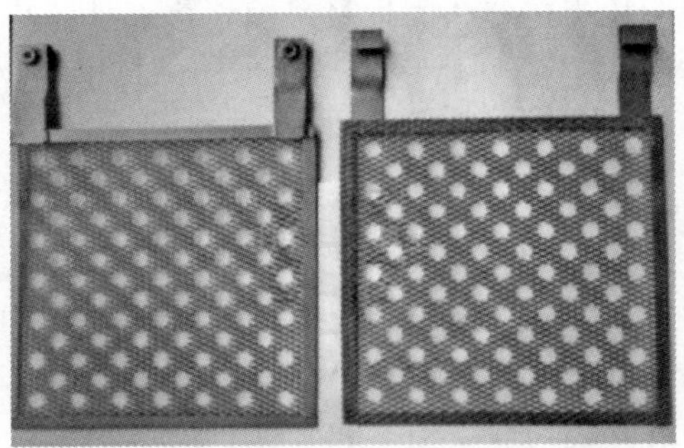

图 7-4 钛材双挂钩网板阳极

专用不溶性阳极根据使用的原理和性质有以下几类。

（1）辅助阳极

对于凹槽或深孔的制品，当对这些部位的镀层厚度有比较严格的要求，而用常规电沉积法又无法达到质量要求时，就要采用辅助阳极的方法。

辅助阳极是在挂具上对应产品的凹槽、深孔部位，专门设置一个与阴极绝缘而另有导线与阳极相连接的小型不溶性阳极，这种辅助阳极对于腔内电力线难以到达部位的电镀有重要辅助作用。辅助阳极可用来弥补因距阳极太远而电阻过大导致的电流偏低区域的电力线分布。辅助阳极的这种改善电力线分布的作用，使这些部位的镀层能够达到需要的厚度。

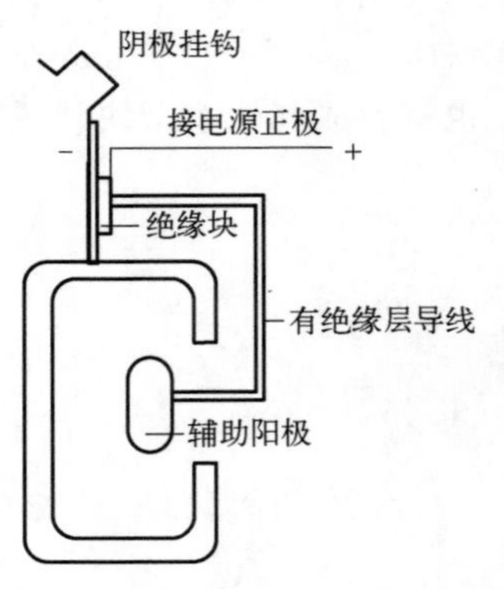

图 7-5 内腔中放置辅助阳极示意图

辅助阳极一般是安置在产品挂具上，与挂具保持绝缘，有专门的导线与阳极相连（见图 7-5）。但是也有采用独立辅助阳极的方式。这时的辅助阳极也有采用可溶性阳极的。这样可以保证这些平时难以镀上镀层或镀得的镀层厚度达不到要求时，获得合格的镀层。

（2）仿形阳极

对于形状特殊的产品，为了能获得均匀的电沉积层，需要制作仿形阳极。所谓仿形阳极，就是让阳极的形状与制品的外形形成阴模状态的造型。这样可以保证阳极各点与制品的外形距离基本是一致的，从而在电沉积过程中获得均匀的镀层。这是保证一次电流分布处在相对均匀状态的较好办法。但是不适合被电镀制件形状经常变动的场合。

仿形阳极的作用与辅助阳极是一样的，但它是更直接地让阳极的起伏与阴极基本对应的方法，使阴极表面的一次电流分布趋向均匀，适合于比较定形而又批量较大的产品的加工。特别是凹模类的镀厚铬加工，需要用到这种仿形阳极（图 7-6）。这种仿形阳极不需要单独设置，而是在电解槽中代替常规的平板阳极，操作上比辅助阳极方便。

（3）屏蔽阳极

有些制品没有明显的凹槽部位，但有较大的突起或尖端。这时为了防止突起或尖端在电沉积过程中烧焦，要在这些突起或尖端部位设置屏障物来屏蔽过大的电流。这种用来屏蔽阴极过大电流的屏障物，就是屏蔽阳极。这种屏蔽阳极又分为两种：一种是参加电极反应的受电式屏蔽，这种方式是让高电流区的电流分流，减少高电流区不正常沉积，也可以称为保护阳极；另一种是电中性的屏蔽，采用塑料类材料制成，增加高电流区的电阻，使突起部位的电流强度有所下降。这两种方式的区别在于与阳极电源有没有连接，有连接的就是保护阳极，无连接的是屏蔽阳极（参见图 7-7）。

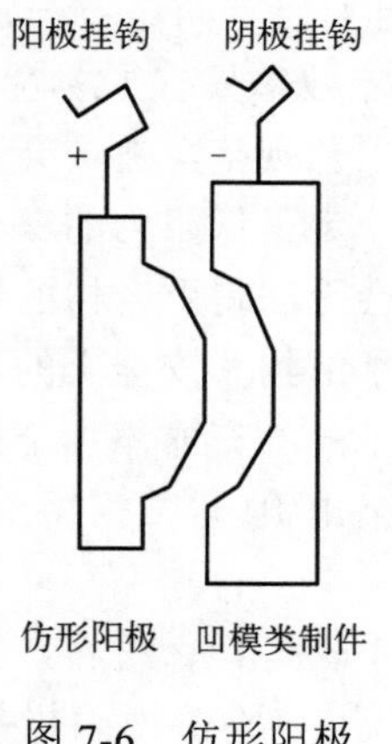

图 7-6 仿形阳极

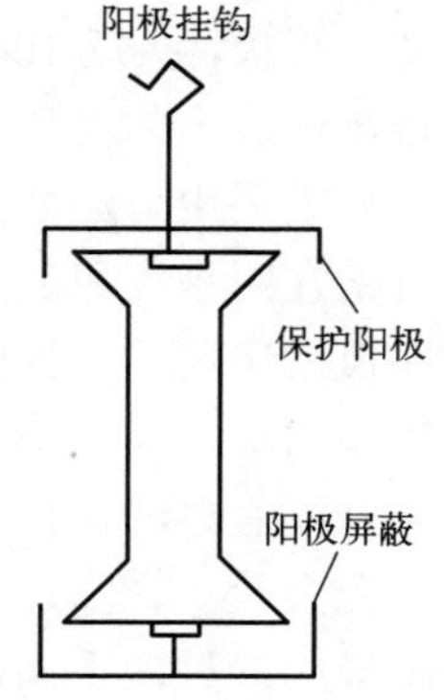

图 7-7 保护阳极与屏蔽阳极

7.1.3 阳极的分类

7.1.3.1 可溶性阳极

可溶性阳极是在电沉积过程中可以在工作液中正常溶解消耗的阳极。在大多数络合剂型工作液或阳极过程能与阴极过程协调的简单盐溶液中使用的阳极，大多数是可溶性阳极。比如所有的氰化物镀液，镀镍、镀锡等，都是采用可溶性阳极。并且，对于可溶性阳极来说，需要镀什么金属，就要采用什么金属作阳极，曾经有某电镀企业因放错了阳极而使镀液金属杂质异常上升导致镀液报废的例子。

并不是任意金属材料都可以用作阳极材料。对于可溶性阳极材料，首先要求的是纯度，一般都要求其纯度在99.9%以上，有些镀种还要求其纯度达到99.99%，即行业中所说的“四个九”。其次是加工的状态，对于高纯度阳极，多半是经过电解精炼的。有些镀种要求直接采用电解阳极，如氰化物镀铜的电解铜板阳极，镀镍的电解镍板阳极等。但是有时要求对阳极进行适当的加工，比如锻压、热处理等，以利于正常溶解。

现在比较专业的做法是采用阳极篮装入经过再加工的阳极块或球，也有在阳极篮中使用特制的活性阳极材料，比如高硫镍饼等。

除使用阳极篮以外，可溶性阳极一般还需要加阳极套。阳极套的材料对于不同镀液采用不同的材料，通常是耐酸或耐碱的人造纺织品。

7.1.3.2 不溶性阳极

不溶性阳极在介绍辅助阳极时已经涉及，主要用于不能使用可溶性阳极的镀液，比如镀铬。镀铬不能使用可溶性阳极的原因主要有两条：一是阳极的电流效率大大超过阴极，接近100%，而镀铬的阴极电流效率只有13%左右，如果采用可溶性阳极，镀液中的铬离子会很快增加到超过工艺规范，镀液会不能正常工作；二是镀铬如果采用可溶性阳极，其优先溶解的一定是低阻力的三价铬，而镀铬主要是六价铬在阴极还原的过程，过多的三价铬会无法得到合格的镀层。

还有一些镀液采用不溶性阳极，比如镀金，为了节约和安全上的考虑，一般不直接用金来作阳极，而是采用不溶性阳极。金离子的补充靠添加金盐。

再就是一些没有办法保持各组分溶解平衡的合金电镀，也要采用不溶性阳极，比如镀铜锡锌合金等。

不溶性阳极因镀种的不同而采用不同的材料，不管是什么材料，其在电解液中要既能导电而又不发生电化学和化学溶解，可以用作不溶性阳极的材料有石墨、炭棒、铅或铅合金、钛合金、不锈钢等。

7.1.3.3　半溶性阳极

对于半溶性阳极，不能从字面上去理解。实际上这种阳极还是可以完全溶解的阳极。所谓半溶性是指这种阳极处于一定程度的钝态，使其电极的极化更大一些，这样可以让原来以低价态溶解的阳极变成以高价态溶解的阳极，从而提供镀液所需要价态的金属离子，比如铜锡合金中的合金阳极。为了使合金中的锡以四价锡的形式溶解，就必须让阳极表面生成一种钝化膜，这可以通过采用较大的阳极电流密度来实现。实践证明，镀铜锡合金的阳极电流密度在 $4A/dm^2$ 左右，即处于半钝化状态。这时阳极表面有一层黄绿色的钝化膜。如果电流进一步加大，则阳极表面的膜会变成黑色，这时阳极就完全钝化了，不再溶解，而只有水的电解，在阳极上大量析出氧。对于靠电流密度来控制阳极半钝化状态的镀种，要随时注意阳极面积的变化，因为随着阳极面积的缩小，电流密度会上升，最终导致阳极完全钝化。

另一种保持阳极半钝态的方法是在阳极中添加合金成分，使阳极的溶解电位发生变化，比如酸性光亮镀铜用的磷铜阳极。这种磷铜阳极材料中含有 0.1%～0.3%的磷，使铜阳极电化学溶解的电位提高，防止阳极以一价铜的形式溶解。因为一价铜离子在镀液中将产生歧化反应而生成铜粉，危及镀层质量。

7.1.3.4　混合阳极

混合阳极是指在同一个电解槽内既有可溶性阳极，又有不溶性阳极，也有叫联合阳极的。这是以不溶性阳极作为调整阳极面积的手段，从而使可溶性阳极的溶解电流密度保持在正常溶解的范围，同时也是合金电镀中常用的手段。当合金电镀中的主盐消耗过快时，可以采用主盐金属为阳极，而合金中的其他成分则可以通过添加其金属盐的方法来补充。

实际上采用阳极篮的阳极就是一种混合阳极。由于阳极篮的面积相对比较固定，因此，在篮内的可溶性阳极面积有所变化时，由阳极篮承担导电任务，故而镀液能继续工作。

混合阳极还可以采用分开供电的方式，使不同溶解电流的阳极都能在正常状态下工作。

7.2　阳极对电镀过程的影响

7.2.1　阳极钝化的影响

我们在 7.1.1.3 节专门讨论了阳极的钝化，包括电化学钝化和化学钝化。

理想的阳极是极化很小的阳极，可以保证金属离子按需要的价态和所消耗掉的离子的量来向电解液中补充金属离子。但是，阳极过程恰恰是很容易发生极化的过程。阳极的极化我们特别称之为钝化。

完全钝化的阳极不再有金属离子进入镀液，这时阳极上的反应已经变得很简单，那就是水的电解：

$$2H_2O = O_2 + 4H^+ + 4e$$

阳极过程钝化对电沉积过程是不利的。这时如果想要保持电解槽仍然通过原来的电流强度，就必须提高槽电压，使电能的消耗增加。

为了防止阳极钝化，要经常洗刷阳极、搅拌电解液或添加阳极活化剂等。这些措施都是为了让阳极过程去极化。

但是阳极的过度溶解也不是好事，这将使电解液的主盐离子失去平衡，结果是影响到电镀过程的质量。

7.2.2 阳极纯度的影响

阳极的纯度和物理状态也对电沉积过程有重要影响。不纯阳极中的杂质在溶解过程中会成为加速其化学溶解的因素。阳极过程也可以看成是金属腐蚀的过程。有缺陷的晶格、变形的晶体、异种金属杂质的嵌入物等是腐蚀的引发点，从而发生晶间腐蚀等。这种不均匀的溶解，会使阳极成块地从阳极上脱落，成为阳极泥渣等进入电解液，很容易沉积到阴极上，从而使镀层起麻点和粗糙等。利用阳极溶解的这种特性，我们主动地往阳极中掺杂并且让其均匀分布，就可以制成溶解性好的或按需要的价态溶解的活性阳极。比如酸性光亮镀铜中的磷铜阳极，镀多层镍中含硫活性阳极等。

7.2.3 阳极的管理

电镀过程的产品是出在阴极上的，因此，电镀过程研究得最多的是阴极过程，与之相关的材料、装备、工艺资源也非常丰富，这是可以理解的。与之相对应的阳极，受到的关注就少得多，几乎是默默无闻。许多电镀企业的阳极状态都不是很好，只能说是在应付着生产。究其原因，一方面是对阳极的作用认识不是很清楚，另一方面是对阳极的管理有些疏忽。

对阳极的管理确实要基于对阳极作用的正确认识，这样才能做到有效管理。从实现完美电镀过程的角度，在电镀生产中对阳极应该做到至少以下几个要素的管理。

① 保证阳极的良好导电状态。阳极杠、阳极挂钩都要保持其金属活性状态，

不能在污染严重的情况下也不去处理。要采取措施对其导电连接部位进行保护，防止镀液对阳极杠的污染。

② 保证阳极的面积是阴极面积的两倍以上。这也是很多企业在电镀生产过程中没有注意到的一个要素。电镀槽内电力线分布是阴阳极之间的分布，这是一方面的原因，更重要的是阳极溶解的电流密度往往是阴极电镀的电流密度的 1/2。因此，在镀槽流过的总电流量一定时，阳极的面积只有是阴极的两倍，其电流密度才能是阴极电镀的一半，这样才能使可溶性阳极正常溶解，否则镀槽主盐离子会消耗得很快。一些电镀企业总觉得主盐消耗太快，以为是跑漏了，其实是阳极钝化后溶解的金属离子少了，还会带来其他产品质量问题。

③ 要使用并经常清洗阳极套。即使是镀锌这样被认为粗放的镀种，也最好要用到阳极套。这样对防止阳极泥渣进入镀液是有效的。

阳极管理到位，不仅仅使电镀生产质量明显提高，镀液稳定性提高，生产效率也随之提高。现场的观感也会有很大改善。因此，应该十分重视阳极的管理。

7.3　阳极创新

这里说的阳极创新，是关于新型功能性阳极的设想。

到目前为止，人们对不溶性阳极的认识还认为是一种不得已的选择。理想的阳极是导电而又可以提供金属离子的。但是如果我们以创新思维来看待不溶性阳极，就可以设想将其作为载体来实现理想阳极的功能。可以设想的功能性阳极应该具有以下几种功能：

（1）兼作热交换器或物理波源用的不溶性阳极

可以利用这种不溶性阳极在导电的同时，向电解液交换热量（加温或降温）、发出超声波或其他物理波等。即将热交换器采用钛材或不锈钢等制造，令其在镀槽中工作的同时，也承担阳极的作用。这样就缓解了镀槽空间因加装换热设备等带来的拥挤。这样做可以节约镀槽空间而又提高镀槽体积效率，同时还能降低设备综合成本，有利于改善一次电流分布。这样做的风险是如果镀液中有某些杂质影响到钛材等抗蚀性能的改变，这种装置就有被腐蚀的危险。

（2）向镀液自动添加光亮剂或镀液成分的阳极

将不溶性阳极制成中间有一定容量的板式容器。在容器内可以装进用于往镀槽添加的镀液添加剂，从而使这种不溶性阳极成为自动补加系统的一个部件，同样是提高镀槽设备效率的一种较好方案。这种中空的阳极，像一个箱子，其间可以装入补加成分。图 7-8 是这种阳极的一个示例。

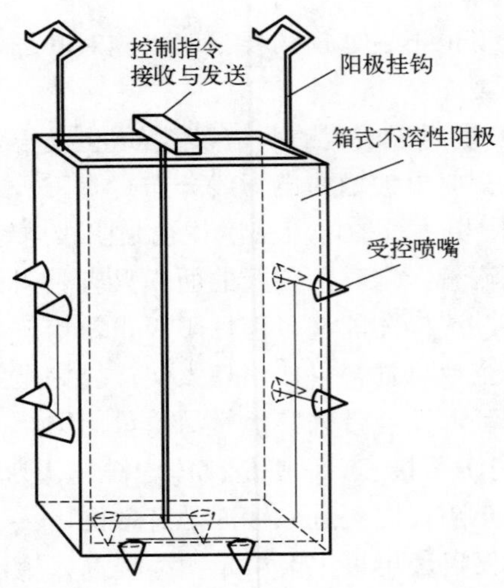

图 7-8　可以自动补加镀液成分的阳极

在这种阳极腔内装入镀液成分，将这种阳极上的喷嘴开关与控制中心连接，当镀液中成分监测的传感器接收到成分波动达到补加量时，就会有信号送到喷嘴开关，打开喷嘴将镀液成分加入镀液中。这些镀液成分可以是电镀添加剂、镀液主盐等。

（3）多功能自动补加镀液成分的阳极

在上述自动补加添加剂的不溶性阳极的基础上，可以将这种不溶性阳极在腔内分隔出几个小格，在各个小格内盛装主盐或辅助盐等的浓缩液，从而实现根据传感器的指令向镀液补加所需要的成分。

实现这些功能的电子自动控制技术已经非常成熟，关键是电镀液成分分析的自动化和传感器技术还没有跟进。全面的镀液补加自动化难度较大，但是首先实现主盐等单一成分的自动补加控制是完全可行的。

第8章

电镀电源及其配套设备

8.1 电镀与电源

8.1.1 电源与电镀技术

8.1.1.1 由电池“电”出来的技术

最早的电源就是电池。而电池一经发明出来，当时无论是科学家还是普通有好奇心的人，都在拿电池去“电”各种物质，以期产生奇迹。这种用电来电击各种物质的好奇心源于比电池更早的莱顿瓶。

人类将电作为一种自然现象加以研究，起源于对静电现象的观察，即由两种物质之间摩擦引起的能吸引细微纸片之类的静电现象。这个过程漫长，但到了十七、十八世纪就加速了。这时静电现象已经在欧洲大陆是科技界经常讨论的话题，产生静电的旋转琥珀球也发明了，用毛皮擦玻璃棒则是最常用的演示静电的方法。

1746 年，荷兰莱顿大学的教授慕欣·勃罗克（1692—1761）在做电学实验时，无意中把一个带了电的钉子掉进玻璃瓶里，他以为要不了多久，铁钉上所带的电就会很容易跑掉，过了一会儿，他想把钉子取出来，可当他一只手拿起桌上的瓶子，另一只手刚碰到钉子时，突然感到有一种电击式的振动。这到底是铁钉上的电没有跑掉呢，还是自己的神经太过敏呢？于是，他又照着刚才的样子重复了好几次，而每次的实验结果都和第一次一样，于是他非常高兴地得到一个结论：把带电的物体放在玻璃瓶子里，电就不会跑掉，这样就可把电储存起来。这样，一种可以将静电储存起来的瓶子被发明了出来。这是一个玻璃瓶，瓶里瓶外分别贴有锡箔，瓶里的锡箔通过金属链跟金属棒连接，棒的上端是一个金属球。由于它是在莱顿大学发明的，所以大家都叫它莱顿瓶（图 8-1）。这也是最初的电容式储能装置。

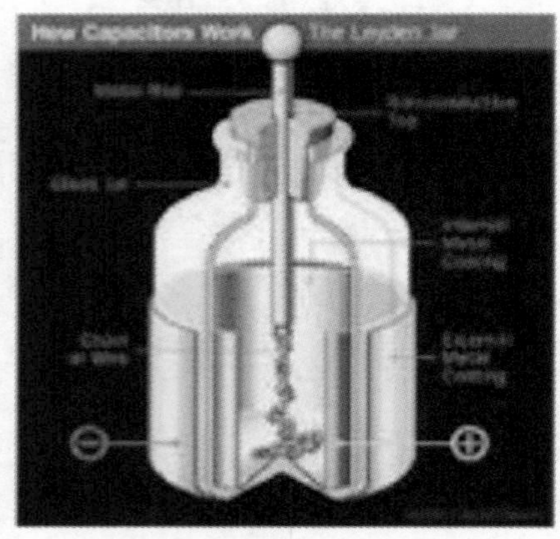

图 8-1　莱顿瓶

那个时代，从皇家学会到大学刊物，都在讨论关于电的种种现象，以至在民间将莱顿瓶当作魔术道具而在街头巷尾设摊表演。电的神秘和新奇，使 18 世纪早期欧洲许多才华横溢的学者沉浸其中，各种实验和论文相继出现，对电的研究成为当时的前沿科学。

最值得一提的是有一位叫柯林森的英国物理学家，1746 年，他通过邮寄向美国费城的本杰明·富兰克林赠送了一只莱顿瓶。就是这只漂洋过海的瓶子，引起了大洋彼岸的一项疯狂的实验。这就是美国的富兰克林做的企图用风筝从天空雷电中引电的实验。富兰克林收到这只莱顿瓶后立即就被它迷住了，从此开始研究电学，并为电能的发展作出了卓越贡献。

此后仍然是欧洲最先研究出来了电池。这也是前面讲到的从带电的青蛙到伏打电池诞生的过程。而与莱顿瓶相比，电池是实实在在具有电能的装置，用它来电击各种物质，必然会产生出奇迹。被电的物质，当然有化学物质，如各金属类盐等。铝就是在这种实验中被发现的元素。

在欧洲都热衷用电来做各种试验的时候，化学家当然会想到用电对金属盐的溶液进行处理。很自然地，电镀技术就这样诞生了。而电镀一旦诞生出来，就要用到电池来为自己工作，从此，电镀与电源结下了不解之缘。

8.1.1.2　电镀用到的电源

电镀是将电能转化为化学能（电结晶）的过程，因此，电镀加工需要电源装置来提供电能。电镀过程的特点是需要持续定向流动的电流提供电子，因此，典型的电镀过程需要的是稳定的直流电。

与其他工业技术相比，早期电镀技术的设备不仅很简单，而且有很大的变通性。以电源为例，只要是能够提供直流电的装置，就可以拿来作电镀电源，从电池到交直流发电机组，从硒堆到硅整流器，从可控硅到脉冲电源等，都是电镀可用的电源。其功率大小既可以由被镀产品的表面积来定，也可以用现有的电源来定每槽可镀的产品面积。例如将可镀总面积除以单件产品面积，得出可以镀的产品的件数。

当然，正式的电镀加工都会采用比较可靠的硅整流装置，并且主要的指标是电流值的大小和可调范围，电压则由 0～15V 随电流变化而变动。当然有些电化学过程的电压会要求高一些，30～80V 都有，但大多数都在安全电压以内。

但是功率方面的要求就有很大不同了，有些镀种会采用上万升镀液，这时电源功率就会很大，要有专门的线路供电才能保证其正常工作。

同时整流电源要安置在安全位置，能防潮和散热。通常采用内冷模式，大功率则采用水冷模式。定制的更大功率电源的线圈等过流很大的铜导线采用中空的管线，在管线中注入冷却水。

工业用电镀电源一般从 100A 到几千安不等，通常也是根据生产能力需要而预先设计确定的。最好是单槽单用，不要一部电源向多个镀槽供电。如果只在实验室做试验，可以采用 5～10A 的小型实验整流电源。这些基本上都是单向全波整流电源。

8.1.1.3　电子电镀电源

电子电镀，由于对电镀层的功能性有较高要求，对电镀电源的要求也就比较高。几乎所有用于电镀加工的新型电源，都在电子电镀中最先采用，比如高频开关电源、周期换向电源、脉冲电源等。

对于贵金属电镀，已经普遍采用脉冲电源，在使镀层结晶细小、平整光滑的同时，还可以节约贵金属的用量。因为脉冲电镀可以在使结晶细化的同时降低镀层孔隙率，采用较薄的镀层就能达到原来较厚镀层的功能。

现在，电镀电源正在向小型化和多功能化发展，除了高抗蚀性能和数字显示，对工作通电量（安培小时计）、镀覆时间（时间继电器、报警器）等都可以组合在一起，从而适应电镀技术发展的要求。

图 8-2 是常用的电镀整流电源示例。

8.1.2　电镀电源

8.1.2.1　电镀通用电源

电镀通用的电源主要有以下几种。

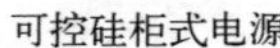
可控硅柜式电源

高频开关电源

图 8-2　常用的电镀电源

（1）电池

最早的电镀电源是电池，主要用铅酸蓄电池来供电。这是电镀作坊时期的供电模式，但很快就被新的直流供电模式取代。但是在科研和微电化学过程器件，如电化学传感器等微电子产品中仍会采用电池供电。当然这时电池也由新型的锂电池等取代了。这正是技术进步的缩影。

（2）交直流发电机组

交直流发电机组是将交流电提供给交流电机，由交流电机带动直流发电机工作，从直流发电机输出平稳的直流电供给镀槽工作。早期电镀电源中，对于电流的平稳直流特性有要求的工艺，都采用交直流发电机组来供电。但是，由于占地面积较大，发电效率不高又有较大噪声等，现在已经极少采用。

（3）硅整流电源

可控硅整流电源现在是电镀业的主流电源。直流整流电源由整流变压器隔离降压，优质可控硅作桥式整流器件，此外还包括平波电抗器及先进的 PID 调节控制线路。利用改变可控硅导通角的方法来调整直流输出电压，具有恒流恒压功能，电压表、电流表可指针显示，也可数字显示，直观方便，操作性能好。现在仍有电镀过程采用这种电源。或者说这种电源能满足生产工艺要求时，企业不会替换掉这种仍然能工作的电源。

（4）高频开关电源

高频开关电源由于体积小、功率大、性能好，现在已经是电镀电源中较多采用的新型电源（图 8-2）。接下来专门加以介绍。

8.1.2.2　高频开关电源

高频开关电源的电路原理如图 8-3 所示，主电路由以下几部分组成。

① 输入滤波电路　其作用是将电网存在的杂波过滤，同时也阻碍本机产生的

杂波反馈到公共电网。

② 整流与滤波电路　将电网交流电直接整流为较平滑的直流电，以供下一级变换。

③ 逆变电路　将整流后的直流电变为高频交流电，这是高频开关电源的核心部分，频率越高，体积、重量与输出功率之比越小。

④ 输出整流与滤波电路　根据负载需要，提供稳定可靠的直流电源。

⑤ 控制电路　一方面从输出端取样，经与设定标准进行比较，然后去控制逆变器，改变其频率或脉宽，达到输出稳定；另一方面，根据测试电路提供的数据，经保护电路鉴别，控制电路对整机进行各种保护。

⑥ 检测电路　除了提供保护电路中正在运行的各种参数外，还提供各种显示仪表数据。

⑦ 辅助电源　提供所有单一电路不同要求的内部电源。

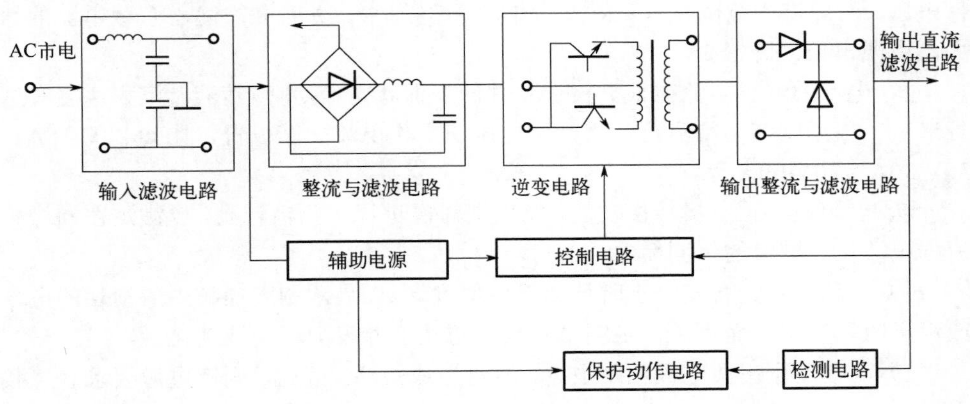

图 8-3　高频开关电源电路原理图

8.1.2.3　电镀专用电源

（1）镀铬电源

将镀铬电源单独作为一个品种列出来的原因，是镀铬需要较高的电压和很大的电流。其电压通常在 15V 以上，工作电流密度则在 30A/dm^2 以上。而一般通用的电镀电源，最高直流输出电压只设置在 12V 以内，而如果将所有通用电源的输出电压提高，则在电源制作成本上又有较大增长，这对资源和能源的节约是不利的。因此，只对需要较高电压的镀种定制专用电源，才是经济可行的办法。

（2）铝氧化电源

铝氧化电源也是专用电源。使用铝氧化专用电源的理由与镀铬电源是相似的。由于铝氧化是阳极过程，且对电流波形的要求没有电镀那么严格，因此在线路设计上可以相对简单一些。同时，铝氧化要求更高的工作电压，这是因为阳极膜的生长过程是膜层电阻增加的过程，电压会随着氧化过程而有所增加，通常都要有十几伏到几十伏。因此，用于铝氧化的电源要求较高的电压和较大的功率。

微弧氧化的电源也属于这类专用电源。

（3）刷镀电源

刷镀也叫无槽镀，是以沾有电镀液的电极（阳极）为刷，在作为阴极的需要电镀的工件部位进行往复刷镀。尽管刷镀可以在很大面积表面施镀，但是受镀面积始终只是与刷镀电极对应的部位，工作面是一个基本稳定的常数，因此，刷镀电源的工作电流并不是很高。但是，同样因为刷镀的特殊性，使其对电源有专业上的要求，从而形成刷镀的专用电源。

刷镀电源有以下特点。

① 电源电压应能无级调节，以便根据不同工作需要和不同镀液，选用最佳工作电压，一般可调范围在 0～20V，最高不超过 30V，并且要求随着负载电流的增大，电源电压下降很少。

② 电源的输出电流能根据被镀零件的表面状态、镀种、镀液及沉积速度等进行选取。根据刷镀的特点，常将额定电压和工作电流配套设置，比如 20V 15A、30V 30A、30V 60A 等。

③ 电源设有正负极转换功能，能根据需要进行正负极转换，以满足在同一个流程中活化、刷镀的不同需要。

④ 电源最好配备安培小时计或镀层厚度计，以显示刷镀操作中所消耗的电量或镀层的厚度，从而减少停工测量次数，防止镀件表面污染或钝化。

⑤ 刷镀过程中两电极相距很近，容易造成短路。因此，刷镀电源要求有过载保护装置，当负载电流超过额定电流 5%～10%时，或者正负极短路时，能快速断开电源，以保证设备和工件不受损坏。

8.1.3 脉冲电镀

8.1.3.1 脉冲电镀概述

利用电源波形对电镀过程的影响，可以通过调制电源波形来改善电镀过程，这种利用不同电源波形作用于电镀过程的技术就是脉冲电镀。脉冲电镀在贵金属电镀中已经有较为广泛的应用，而实际上各种镀种都对电源波形有不同程度的响应。

电镀中使用的理想电源，通常是完全的平稳直流电源，比如由蓄电池输出的电流。其波形在示波器中是一条直线。但是，在实际电镀生产中，使用的多数是将交流电经过整流处理的电源，多少都带有一定的脉冲因素，不可能是完全平整的直流。不同整流方式，所输出的直流电流的波形是不同的。

不同整流形式的电源波形的参数见表 8-1。

表 8-1　电源波形及参数

电源及波形	波形因素 F	脉冲率 W
平稳直流	1.0	0
三相全波	1.001	4.5%
三相半波	1.017	18%
单相全波	1.11	48%
单相半波	1.57	121%
三相不完全整流	1.75	144.9%
单相不完全整流	2.5	234%
交直流重叠	—	$W>0$
可控硅相位切断	—	$W>0$

电镀工程技术人员从实践中发现，一定波形的电流对电沉积过程有积极的影响，例如镀层结晶变细等。于是开始了电源波形对电镀影响的研究。

通常用波形因素（F）和脉冲率（W）来表征电源波形。

$$F = I_{eff} / I_0 \tag{8-1}$$

$$W = (I_{eff}^2 / I^2 - 1)^{1/2} \times 100\% \tag{8-2}$$

式中，I_{eff} 表示电流的交流实测值；I_0 表示直流的稳定成分；I 表示电路中的总电流。

通过研究和不断试验，开发出了各种脉冲电镀工艺，也开发出了可用于多种工艺的可调制脉冲电镀电源。

8.1.3.2　脉冲电镀工艺

（1）脉冲镀铜

普通酸性镀铜几乎不受脉冲的影响，但是在进行相调制以后，分散能力大大提高。氰化物镀铜使用单相半波电源（$W = 121\%$）后，在不会使镀层烧焦的电流密度下电沉积，可以得到半光亮镀层。酸性光亮镀铜在采用相位调制后，可用 $W = 142\%$的脉冲电流，使分散能力进一步提高，低电流区的光亮镀增加。

有研究表明脉冲电流主要改善了微观深镀能力，特别是双脉冲电流可以提高印制板深孔镀层的均匀性。目前印制板电镀已经有采用双脉冲电流镀铜的趋势，反向高脉冲电流有利于解决高厚径比印制板中微孔的电镀问题。

（2）脉冲镀镍

对于普通（瓦特型）镀镍，采用脉冲为 $W = 144\%$和 234%的电流，镀层的表面正反射率提高。以镜面的反射率为 100，对于平稳直流，不论加温与否，镀层的反射率有 40 左右。而采用单相不完全整流（$W = 234\%$）和三相不完全整流（$W = 144\%$）时，随着温度的升高，镀层的反射率明显增加。45℃时，是 60；60℃时，达到 70；而在 70℃时，可以达 80。另外，交直流重叠，可以得到低应力的镀层。这种影响对氨基磺酸盐镀镍也有同样的效果。

脉冲率对光亮镀镍的影响不大，这可能是由于光亮镀镍结晶的优先取向不受脉冲电流的影响。但是采用周期断电，可以提高其光亮度。

双脉冲镀镍的配方与工艺如下：

硫酸镍	200～250g/L
氯化镍	30～45g/L
硼酸	35～50g/L
硫酸镁	60～80g/L
十二烷基硫酸钠	0.01g/L
pH 值	3.6～4.1
温度	40～45℃
脉冲电流参数：	
正向脉冲	1000Hz
反向脉冲	10000Hz
时间比	正向∶反向 = 800ms∶100ms

（3）镀铬

镀铬对电源波形非常敏感。有人对低温镀铬、微裂纹镀铬、自调镀铬以及标准镀铬做过试验。对于低温镀铬，试验证明要采用脉冲尽量小的电源，但 W 值仍可以达到 30%。对于微裂纹镀铬，由于随着脉冲的加大，裂纹减少，当脉冲率达到 $W = 60\%$时，裂纹完全消失，因而不宜采用脉冲电流。三相全波的 $W = 4.5\%$，可以用于镀铬。

对于标准镀铬，在不用波形调制时，W 应不超过 66%。但是在采用皱波以后，频率提高，镀层光亮。

自调镀铬在 CrO_3 250g/L、K_2SiF_6 12.5g/L、$SiSO_4$ 5g/L 的镀液中，在 40℃时电镀，当脉冲率达到 40%时，镀层明显减少，而 W 超过 50%时，又能获得较好的镀层。但是当 W 达到 108%时，则不能电镀。在采用阻流线圈调制以后，W 在 60%以内，可以使镀层的外观得到改善。

特别值得一提的是，脉冲电源对三价铬镀铬的作用更为明显。三价铬镀铬由于比六价铬的毒性要小得多，因而作为镀铬的过渡性替代镀层已经在工业产品中推广开来。但是，三价铬镀铬由于硬度不够高而主要用于装饰性镀层，对于镀硬铬则还存在一定技术困难。而在采用脉冲电源后，在以次磷酸钠为络合剂的甲酸铵三价铬槽可获得厚而硬的铬镀层，并且使镀层的内应力下降了 25%～75%。获得最佳镀层的镀液配方如下：

三氯化铬（六结晶水）	0.4mol/L
次磷酸钠	2.2mol/L
氯化铵	3.28mol/L
硼酸	0.2mol/L
氟化钠	0.1mol/L

8.1.3.3　贵金属脉冲电镀

（1）脉冲镀银

普通镀银的分散能力随波形因素的增加而下降，但是光亮镀银不受影响。采用单相半波整流进行光亮镀银，随着电流密度的增加，镀层的平滑度也增加。现在的脉冲镀银采用可调制波形，合理利用负半周的抛光作用来提高镀层的平整度，增加镀层的致密度，从而可在提高镀层性能的同时，节约贵金属资源。

氰化银	45g/L
氰化钾	120g/L
氢氧化钾	7.5g/L
商业添加剂 A	15mL/L
商业添加剂 B	15mL/L
温度	25℃
平均电流密度	$1A/dm^2$
占空比	10%
频率	800Hz

适合镀银锑合金的脉冲参数为：

关断时间	$t_{off} = 4.5ms$
导通时间	$t_{on} = 0.5ms$
脉冲电流密度	$j_p = 6.5A/dm^2$

（2）脉冲镀金

脉冲镀金在电子工业中应用较多，广泛地应用于接插件等需要有低接触电阻而又耐插拔的连接器产品。在脉冲电源条件下电镀金，可以获得细致的结晶，从而改善镀层性能而又降低了金盐的消耗。同时脉冲镀金的耐磨性能比直流电源镀金要好，特别是采用双脉冲电源的镀金技术，可以节金 30%左右。

① 单脉冲酸性镀金

氰化金钾	12g/L
磷酸二氢钾	60g/L
氰化钾	1.5g/L
$K_2C_2O_4$	0.5g/L
柠檬酸钾	50g/L
温度	55℃
pH 值	4.8～5.1
阴极电流密度	0.1～0.2A/dm^2
电流参数：	
频率	700～1000Hz

② 双脉冲中性镀金

氰化金钾	12～18g/L
磷酸氢二钾	20g/L
氰化钾	6～12g/L
$K_2S_2O_3$	1.5g/L
磷酸二氢钾	10g/L
$K_2C_2O_4$	100g/L
温度	55℃
pH 值	4.8～5.1
阴极电流密度	0.1～0.2A/dm^2
双脉冲电流参数：	
正向脉冲	700Hz
反向脉冲	700Hz
时间比	正向：反向 = 100ms：10ms

8.1.3.4 脉冲镀合金和复合镀

（1）脉冲镀合金

脉冲电镀在合金电镀领域有更为广阔的应用前景，已经成为合金电镀研发的新手段之一。

有人利用不同频率的脉冲电流，对四种不同组分的镍铁合金受脉冲电流的影响做实验，证明采用交流频率对铁的析出量有明显影响，同时与镀液中络合物的浓度也有关。在频率增加时，铁的含量增加。因为频率增大后，阴极表面的微观阳极作用降低，使铁的反溶解降低，从而增加了铁的含量。但是在络合物含量低时，铁的增加量则不明显。

通过对碘化物体系脉冲电沉积 Ag-Ni 合金工艺的研究，证明随着$[Ni^{2+}]/[Ag^{+}]$浓度比增大，镀层中镍含量上升；镀液温度升高时，镀层中镍含量降低；增大平均电流密度会提高镀层中镍含量，但使镀层表面变差；占空比和频率的变化也对镀层成分有一定影响；增加反向脉冲的个数，会使镀层表面状况好转，随镀层中镍质量分数的升高，结晶变得粗大。

现在，智能化的脉冲电源可以精确地控制槽电压，且具有恒流恒压功能，可以用于合金电镀以控制其合金组成的比例，与直流电沉积相比，有明显的优点。由于合金组成的广泛选择性，合金电镀的研究受到越来越多研究者的重视，在脉冲电镀领域也是这样。

脉冲电流下的合金电沉积还出现了一些原来难以共沉积金属变得较容易共沉积的现象，这就为开发新的合金镀层提供了技术支持，比如沉积 Cr-Ni-Fe 合金。有一项发明专利表明，采用脉冲电镀镀 Ni-W 镀层的方法，可以获得平滑、细致的镀层，并且分散能力也获得了改善。

在对锌镍合金镀层进行的方波脉冲电沉积研究中，发现脉冲电沉积比直流电沉积呈现更细的颗粒，而且镍的含量增加。同时，温度升高也将促进镍的沉积，镀层的耐腐蚀性明显提高。所采用的镀液组成为：

硼酸	30g/L
氯化钾	160g/L
氯化镍	135g/L
氯化锌	130g/L
pH 值	3.5

实验证实，脉冲电镀在许多合金镀层中的应用都取得了积极的结果，包括 Cu-Zn、Cu-Ni、Ni-Fe、Cu-Co、Ni-Co、Zn-Co 等合金和各种复合镀层。

（2）脉冲复合镀和纳米电镀

脉冲电源用于复合电镀时也有良好的效果。实验证实，在普通镀镍液中分散 SiC 粉，采用脉冲电流可以得到比直流条件下更好的耐磨性和硬度。有人研究了镍与聚四氟乙烯（PTFE）微粒在直流和脉冲电流条件下的共沉积行为，且与化学镀进行了比较，证明采用脉冲电流的效果最好。至于将脉冲电沉积技术应用于纳米晶材料的研究则更是活跃，国内外有许多研究报告表达了这方面的信息。

特别引人注目的是脉冲电镀在纳米膜电沉积中的应用。美国的一项专利显示，采用脉冲电镀技术，在以下条件下获得了 0.25～0.3mm 厚、平均粒径为 35nm 的纳米镍镀层。

硫酸镍	300g/L
氯化镍	45g/L

硼酸　　45g/L
糖精　　0.5g/L
pH 值　　2

很有趣的是，这种镀液中糖精的添加量对纳米晶体的尺寸有明显影响，当糖精的含量为 2.5g/L 时，可得 0.25mm 厚、无孔隙、晶粒为 20nm 的镍镀层；当糖精的含量增加到 5g/L 时，晶粒的大小则变成 11nm。

8.2　电镀电源的自动控制

随着电子自动控制技术的进步，电镀电源的自动控制也成为可能。

根据镀槽中镀件数量（受镀面积）的变化而自动调整电流大小，是电镀工艺规定的操作流程。通常情况下受镀面积的增加，只会使电压有所下降，电流不会自动增加。这时往往都靠手工来调高电流。如果给电源以智能化功能，就可以随镀槽中受镀面积的变化而自动调整电流密度。

8.2.1　自动控制电流密度

电流密度是电镀工艺中最重要的工艺参数之一。随时关注电镀过程中电流密度的变化是保证电镀产品质量的重要措施。一些高端制造的产品在电镀作业指导书中还会要求对每一槽电镀工作时的电流密度进行跟踪记录，以便在出现问题时可以追溯。

在多组挂具电镀过程中，一挂一挂起槽时，受镀面积是减少的。如果电流不降下来，镀槽中的镀件就会烧焦。电镀过程中的镀件脱落也是面积波动的原因。面积增加的场合则是在已经工作的镀槽中加入新的镀件等。这些情况都要采用调整电流大小的方法来调整电镀的电流密度。如果没有及时调整，就会出现产品不合格的情况。而电镀产品不合格的返工是很大的浪费，返工一次，相当于同一件产品消耗了两件产品生产时的资源，是电镀生产中要极力避免的。因此，随时监控电镀现场电流波动是非常重要的。相应地，也就产生了对在生产时能自动根据电镀槽中产品面积变化等产生电流密度变化的自动调控电流的需求。

理论上，只要在镀槽中装有表面积感知传感器，并将面积变化数传送到电镀电源控制系统，就可以实现根据面积的变化来调整电流大小的自动控制。

从现在的技术进步情况来看，做到这一点并不难，只是成本太高，大大超出电镀企业能够用得起的范围。这使得一般电镀企业难以接受。随着科技的发展和新型传感器技术的进步，相信这种系统的成本会降下来，最终能在行业推广这种自动调控电流密度的装置。

8.2.2　自动定电压方式

比较容易实现的是定电压电镀。有些镀种对电镀电压是有要求的，电压低于某一工艺要求的电压值，电镀生产过程中产品的质量就难以控制。因此需要通过定电压控制装置将电镀阴、阳极间的电流为零时的电压稳定在一个工艺规定的范围，这样无论两极间的电流有多大，电压都可维持在一个确定的电压值。这即是定电压电镀。这一技术在 500A 的电流值以内，比较容易实现。但是，定电压方式对于大多数电镀工艺不是很适合。因为虽然电沉积有确定的电位，但在达到沉积电位以后，在较宽的电位范围内都可以实现电沉积。但是，影响电沉积质量的关键指标却是电流密度。如果能在一定的条件下确定电压与电流密度的关系，比如确定的镀件形状、表面积等，是可以通过电压恒定来实现电镀过程控制的。

8.2.3　自动定电流方式

自动控制电流的方法是通过电阻的变化来补偿电路中电流的波动，结果会使槽电压升高，这在平常电镀过程中也是经常发生的，比如由于阳极钝化导致电流下降时，要恢复到原定的电流指标，就会通过调整电位器来调节，这时的结果是电流回到原来的值时，电压却升高起来。这在电镀过程中只能是临时措施。因为阳极钝化等现象的出现意味着镀液中某种成分发生了量的变化，比如络合剂消耗过快，或其他添加物对阳极过程有影响等。不可以只依靠恒定电流来控制过程。

电镀电源的自动控制还包括过载报警和断电保护等，这已经是标准的功能配置，一般达到一定标准的产品都具备这些功能。

8.3　电镀电源的进步与创新

20 世纪 60 年代大量应用线性调节器式直流稳压电源，由于它存在诸多缺点，如体积重量大，很难实现小型化，损耗大，效率低，输出与输入之间有公共端，不易实现隔离，只能降压不能升压，很难在输出大于 5A 的场合应用等，已开始被开关调节器式直流稳压电源所取代。

8.3.1 电源技术的进步

1964 年，日本 NEO 杂志发表了两篇具有指导性的文章：一篇为“用高频技术使 AC 变 DC 电源小型化”；另一篇为“脉冲调制用于电源小型化”。这两篇文章指明了开关调节器式直流稳压电源小型化的研究方向，即一是高频化，二是采用脉冲宽度调制技术。经过将近 10 年的研究和开发取得了良好的结果。

1973 年，美国摩托罗拉公司发表了一篇题为“触发起 20kHz 的革命”的文章，从此在世界范围内掀起了高频开关电源的开发热潮，并将 DC/DC 转换器作为开关调节器用于开关电源，使电源的功率密度由 1～4W/in^3（in 为英寸，1in = 25.4mm）增加到 40～50W/in^3。

到 20 世纪 80 年代中期，转换器也应用到开关电源中。20 世纪 70 年代中期，美国加州理工学院研制出一种新型开关转换器，称为 Cuk 转换器。Cuk 转换器与 Buck-Boost 转换器互为对偶，也是一种升降压转换器。20 世纪 80 年代中期以后逐渐被应用到开关电源中。

1977 年，Bell 实验室在 PIC 的基础上，研制出有变压器的单端原边电感式转换器，简称（有变压器的）sEPIC 电路，这是一种新的 DC/DC 单端 PWM 开关转换器，其对偶电路称为 DualsEPIC，或 Zeta 转换器。

到 1989 年，人们将 sEPIC 和 Zeta 也应用到了开关电源中，使开关电源所采用的 DC/DC 转换器增加到 6 种。通过 DC/DC 转换器的演化与级联，开关电源所采用的 DC/DC 转换器已经增加到了 14 种。用这 14 种 DC/DC 转换器作为开关电源的主要组成部分，就可以设计出使用于不同场所、满足于不同性能要求和用途的高性能、高功率密度的各种功率开关电源。由此，高频开关电源技术的应用开始兴盛起来。

8.3.2 高频开关电源在电镀领域的应用

在电力电子技术的应用及各种电源系统中，开关电源技术均处于核心地位。对于大型电解电镀电源，传统的电路非常庞大且笨重，如果采用高频开关电源技术，其体积和重量都会大幅度下降，而且可极大提高电源利用效率、节省材料、降低成本。在电动汽车和变频传动中，更是离不开开关电源技术，通过开关电源改变用电频率，从而达到理想的负载匹配和驱动控制。高频开关电源技术，更是各种大功率开关电源（逆变焊机、通信电源、高频加热电源、激光器电源、电力操作电源等）的核心技术。

电镀行业是一个耗能较高的行业，充分提高能源的利用率，才能降低企业的生产成本，提高企业的竞争力，同时兼顾节能等社会效益。

事实证明，在电镀生产中使用高频开关电源的效果是明显的，不仅提高了电镀利用效率，而且明显改善了电源安装空间，且操作方便。因为这种电源体积明显小于常规的变压器电源，尤其是大功率传统电源的体积可以说是庞大，要有专门的空间放置，且距电镀生产线较远，操控起来不方便。而高频开关电源体积较小，运行噪声也小，可以在电镀槽边安置，方便操控。图 8-4 是一台高频开关电源。由图可知，开关电源充分体现了小体积、大功率的特点，已经成为电镀生产企业的主流供电电源。

图 8-4　高频开关电源

以一家线材电镀企业在两条生产线采用不同电源的结果对比为例，可以看出使用高频开关电源的优势。这家电镀企业有两条线材电镀生产线。从放线到经电镀后收线，可运行 24 根钢丝。第 1 条生产线电解酸洗电源采用可控硅整流器，其容量为 90kVA；第 2 条生产线电解酸洗采用高频开关电源，其容量与第 1 条生产线相同。给它们配电用的电缆型号、规格也一样。在使用中发现，输出相同电压和电流时，二者的输入电流相差较大。用钳形表测整流器电源的输入电流，在输出同为 15V、4600A 时，可控硅整流器供电的交流输入电流为 131.5A，而给高频开关电源供电的交流电流仅为 110.5A，相差 21A。可以看出高频开关电源节能效果非常明显。同时，在正常生产时用手触摸给两个直流电源供电的交流电缆表面，感觉温度差异较大，给可控硅整流器供电的电缆表面温度明显偏高。

高频开关电源比可控硅整流器节能，与它的结构和工作原理密不可分。从变压器铁芯体积与质量看，可控硅整流器在体积和质量上都比较大。容量为 90kVA 时，可控硅整流器的体积和重量是高频开关电源的 3 倍多。从变压器线圈绕组看，可控硅整流器变压器绕组原边为 1000 多匝，而高频开关电源变压器绕组原边一般为几十匝，副边相差也不少；同时，工作频率不同，可控硅整流器为 50Hz，输出 6 个正弦波头，而高频开关电源的频率为 20kHz，是可控硅整流器工作频率的 400 倍，而且输出为方波。电源的工作频率是其节能的核心，铁芯体积及质量、变压器绕组匝数是节能的基础。变压器在铁芯和绕组中的铁损与铜损是造成可控硅整流器高能耗的原因，这是由它们的工作原理决定的。

传统整流器有硅整流器和可控硅整流器。硅整流器需要调压器和整流变压器，效率低，且没有稳压稳流功能，其输出电压是通过调压器改变整流变压器的输入电压实现的，输出电压的稳定性取决于输入电网电压的稳定性；可控硅整流器是利用可控硅移相触发技术对输出电压和电流进行调节的，输出的电压纹波系数为 3%～5%，功率系数较低。传统的整流器还对电网产生大量谐波，不仅产生电磁干扰，还降低设备的效率。高频开关电源利用脉宽调制技术，稳压稳流精度为 1%，精密件及电子电镀都采用高频开关电源作为电镀电源。

高频开关电源比传统硅整流器节能，稳压性好，谐波少，技术比较成熟，应用逐渐增多。但在设备选型时应注意输出电压的范围，如果负载要求高电压，节能效果就不理想，这是因为输出电压的快恢复二极管耐压值不是很高，一般只有几十伏，电压高了必须采用多级串联，主回路器件增多，串联器件损耗增大。而电镀过程中大多数镀种的工作电压都在 6V 左右，因此，高频开关电源成为电镀工艺首选的电源。

8.3.3 电源技术的创新发展

电镀电源从最初的直流电池和电流发电机发展为硒堆整流、硅管整流到开关电源，是直流电技术不断发展的缩影。从电能被开发出来开始，交流电与直流电的竞争就开始了。现在已经很清楚，这两种制式的电能特性和应用各有千秋，不可以完全相互替代。因此，在电能领域，这两种制式的电源将会长期并存。但就电镀而言，稳定直流仍然是获得良好镀层的主要电源。

（1）高频化

理论分析和实践经验表明，电气产品的变压器、电感和电容的体积重量与供电频率的平方根成反比。所以当我们把频率从工频 50Hz 提高到 20kHz，用电设备的体积重量大体下降至工频设计的 5%～10%。无论是逆变式整流焊机，还是通信电源用的开关式整流器，都是基于这一原理。

同样，传统电化学应用领域的电镀、电解、电加工、充电等各种直流电源也可以根据这一原理进行改造，成为开关变换类电源，其主要材料可以节约 90%或更高，还可节电 30%或更多。由于功率电子器件工作频率上限的逐步提高，许多原来采用电子管的传统高频设备固态化，带来显著节能、节水、节约材料的经济效益，体现了技术创新的价值。

（2）模块化

模块化有两方面的含义，其一是指功率器件的模块化，其二是指电源单元的模块化。我们常见的器件模块，含有一单元、两单元……六单元直至七单元，包括开关器件和与之反并联的续流二极管，实质上都属于标准功率模块。有些公司把开关器件的驱动保护电路也装到功率模块中去，构成了智能化功率模块，不但缩小了整机的体积，更方便了整机的设计制造。实际上，频率的不断提高，致使引线寄生电感、寄生电容的影响愈加明显，对器件造成更大的电应力（表现为过电压、过电流毛刺）。为了提高系统的可靠性，有些制造商开发了用户专用功率模块，它把一台整机的几乎所有硬件都以芯片的形式安装到一个模块中，使元器件之间不再有传统的引线连接，这样的模块经过严格、合理的热、电、机械方面的设计，达到优化完美的境地。它类似于微电子中的用户专用集成电路。只要把控制软件写入该模块中的微处理器芯片，再把整个模块固定在相应的散热器上，就构成一台新型的开关电源装置。由此可见，模块化的目的不仅在于使用方便，缩小整机体积，更重要的是取消传统连线，把寄生参数降到最小，从而把器件承受的电应力降至最低，提高系统的可靠性。

另外，大功率的开关电源，由于器件容量的限制，出于增加冗余、提高可靠性方面的考虑，一般采用多个独立的模块单元并联工作，采用均流技术，所有模块共同分担负载电流，一旦其中某个模块失效，其他模块再平均分担负载电流。这样，不但提高了功率容量，在有限的器件容量的情况下满足了大电流输出的要求，而且通过增加相对整个系统来说功率很小的冗余电源模块，极大地提高了系统可靠性，即使出现单模块故障，也不会影响系统的正常工作，而且为修复提供了充分的时间。

（3）数字化

在传统功率电子技术中，控制部分是按模拟信号来设计和工作的。在二十世纪六七十年代，电力电子技术完全是建立在模拟电路基础上的。但是，数字式信号、数字电路显得越来越重要，数字信号处理技术日趋完善成熟，显示出越来越多的优点：便于计算机处理控制、避免模拟信号的畸变失真、降低杂散信号的干扰（提高抗干扰能力）、便于软件包调试和遥感遥测遥调，也便于自诊断、容错等技术的植入。所以，在 20 世纪 80 到 90 年代，对于各类电路和系统的设计来说，模拟技术还是有用的，特别是诸如印制板的布图、电磁兼容（EMC）以及功率因数修正（PFC）等问题的解决，离不开模拟技术，但是对于智能化的开关电源，需要用计算机控制时，就离不开数字化技术了。

（4）绿色化

电源系统的绿色化有两层含义：首先是显著节电，这意味着发电容量的节约，而发电是造成环境污染的重要原因，所以节电就可以减少对环境的污染；其次这些电源不能（或少）对电网产生污染，国际电工委员会（IEC）对此制定了一系列标准。事实上，许多电子节电设备，往往会变成对电网的污染源：向电网注入严重的高次谐波电流，使总功率因数下降，电网电压耦合许多毛刺尖峰，甚至出现缺角和畸变。20 世纪末，各种有源滤波器和有源补偿器的方案诞生，有了多种修正功率因数的方法。这些为 21 世纪批量生产各种绿色开关电源产品奠定了基础。

此外，供电方式和能源材料的转变也是电能绿色化的一个重要方面，特别是我国风电和太阳能电站的进步和应用的普及,今后清洁能源的供应量将越来越大，将由传统能源带来的环境污染降至更低水平，直至全面消除掉。

现代电力电子技术是开关电源技术发展的基础。随着新型电力电子器件和适于更高开关频率的电路拓扑的不断出现，现代电源技术将在实际需要的推动下快速发展。在传统的应用技术下，功率器件性能的限制使开关电源的性能受到影响。为了极大地发挥各种功率器件的特性，使器件性能对开关电源性能的影响减至最小，新型的电源电路拓扑和新型的控制技术，可使功率开关工作在零电压或零电流状态，从而可大大提高工作频率，提高开关电源工作效率，设计出性能优良的开关电源。

总而言之，电力电子及开关电源技术因应用需求不断向前发展，新技术的出现又会使许多应用产品更新换代，还会开拓更多更新的应用领域。开关电源高频化、模块化、数字化、绿色化等的实现，标志着这些技术的成熟，实现高效率用电和高品质用电相结合。开关电源代替线性电源和相控电源是大势所趋。现在，电镀行业已经普遍采用高频开关电源。

当然，还有其他许多以开关电源技术为核心的专用电源、工业电源正在等待着人们去开发。随着人们对电子形态认识的深化，相信电源技术将会有更多创新性进步和发展。

第9章

电镀生产辅助装备

要想按工艺要求完成电镀加工，光有电源和镀槽是不够的，还必须要有一些保证电镀正常生产的辅助设备，包括加温和降温设备、阴极移动和搅拌设备、镀液循环和过滤设备，镀槽的必备附件，如电极棒、电极导线、阳极和阳极篮、电镀挂具等。

9.1 电镀热交换设备

电镀生产全流程不是在统一的一个温度条件下工作的。不同的工艺对工作液的温度有不同的要求，即使标注为“常温”或“室温”的工作液实际上是要求在20～25℃范围内工作的。而除油和热水洗等都要求至少70℃的温度。至于特定的镀种则要求在较低温度下工作，就要配备降温设备。因此，电镀过程中热交换器是必不可少的设备。

9.1.1 加温和降温设备

由于电镀液需要在一定温度下工作，因此要为镀槽配备加温设备。比如镀光亮镍需要镀液温度保持在50℃，镀铬需要的温度在50～60℃，而酸性光亮镀铜或光亮镀银又要求温度在30℃以内，硬质铝氧化则要求电镀工作液温度在4℃以下。这样，对这些工艺要求需要用热交换设备加以满足。

（1）加温设备

加温一般采用直接加热方式。就是采用不锈钢或钛质的电加热管，直接插到镀槽内，有些是固定安装到槽内不影响电镀工作的槽边或槽底。对于腐蚀较严重的镀液，最好采用聚四氟乙烯管制的电加热器。有些工厂仍采用蒸汽间接加热模式。这种模式是将工作槽套在加温槽内，用蒸汽对套外的水加热。蒸汽加热模式本身热效率就低，对套槽间接加热又损耗掉一些热力，是不经济的加温模式，现在采用不多了。普遍采用的是对工作液直接加热模式。其材质多为耐高温材料和耐腐蚀材料，如聚四氟乙烯、钛材等。

图 9-1 为以聚四氟乙烯为外套的直插式电加热管。图 9-2 为钛材电加热管。

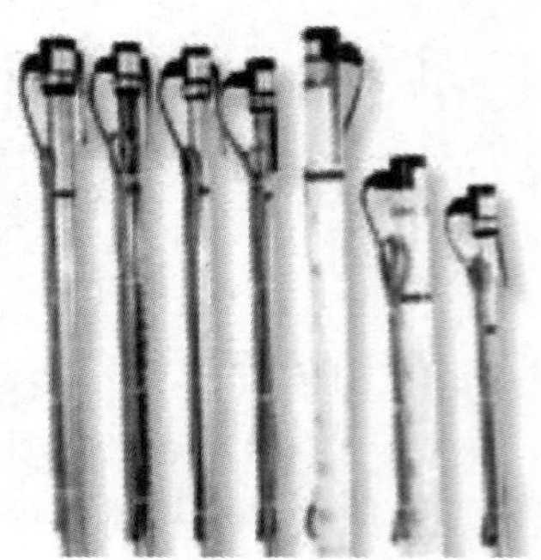

图 9-1　直插式电加热管

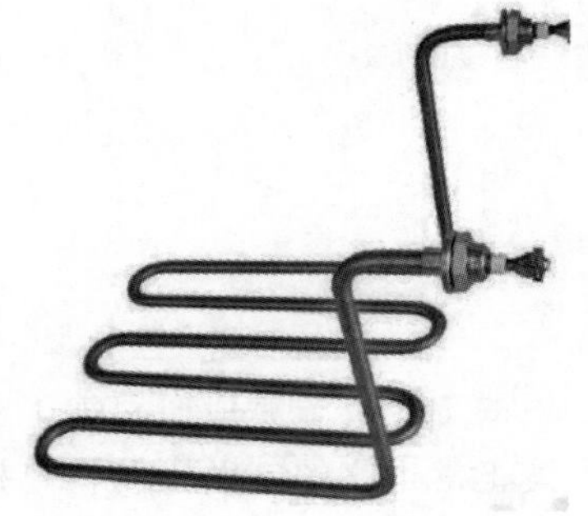

图 9-2　钛材电加热管

图 9-2 中的钛管也有不采用电加热而制成管材，通入蒸汽加热。这对于配备有锅炉的电镀企业，也是一种方便的直接加热模式。

（2）降温设备

降温也有直接降温和间接降温两种模式。在没有条件安装冷机的单位，有用冰块降温的，将冰块放到镀槽周围，使镀槽温度慢慢得到控制，但显然效率低且出效果慢。也有将冰块封进塑料袋，直接投入工作槽内的，效果好了一些，但影响操作，放下和取出挂具很不方便，这只是不得已的办法。真正需要降温的镀种，还是应该采用冷机直接降温。交换器的管子也要和加热管一样采用可耐镀液腐蚀的材料。

由于在室温以下获得的镀层的结晶比较细，这对于有些镀种是很重要的指标。例如镀银，在工作温度高于 30℃时，其镀层的结晶就明显粗大起来（图 9-3），影响

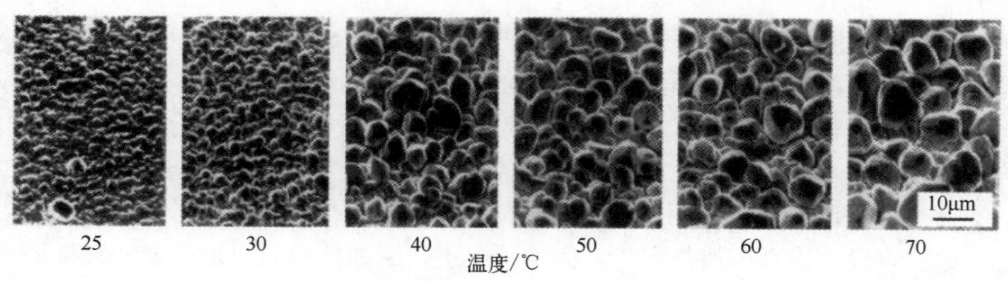

图 9-3　温度对镀银层结晶大小与状态的影响

镀层致密性。这对微波器件等高端电子产品是不利的，因此，电子器件镀银工艺要求镀银液的工作温度应该控制在 30℃以下。

类似镀银这种情况的镀种有不少，包括酸性光亮镀铜、镀三元合金、酸性镀锡等都要求控制在较低温度下工作。为了保证镀层质量以满足产品性能要求，这些镀种都宜采用冷机组进行镀液降温。

9.1.2　干燥设备

9.1.2.1　干燥作用与温度选择

所有镀层在完成电镀后，最后一道工序都是干燥。干燥的目的是去除经清洗后仍然附着在镀件表面的水分。

这个看似最为简单的工序同样有着严格的要求，并非想象中那样简单。例如复杂结构和多孔或盲孔零件，干燥起来就并不容易。外面看似干燥了，孔内仍藏有液体。

干燥都有一定的温度要求，但并非是温度越高越好，例如镀锌、镀镉等钝化后的镀层，就不能用过高的温度干燥，否则钝化膜会完全脱水而被破坏。由于镀锌钝化膜中成膜成分复杂，并且水分子在其中也有一定作用。过高的温度会使膜层脱水并将其中的成膜物质氧化，例如铬盐钝化中的三价铬会被氧化为六价，使膜结构变化而降低其抗腐蚀性能。因此，镀锌钝化的干燥温度都控制在 70℃以下。

塑料电镀件的干燥则一定要控制在塑料软化点以内，否则就会出现产品变形报废的严重后果。锌合金电镀件也有干燥温度控制问题，除了防止基体软化外，还有防止镀层结合力改变的问题。可见干燥并不如想象那么简单。

对于其他金属件的干燥，温度也都应该控制在比刚好水分蒸发的温度略高一点，例如 110℃。过高的温度不仅不利于节能降耗，而且挂具表面的绝缘防护漆也会因老化而降低其保护作用。

当然，也有因为工艺的需要，在镀后进行热处理的产品，要按工艺要求设定高温。比如镀锌钝化前的去氢镀层，还有镀锌后需要进行油漆涂装的镀层，则要在较高温度下干燥。通常高至 180～220℃，时间则在 2h 以上。这些都要按工艺要求进行操作。

9.1.2.2　干燥方法

所谓干燥，就是将金属镀层表面的水分蒸发掉。而让水分蒸发有多种方法，从自然干燥到人工干燥，从手动干燥到自动干燥，从烘干到风干等，电镀件的干燥几乎用到了各种方法。

（1）自然干燥

自然干燥是将镀后处理经最后一道热水清洗的产品在较大面积的地方摊开，只适合于镀锌钝化等低端产品，且要有较大的场地，而且还受天气的影响。但仍然不失为一种低碳的方法，在一些小型加工企业有着广泛应用。

（2）人工干燥

人工干燥是借助一些干燥设备对镀件进行干燥的方法，主要是烘箱干燥和甩干机干燥，也有鼓热风干燥和脱水剂加吹风干燥的方法。总之是由人工操作各种干燥设备进行镀件干燥的方法。这是当前电镀企业普遍采用的方法。

（3）自动线干燥

有些专用电镀自动线采用了在线干燥的方式。这种自动线干燥采用了烘道技术。这在涂装业是普遍采用的干燥模式。电镀也随着自动化程度的提高而有普及的趋势。

烘道内通常装有远红外加热设施，可以快速对镀件进行干燥。镀件由自动线传送链按一定速度送入烘道，按所需要的烘干时间和温度调节运行速度或烘道长度。

9.1.2.3 干燥设备的选择

不同的干燥方法需要有不同的干燥设备配合使用。干燥设备有标准设备和非标准设备两大类。所谓标准设备，是指属于国家或地方、企业标准规范的产品，比如恒温烘箱，即属于标准产品。大多数有资质的生产企业都有自己的企业标准，或参照有干燥或老化要求的产品的国家标准进行生产，因此比较可靠。但是，我国电镀企业干燥设备的现状是以非标准设备为主。有些是委托制造，有些还是自己土法上马，不仅存在安全隐患，而且功率消耗不是很合理。

因此，建议采用的干燥设备应该是标准设备，比如电热式恒温控制烘箱。根据产品零件的大小和生产规模，可以配置各种功率和尺寸的烘箱。这类烘箱都有自动恒温控制器件，并有鼓风排气系统。

有些小型产品不适合用烘箱烘干，可用各种旋转式甩干机，在旋转甩干的同时有加温功能，可以快速进行小零件的干燥。这类设备的使用存在安全隐患，一定要使用合格企业生产的有安全控制系统的产品。例如不加盖就不能启动，否则容易导致产品飞出伤人。没有资质和能力的企业，不可自行制造旋转甩干设备。

电镀自动线也有采用与电镀线一体化的自动烘道系统，采用远红外加温干燥。这适用于相对定型的产品，在汽车制造业和家电制造业的配套电镀企业较为多见。

还有特殊干燥设备，例如与滚镀机配套的滚动式干燥设备。高端的则有带抽真空的滚动式滚镀干燥设备，对于复杂小零件的干燥很有效。

中小企业有采用自然干燥的方式，如太阳晒干或风干。这样质量难以保证。

有些单位采用鼓风干燥方式，或投资较少的自制烘干设备，但是在用电方面不一定合理，有得不偿失的可能。

根据产品镀后处理的要求不同而有不同的干燥设备。

（1）吹风式干燥装置

吹风式干燥装置适合于镀锌钝化后的干燥处理。这是因为镀锌钝化膜不适合过高温度的干燥，特别是铬盐钝化膜。过高的烘烤会改变钝化膜的结构，从而降低其抗蚀性能。吹风式干燥装置有热风机和冷风机两类。热风机较为符合干燥操作的要求。

当采用冷风干燥方式时，镀层最好经过较高温度热水的清洗（但要注意钝化膜有温度限定时，热水温度不可超过限定温度），再进行吹风干燥，这样效果较好。

吹风干燥机由专门的设备商提供，由于原理和结构都较为简单，也可以自己组装制作。

（2）离心干燥机

离心干燥机适合于对滚镀制件进行干燥处理。现在的离心干燥机通常也带有加热装置，可以在离心干燥的同时进行烘干处理，从而提高干燥效果。

（3）鼓风式电热干燥箱

比较流行的镀层干燥设备是电热干燥箱，可以有温度自动控制和鼓风式强制对流功能。

（4）烘道式干燥装置

烘道式干燥装置适合于电镀自动生产线上产品的连续作业模式。即电镀制件从自动线镀槽中出槽后，经过清洗，通过自动传送装置直接进入烘道烘干。这种烘道采用的多是远红外的直热式加热器，也有采用灯光式热源的。

（5）真空干燥装置

对于一些多孔隙而又有高要求的制件，可采用真空干燥装置。可以手动操作，也可以在自动生产线上配套使用。特别适用于滚镀而又多孔的制件，这种装置的原理见图 9-4。

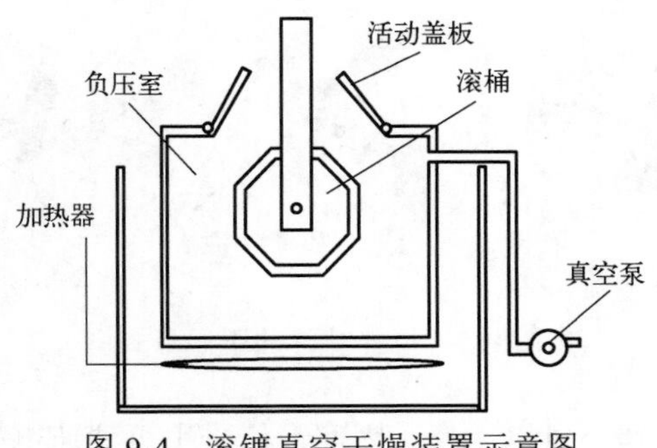

图 9-4　滚镀真空干燥装置示意图

9.2 阴极移动和搅拌设备

9.2.1 移动设备

有些镀种或者说大部分镀种，都需要阴极处于摆动状态。这样可以加大工作电流，使镀液发挥出应有的作用（通常是光亮度和分散能力），并且可以防止尖端、边角镀毛、烧焦。

比如光亮镀镍、酸性光亮镀铜、光亮镀银等大多数光亮镀种，都需要阴极移动。阴极移动也是非标准设备。只要能使阴极做直线往返或垂直往返旋转的机械装置，都可以用来作为阴极移动装置。移动的幅度和频率一般要求在 10～20 次/min，每次行程根据镀槽长度在 10～20cm。

根据镀槽结构和生产现场空间的不同，阴极移动的方向分为与镀槽长度平行的纵向移动和与镀槽宽度平行的横向移动方式。

对于圆形镀槽，则是阴极旋转移动模式，通常是正向一圈、反向一圈的反复模式。矩形槽也有采用阴极旋转移动模式的。

9.2.2 搅拌设备

有些镀种可以用机械或空气搅拌代替阴极移动。对于需要强化传质过程的镀种，则在使用阴极移动的同时，还要加上机械或空气搅拌，才能达到工艺要求的效果。

9.2.2.1 机械搅拌

机械搅拌是利用电动机带动搅拌杆对镀液进行搅拌，实际上是电机搅拌。搅拌杆和搅拌叶片要用耐腐蚀的材料制造。搅拌杆端部安装的搅拌头或叶片可以有多种形式（图 9-5），可根据工艺需要选用和合成不同湍流的叶片形式。

图 9-5　搅拌叶片的不同形式

搅拌进行时，转速不可以太高。因此最好采用可调速电机，方便根据不同工艺需要来调节搅拌速度。

机械搅拌的强度较大，且要占用一定镀槽空间，对制件防腐蚀要求很高，除了配制镀液或大处理镀液时用到以外，电镀工艺中这种配置并不多用。作为替代和改进，多数采用空气搅拌模式。

9.2.2.2　空气搅拌

空气搅拌是用空气压缩机将压缩空气通过管路在镀液或工作液中释放，以达到搅动液体的效果。

为了不将油污或其他微粒带进镀液或工作液，对压缩空气要加装空气过滤装置。管线可以采用耐化学腐蚀的塑料管线，放气管通常安装在槽底部或侧壁下部，也有可控制气体流量的可调阀门。

图 9-6 是一种空气压缩机，图 9-7 是压缩空气油水分离装置。

图 9-6　空气压缩机

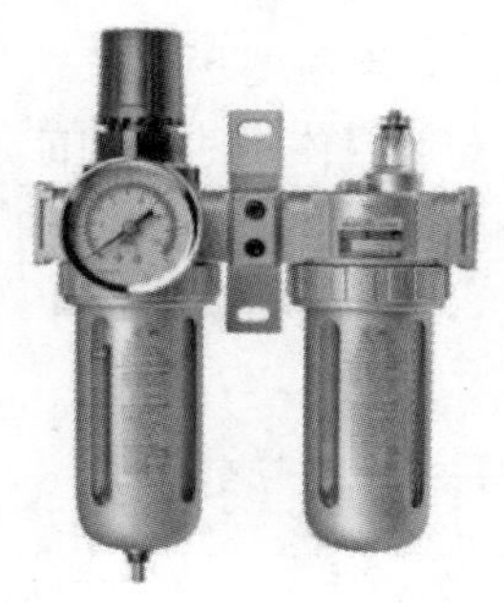

图 9-7　油水分离器

9.2.2.3　其他搅拌

无论是机械搅拌还是空气搅拌，都要在镀液或工作液内占用一定空间，给电镀生产带来一些不方便。因此，在槽外配置而又可以液体搅拌的模式就比较受欢迎了。可以实现这种模式的动力是有的，最常见的就是超声波驱动，后面会加以介绍。还有一种就是磁力搅拌模式。这种模式是将旋转磁场安装在工作镀槽的底部，将感应磁力的搅拌头密封在塑料套内放进槽底，在磁场旋转时磁头在槽内同步旋转而搅拌液体。这种模式虽然也有搅拌头置入槽内，但所占空间很小且不会腐蚀，是实验室和中试生产线常用的搅拌模式。

9.2.3　超声波强化搅拌

超声波也是一种搅拌方式，并且在电镀工艺中有较为广泛的应用。但是，由于超声波所具有的能量特征已经超出了常规搅拌的作用，从而有一些新的工艺特点，因此，有必要详细加以介绍。

9.2.3.1 超声波

声音是一种振荡波，并可在空气中传递，耳膜通过空气共鸣而产生听觉。凡是振荡都有一定的频率。耳朵能听见的声音频率范围从 20Hz 到 20000Hz。超过 20000Hz 的声波，人类就听不见了。这种超出人类听觉范围的声波称为超声波。

超声波和声波一样，是一定物质的剧烈振荡，可以在任何弹性或刚性体内传播。由于超声波在液体内的传递速度比在空气中快得多，所以在电沉积过程中运用超声波是比较方便的。

超声波既然是一种物理场，就有其场强，一般以下式表示：

$$I = \underline{E}u \tag{9-1}$$

式中 I——超声波的场强；

$\underline{E}$——单位体积的平均能量；

u——超声波在介质中的传播速度。

其中单位体积的平均能量可以用下式求得：

$$\underline{E} = 1/2\varepsilon V^2 L^2 \tag{9-2}$$

式中 ε——介质密度；

V——频率；

L——振幅。

超声波场强的单位为 W/cm^2。但是也常常标出所使用的频率，即 Hz。

超声波既可以在空气中传播，也可以在其他介质中传播，并且不同的介质对超声波的回波有不同的延迟效应和特征波形，正是超声波的这种特性，使超声波在工业探伤和医学检测中都有广泛应用。

超声波在液体中有特殊的传递方式，从而可以引起相应的物理和化学效应。这就使得超声波在电镀加工中不仅只用于镀件基体的清洗和处理，而且在电镀过程中也有积极的影响。许多研究表明，超声波在金属电沉积中有增加沉积速率、提高电流效率、增加镀层光洁度和提高镀层硬度、抗蚀性等方面的效果。

9.2.3.2 超声波的强去极化作用

早在 20 世纪 30 年代，就有人注意到了超声波对电解过程的影响。发现在超声波作用下，电解水的电压下降。后来有人在研究氢的析出电位时，也发现超声波可以降低氢的析出电位，证明超声波有去极化作用，并且随着场强的增加，去极化作用也增加，可以达到很强的程度。电位值的变化可以从 300mV 到 1000mV，这是很可观的数值。

例如，在硫酸钠溶液中，以 2.5A/dm^2 的电流密度电解时，在弱超声波作用下，铂电极上氢的析出电位是 900mV，而在强超声波作用下，氢的析出电位只有 400mV。如果采用铝电极，在弱超声场内的析氢电位是 1300mV，而在强超声场内只有 360mV。去极化作用非常明显。

超声波在液体内传播时，会产生一种空化作用，使液体内产生一定的压差。这种压差效应会促使气体迅速由阴极表面析出，并使氢离子的还原容易进行，从而降低了氢还原的超电压。

研究表明，在超声场内进行电镀，金属的析出电位也是降低的。在 21kHz 的超声波作用下，锡酸钠镀锡的电位下降 400mV 左右；瓦特型镀镍时，电位降低 100mV。在硫酸铜镀铜液内，使用 1000Hz、4W/cm^2 的超声波，在 1.5A/cm^2 的电流密度下，铜的析出电位由 100mV 变为 35mV。

如果没有超声波的作用，在这种低电位下，通常只有氢氧化物析出，但在有超声波作用的条件下，却有金属镀层析出。

9.2.3.3　超声波对电镀过程的其他影响

超声波对电沉积过程的影响，不仅仅是去极化作用。由于超声波是一种强力的搅拌器，因此浓差极化得以消除，可以使电沉积速度大大提高。例如有人在超声波作用下镀铜，使用了高达 140A/cm^2 的电流密度。有的资料显示，在超声波作用下，电镀的速度可以提高 50～100 倍。

超声波对电流效率也有明显影响，通常都能提高阴极过程的电流效率，还可以扩大镀层的光亮区域。同时，由于对气泡的驱除作用，镀层的针孔也会大大减少。

超声波对电沉积过程的影响还远不止是强搅拌作用，对电结晶过程也有影响。增加超声波强度会使镀层的结晶变细。尤其当金属结晶过程的速度较慢时，超声波对改善镀层的结晶组织是最有效的。因此，使用超声波可以防止产生粗粒结晶或树枝状镀层。因为强烈的超声波振荡可以对粗糙结晶有粉碎作用，从而使晶粒变小。

超声波不仅使镀层细化，还可以提高镀液的分散能力和均镀能力。

例如，在一种细铜管的内壁镀银中采用超声波强化传质过程，可以提高深镀能力。这种铜管长 28mm，但是直径只有 4mm，管长是直径的 7 倍，孔内不易上镀（只会有置换层）。而产品的设计要求内壁镀上一定厚度的镀层。使用一台功率为 400W 的超声波发生器，在 20～50kHz 的频率内，以 0.5A/cm^2 的电流密度作用于镀银，结果获得了满意的效果。孔内的镀层结晶细致无孔，满足了设计的要求。

超声波另一个特别的功能是可以促使获得不易镀出的镀层。一般不易镀出的金属多半是易氧化、难还原的金属。这类金属离子的还原电位很负，在普通镀液内不易镀出来，即使有析出也很容易钝化。但是在超声波的作用下，将使这类金属的还原变得较为容易，例如在钢上镀铝。

超声波对合金电镀有较大影响，有人在对钯镍磷合金电镀中施加超声波，由电子显微镜观测，发现镀层结晶明显细化。同时对提高合金中钯的含量也有很大影响，在超声波影响下，合金镀层中钯的含量由原来的33%提高到51%。

超声波对阳极过程也有很大影响。有些镀覆工艺由于阳极很容易钝化而使工作时的电流密度急剧下降，以至无法电镀，例如在琥珀酸中镀银。如果用超声波使阳极活化，就可以提高工作电流密度，使电镀过程可以正常进行。

超声波在镀前处理和镀后处理中也有大量应用。超声波除油已经是精细除油的标准配置。

镀后处理同样可以用到超声波技术。特别是对于有微孔或盲孔结构的制件，超声波清洗是最为有效的方式，可以将微孔和盲孔内的残留液驱除而防止产品交付后和使用过程中发生变色或腐蚀现象。

9.3 其他物理场对电镀过程的影响

除了超声波,电化学工作者也对其他物理场对电沉积过程的影响进行了研究，证明各种物理场对包括电沉积过程在内的电化学过程是有影响的，并且在实际应用中也有其科研和工业方面的价值。这些物理场包括磁场、激光等。

9.3.1 磁场的影响

在磁场下进行电解的研究始于20世纪80年代，是电化学研究领域中一个新的领域，它是研究电流在外加磁场作用下通过电解质时的物理化学现象，从而探讨其对电化学过程的影响。

1979年，加拿大的A.Olivier发表了关于磁电解研究的摘要。很快，欧美一些电化学研究人员也开始了这一选题的研究。1983年，加拿大的T.Z.Fahidy发表了关于磁电解的详细综述，指出磁电解在电解、电镀和腐蚀领域都有实用价值。不过这些研究大部分停留在实验室研究和理论探讨上，我国的电镀工作者在其应用上作出了贡献。

我国最先发表磁化镀液研究与生产实验报告的是西安无线电一厂的林新本，他在20世纪80年代初的一次电镀技术交流会上发表了“磁化电镀试验与分析”

一文，详细介绍了磁化处理镀锌、镀镍、镀银等镀液的工艺试验和物理性能的测试情况。

1983年，本书作者在日本金属表面技术协会的《表面技术》杂志上，发表了《电気めっきにおける磁気の影响》（《磁场对电镀过程的影响》）一文，将所做的磁场对镀镍影响的实验结果进行了发表。

1984年，江西冶金学院物化室何志邦等老师在《电镀与环保》杂志发表了关于在磁场中低温镀铁的论文，1985年又在《电镀与精饰》发表了磁场对镀铬影响的实验论文。哈尔滨轴承厂检验科则发现了磁场对轴承腐蚀的影响。这些研究使我国在当时成为磁电解应用研究较为领先的国家。这一课题也持续成为一些学校和科研机构的选题，至今都不断有新的研究发表。

最近的研究显示，通过对电沉积镍铁合金镀层施加不同强度的纵向强磁场，研究了磁场强度对电沉积镍铁合金膜的微观形貌、晶粒取向和成分的影响。结果表明，随着磁感应强度增加，镀层表面晶粒先粗化，然后细化为数百纳米的颗粒层；同时样品截面组织经历了由层状生长转为树枝晶、脊状晶和条状晶的一系列变化；在12T强磁场下条状晶沿外磁场方向破碎为球状微晶组织；强磁场使样品（111）晶面择优取向，并进一步促进了二价铁离子的优先沉积，使镀层中铁含量随外加磁场强度的增大而增加，而膜的饱和磁化强度也线性提高。

磁场对电镀的影响的应用可以从两个方面进行。

（1）磁化镀液

让电镀溶液以一定速度通过磁场，使镀液被磁化，从而改善镀液的性能。有一种磁化锅炉水的装置可以用来进行镀液的磁化（图9-8）。这种装置是以高频电流磁化水提高其对水中杂质的溶解度。试验表明，经过磁化处理的镀液，其溶解度、pH值、透光率等都发生了明显变化。变化的性质与磁化水的过程基本上是一样的。极化曲线测试、霍尔槽试验、分散能力试验等都证明磁化后的镀液工艺性能有所改善，并且在镀镍、镀铁等镀液中改善明显。但是，如果先将水磁化，再来配制镀液，就没有这种效果，为什么会这样，其机理还不是很明确。

（2）在磁场中电镀

采用磁场干预电镀的另一种方式是将镀槽置于较强磁场内，即让电镀过程在磁场中进行。通常都是在槽体外用多股漆包线制成线圈绕组，通过直流电产生磁场。也可以将镀槽置于永磁场内（图9-9）。试验表明，在电磁场作用下，电镀的电流密度可以明显提高，并且与磁场强度成正比。另外，由于洛伦兹力的作用，镀液会在磁场中旋转，有利于传质过程。不过，磁场中电镀只对顺磁性金属离子作用明显，特别是镀镍。

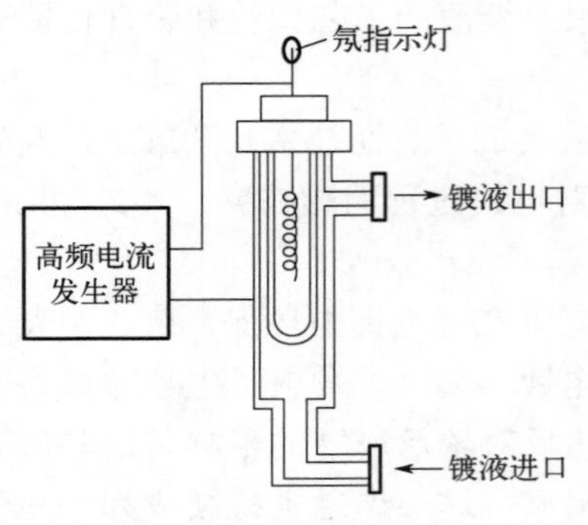

图 9-8 镀液磁化装置

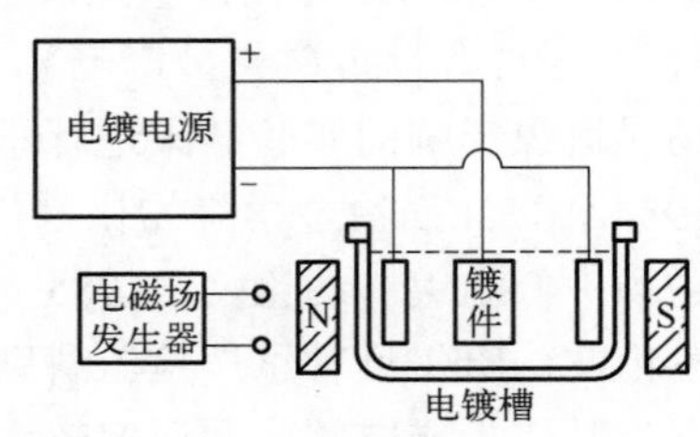

图 9-9 磁场内电镀

9.3.2 激光的影响

激光电镀是新兴的高能束流电镀技术，它对微电子器件和大规模集成电路的生产和修补具有重大意义。目前，虽然激光电镀原理、激光消融、等离子激光沉积和激光喷射等还在研究之中，但其技术的应用已经走在了前面。

9.3.2.1 激光增强电镀过程

当一种连续激光或脉冲激光照射在电镀池中的阴极表面时，不仅能大大提高金属的沉积速度，而且可用计算机控制激光束的运动轨迹，得到预期的复杂几何图形的无屏蔽镀层。

这一技术最早出现在 20 世纪 80 年代，是一种激光喷射强化电镀的新技术。将激光强化电镀技术与电镀液喷射结合起来，使激光与镀液同步射向阴极表面，其传质速度大大超过激光照射所引起的微观搅拌的传质速度，从而达到很高的沉积速度。

与普通电镀相比，激光强化电镀有如下优点：

① 沉积速度快，如激光镀金可达 1μm/s，激光镀铜可达 10μm/s，激光喷射镀金可达 12μm/s，激光喷射镀铜可达 50μm/s；

② 金属沉积仅发生在激光照射区域，无须采用屏蔽措施便可得到局部沉积镀层，从而简化了生产工艺；

③ 镀层结合力大大提高；

④ 容易实现自动控制；

⑤ 节约贵金属；

⑥ 提高镀覆效率。

9.3.2.2 激光电镀在微电子镀铜中的应用

随着电子产品向轻、薄、短、小发展，电子产品用芯片的集成度进一步提高，其特征线宽由原来的微米级进入到亚微米级，采用蚀刻铜箔的方法（通常特征线宽大于 20μm）已很难满足线路精度的要求。美国 IBM 公司首先把激光技术引入到电镀铜工艺当中去。使用激光电镀铜具有以下优点：

① 利用激光照射在很短时间产生的高热量对镀液进行加热，使电极附近产生温度梯度，该温度梯度对镀液有强烈的微搅拌作用，因而沉积速度快，激光照射区域的沉积速率是本体镀液沉积速率的 1000 倍左右。

② 激光的聚焦能力很强，可在需要的地方进行选择性的局部沉积，适合制造复杂的线路图形并能进行微细加工。

③ 使用激光电镀铜成核速度快，结晶细微，镀层质量好。曾对硅片上激光诱导选择性镀铜进行研究，进一步验证了上述优点，并对激光的热效应和光效应在金属基体、半导体基体上选择性电镀铜的不同影响机理进行了探讨。激光电镀铜技术的优势决定了它在微细电子加工领域有很好的应用前景。

9.3.2.3 激光催化直接镀涂料

激光电镀是采用激光增强的电镀过程，利用激光的高能量、高密度、单色性和相干性等优点使电镀过程得到强化和改善。在这个过程中，由于所要加工的电子线路并不全部互相连通，因此只适合于采用化学镀方法。

化学镀是不需要外电源的电镀过程，可以获得比外电源电镀均匀的镀层。图 9-10 是微机电制造中化学镀镍制作的微电路。

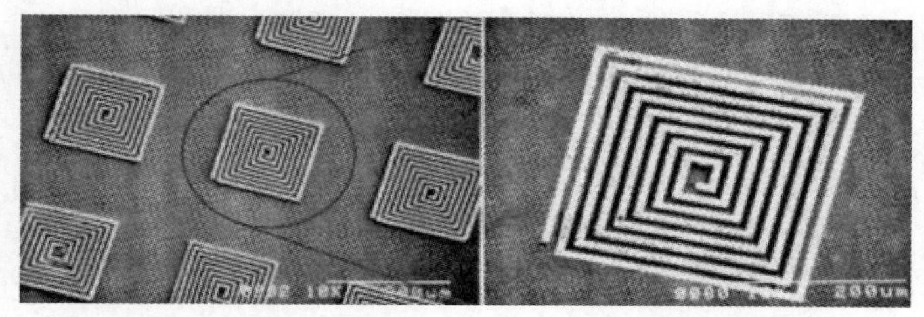

图 9-10 激光诱导化学镀镍在制作微电路中的应用

激光化学镀的原理是经激光按一定线路图形扫描过的 3D 表面，线路图形部位的树脂碳化或挥发，使分布在树脂内的催化剂微粒裸露，化学镀液中图形部位出现镀层，形成导电线路。手机背板上的天线线路就是用这种技术制作出来的（图 9-11）。

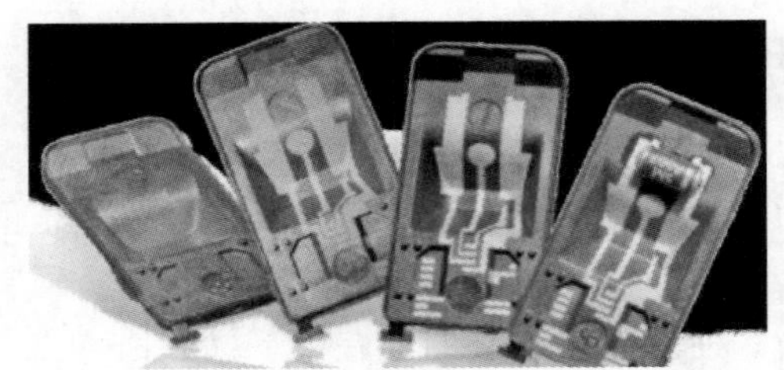

图 9-11 激光催化化学镀金用于手机背板天线线路

适合作催化剂的微粒有很多，包括石墨、炭粉、贵金属微粒（钯、银）等。由于化学镀铜的最好催化因子是银，因此，选用银粉是较好的选择。

由塑料电镀的银活化原理可知，经氯化亚银敏化处理的表面，当进入银活化液时，在塑料表面还原出来的银微粒是分子级的。聚集后也只处在亚纳米状态。这种状态更有利于激光处理后的化学镀结晶的生长。

因此，可以采用化学还原法从水溶液中获取亚纳米银微粒，经去离子水充分清洗后，直接用于配制水性涂料。

9.4 镀液过滤设备

9.4.1 镀液中的杂质

9.4.1.1 杂质的来源

电镀工作液是否纯净，直接关系到电镀层的质量。因此，电镀工艺资料中都对电镀液允许的杂质含量做了限定。严格地说，镀液中是不允许有杂质存在的。之所以提出允许值，是从达到完全纯净的技术难度和生产成本的角度，对有些难以禁绝的杂质经过工艺试验，确定了可以允许的杂质含量。以下介绍杂质的来源也可以说是杂质的种类。

（1）物理杂质

电镀液中杂质主要有物理杂质，如灰尘、阳极脱落物、挂具上镀层脱落物、镀液成分中溶入主盐等的不溶性杂质等。

（2）有机杂质

还有有机物杂质，主要是电镀添加剂分解物、产品除油不干净带入的油污、自动线行车上落入的油污等。

（3）化学杂质

化学杂质是指其他非镀层镀种需要的金属离子杂质、不应该出现在该镀液中的其他化学物质，最后还有极个别情况下错误加入了非工艺要求的原料、添加剂等造成的镀液污染，以及极少发生但也发生过的将其他镀种阳极错加到阳极篮中使其他金属离子大量进入镀液的情况。这些都是镀液中化学杂质的来源。

9.4.1.2　杂质的处理

对于镀液中杂质的处理，当然是针对杂质的种类来进行。物理杂质的处理相对比较简单，就是采用适当滤芯对镀液进行过滤就可以了。

有机杂质处理比较麻烦，这是一个要经过多次调整镀液的过程，包括加温、调 pH 值，加入活性炭或强氧化剂，例如双氧水、高锰酸钾等，然后加活性炭，充分地搅拌，滤掉活性炭（或者用带活性炭的过滤机）后精滤，再调整镀液到正常工艺范围，分析并补加缺少的成分，做霍尔槽试验，确认完全无有机杂质影响后再加入少量添加剂，再做霍尔槽试验，确定正常后才可投入生产使用。

对于化学杂质，非镀种金属杂质一般只能用电解法去除，少量的可用络合剂使之不参与或少参与电极反应，有些可以投入化学物质使其生成沉淀去除。但都很难去除干净，特别是误用了其他化学品加进了镀槽，那基本上就报废了。因此，这是只能通过加强管理才能杜绝的问题。不是技术问题，而是管理问题。但管理也是科学，总之是由科学技术来处理。

化学杂质处理的镀液最后也还是要用到过滤机，因此过滤机是电镀生产中的重要辅助装备。

9.4.2　过滤机

9.4.2.1　筒式过滤机

过滤机是化学工业和医药、食品工业常用的装备。作为大量使用化学工作液的电镀行业，过滤机是必备装置之一。

为了保证电镀质量，镀液需要定期过滤。对于出现杂质故障的镀液，更需要在处理过程中用到过滤装置。有些镀种还要求在工作过程中不停地循环过滤。

过滤机在化学工业中是常用的设备，是有标准规范的产品，因此有国家和行业标准可供参考。不过实际应用中过滤机企业自己的产品标准更为重要，是使用和维护的重要文件。电镀企业可根据镀种情况和镀槽大小以及工艺需要来选用过滤机。在电镀业大量采用的是筒式过滤机。

图 9-12 为常见的筒式过滤机的结构图。图中 1 是过滤机滤芯筒，2 为出液口，3 为吸入口，4 是筒体支柱（4 根），5 为电机和泵体，6 是开关盒。图 9-13 为一种筒式过滤机的实体图。

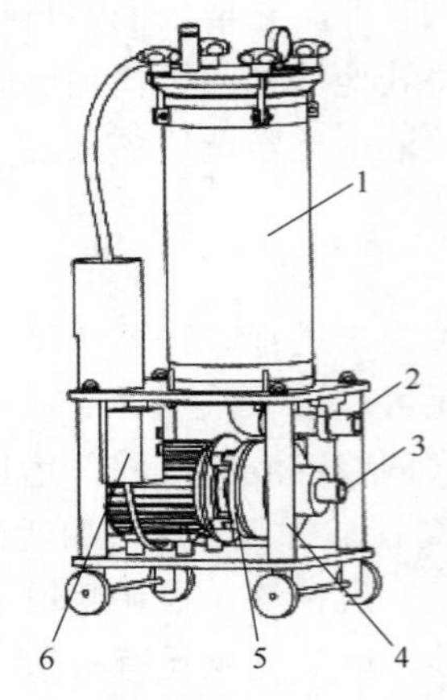

图 9-12 筒式过滤机结构图

图 9-13 筒式过滤机实体图

过滤机是电镀生产中不可缺少的设备。不论是新配工作液还是对有杂质等影响的工作液进行处理，都要用到过滤机。由于是常用设备，设备的有效性和可靠性就十分重要。有效性就是过滤机可以有效地过滤掉有害杂质。这种有效性与过滤机的结构和滤芯的选用有密切关系，特别是滤芯的选用很重要。

9.4.2.2 板式压滤机

板式压滤机也就是板框压滤机。压滤机是在过滤介质一侧施加机械力实现过滤的机械。板式压滤机过滤面积大、流量大、适用范围大，所以在制药、化工、食品等行业都有广泛用途。

在电镀三废治理中，废水处理的沉淀池中的泥渣处理一直都是一个很大的问题。自然沉淀和普通过滤都存在耗时间、占场地和二次污染等问题。而采用板框式压滤，则可以比较好地解决这一问题，含污泥废水经过板框式压滤不仅很好地分离了水和泥渣，而且将泥渣压紧去除水分后，体积大大缩小，也易于装袋运送到指定的专业处理泥渣的企业进行最终处理。

现在，已经有不少专业从事板框式压滤设备设计生产的企业，并且已经推出程控的板框式压滤机。图 9-14 就是这种程控自动压滤机。

这种自动拉板压滤机可以采用微电脑控制器、PLC、触摸屏控制对压滤机进行各项操作（如滤板压紧、集液板合并与开启、松开滤板、水冲洗等），并留有远程控制接口，能远程自动操作控制。

9.4.2.3 滤芯

滤芯是过滤器的心脏，称其为滤心也是可以的。过滤器工作的主要原理，就

图 9-14　程控自动压滤机

是滤芯过滤作用的原理。由于需要过滤的行业和品种繁多，因此过滤机的模式也是较多的，所用的滤芯也就各不相同。有通用滤芯，也有专用滤芯。不同的滤芯可用于不同液体材料的过滤，包括油过滤、水过滤、空气过滤等。过滤技术也从材料到整机成为了一个行业。

过滤的目的是除去过滤介质中少量杂质，以保护或恢复各种使用流体设备的正常工作或流体的洁净。当流体经过过滤器中具有一定精度的滤芯后，杂质被阻挡，而清洁的流体通过滤芯流出。

根据过滤器滤芯的材质分为树脂滤芯、折叠滤芯、金属网滤芯、金属粉末烧结滤芯、PP 滤芯、线绕滤芯、活性炭滤芯等。

（1）PP 滤芯

PP 滤芯也叫作 PP 熔喷滤芯，熔喷滤芯由聚丙烯超细纤维热熔缠结制成，滤芯纤维在空间随机形成三维微孔结构，微孔孔径沿滤液流向呈梯度分布，集表面、深层、精过滤于一体，可截留不同粒径的杂质。

PP 棉滤芯特点：滤芯精度范围 0.5～100μm，其通量是同等精度蜂房滤芯的 1.5 倍以上，可配置不同型号的端盖接头，满足各种工艺过滤的需要。

（2）线绕滤芯

由具有良好过滤性能的纺织纤维纱线精密缠绕在多孔骨架上精制而成。其纱线材料有丙纶纤维、腈纶纤维、脱脂棉纤维等。缠绕时通过控制纱线的缠绕松紧度和疏密度，可以制成不同精度的过滤芯。这是电镀行业用得较多的一种滤芯。

特点：能有效去除各种液体的悬浮物、颗粒杂质等，对各种液体有较好净化效果。其过滤杂质的最小粒径由不同材料和密绕的层数和紧密度确定。

（3）折叠滤芯

折叠式微孔滤芯是采用聚丙烯热喷纤维膜、尼龙聚四氟乙烯微孔滤膜等为过滤介质制作成的精密过滤器件，具有体积小、过滤面积大、精度高等优点，也是电镀行业常用的滤芯。

特点：过滤精度范围可从 0.1μm 至 60μm。滤芯端盖密封及整体结构均采用热熔黏接。滤芯接头为国际通用的三种：222 接头、226 接头、平口。

（4）活性炭滤芯

活性炭滤芯产品有两大类：压缩型活性炭滤芯、散装型活性炭滤芯。

① 压缩型活性炭滤芯　这种滤芯采用高吸附值的煤质活性炭和椰壳活性炭作为过滤料，加以食品级的黏合剂烧结压缩成型。压缩活性炭滤芯内外均分别包裹着一层有过滤作用的无纺布，确保炭芯本身不会掉落炭粉，炭芯两端装有柔软的橡胶密封垫，使炭芯装入滤筒具有良好的密封性。

② 散装型活性炭滤芯　散装型滤芯是将所需要的活性炭颗粒装入特制的塑料壳体中，用焊接设备将端盖焊接在壳体的两端面，壳体的两端分别放入起过滤作用的无纺布滤片，确保炭芯在使用时不会掉落炭粉和黑水。根据客户的需要，壳体端盖可做成不同型号的连接口。电镀液在处理有机添加剂时，常用这种滤芯。

（5）树脂滤芯

树脂是一种多孔、不可溶的交换材料。软水机中树脂滤芯内装有千百万颗微细的塑料球（珠），所有小球都含有许多吸收正离子的负电荷交换位置。当树脂处在新生状态时这些电荷交换位置被带正电荷的钠离子占据。当钙离子和镁离子经过树脂贮槽时，它们与树脂小珠接触，从而实现离子交换。

离子交换树脂滤筒分为阴离子型、阳离子型和混合型，可以选择性地去除有害离子，是水处理中常用的过滤方式，也是制造纯净水的装备。电子电镀中大量用到纯净水，在电镀生产现场配备纯净水制造装置已经是常态。

9.4.3　镀液过滤

9.4.3.1　常规过滤和大处理过滤

当镀液中混入了各种杂质时，需要对镀液进行过滤。特别是粉状颗粒类杂质，例如阳极泥、阴极挂具大电流尖端上粉状沉积的脱落物、空气中尘埃落入物等，在镀液中积累会对镀层造成不良影响，这些杂质会随电镀过程沉积到镀层表面，形成不同程度粗糙镀层，使产品不合格。这种杂质用玻璃烧杯取出镀液观察时，可以对着光看到微小颗粒分散在镀液中。

还有一种更为麻烦的杂质：有机杂质。眼睛无法看到，但对电镀过程的影响比颗粒杂质还要大，去除也更困难。

有机杂质大部分来源于电镀添加剂分解产物或过量添加、油污不慎带入等。当出现镀层发花、脆性增加、电流效率下降等故障时，基本上可以确定是有机杂质污染严重了，要对镀液进行大处理了。

所谓大处理，就是要将镀液经过一系列处理使其还原到没有任何添加剂的初始状态。

以光亮镀镍为例，光亮镀镍中的有机杂质多半是电镀光亮剂过量或其分解产物的积累。当镀层很亮，而分散能力并不好，且很容易起皮，在高电流区甚至出现开裂时，多半是有机杂质较多的表现。这时要先将镀液用双氧水处理，充分搅拌反应后，再加温，然后加入适量（约 2～4g/L）活性炭处理。对于有机杂质量较多时，还要用高锰酸钾处理。这时应先调节 pH 值为 3，再加温到 60～80℃，加入事先溶解好的高锰酸钾，用量在 0.3～1.5g/L 以内，强力搅拌后静置 8h 以上，去除沉淀下来的活性炭后，用过滤机过滤镀液，然后再调整 pH 值到正常范围。如果镀液有红色，可用双氧水退除。

另有一类有机物污染用上面的方法是无法去除的，比如动物胶类的有机杂质、印制电路板的溶出物等。这类杂质含量在 0.01～0.1g/L 时，就会引起镀层起皮等。这时要用 0.03～0.05g/L 单宁酸加入到镀液内，经过 10min 左右就会有絮状物出现，再经过 8h 以上的充分沉淀以后，可以去除。做这种处理最好还加活性炭，就可以完全去除所有有机杂质的污染。

9.4.3.2　循环过滤

前面已经介绍了镀液杂质的物理和化学处理方法。最终都是要用到过滤装置对镀液进行过滤，才能达到最终的处理效果。同时，杂质的混入和影响都是积累到一定的量才出现显著影响的。因此，如果我们防患于未然，对镀液持续地进行过滤，是否就可以将杂质的影响基本排除了呢？是的，确实是这样。镀液循环过滤正是基于这种考虑而成为一种重要的工艺要求的，并且在许多镀种中都已经采用。

循环过滤是选用合适的滤芯对镀液进行不停歇的过滤。过滤机的抽液口和排液口都放置在同一个镀槽内。这样，全槽镀液就不停地被循环过滤。镀液中漂浮的物理颗粒杂质和分解的较大分子团的有机杂质，都可以在持续地过滤中去除掉，从而保证镀液始终处在洁净状态。这对于高精密表面要求和高精细镀层结晶要求的装饰性电镀和电子电镀都是很有效的工艺措施。

一些电镀企业为了提高产品竞争力，就是对普通镀种，也采用了循环过滤的工艺措施，在提高产品质量的同时，也大大延长了镀液寿命和避免了镀槽大处理或延长了大处理周期。这是对电镀工艺管理更高层次认识的表现。

9.4.3.3　超滤

超滤装置是一种加压膜分离技术，即在一定的压力下，使小分子溶质和溶剂穿过一定孔径的特制的薄膜，而使大分子溶质不能透过，留在膜的一边，从而使大分子物质得到了部分纯化。

当前流行的净水器就采用超滤技术。

超滤技术所使用的微孔膜的额定孔径范围为 0.001～0.02μm，采用以压力差为推动力的膜过滤方法。超滤膜大多由醋酯纤维或与其性能类似的高分子材料制得。以压力差为推动力的膜过滤可区分为超滤膜过滤、微孔膜过滤和逆渗透膜过滤三类。它们的区分是根据膜层所能截留的最小粒子尺寸或分子量大小。以膜的额定孔径范围作为区分标准时，则微孔膜（MF）的额定孔径范围为 0.02～10μm；超滤膜（UF）为 0.001～0.02μm；逆渗透膜（RO）为 0.0001～0.001μm。

我们知道筛子是用来筛东西的，它能将细小物体放行，而将个头较大的截留下来。但要对分子进行筛除或分离，就要采用分子筛子。超膜就是一种超级筛子，能将尺寸不等的分子筛分开来。因此，超滤膜是一种具有超级筛分分离功能的多孔膜。它的孔径只有几纳米到几十纳米，也就是说只有一根头发丝的 1‰。

超滤膜的制膜技术，即获得预期尺寸和窄分布微孔的技术是极其重要的。孔的控制因素较多，如根据制膜时溶液的种类和浓度、蒸发及凝聚条件等不同可得到不同孔径及孔径分布的超滤膜。

工业使用的超滤膜一般为非对称膜。超滤膜的膜材料主要有纤维素及其衍生物、聚碳酸酯、聚氯乙烯、聚偏氟乙烯、聚砜、聚丙烯腈、聚酰胺、聚砜酰胺、磺化聚砜、交联的聚乙烯醇、改性丙烯酸聚合物等。超滤膜可被做成平面膜、卷式膜、管式膜或中空纤维膜等形式，广泛用于医药工业、食品工业、环境工程等。现在流行的饮用水机使用的就是超滤膜技术。

第10章

电镀检测与试验设备

10.1 电镀检测与试验

10.1.1 镀层质量要求

镀层质量由于设计要求不同而有不同的评定标准。但是，对于所有的镀层都有一个基本的评判标准，那就是结合力和外观质量。

镀层结合力是所有镀层必须合格的最基本标准，任何镀层如果在主要工作面出现起泡、脱皮等结合力不良的状况，即为不合格。同样，如果表面镀层的色泽不均匀、发花、水渍严重，或出现边角粗糙等表面光洁不良的状况，也是不合格产品。因此评定镀层质量好坏首先是结合力情况和表面基本状态，然后才是相关的功能指标，这些指标的评定要依据相关标准进行，以便根据标准做出评定。评定的标准也可以是双方约定的指标，包括实物样本。

所有产品的生产都有质量检测和试验过程，并且是生产活动中最为重要的过程。没有质量的产品就没有市场，也没有产品的改进和创新。电镀生产也是一样。不仅如此，由于电镀生产过程和电镀工艺本身的特殊性，电镀产品质量的检测和试验比一般机械加工产品的质量检测和试验需要更多一些的专业知识。

对于电镀层的检测可以分为三大类。

（1）外观检测

不论是装饰性镀层还是防护性镀层、功能性镀层，外观都是镀层检测中首先进行的项目。外观是镀层质量最直观的项目，外观不良一眼就可以看出，特别是装饰性镀层，对外观更有特别严格的要求。当然外观还包括对色泽、亮度、水渍、起泡等多个项目的测试。

至于结合力，现实情况是只要外观经干燥处理后没有发现起泡，就默认结合力合格了。只有在库存或交付后发现有延迟起泡发生，才会对同批次产品进行抽检和做出判断，以发现问题所在。

（2）物理性能的检测和试验

这些检测包括结合力试验、厚度检测、孔隙率测定、显微硬度测试、镀层内应力测试、镀层脆性测试、氢脆性测试以及一些特殊要求的功能性测试，比如焊接性能、导电性能、绝缘性能（氧化膜）等。

（3）防护性能的检测

镀层防护性能的测试是一个大类，包括各种抗腐蚀性能的测试和三防性能的测试，比如各种盐雾试验、腐蚀膏试验、腐蚀气体试验、人工汗试验、室外暴露试验、环境试验等。

从工艺流程的角度，则可以分为前处理过程的试验与检测，镀层的试验与检测和后处理的试验与检测等。为了方便读者查阅，本书将以流程为序列来介绍电镀工艺和镀层的检测和试验技术。

10.1.2 镀层外观检测

10.1.2.1 外观的常规检测

镀层外观是所有电镀层质量检测最受关注的指标，尤其是对于非专业人士，只能从外观来判断镀层的好坏。并且任何一种镀层，不论是装饰性还是功能性镀层，其外观都是要达到电镀层基本的外观要求才能进行进一步测试的。所以，外观成了电镀质量检测首先要过的第一关。

但是对于外观检测，在实际过程中往往并没有严格按标准的要求进行，这里不是说检测者放宽了检测的标准，恰巧相反，而是实际检测总是严于标准的要求。同时又与检测者的个人主观判断有关，这在无形中增加了外观质量检测的不确定性。

因此，对于外观检测还是做了一些相应的要求，以保证外观检测的客观性。

（1）外观检测场所条件

外观检测要求在白天自然光室内环境或者 40W 日光灯照度下进行。产品距观察者眼睛的距离不小于 30cm。应该配置专用的外观检测台，光源照度符合要求，最好设有托盘、透明方格板、备用放大镜等。检测人员应佩戴白手套等。

但是实际检测外观的场合，照度都大大超过规定的光源，并且检测时的距离也都很近，这种严格的检测当然是检出高质量外观产品的重要手段，但是肯定会增加质量成本。事实上如果对电镀流程加以严格控制，则加工出来的产品就会符合标准的要求，如果事先不对流程加以控制，事后就是用再严格的方法来检测，也只能是增加返工率而于质量的提高并无补益。

（2）主要表面和非主要表面

很多企业没有对主要工作面和非主要表面进行区别，这样，只要是制品表面任何部位出现不符合外观要求的现象，就会被判定为不合格。特别是对于出现了结合力不良现象时，即使在非主要表面，也是不会轻易放过的。当然对于要求有高结合力的产品，不论是主要表面还是非主要表面，都不得有起泡等结合力不良现象。但是对于非主要表面的色泽差异、水渍等，应该是可以通过的。

所谓主要表面是指设计和实际使用中制件承担产品主要功能的部位，这些部位或有装饰要求，或有强度要求，或有其他功能性要求，在电镀过程中和电镀完成后，这些表面的镀层既要符合一般镀层的通用要求，又要符合设计所指定的功能要求。主要表面出现任何不合格，这件制品即为不合格。

但是，很多产品的结构存在外表面和内表面等不同的表面状态。如果对所有的表面按一个同样的标准来制造，势必会增加制造成本，因此，电镀行业对电镀制品提出主要表面的同时，也提出了非主要表面的概念。

非主要表面是相对主要表面的一个概念，也可以叫作非工作面，是指制件中不直接承担设计所要求的性能的部位，通常是制件的背面、内表面、复杂结构的过渡性表面或主要表面的过渡性表面等。这些部位的镀层只要符合镀层的通用要求即可，有时还可以放宽一些要求，以降低生产成本和节约资源，如果对非主要表面也要求与主要表面一样符合设计的要求，会增加电镀加工的难度和资源的消耗，这在工业生产中是不可取的。

（3）工艺允许缺陷

工艺允许缺陷是指由于电镀工艺的限制，在电镀加工过程中出现的不可克服的缺陷，在一定的范围内，工艺允许缺陷不作为不合格的判定依据。工艺允许缺陷往往是由于镀件结构复杂和电镀工艺技术的限制而难以完全消除的缺陷，比如深孔内可以允许一定孔深内没有镀层，或规定孔口向内的一定距离内有镀层即为合格等。但是工艺允许缺陷以不损失产品的使用功能为前提，是在不影响产品性能前提下的让步接受，并且要将消除和减少这种缺陷作为工艺改进的目标。

10.1.2.2 表面粗糙度测试

表面粗糙度是零件重要的特性之一，在计量科学中表面质量的检测具有重要的地位。最早人们是用标准样件或样块，通过肉眼观察或用手触摸，对表面粗糙度做出定性的综合评定。1929 年德国的施马尔茨（G.Schmalz）首先对表面微观不平度进行了定量测量。1936 年美国的艾卜特（E.J.Abbott）研制成功第一台车间用的测量表面粗糙度的轮廓仪。1940 年英国 Taylor-Hobson 公司研制成功表面粗糙度测量仪——泰吕塞夫（TALYsURF）。以后，各国又相继研制出多种测量表面粗糙度的仪器。

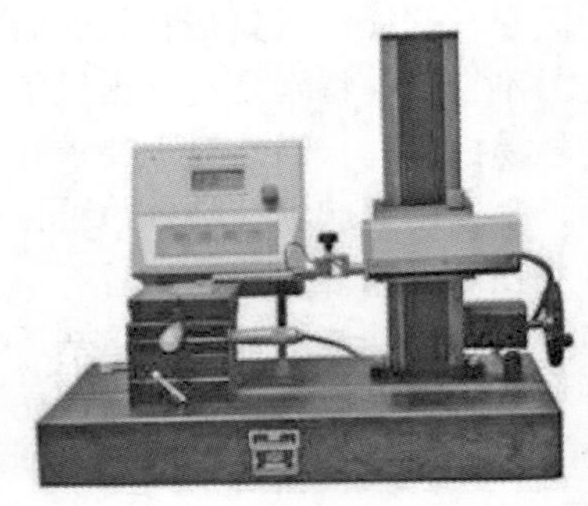

图 10-1 表面粗糙度测试仪

目前，测量表面粗糙度常用的方法有比较法、光切法、干涉法、针描法和印模法等，而测量迅速方便、测值精度较高、应用最为广泛的就是采用针描法原理的表面粗糙度测量仪。针描法又称触针法。当触针直接在工件被测表面上轻轻划过时，由于被测表面轮廓峰谷起伏，触针将在垂直于被测轮廓表面方向上产生上下移动，把这种移动信号通过电子装置加以放大，然后通过打印机或其他输出装置将有关粗糙度的数据或图形输出来。

常见的一款表面粗糙度测试仪见图 10-1。

10.1.2.3 表面光亮度测试

测定金属表面的光亮度可以采用光学方法，并且已经有基于光学原理的表面光亮度测试仪出售。

被测表面的光亮度通常是以入射光与反射光的比值来表示的，如图 10-2 所示。

图 10-2 中所列公式中，G 表示光亮度，它是一定入射角（θ）的入射光φ_1与反射光φ_2比值。在实际测试中，φ_1通常是一定亮度的光源，φ_2则是集光器收集到的光的亮度。

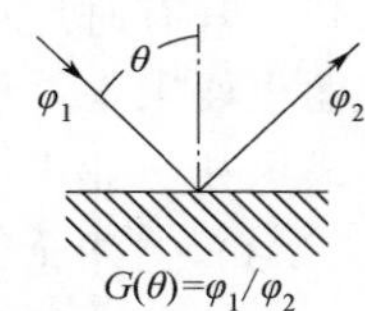

图 10-2 光亮度测试原理图

由于光亮度的测试不止这一种方法，针对不同的表面会有不同的取角或不同的集光方式，包括标准板对比等方法，因此，在进行镀层光亮度对比时，一定要指出所标明的光亮度的测试方法和测试条件，包括光源、入射角度等，否则是没有可比性的。

10.1.3 电镀过程检测

由于电镀过程涉及的流程长且节点多，如果只在产品制造完成后才检测，有些本来可避免的缺陷就无法纠正而造成产品浪费。因此，在电镀过程中加强过程检测和巡回检测就很有必要了，并且这也是电镀检测的基本要求之一。

10.1.3.1 镀前处理检测

镀前处理是电镀过程中最为重要的流程，但是又是实际生产中常被马虎对待的流程，很多电镀企业对电镀过程有很严格的监控，但对前处理则是粗放管理，没有分析监测和工艺控制，从而导致电镀质量，特别是镀层结合力难以保证。镀前处理的检测可收到事半功倍的效果，电镀生产过程控制应该将前处理检测列为重要工序控制点。

镀前处理根据镀件的要求不同而有不同的工艺。对于装饰性镀层，对基体的表面粗糙度要有量化的要求，必要时要进行粗糙度的检测。而对所有的镀层都要监控的一个前处理指标就是镀件表面的除油效果，需要通过一定的检测或试验来确认其状态。严格的镀前处理还包括镀件材质的确认试验等。这些试验即使不是常用的，也是必备和必须掌握的。

镀后处理的检测则主要是处理后的镀层与设计需要的符合性检测，有些镀后处理增强了表面性能，却可能牺牲掉一些其他方面的性能，因此，只能通过检测或试验来了解真实的情况，以便确定最佳的表面处理方案。

要检测表面除油效果实际上是对表面亲水化程度进行检测，除了科学实验和机理研究需要使用表面润湿角等仪器测量外，表面除油效果的检测基本上依靠经验，因为在电镀现场配备亲水角测量仪是不现实的，而经验的方法简便易行，所以是常用的方法。

① 表面亲水性观察　表面亲水观察，就是将经除油后的制件在清水中浸渍后取出，观察水在表面的停留状态。完全亲水的表面会有一层均匀的水膜，多余的水流下后，表面仍然是完全湿润的。如果局部除油不好，那里就会出现水花或油斑，即水膜会出现一些基本上是圆形的不湿润区域；如果大部分除油不好，制件表面基本上不亲水，从清水中取出后表面的水会很快滴下而不湿润。

② 白色纸巾揩擦　以白色干净的纸巾对除油后的表面进行揩擦，再看纸巾表面是否留下油污痕迹，如果除油干净的表面，纸巾上只有水渍，而除油不干净的表面，在纸巾上会有油污的痕迹。极薄的油膜是透明的，用肉眼无法看到，但用纸巾揩后，油污被收集到纸巾上而容易显现出来。

③ 对比法　对电化学除油的效果进行试验是对电化学除油剂进行评价的一种方法。这种试验通常是一种系列化对比方法，并且需要制成镀片对结合力进行定量评价，来间接评价除油的效果，同时要以普通化学除油或某种已知的电化学除油剂做平行的对比。

将同一种油污状态的试片在不同除油工艺中进行除油，当然其中包括电化学除油工艺，可以同时准备多种工艺方案，比如阴极除油、阳极除油、阴阳极联合除油等。然后对除油完成的试片进行同样工艺条件下的电镀，再对镀层结合力进行检测，以评价不同方案的电化学除油效果。

如果只需要简单对比，可以将中度油污的试片进行化学除油后，以前面介绍的经验方法进行表面亲水观察，会发现有局部油花现象，然后再进行电化学除油，即可发现表面完全亲水。

10.1.3.2　表面腐蚀程度的定量测试

为了认识酸蚀作用和对酸蚀程度有量的描述，对金属的酸蚀程度是可以进行测试的。这在前处理酸蚀工艺的评价中时有用到。

酸蚀定量测试通常采用的是失重法，即将样片在酸蚀前进行干燥、称重，然后在一定条件下进行酸蚀，取出经清洗和干燥后，再称重，以初始重量减去酸蚀后的重量，其差值就是酸蚀失去的金属材料的量。这个方法可以比较准确地描述金属在某种酸中发生酸蚀时失去的金属的量，是有可比性的，但是它对失去的金属的表面分布不能提供任何帮助。不论是均匀腐蚀，还是点蚀都需要以失去金属的量来判断腐蚀的程度。因此，有时还需要通过表面粗糙度的变化来对酸蚀过程进行描述，以确定某些酸洗过程是不是同时具有抛光功能等。

金属腐蚀的重量指标可通过下式加以计算：

$$K = \frac{G_0 - G_1}{st}$$

式中，K 为腐蚀的失重指标，g/（$m^2 \cdot h$）；G_0 为样品腐蚀前的初始重量，g；G_1 为样品腐蚀后清除了腐蚀产物后的重量，g；s 是样品的表面积，m^2；t 是腐蚀的时间，h。

10.2　镀层厚度的检测

镀层的厚度是镀层的一项非常重要的指标，是保证镀层机械物理和化学性质的物质基础。由于镀层厚度与产品加工成本直接相关，委托方为了保证产品质量对镀层厚度往往有非常明确的要求。达不到镀层厚度的产品即使其他指标都合格也是无法验收的。而需要电镀加工的产品的材质、形状等都品类众多，因此，针对镀层厚度的检测制定了许多检测方法。

检测镀层的厚度有很多种方法，但基本上可以分为物理法、化学法和电化学法三大类。每一类测厚法中又有多种分析方法，如表 10-1 所示。

表 10-1　镀层厚度检测方法分类

镀层厚度检测类别	镀层厚度检测方法	性质
物理法	直接测量法	非破坏性方法
	仪器测量法：磁性法、非磁性法、射线法、电镜法等	非破坏性方法

续表

镀层厚度检测类别	镀层厚度检测方法	性质
物理法	金相法	破坏性方法
化学法	化学溶解分析法 化学溶解称重法 化学溶解液流计时法	破坏性方法
电化学法	电化学阳极溶解法	破坏性方法

10.2.1　物理测厚法

10.2.1.1　物理测厚方法的分类

物理方法主要是指各种光学或电学仪器测量法，这些方法多数是非破坏性的，也有破坏性的方法，比如直接对剥离镀层用千分尺测厚的方法，还有就是金相法。根据测量的原理，物理方法可以分为以下几类。

（1）直接测量法

由于非金属表面的镀层比较容易从基体上剥离，因此，可以将镀层从基体上剥离后，直接用千分尺测量镀层的厚度。这是破坏性方法，如果不能对产品进行破坏性测量，则可以制作与所镀产品平行操作的试样，对试样的厚度进行直接测量。对于有些平板式或圆形制品等可以用游标卡尺或千分尺测量的制件，也可以用镀前和镀后测量的差来获得厚度信息。直接测量法存在误差大和只能测较厚镀层以及一定形状镀层的缺点，所以用途有限。

（2）仪器测量法

现在已经有很多种采用仪器进行厚度测量的方法，比如采用探头或测试头等对镀层进行直接测量的测厚仪，其原理有磁性法、涡流法、β 射线反向散射法、荧光 X 射线法等。这是目前比较流行的测厚方法。

（3）金相法

金相法需要用带有测微目镜的金相显微镜，并由专业人员进行测量。试样的制作要求比较严格，否则会影响测试的精度。由于金相法有较高的准确度，因此也被作为出现镀层厚度争议时的仲裁法。由于金相法受测量仪器设备等限制，不是经常使用的方法。但是在科研中仍然会经常用到。

10.2.1.2　镀层厚度检测的取样原则

由于电镀层的分布受电流密度分布的影响，而电流分布又与镀件的几何形状有关，因此，镀件表面的镀层厚度是不均匀的。这样，在进行镀层厚度测试时，如果不遵循一定的取样原则，就有可能使所测得的镀层厚度没有代表性。因此，在对制件镀层的厚度进行测试时，要根据镀件形状选取合适的检测点。

通常一个样件至少取三个检测点，这三个点的位置应该分别代表样件上的高电流密度区、低电流密度区和中间电流密度区。然后取这三个点的镀层厚度的算术平均值，作为所测镀层厚度的结果。如果要提高试验结果的精确度，就要取更多的有代表性的点，所取的点越多，精确度就越高。比如同一个电流区取2～3个点，然后综合所有点的取值再取其算术平均值。

判断制件不同电流密度的区域要根据电流一次分布的特点。对于平板形制件，中间的电流密度最低，而四角的电流密度最高，四边的电流密度居中。对于圆管状制件，则两端为高电流区，中部为低电流区，从中部到端部的中间区则为居中的电流区域。总之，只要能判断出样件的不同电流区域，然后在这不同的区域中取检测点，就能基本保证所测得的镀层厚度有代表性。

10.2.1.3　物理测厚法

（1）磁性测厚法

磁性法是利用被测试样与标准磁体之间吸引力的变化来转换成镀层的厚度。这种方法只能适用于对磁性能敏感的基体上的非磁性镀层，如钢铁基体上的铜、锌、锡等镀层。钢件上的镍镀层就不能很好地测量出结果。

磁性法的优点是对钢铁基体上的非磁性镀层提供了一种快速的测量方法，其准确度可达85%～90%。测量样件的粗糙度对测量结果有影响。如果被测件的基体很薄时，比如样片厚度低于0.25mm时，会有较大测量误差，这时可以在样片后另加一个与基体材料相同的厚一些的无镀层材料来减少误差。

磁性法的缺点是受磁性能要求的限制而所应用的基体材料和镀层有限。

（2）涡流测厚法

所谓涡流测厚是通过探针使基体为导电材料的被测体表面一定深度内产生瞬间振荡电流。涡流电流的强度受镀层的厚度和基体材料导电性能的影响。当镀层减薄时，会有更高的涡流电流通过基体，而当镀层增厚时，通过基体的电流会减小，据此可以计算出镀层厚度。

涡流法可以用于金属材料基体上的金属或非金属镀层的测厚，也可以用于非金属材料上的金属镀层的测厚，并且是非破坏性测厚法，因而也是应用较广的一种测厚法，特别是在涂料层的测厚应用更多，对镀层较薄时的误差会较大。

（3）β射线测厚法

对于多种镀覆层与基体的组合，其厚度可以通过β射线反向散射仪来进行非破坏性厚度测量。当β粒子（快速电子）进入镀层时，粒子会与包括镀层在内的原子相互制约从而损失能量和偏离轨道。由于在轨道中与原子大量撞击，很多粒子会从原来进入的镀层反向穿出，这就是反向散射。

β 粒子和原子撞击的概率，随着轨道原子数目的增多而增加，因此，对于给定密度的材料，具有在这种一定密度材料中穿过的速度。由于粒子能量与镀层和基体材料的穿透速度存在差别，因此可以利用β 射线反向散射的强度来测量镀层的厚度。

应用β 射线反向散射方法测量镀层厚度，需要镀层与基体材料在原子序上有足够大的间隔。测量较小制件时，被测部位应保持不变，以消除试样几何形状的影响。β 射线反向散射测量技术较多用于各种基体金属上贵金属的薄镀层，如金、铑等的测量。

（4）X 射线测厚法

X 射线测厚法是用射线激发物质产生状态变化而发出可测信息的测试方法。其工作原理是当被测物质经 X 射线或粒子射线照射后，由于吸收多余的能量而变成不稳定的状态。从不稳定状态要回到稳定状态，吸收了能量的物质需要将多余的能量释放出来，这种释放是以荧光或光的形态释放出来，从而提供了可供测量的信息。根据这一原理制作出了荧光 X 射线镀层厚度测量仪或成分分析仪。这类仪器就是测量这种被释放出来的荧光的能量及强度，来对试样进行定性和定量分析。由于这种测试是非破坏性的，并且可以在很微小面积上测量镀层厚度，因此是现在流行的高性能测厚仪器。

新一代的 X 荧光测厚仪（图 10-3）不仅仅是在很小的取样区获得精确的镀层厚度信息，而且可以对多层镀层进行测量和微量元素分析，同时可以对形貌进行拍摄等。

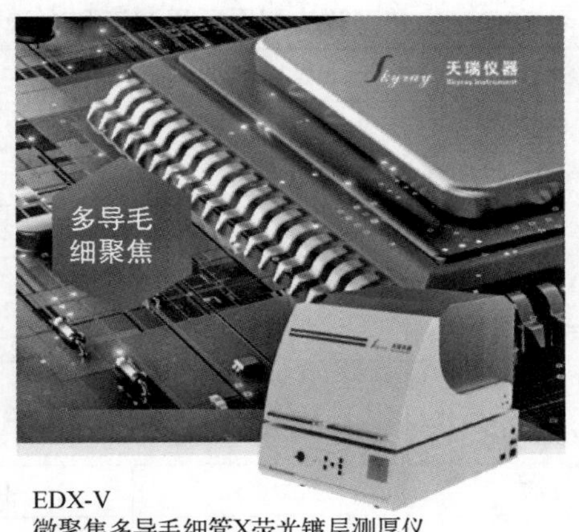

图 10-3　X 荧光镀层测厚仪

（5）直读光谱测试仪

所谓直读光谱测试仪，是指光学多道分析仪（Optical Multi-channel Analyzer，

OMA）。这是近十几年出现的采用光子探测器（CCD）和计算机控制的新型光谱分析仪器。它集信息采集、处理、存储诸功能于一体，是现代高科技测试技术的体现。由于 OMA 不再使用感光乳胶，避免和省去了暗室处理以及之后的一系列处理，使传统的光谱技术发生了根本的改变，改善了工作条件，提高了工作效率，可以很快地读取出数据，所以被叫作直读测试。

使用 OMA 分析光谱，测量准确、迅速、方便，且灵敏度高，响应时间快。测量结果可立即从显示屏上读出或由打印机、绘图仪输出。目前，它广泛应用于几乎所有的光谱测量、分析及研究工作中，特别适用于对微弱信号、瞬变信号的检测，也可以用于镀层厚度的测量。

10.2.2 化学测厚法

化学测厚法也可以称作化学溶解测厚法，其原理是使用相应的化学试液溶解镀层，然后用称重或化学分析的方法测定镀层厚度，用这种方法测得的厚度是平均厚度。这种方法用在塑料电镀上比在金属基体上可靠性更高一些，在印制电路板的化学镀层测厚中也经常用到。在金属基体上做时，一定要保证基体不被浸蚀或溶解。化学溶解测厚在具体检测计量结果时，又分为称重法和化学分析法两种。

测量可以用已经镀好的产品样件进行，也可以用预先制作的试片进行。当用样品时，要用体积或面积较小（质量在 200g 以内）的零件进行。先对样件进行称重，化学溶解后，清洗干净再称重，用于各种镀层的化学溶解液见表 10-2。

表 10-2　化学溶解法测厚所用溶液和方法

镀层	溶解液	含量/（g/L）	温度/℃	测量方法
锌	硫酸 盐酸	50 17	18～25	称重法
镉	硝酸铵	饱和	18～25	称重法
铜	氯化铵 双氧水	100 2	18～25	称重法
镍	盐酸 双氧水	300 2	18～25	化学分析法
铬	盐酸	盐酸原液	20～40	称重法
银	硝酸 硫酸	1 份 19 份	40～60	化学分析法
锡	硝酸 硫酸亚铁	200 70	18～25	称重法

如果是用空白试片测量，则与有镀层的样件相反，要先对试样进行有机和化学除油，并对试样先进行称重后，再电镀，然后对镀后的试片称重。这时的计算则是以镀后的重量减镀前的重量，所得重量差与先镀后退的一样是镀层的重量。

采用称重法的试样，在溶解完全后，取出试样清洗干净并经干燥和冷却后称重。可用感量为 0.01mg 的天平，最好是用分析天平。

采用化学分析法的试样，在溶解完全后，取出试样用蒸馏水冲洗，但冲洗水要留在化学溶解液内，然后分析溶液中的金属质量。

（1）称重法

$$\text{平均厚度}=\frac{\text{含镀层试样的质量（g）}-\text{无镀层的试样质量（g）}}{\text{试样表面积（cm}^2\text{）}\times\text{镀层金属密度（g/cm}^3\text{）}}\times 10^4 \qquad (10\text{-}1)$$

（2）化学分析法

$$\text{平均厚度（μm）}=\frac{\text{分析所得镀层的质量（g）}}{\text{试样表面积（cm}^2\text{）}\times\text{镀层金属密度（g/cm}^3\text{）}}\times 10^4 \qquad (10\text{-}2)$$

10.2.3　电化学测厚法

电化学测厚法是目前应用最为广泛的方法，也称为电解测厚法。它是根据可溶性阳极在电解条件下溶解的原理，在被测镀件上取一个待测点，在这个点位安装一个小型电解槽，通电后，让镀层作为阳极溶解，当到达终点时，阳极溶解电位会有一个明显的电位跃迁而指示终点，然后通过对这个小型面积上溶解的金属量进行计算，换算成镀层的厚度。所以也叫电解测厚法或电量法。由于电子计算机技术的引入，在最新的电解测厚仪上可以直接读取经换算后的镀层厚度，并且可以打印测试结果。

1975 年，武汉材料保护研究所研制出了我国第一台电解测厚仪。当时国内尚没有这种测试仪，从西方国家进口价格昂贵。材料保护研究所研制的这款 DJH 型电解测厚仪（也叫库仑法测厚仪）填补了我国电解测厚仪的空白，并且从此在研制电解测厚仪领域一直处在领先地位，从当初的全晶体管型，发展到现在的芯片智能型，为我国电镀技术研究和企业产品质量管理提供了优良的测厚仪器。

现在最新的 DJH-G 电脑型多层镍厚度及电位差测试仪（图 10-4），在汽车制造和严酷环境应用的高抗蚀性多层镍组合镀层的测试中发挥了重要作用。这款测厚仪将以前需要多次分层测试的参数和需要另外测镀层间电位差的工作都在这台装备上一次性测量完成，不仅提高了测试效率，也确保了测量精度，深受用户欢迎。

图 10-4　DJH-G 型多层镍厚度及电位差测试仪

电解法所采用的测试溶液要求对镀层没有化学溶解，且阳极电流效率为100%。电解法的优点是对极薄的镀层也可以有测量结果，并且可以用于多层镀层的一次性分镀层测定。同时，这种方法与基体材料无关，对是否是磁性镀层也没有要求，对温度的敏感性不像化学法那样高。唯一的缺点是在用产品直接做检测时是破坏性的，不经过检测后的制件仍可以返工后再用。同时也有一些产品结构复杂或尺寸过大，不方便直接测量，这时可以采用在产品电镀时在同部位挂置用于测试的小块试片的方法，获得相同电镀工艺参数下的镀层试片，用这种试片进行测量，可以推导出产品相应部位的镀层厚度。因此电化学测厚法是现在比较流行的方法。

10.2.4　镀层厚度的计算

镀层厚度是可以通过电沉积参数进行计算的。这就是所谓镀层厚度的理论值。这个值可以用来验证镀液的各种性能，包括电流效率、沉积速度和成本核算等。

由电流效率公式可以得到：

$$M' = KIt\eta \tag{10-3}$$

同时，所得金属镀层的质量也可以用金属的体积和它的密度计算出来：

$$M' = V\gamma = s\delta\gamma \tag{10-4}$$

式中，V 为金属镀层的体积，cm^3；s 为金属镀层的面积，cm^2；δ 为金属镀层的厚度，cm；γ 为金属的密度，g/cm^3。

由于实际科研和生产中镀层的单位都是用微米（μm），而对受镀面积则都采用平方分米（dm^2）作单位，这样，当我们要根据已知的各个参数来计算所获得镀层的厚度时，需要做一些换算。

由　　　　$1dm^2 = 100cm^2$，$1cm = 10000\mu m$

可得到：

$$M' = 100s \times \frac{\delta}{10000} \times \gamma = \frac{s\delta\gamma}{100} \tag{10-5}$$

将 $M' = KIt\eta$ 代入上式得：

$$\delta = \frac{KIt\eta \times 100}{s\gamma} \tag{10-6}$$

电镀过程中是以电流密度为参数的，也就是单位面积上通过的电流值。为了方便计算，根据电流密度的概念，$D = I/s$，可以将上式中的 I/s 换成电流密度 D。而电流密度的单位是 A/dm^2，考虑到电镀是以 min 计时间，代入后得：

$$\delta = \frac{KDt\eta \times 100}{60\gamma} \tag{10-7}$$

这是根据所镀镀种的电化学性质（电化当量和电流效率）和所使用的电流密度与时间进行镀层厚度计算的公式。

根据这个公式，可以计算出在一定电流密度下电镀一定时间的镀层厚度，也可以计算要镀得某个厚度需要多少时间。

10.3　镀层物理化学性能的测试

10.3.1　镀层结合力的测试

镀层结合力是电镀性能所有指标中最重要的指标。镀层与基体材料之间的结合力是一种什么力至今都没有很确定的理论解释。这是因为基体材料有很多种，镀层金属也有很多种，同一种基体上的不同镀层，结合力的性质会有所不同，不同基体上的同一种镀层，也会有不同的结合力，因此很难有一个定论。比如钢铁表面的镀层和有色金属表面的镀层与轻金属表面的镀层和非金属表面镀层的结合力，就有明显的区别。而同样是酸性铜镀层，在钢铁表面和铜合金表面的结合力，也会有明显的不同。这说明在不同的场合，镀层结合力会以不同的力为其主要的结合方式。

但是，至少可以肯定的是镀层结合力是由微观结合力和宏观结合力这两种不同性质的力组成的，即镀层结合力既有金属结晶之间的分子间力，也有基层材料与镀层之间的机械结合力。在不同的场合表现为不同的力。结合力最强时，是分子间力和机械结合力都处在最佳值域，分子间力强时，镀层有较好的结合力，而有些镀层，比如塑料上电镀，则主要表现为机械结合力，以机械结合力为主要结合力的镀层，其结合力往往偏低，比如铝上电镀层。

不过我们从电镀工艺对结合力的影响来考察，会发现镀层与基体间的分子间力的大小是影响镀层结合力的主要因素。凡是除油不良的制品，其镀层结合力一定不会好。这是因为分子作用力与两晶面之间的距离和晶面洁净程度有很大关系。基体表面有油膜，哪怕是单分子层膜，也将大大降低镀层晶体与基体晶面之间的分子间力，更不用说大分子的油污混在其间，对晶体之间的生长是极其不利的。即使是很粗糙的表面，有良好的机械结合力的基础，如果除油不良，结合力也会不好，这对我们理解镀层结合力主要是化学力即分子间力是一个很好的启发。

10.3.1.1 检测镀层结合力的方法

用于检测镀层结合力的方法有弯曲法、锉边法、划痕法、冷热循环法、黏接拉力法和模拉法等。但常用的是弯曲法。将待测的试片制成长 100mm、宽 25mm、厚 1mm 的长方形，然后按需要测试的镀种和工艺进行电镀，清洗干燥后在台钳上以 $R = 4$mm 的角度让试片反复弯曲 180°，直至断裂。裂口处镀层无脱落为结合力良好。在电镀现场简易的方法是对片状制件用手直接进行反复弯曲，看断裂处有无镀层脱落。

拉力法是定量测定镀层结合力的方法。按工艺要求在试片上将镀层与一个断面为 $1cm^2$ 的立方金属柱用强力胶粘接到一起，然后沿粘接的正方形的边将镀层刻断至试片基体。再以拉力机将这个小方柱从镀片上拉脱，这时拉力机拉力指针的读数就是镀层结合力的数值，单位为 kg/cm^2。这种方法常用于检测塑料电镀层与基体的结合力。

10.3.1.2 镀层结合力定量的表示方法

由于定量测量镀层结合力比较复杂，平时用来测试镀层结合力的方法都是定性的方法，但是为了获得定量方面的数据以进行比较和改进电镀工艺及操作条件，有时还需要进行定量或半定量的结合力测试。根据所用的方法不同，所用的定量表示方式和单位也有所不同。最常用的是单位面积上镀层与基体之间的力，单位是 kg/cm^2 或 kg/mm^2。只有当所用的方法完全一样时，这种结合力的量值和单位才有进行比较的意义。对于结合力较弱而可以用拉剥法进行测量时，所用的单位是以剥离一定宽度（通常是 1cm）的镀层的垂直拉力来代表结合力，这时的单位就是 kg/cm，这是非金属上电镀常用的结合力测试法所用的单位。

还有一种半定量地表示结合力的方法，比如方格法，所测的不是结合力的值，而是镀层脱落面积的比率，这时的单位就是百分数，只能间接和粗略地反映镀层结合力的大小。

10.3.1.3　热震试验

热震试验也叫热冲击试验、高低温循环试验，是检测镀层结合力的又一种试验方法，常用在特殊材料的电镀结合力上，比如铝上电镀、锌合金材料电镀、塑料电镀等。这种试验是将试样在一定温差的环境中进行温度的交变试验，检测镀层经过这种不同温度环境的变化后结合力的变化情况。所取温度的差值根据材料的耐热性不同而有所不同。比如塑料上电镀的热震试验，高温就不应超过 80℃，低温则可以是 0℃或更低。对于有色金属材料，除了考虑材料的耐受力外，还要结合产品的使用环境来设计热震的温度范围，有时会在低至–40℃和高达 230℃的环境进行热冲击试验。有些特殊环境使用的产品，则有更高的温度冲击试验要求，比如在发动机环境工作的制件，在往返大气层的航天器外部的制件等，需要更高温度的考验。

10.3.1.4　简便的结合力试验方法

在电镀生产现场，有时需要及时了解所获得镀层的结合力情况，以便采取措施对工艺进行调整。这时可以采用简便的方法测试镀层结合力。一是划痕法，用小刀在镀层表面纵横交错地划若干条线，要划至基体金属材料。交叉格子内的镀层如果有脱落，则表示结合力有问题。这是方格试验法简单变通的方法。

对于可以用手工或手钳折弯的制件，可以通过来回地折弯制件直至断裂，观察其断面有无镀层脱落，来判断镀层结合力情况。这种方法也用来定性地检测镀层的脆性。

10.3.2　镀层脆性的测定

10.3.2.1　镀层脆性的测试方法

镀层脆性是影响镀层质量的一个重要指标，特别是在各种电镀添加剂应用越来越多的情况下，镀层的脆性问题更加突出。因此对镀层的脆性进行检测，以保证镀层质量和找到降低脆性的方案和开发低脆性镀层是很重要的工作。

检测脆性的方法是当镀有待测镀层的试片或圆丝受力变形后出现裂纹时，观察镀层的状态，常用的方法有杯突法、弯曲法、缠绕法等。

杯突试验属于仪器测试方法，属于半定量测试，由于需要专业的设备和准备标准镀片等，在电镀工作现场是很少用到的。在现场常用的方法是弯曲法、缠绕法等。

10.3.2.2 弯曲法

弯曲法是将镀有镀层的试片夹在虎钳上，为了防止钳口伤到试片，可以在钳口垫上布料等软片，然后对试片做90°弯曲，直至试片出现裂纹，注意镀层在脆性较大时，不到90°就会出现裂纹，这时要记下弯曲的角度。如果弯曲90°一次没有出现裂纹，则增加次数，并记下开始出现裂纹的次数，这些可以作为镀层脆性程度的相对比较参数。有时需要用放大镜观察裂纹状态。这时需要注意的是不要将镀层脆性与镀层结合力混为一谈。在结合力较差时，经过弯曲试验，会出现镀层脱落，这不一定是脆性引起的。因此，制作测试脆性的试片时，要保证镀层与基体有良好的结合力。最好对试片进行化学除油后，再进行超声波除油和电解除油，并进行强效的表面酸蚀和活化，再进行电镀。

10.3.2.3 缠绕法

还有一种简便的方法是取不同直径的圆棒，在其上用镀了镀层的铁丝或铜丝进行缠绕，通常缠绕十圈或更多，用放大镜观察其表面镀层开裂的情况，如果某一直径没有出现开裂，就改用直径较小的圆棒来做，通过的直径越小，则镀层的脆性也就越小。

最为简便的方法是将镀了镀层的试片拿在耳朵边进行弯曲，听其发出变形时的声音，脆性越大，变形脆裂的声音越大。这是很粗略的方法，并且试片要比较薄而又有一定刚性。

10.3.2.4 杯突试验

杯突法是测试镀层脆性的方法之一，它是在杯突测试仪上进行的测试方法。所谓杯突，就是给被测试件加外力的冲头的形状是一个杯状突起。与冲头对应的外模则是一个比冲头直径大一些的圆孔。试片在受压成型过程中会向圆孔内凹下去一个与冲头一样的杯状坑。直至镀层产生开裂为终点。以这个坑的深度（mm）来表示脆性的程度。坑越深，表示镀层的脆性越小。采用杯突法测试镀层脆性，一般需要制作专门的试片，来模拟实际电沉积物的脆性。不同厚度或大小的试片选用不同的冲头和外模的直径。它们的关系见表10-3。

表 10-3 杯突法试片厚度与冲头直径的关系

类型	试片厚度/mm	试片宽度/mm	冲头直径/mm	外模孔径/mm
1	≤2	70～90	20	27
2	＞2～4	70～90	14	27
3	＜1.5	30～70	14	17
4	＜1.5	20～30	8	11
5	＜1.0	10～20	3	5

10.3.3　镀层内应力的测试

镀层内应力是金属电沉积过程中由于操作条件和镀液组成的影响，在金属电结晶时对应结晶长大过程中的受力而出现的一种平衡力。由于不是受外力引起的应力，所以称之为内应力。镀层内应力是镀层性能的一项重要指标，测量镀层内应力对于了解电沉积层的机械性能有重要参考价值。

10.3.3.1　条形阴极法

镀层内应力测试现在已经有多种仪器可以进行。这些测试方法是在薄金属片上进行单面电镀后，由于镀层的不同内应力而使试片发生变形而弯曲，再根据试片弯曲的程度等参数来计算出相应的内应力。

一种可供现场管理的实用测试方法是条形阴极法。作者根据条形阴极法曾申请并获得外观设计专利权（ZL973223510）。图 10-5 为这个专利的外观图。长方形盒体内装入电镀液，盒体正面是一片透明有机玻璃，中间有一条直线，标示试片侧面与之对齐的位置；阳极用钛网制成小网条，可放入测试镀种的阳极材料；测试时将试片侧面与槽上线对齐并固定，然后按电镀工艺规定的电流密度通电电镀。为了方便观测，可以打开光源盒中的灯。随着镀层达到一定厚度，试片会发生弯曲，以此判断镀层内应力情况。

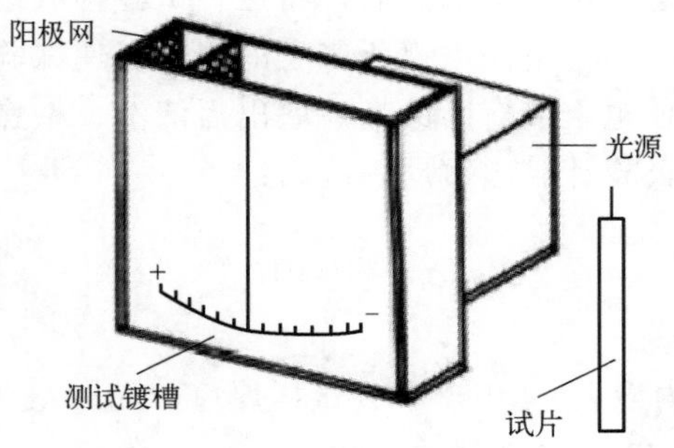

图 10-5　镀层内应力测试槽

试片的制作：取长×宽×厚 = 200mm×10mm×0.15mm 的纯铜试片，经过退火处理以消除机加工产生的内应力。小心进行除油和酸洗后，将试片的一个面进行绝缘处理，然后在被测试镀液内，让试片受镀面竖直地平行于阳极，按被测镀液的工艺要求进行电镀。完成电镀后，对试片进行小心清洗和低温干燥后，根据其变形情况来判断镀层产生内应力的情况。

如果试片仍然保持平直，可以认为镀层的内应力为零。

如果试片向有镀层的这一面弯曲，也就是有绝缘层的一面向外凸起，这就表示镀层有张应力。

如果是向相反的方向变形，则表示镀层有压应力。

这个测试方法还可以得出定量的结果。由于弯曲度是弹性模数（应力和应变之比）的函数，只要将镀层的厚度也加以测量，再将变形试片的末端偏离垂直线的距离也测量出来，就可以利用公式计算出镀层内应力：

$$s=\frac{E(t^2+dt)Y}{3dL^2} \tag{10-8}$$

式中，s 为镀层内应力，kgf/cm²；E 为基体材料的弹性模数，kg/cm²，纯铜 $E=1.1\times10^6$kg/cm²；t 为试片厚度，cm；d 为镀层的平均厚度，cm；L 为试片电镀面的长度，cm；Y 为试片末端偏离垂线的距离，cm。

10.3.3.2 内应力的电阻应变测试法

内应力的电阻应变测试法是利用电阻丝的伸缩所产生的电阻值的变化来测量镀层的内应力。

取 100mm×20mm×2mm 的碳钢试片一片，表面粗糙度 $Ra\leqslant0.4\mu m$。在其表面用万能胶粘上一片由电阻丝制成的应变片，注意必须紧贴在试片表面而不要有气泡等空隙。然后将试片和电阻应变片的背面用绝缘漆完全绝缘起来，包括接头部位。再用电阻应变仪进行电平衡调整后，将这种试验片放进镀槽，按规定的电流密度和时间进行电镀。由于单面电镀所产生的应力会使试验片变形，因此电阻应变片也会发生变形，使电阻值有所改变。取出后清洗、干燥，在电阻应变仪上测出应变量，再按以下公式计算出镀层内应力：

$$\sigma=\frac{\delta\varepsilon E}{2\delta_0}\times10^{-6} \tag{10-9}$$

式中，σ 为镀层内应力，MPa；δ 为试样厚度，mm；ε 为应变量测定值；E 为镀层金属弹性模数，MPa；δ_0 为镀层厚度，mm。

10.3.3.3 螺旋收缩仪应力测试法

螺旋收缩仪法是一种经典的测试镀层内应力的方法。这种方法是利用螺旋形金属片试样在电镀时其曲率半径发生的变化进行测试。

测试的方法是将符合一定规格要求的螺旋形不锈钢带经表面清洗、干燥后，将螺旋内壁涂上绝缘漆，称重。然后将这种螺旋带的一端固定在螺旋收缩仪上，另一端为自由端。再将这种连接有测试仪的螺旋试样浸入镀液进行电镀。

由于单面镀层的应力会导致试样的曲率变化，因此由螺纹试片的另一端相连接的齿轮放大，从指针上就可以读取相应的数值。这种数值可以相对地表示应力的大小。要了解镀层内应力的绝对值，则需要先测出仪器的偏转常数，然后将所得的指针偏转值和偏转常数进行换算，得出应力值。

10.3.4　氢脆测试

由于电镀过程包括酸洗过程，都会给基体金属材料造成氢脆，为了研究或防止氢脆，需要对金属的氢脆情况进行测试，以获取相关信息。测试氢脆的方法有好几种，常用的有往复弯曲试验法和延迟破坏试验法。分述如下。

10.3.4.1　往复弯曲试验

往复弯曲试验对低脆性材料比较灵敏，可以用来对不同基体材料在经过相同的电镀工艺处理后的氢脆程度进行比较，也可以对相同基体材料上的不同电镀工艺的氢脆程度进行比较。这种试验的方法是取一个待测试片，其尺寸规格为150mm×13mm×1.5mm，表面粗糙度 *Ra*=1.6μm。对试片进行热处理使之达到规定的硬度。然后用往复弯曲机让试片在一定直径的轴上进行缓慢的弯曲试验，直至试片断裂。弯曲方式有 90°往复试验和 180°单面弯曲两种，以前一种方式应用较多，弯曲的速度是 0.6°/s。如果是单面弯曲则所取的速度为 0.13°/s。评价的方法是将弯曲试验至断裂时的次数乘以角度，以获得弯曲角度的总和，其角度总值越大，氢脆越小。

测试时要注意以下几点。

① 试片在进行热处理后如果有变形，应静压校平，不可以敲打校正，否则会使试片的内应力增加，影响试验结果。

② 为了防止应力影响，电镀前应进行去应力，在电镀后则要进行除氢处理，这时检测的是残余氢脆的影响。

③ 弯曲试验时所用的轴的直径选用很重要，因为评价这种试验结果的量化指标与轴径有关，对于小的轴径，弯曲至断裂的次数就会少一些，具体选用什么轴径要通过对基体材料的空白试验来确定，并且在提供数据时要指明所用的轴径，否则参数没有可比性。

10.3.4.2　延迟破坏试验

延迟破坏试验是一种灵敏度较高的试验方法，适用于高强度钢制品的氢脆检测。这种氢脆测试也是在试验机上进行的，所用的试验机为持久强度试验机或蠕变试验机，检测试样在这种试验机上受到小于破坏程度的应力作用，观测其直到断裂时的时间。如果到规定的时间尚没有发生断裂，即为合格。这种试验需要采用按一定要求制作的标准试样棒，并且每次要使用三支同样条件的试样做平行试验，以使结果更为可信。

这种试样的形状和尺寸要求见图 10-6，其中关键位置就是处于试样中间轴径最小的地方（直径 4.5mm ± 0.05mm）。如果有较为严重的氢脆，断裂就从这里发生。

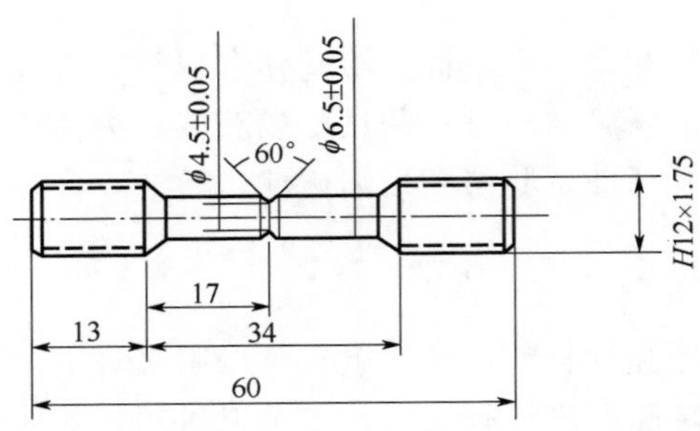

图 10-6　氢脆试样棒示意图

试样应先退火后再经车工加工为接近规定尺寸的初件，再经热处理达到规定的抗拉强度后，再加工到精确尺寸。试样在电镀前要消除应力，其工艺与电镀件的真实电镀过程相同。镀层的厚度要求在 12μm 左右。试验所用的负荷是进行空白测试时的 75%。如果经过 200h 仍不断裂，即为合格。

10.3.4.3　弹性制件氢脆测试

如果说氢脆是钢铁制件的严重隐患，那么氢脆则是弹性制件的大敌。因此，对弹性制件的氢脆测试要求很严格。特别是弹簧垫圈类弹性制件，需要做例行试验来检测氢脆性能。以下是弹簧垫圈的氢脆性检验方法。

将抽样出来的弹簧垫圈装入同一直径的螺杆上，每个螺杆上装入 10～15 个垫圈，再在两端拧上螺母，在虎钳上用扳手收紧螺母，使弹簧垫圈的开口收平。放置 24h 后，松开螺母，用 5 倍放大镜检查受测试的垫圈产生裂纹的数目，结果以脆断率表示：

$$\text{脆断率} = b/a\times100\% \tag{10-10}$$

式中，a 为受试垫圈总数；b 为产生裂纹或断裂的个数。

每批受试的件数可根据抽样标准的规定抽取，一般不少于 50 个。其通过率要求在 98%以上，否则为不合格。

10.3.5　耐磨性能试验

耐磨性能是指镀层等材料耐受磨损的性能。检测镀层耐磨性能的试验方法有多种，常用的有落砂试验法和机械磨损法。

落砂试验法是将金刚砂装进一种可以控制砂粒下落的斗形装置中，如像一种带开关的漏斗。然后将试片置于漏斗下一定距离，让砂粒落下冲击镀层表面，测定底层露出的时间。

机械磨损法则是在一种可以来回平动的磨损试验机上，按标准规定的要求安装砂纸或其磨削材料，对镀层进行往复磨削，至底层露出。根据所用时间和加在磨削器上的压力等来评定耐磨性能。

10.3.5.1　落砂试验法

落砂试验是检测镀层耐磨性能的一种试验方法。这种方法是让有研磨作用的砂粒从一定高度落下冲击镀层或其他涂覆层的表面，直至基体材料露出为终点，记下到终点的时间，以此表示和比较镀层的耐磨性能。落砂试验法的装置如图 10-7 所示。

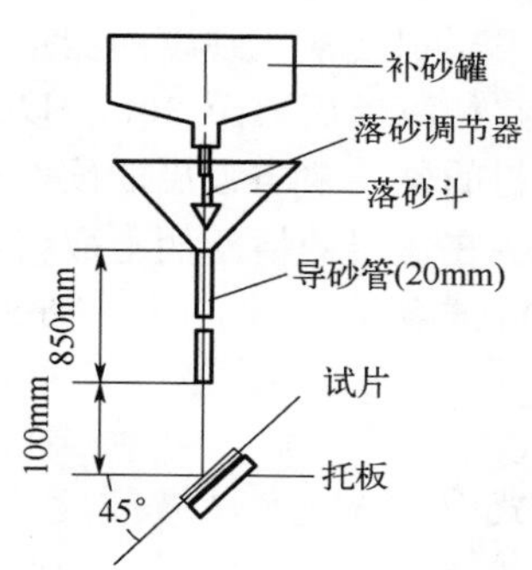

图 10-7　落砂试验法的装置示意图

落砂可以采用碳化硅类粉末，粒径在 35～42 目左右。注意碳化硅粉的使用次数不能超过 400 次。从砂粒落下的出口到试片表面的距离为 1000mm，其间有一根 850mm 的玻璃导砂管，防止砂粒散落，以保证砂子落在试片表面直径为 10mm 的圆形范围内。砂子的落下速度为 450g/min，试片与砂子落下的方向呈 45°角。

10.3.5.2　往复磨损试验法

镀层磨损的检测方法可以采用专门的摩擦试验机进行，这种摩擦试验机是以机械传动的方式让一个个摩擦头在一定距离内以一定频率做往复运动，摩擦头上可以定量地加载一定重量。这样，对试样设定相同摩擦参数进行试验，即可获得相应的材料耐磨损结果，如厚度的改变（可将镀层穿透见底作为终点）。

也可以采用简便的方法进行。所谓简便的方法，就是取一块粗棉布，包在面积为 2cm×2cm，厚度为 0.5cm 的木片上。然后将重 1000g 的重物（比如砝码）安放在其上，用拉杆来回推拉 1000 次。以不变色、无脱落色斑为合格。

10.3.6　镀层硬度测试

硬度是材料的力学性能之一。一般认为是表示固体材料表面抵抗弹性变形、塑性变形或破断的能力。它是表征材料的弹性、塑性、形变强化率、强度和韧性等不同物理量的一种综合性能指标。测定硬度的方法有压入法、弹性回跳法和划痕法等。根据实验方法的不同，可用不同的量值来表示硬度，如布氏硬度、洛氏硬度、肖氏硬度、维氏硬度等。

由于镀层的厚度通常都只有十几微米，用普通的方法难以获得准确的硬度值，因此检测镀层的硬度，通常都采用显微硬度测试法。

10.3.6.1 显微硬度测试

显微硬度是在显微镜下采用压痕法对金属材料进行硬度测量时获得的硬度值。一般用 HV 表示，单位是 kg/mm^2。

由于镀层通常都很薄，要想直接在镀层上测定其硬度有困难，因为基体材料或底镀层都会干扰硬度的测量结果。这时就要用到显微硬度法来测量其显微硬度。

将待测镀层镀至 30μm 以上，可直接用显微硬度计的压头对镀层进行测量，但基材的硬度要与镀层的硬度接近，比较可靠的方法是将镀片制成断面金相磨片，让压头在镀层的横断面上取值，再进行计算。计算的依据是压头所加的压力（例如 10g 或者 20g）与压坑对角线的长度，如下式所示：

$$\mathrm{HV}=\frac{1854P}{d^2} \tag{10-11}$$

式中，HV 为显微硬度值，kg/mm^2；P 为负荷值，g；d 为压痕对角线长度，μm。

另外，对显微硬度计有以下要求：放大倍率在 600 倍以上；测微目镜分度值为 0.01mm；负荷质量范围 10～200g。

具体的负荷质量应根据镀层的厚度和镀层的估计硬度值以下式求出：

$$m=\frac{\mathrm{HV}\delta^2}{7.4176} \tag{10-12}$$

式中，m 为负荷质量，g；HV 为估计的硬度值，kg/mm^2；δ 为镀层厚度值，μm。

为了准确地测量镀层的显微硬度，必须做好镀层的金相试片模块。在制作镀层的金相模块时，应该注意以下事项。

① 在取样时，要取镀件不同厚度部位的镀层，以求其算术平均值。

② 取样时的切口一定要与镀面垂直，并且在装入模具加固化粉（通常为酚醛树脂粉）时也要保持垂直状态，这样才能保证固化后试片镀层的横截面平行于观测镜头。固化后的镀层样片镶嵌在胶模内成为金相试片模块。

③ 对制成的金相试片模块要进行抛光处理，同时为了使镀层与基体之间、镀层与镀层之间边界清楚，还应在观察前对模块上的试片进行弱腐蚀。如果基体与

镀层之间的金属颜色比较接近，最好在二者之间镀一层其他颜色的镀层来作为边界区分线，比如在银白色基体与镀层之间镀铜。

10.3.6.2 显微测试样的腐蚀

金相试片在经抛光后，需要经过适当腐蚀，才能用来进行显微镜观测，否则金属组织的金相结构会不清楚而影响观察。常用的金相腐蚀液有如下几种。

① 对于钢上的镍或铬镀层

对钢的浸蚀剂	硝酸（相对密度 1.42）	5 体积
	乙醇（95%）	95 体积

② 对于铜和铜合金上的镍，包括钢、锌及锌基合金上的铜底层

对铜的浸蚀剂	氨水（相对密度 0.90）	1 体积
	双氧水（3%）	1 体积

③ 对于钢上的锌或镉镀层，或者锌基合金上直接镀镍层

锌或镉的浸蚀剂	铬酐	200g/L
	硫酸钠	15g/L

对于浸蚀完成的试片，要充分清洗干净，干燥、冷却后，再以带有标尺的测微目镜的显微镜检验。

10.3.6.3 表面膜的硬度的测试

表面膜的硬度与金属镀层的硬度是不能同日而语的，因此，不可能用测量金属镀层硬度的方法来测定表面膜的硬度。现在流行的表面膜层硬度的测试方法是借用铅笔来进行，这就是涂膜硬度铅笔测定法（参照 GB/T 6739—2022）。

这种测试法是以一定质量（1kg 的负载）的砝码加在作为测头的铅笔上，铅笔的硬度由 6H～6B 递减，校准水平后，使端口磨平的铅笔与被测面呈 45°角，铅笔走速 1mm/s，对样板表面划出若干道痕，每道痕的长度约 8mm，将划过的样板置于 11W 日光台灯下，用 10 倍放大镜进行观察，以未划伤镀膜的最高铅笔硬度来表示该膜层的表面硬度。

10.3.7 表面抗变色性能测试

表面抗变色性能试验是检测镀层抗变色性能或检验防变色剂效果的试验。常用的方法有环境暴露试验和腐蚀气体加速变色试验两类。

环境暴露试验有标准的环境试验场试验，也有工作现场简易的环境试验法。而腐蚀气体加速变色试验则多用硫化氢气体试验法。

所有这些试验的量化指标都是以时间结合表面变色程度进行考察，以抗变色

时间长为好。在电镀企业常用到的方法是在工作现场的简单环境试验法，大家知道在电镀生产场所或电镀工艺试验室，无论是在工作中还是在停止了工作后，这些场所的空气中都会散布着腐蚀性气体分子或颗粒。特别是在工作停止（下班）后，由于排气系统也停止了工作，这种场所室内的大气比普通环境有更浓的腐蚀成分，因此，放在这种环境中的镀层，变色会比正常环境快得多，也因此这种环境可以作为镀层抗变色试验的环境。具体的做法是将按一定试验要求制成的有编号的试样做初始状态的观察和记录（或拍摄）后，再在室内某一个不易受到干扰的地方悬挂起来，每天（或一个约定时间段）观测一次，对表面变色情况做记录，直到最后一片完全变色，比较这些试片变色的程度和时间，从而得出抗变色性能相对最好的那一组工艺参数和电镀条件。

另一种在实验室进行的方法就是 H_2S 气体试验法，如果只是单位内部的产品或工艺的性能比较，可以相对简单地进行腐蚀气体试验，如果是要取得有可比性的结果，则要按照硫化氢试验的标准方法进行试验。

简易的气体方法是对所用的容器的容量和所用化学原料的级别和用量不做准确的计量，从而可以简化试验准备的同时，节约一部分资源。具体做法是先用塑料板材做好一个支架，大小可以用 2L 以上容量的烧杯反扣盖住。在支架上悬挂预先准备好的抗变色试验的试片。在一个 100mL 的小烧杯内装一些硫化钠（Na_2S），再倒入一些 3%左右的磷酸二氢钾（KH_2PO_4）溶液，将开始进行放气反应的烧杯和支架一起用大烧杯罩住，开始记录时间并观察里边的试验变色情况，从而选取抗变色性能好的镀层或电镀及后处理工艺。

10.3.8 镀层的其他性能测试

10.3.8.1 表面焊接性能试验

在电子电镀制品中，镀层的钎焊性能是一项重要指标。不同的镀层对同一种焊料的亲和能力是不同的，同一种镀层的不同状态下对焊料的亲和力也是不同的，例如镀层中的杂质和含量、结晶状态等，都会影响镀层与焊料的润湿能力。因此经常需要对镀层进行焊接性能试验。

常用的方法是焊料流布面积法。这种方法是取同样质量和体积的焊料，放置在待测镀层的表面，待测镀层样板要平放，保证焊料在熔化后只能平行流布而不向某一方向倾流。然后将放有这种焊料的试片放入恒温箱中在 250℃下烘 2min，然后取出，冷却后用面积仪测量焊料流布的面积，焊料流布的面积越大，这种镀层的焊接性能就越好。

另一种测试方法是考核镀层达到最佳焊接效果的时间，这是将焊料置于焊料锅内，保持熔融状态，并保持温度在 250℃，然后将接受测试的同样尺寸规格的镀层试片浸了相同焊剂后，全部浸入焊料锅内浸焊料，按不同的时间取出，通常以 s 为单位，选用 1～10s 为范围。以在最短的时间内可以全部被焊料润湿为最好。这种试验的好处是可以找到最适合焊接的镀层工艺。因为在实际焊接操作中，电烙铁在焊接件上停留的时间越短越好，一旦时间拖长，热量会向制件其他部位传递，这样不仅会影响焊接质量，增加焊接难度，还可能影响产品的其他部件，同时生产的效率也会下降。因此，考核焊接性指标，加进时间因素是必要的。

10.3.8.2　表面电阻的测试

表面电阻现在已经普遍采用表面电阻测试仪进行测量，这种商业化的仪器可测量样件表面电阻及样件接地电阻；电阻值可以采用数量级方式显示；其测量范围约为 100～1000Ω。测量的原理，无非是直接测量法和电桥测量法。

直接测量法比较简单，是在被测表面取两个点，然后用万用表测试两个小点之间的阻值，只适合于表面阻值较高的绝缘性表面，而电桥法则是比较通用的方法。

电桥法也叫惠斯登电桥法，其测试原理图见图 10-8。

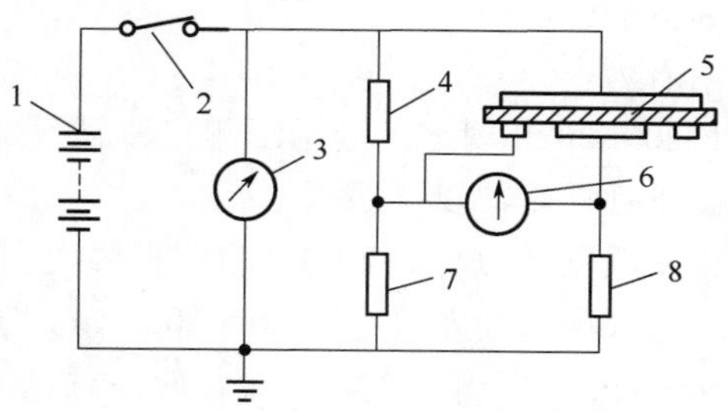

图 10-8　惠斯登电桥法测量原理图

1—电源；2—开关；3—电压表；4—十进制可调标准电阻 R_B；5—试样电阻 R_X；6—检流计；7—十进制可调标准电阻 R_A；8—标准电阻 R_N

测量时，调节 R_A、R_B 使电桥平衡，也就使流过检流计中的电流为零，此时

$$R_X = R_B R_N / R_A \quad (10\text{-}13)$$

惠斯登电桥测量电阻时，一般用于测量 $10^{12}\Omega$ 以下的电阻，并且无法观察电流随时间变化的情形。

10.3.8.3　被镀件表面有机分子膜的测试

为了提高金属镀层表面的抗变色性能和抗手指纹性能，现在已经比较流行在镀层表面涂上一层极薄的透明膜层，这种水溶性有机膜层有时就只是有机分子大小的厚度，用肉眼是看不到的。这种膜层对表面的改性作用是很明显的，有时需要对表面是否有这种膜层进行确认，就要通过一些试验来证实。

一个简单的方法是采用表面亲水情况来间接证明有膜存在。金属镀层一般也不亲水，但是表面有膜和没有膜层的疏水程度是有区别的。如果表面存在有机膜，就完全不会亲水。

另一个鉴别的方法是金属置换还原法。采用这种方法首先要确定的是镀层金属是哪一种，简单地说就是镀的是什么金属，其后才能根据置换反应的电位序列来选择适合进行置换反应的试液。一般有以下原则：当镀层是比铜的标准电位负的金属时，可以采用硫酸铜试液进行试验，如果表面不发生置换出铜的现象，就说明表面有膜层，即使出现花斑状置换铜层，也说明是有某种膜层，只是已经不完整。当有完整的铜置换层时，就表面这种镀层没有防护膜。当镀层是铜层或电位与铜的标准电位接近时，则要用到银盐的溶液来进行置换试验，有防护膜层时将不会有银层置换出现或出现得很缓慢。相反则很快就会发生银的置换析出。

10.3.8.4 表面有机涂层结合力测试

镀层表面有机涂层的结合力，可以采用测量油漆结合力的方法加以测量，通常采用的有划圈法和划格法。

（1）划圈法测定附着力

国家标准 GB/T 1720—2020 规定了划圈法测定漆膜附着力的方法。按照划痕范围内的漆膜完整程度进行评定，以 7 级表示。

步骤是将按《漆膜一般制备法》制备的马口铁板固定在测定仪上，为确保划透漆膜，酌情添加砝码，按顺时针方向，以 80～100r/min 均匀摇动摇柄，以圆滚线划痕，标准圆直径 7～8cm，取出样板，评级。应注意以下几点。

① 测定仪的针头必须保持锐利，否则无法分清 1、2 级的分别，应在测定前先用手指触摸感觉是否锋利，或在测定十几块试板后酌情更换。

② 先试着刻划几圈，划痕应刚好划透漆膜，若未露底板，酌情添加砝码；但不要加得过多，以免加大阻力，磨损针头。

③ 评级时可从 7 级（最内层）开始评定，也可从 1 级（最外圈）开始，按顺序检查各部位的漆膜完整程度，如某一部位的格子有 70%以上完好，则认为该部位是完好的，否则认为损坏。例如，部位 1 漆膜完好，附着力最佳，定为 1 级；部位 1 漆膜损坏而部位 2 完好，附着力次之，定为 2 级。依次类推，7 级附着力最差。

通常要求比较好的底漆附着力应达到 1 级，面漆的附着力可在 2 级左右，附着力不好，涂膜易从产品表面剥离而失去涂装的作用和效果。

（2）划格法测定附着力

另一种测定方法是划格法，实验工具是划格测试器，它是具有 6 个切割面的多刀片切割器，由高合金钢制成，切刀间隙 1mm。将试样涂于样板上，待干透后，用划格测试器平行拉动 3～4cm，有六道切痕，应切穿漆膜；然后用同样的方法与前者垂直，切痕六道；这样形成许多小方格。用软刷从对角方向刷 5 次或用胶带粘于格子上并迅速拉开，用 4 倍放大镜检查试验涂层的切割表面，并与说明和附图进行对比定级。切割边缘完全平滑，无一格脱落 0 级；在切口交叉处涂层有少许薄片分离，但划格区受影响明显不超过 5%为 1 级；切口边缘或交叉处涂层脱落明显大于 5%，但受影响不大于 15%为 2 级；涂层沿边缘部分或全部以大碎片脱落，在 15%～35%之间为 3 级；以此类推，0 级附着力最佳，一般超过 2 级在防腐涂料中就认为附着力达不到要求。

10.4 镀层的微观测试

对电镀技术而言，最重要的进步是微观过程观测和测试技术的引入。这对了解电镀工艺与电镀层微观结构的关系有非常直观的帮助。无论是对现有工艺技术的提高还是对新的电镀镀层和工艺的开发，都具有重要意义。

10.4.1 显微观测技术

事实上在 20 世纪中期，电子显微镜已经用于科研和开发，但那时都是对静止的样本进行观测，而现在的一个显著进步就是可以对动态的样本进行观测，更重要的是这种新的显微技术不仅仅用于科学研究，并且已经用于一些微观过程的生产或加工控制，特别是镀层组织结构有一定要求的功能性镀层，通过微观测试技术可以得到有效的控制。

现代材料的微观仪器分析依测试目的和原理的不同而可以分以下几个类别：

10.4.1.1 电子显微镜

1931 年，德国的 M.诺尔和 E.鲁斯卡，用冷阴极放电电子源和三个电子透镜改装了一台高压示波器，并获得了放大十几倍的图像，发明了透射电镜，证实了电子显微镜放大成像的可能性。1932 年，经过鲁斯卡的改进，电子显微镜的分辨能力达到了 50nm，约为当时光学显微镜分辨本领的十倍，突破了光学显微镜分辨极限，于是电子显微镜开始受到人们的重视。

到了 20 世纪 40 年代，美国的希尔用消像散器补偿电子透镜的旋转不对称性，使电子显微镜的分辨本领有了新的突破，逐步达到了现代水平。在中国，1958 年研制成功透射式电子显微镜，其分辨本领为 3nm，1979 年又制成分辨本领为

0.3nm 的大型电子显微镜。

电子显微镜的分辨能力以它所能分辨的相邻两点的最小间距来表示。20 世纪 70 年代，透射式电子显微镜的分辨率约为 0.3nm（人眼的分辨本领约为 0.1mm）。现在电子显微镜最大放大倍率超过 300 万倍，而光学显微镜的最大放大倍率约为 2000 倍，所以通过电子显微镜就能直接观察到某些重金属的原子和晶体中排列整齐的原子点阵。

电子显微镜的分辨本领虽已远胜于光学显微镜，但电子显微镜因需在真空条件下工作，所以很难观察活的生物，而且电子束的照射也会使生物样品受到辐照损伤。其他的问题，如电子枪亮度和电子透镜质量的提高等问题也有待继续研究。

现代材料分析的仪器，以表面形貌分析技术为例，经历了光学显微镜（OM，参见图 10-9）、电子显微镜（SEM，参见图 10-10）、扫描探针显微镜（SPM，参见图 10-11）的发展过程，现在已经可以直接观测到原子的图像。这三种显微观测设备的性能比较参见表 10-4。

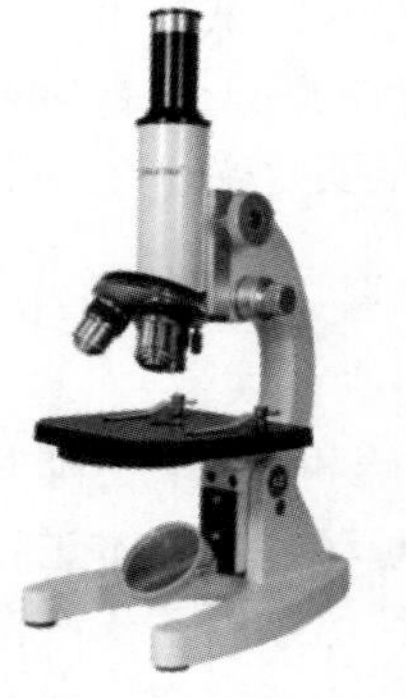

图 10-9　光学显微镜

图 10-10　电子显微镜（SEM）

表 10-4　不同显微镜的分辨率与倍率

显微镜类别	分辨率/μm	观察倍率/倍
光学显微镜	1～10	10～1000
电子显微镜	0.1～0.01	10～10000
扫描探针显微镜	0.01～0.0001	1000～10000000

10.4.1.2　扫描电子显微镜

扫描电子显微镜（scanning electron microscope，SEM）中的电子束尽量聚焦在样本的一小块地方，然后一行一行地扫描样本。入射的电子导致样本表面散发出电子，显微镜观察的是这些每个点散射出来的电子。由于这样的显微镜中电子不必透射样本，因此其电子加速的电压不必非常高。场发射扫描电子显微镜是一种比较简单的电子显微镜，它观察样本上因强电场导致的场发射所散发出来的电子。

10.4.1.3　扫描探针显微镜

扫描探针显微镜（图 10-11）是扫描隧道显微镜及在扫描隧道显微镜的基础上发展起来的各种新型探针显微镜[原子力显微镜（AFM），激光力显微镜（LFM），磁力显微镜（MFM）等]的统称，是国际上近年发展起来的表面分析仪器，是综合运用光电子技术、激光技术、微弱信号检测技术、精密机械设计和加工、自动控制技术、数字信号处理技术、应用光学技术、计算机高速采集和控制及高分辨图形处理技术等现代科技成果的光、机、电一体化的高科技产品。

图 10-11　扫描探针显微镜

扫描探针显微镜以其分辨率极高（原子级分辨率），实时，实空间，原位成像，对样品无特殊要求（不受其导电性、干燥度、形状、硬度、纯度等限制），可在大气、常温环境甚至是溶液中成像，同时具备纳米操纵及加工功能，系统及配套相对简单，廉价等优点，广泛应用于纳米科技、材料科学、物理、化学和生命科学等领域。

SPM 具有极高的分辨率。它可以轻易地“看到”原子，这是一般显微镜甚至电子显微镜所难以达到的。最为重要的一点是，SPM 得到的是实时、真实的样品表面的高分辨率图像。而不同于某些分析仪器是通过间接或计算的方法来推算样品的表面结构。也就是说，SPM 是真正看到了原子。

另外，其他电子显微镜等仪器对工作环境要求比较苛刻，样品必须安放在高真空条件下才能进行测试。而 SPM 既可以在真空中工作，又可以在大气、低温、常温、高温，甚至在溶液中使用。因此 SPM 适用于各种工作环境下的科学实验。其应用领域是宽广的。无论是物理、化学、生物、医学等基础学科，还是材料、微电子等应用学科都有它的用武之地。

10.4.2 衍射分析

1927 年，C.J.戴维孙和 L.H.革末在观察镍单晶表面对能量为 100eV 的电子束进行散射时，发现了散射束强度随空间分布的不连续性，即晶体对电子的衍射现象。几乎与此同时，G.P.汤姆孙和 A.里德用能量为 2 万电子伏特的电子束透过多晶薄膜做实验时，也观察到衍射图样。电子衍射的发现证实了 L.V.德布罗意提出的电子具有波动性的设想，构成了量子力学的实验基础。

当电子波（具有一定能量的电子）落到晶体上时，被晶体中原子散射，各散射电子波之间产生互相干涉现象。晶体中每个原子均对电子进行散射，使电子改变其方向和波长。在散射过程中部分电子与原子有能量交换作用，电子的波长发生变化，此时称非弹性散射；若无能量交换作用，电子的波长不变，则称弹性散射。在弹性散射过程中，由于晶体中原子排列的周期性，各原子所散射的电子波在叠加时互相干涉，散射波的总强度在空间的分布并不连续，除在某一定方向外，散射波的总强度为零。

电子衍射和 X 射线衍射一样，也遵循布喇格公式 $2d\sin\theta=\lambda$。当入射电子束与晶面簇的夹角θ、晶面间距 d 和电子束波长λ 三者之间满足布喇格公式时，则沿此晶面簇对入射束的反射方向有衍射束产生。电子衍射虽与 X 射线衍射有相同的几何原理，但它们的物理内容不同。在与晶体相互作用时，X 射线受到晶体中电子云的散射，而电子受到原子核及其外层电子所形成势场的散射。除以上用布喇格公式或用倒易点阵和反射球来描述产生电子衍射的衍射几何原理外，严格的电子衍射理论从薛定谔方程 $H\psi=E\psi$ 出发，式中ψ为电子波函数，E 表示电子的总能量，H 为哈密顿算子，它包括电子从外电场得到的动能和在晶体静电场中的势能。

而利用衍射分析的方法探测晶格类型和晶胞常数，确定物质的相结构，则要用到 X 射线衍射仪（XRD，参见图 10-12）、电子衍射仪（ED，参见图 10-13）及中子衍射仪（ND）。这类仪器的共同原理是：利用电磁波或运动电子束、中子束等与材料内部规则排列的原子作用产生相干散射，获得材料内部原子排列的信息，从而重组出物质的结构。电子衍射和 X 射线衍射一样，可以用来鉴定物相、测定晶体取向和原子位置。由于电子衍射强度远强于 X 射线，电子又极易为物体所吸收，因而电子衍射适合于研究薄膜、大块物体的表面以及小颗粒的单晶。此外，在研究由原子序数相差悬殊的原子构成的晶体时，电子衍射较 X 射线衍射更优越些。会聚束电子衍射的特点是可以用来测定晶体的空间群（晶体的对称性）。

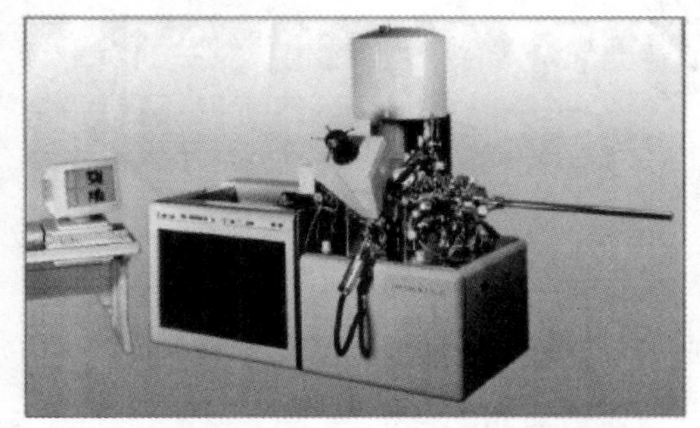

图 10-12 理学 D/max 2000 自动 X 射线衍射仪

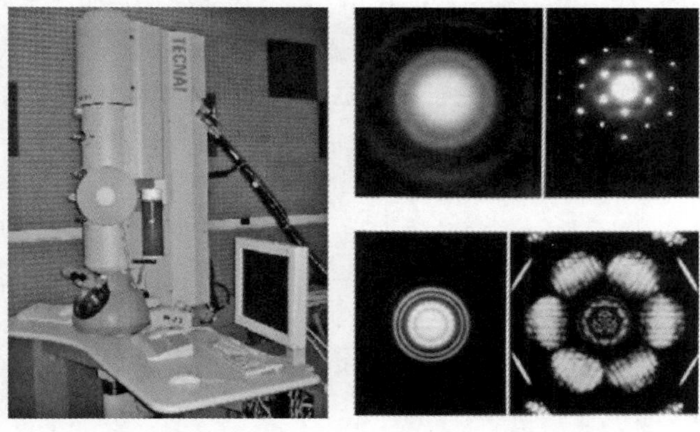

图 10-13 电子衍射测试设备与电子衍射图

10.4.3 能谱

10.4.3.1 X 射线和电子能谱

材料的成分和价键分析手段都是基于同一个原理，即核外电子的能级分布反映了原子的特征信息。利用不同的入射波激发核外电子，使之发生层间跃迁，在此过程中产生元素的特征信息。按照出射信号的不同，成分分析手段可以分为两类：X 光谱和电子能谱。发射信号分别是 X 射线和电子。

X 光谱包括 X 射线荧光光谱（XFs）和电子探针 X 射线显微分析（EPMA，参见图 10-14）两种技术。

电子能谱包括 X 射线光电子能谱（XPs）、俄歇电子能谱（AEs）、电子能量损失谱（EELs）等。

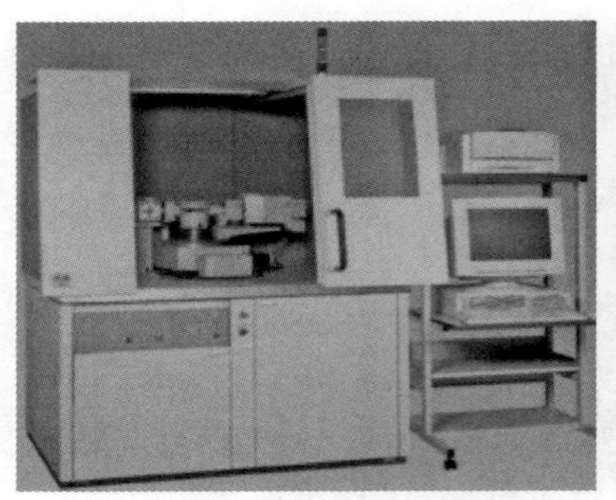
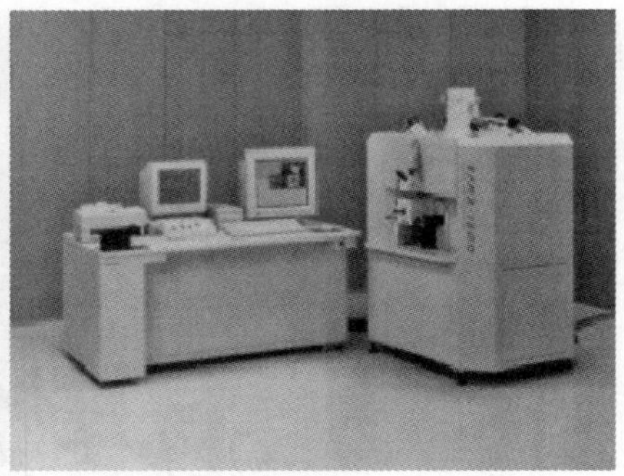

图 10-14　X 射线光电子能谱和电子探针 X 射线显微分析仪

10.4.3.2　电磁波与红外光谱类

利用电磁波与分子键和原子核的作用，获得分子结构信息。红外光谱（IR）、拉曼光谱、荧光光谱（PL）等是利用电磁波与分子键作用时的吸收或发射效应，而核磁共振（NMR）则是利用原子核与电磁波的作用来获得分子结构信息的。

以上各种显微结构观测和测试设备，对于了解镀层的微观结构和各种电镀工艺参数对电镀层性能的影响，有非常直观和重要的作用。

10.5　电镀霍尔槽试验

10.5.1　霍尔槽

10.5.1.1　霍尔槽及规格

霍尔槽是美国的 R.O.Hull 于 1939 年发明的用来进行电镀液性能测试的实验用小槽。因为翻译习惯不同，有的资料译成赫尔槽，也有用侯氏槽的。它的特点是将试验用小槽制成一个直角梯形，使阴极区成一个锐角（图 10-15），阴极的低电流区就处于锐角的顶点。这一结构特点使从这种镀槽中镀出的试片上的电流密度分布出现由低到高的宽幅度的连续变化，镀层的表面状态也与这种电流分布有关，从而可以通过一次试镀，就获得多种镀层与镀液的信息。因此，霍尔槽自诞生以来，一直都是电镀工艺试验的最常用设备，也是电镀工艺技术人员必须掌握的基本实验技术。

标准的霍尔槽配置是一台 5A 的整流电源，一套电源线，一个霍尔槽。当然还可以有附加功能，比如加温、打气、搅拌、计时等。

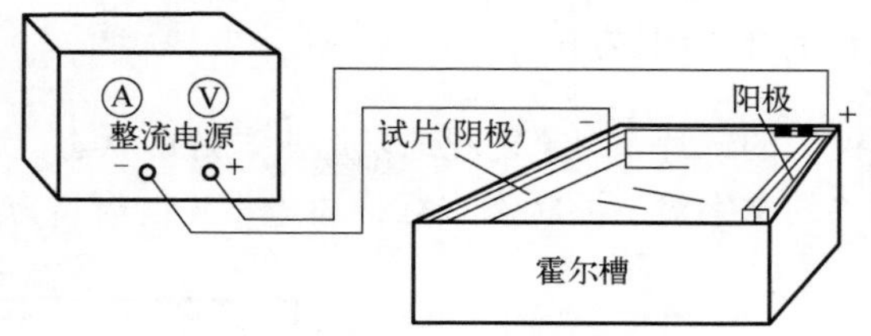

图 10-15　霍尔槽试验装置

霍尔槽的容量根据需要可以有好多种，但是最常用的是可以装 250mL 镀液的标准霍尔槽。目前电镀界流行的正是这种霍尔槽，往槽里每添加一个单位数量的添加物，在工艺上都要换算成 g/L 的单位，这样只要将添加量乘以 4，就是每升的添加量，使用起来比较方便。各种霍尔槽的尺寸规格见表 10-5。

表 10-5　不同容量霍尔槽的组成尺寸

霍尔槽容量/mL	阴极板长/mm	槽高/mm	槽宽/mm
250（常用尺寸）	100	63	63
265（原创尺寸）	103	63.5	63.5
1000（较少使用）	127	81	86

注：装液量以霍尔槽边上的刻度线为准。

10.5.1.2　霍尔槽的电流分布

霍尔槽的主要特点是其独特的结构定义了阴极试片上的电流密度分布。霍尔槽的阴极试片大小是确定的，现在流行采用尺寸为 100mm × 65mm 大小的黄铜片（厚度为 0.5mm 左右）。这个试片本身没有独特的地方，然而当将其放进霍尔槽的阴极区后，试片的一端在小槽的尖角部位，另一端则在离阳极较近的梯形的短边这一边。这种位置的特点使霍尔槽试片两端距阳极的距离产生差别，加上在角部的屏蔽效应，使同一试片上近阳极端和远阳极端的电流密度有很大的差异，并且电流密度的分布呈现由大（近阳极）到小（远阳极）的线性分布（参见图 10-16）。根据通过霍尔槽总电流大小的不同，其远近端电流密度的大小差值达 50 倍。这样，从一个试片上可以观测到很宽电流密度范围的镀层状态，从而为分析和处理镀液故障提供了许多有用的信息。

例如，一个很好的镀种的镀液，优秀的光亮镀镍液，其霍尔槽试片全片都呈光亮镀层，高电流区和低电流区几乎没有差别，而一旦低电流区出现灰黑色，就有可能是有金属杂质污染了镀液。通过设定多组试验，并与标准的镀液比较，就可以判断出镀液中出现的问题。

10.5.1.3 霍尔槽试片的标识方法

对于从霍尔槽镀出的试片，为了直观地表达出试片的状态，通常都用图示的方法表示，再辅以简单的文字对表面状态进行描述，常见的表示方法见图 10-17。

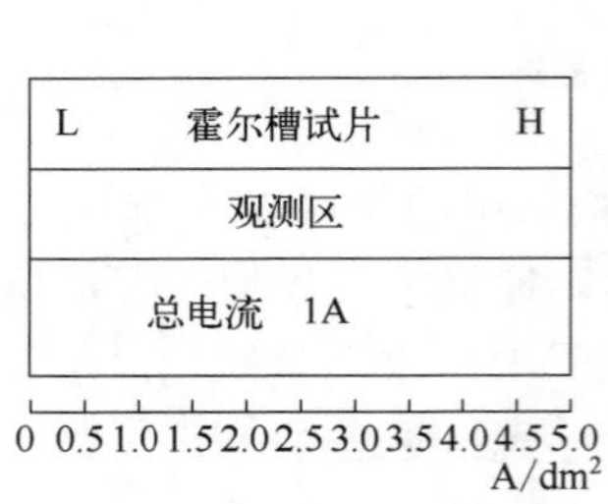

图 10-16 霍尔槽试片上电流密度分布

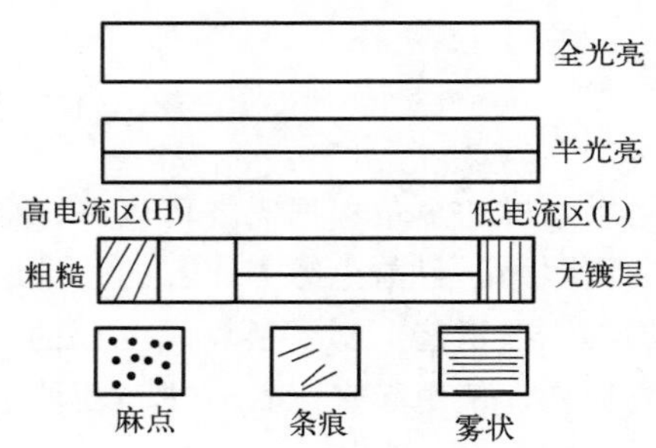

图 10-17 霍尔槽试片状况记录用的图示法

用图示法可以节省在现场实验时用文字描述的麻烦，且对于通用的图示法，业内人士也都能看懂。当然对于临时约定的图示，要辅以简明的文字，比如在点状旁边注明“针孔”，在横条旁边注明“有开裂”等。在写作技术报告时，则应将图示的图例用小方框标明后，供阅读者参考。

10.5.2 霍尔槽试验方法

10.5.2.1 试验前的准备

霍尔槽试验是电镀工艺的基本试验方法，正确地应用这一方法对于电镀技术和电镀生产的现场管理是非常重要的。进行霍尔槽试验前，应该做好相应的准备工作，以便顺利进行霍尔槽试验。

（1）设备准备

使用霍尔槽前应该检查所有试验的设备和材料的准备情况。首先要检查整流电源是否正常，霍尔槽是否清洗干净，并试水不漏。然后要将标准的霍尔槽试片、试验用活化液、清洗水等准备好。霍尔槽与电源的连接见图 10-15。试验时要保证霍尔槽的阴阳极和电源有正确和可靠的连接。不可以中途断电或接触不良，否则需要重做。

（2）准备试验液

如果要对现场的镀液进行试验，要从工作液中取出有代表性的镀液试样，通常取 1L 试液。试验中如果原始试验液发生改变，如调整过 pH 值，添加过光亮剂等，当重复或重新试验时，都要取用原液。而不能在用过的镀液上一直做下去。

对于需要新配试验液的，则尽量只按基本组成和标准含量配制一定的量（1～2L），以便取用方便而又不浪费。

（3）确定总电流和时间

根据所做试验项目的需要，确定进行霍尔槽试验的工作总电流，通常是 1A、2A 这样的整数值。根据不同的镀种或实验目的，有时也用 0.5A、1.5A 等电流值。每片电镀的时间以 min 为单位，常用的时间是 5min。但也可以根据需要确定一个时间。

10.5.2.2　霍尔槽试验

进行霍尔槽试验时，在霍尔槽中放入相应的阳极后，从镀液中取出试样 250mL，注入霍尔槽，再放入阴极试片，接通电源后，调到设定的电流值，开始计时，并观察阴极试片的反应状况。需要模拟阴极移动或打气时，要进行搅拌或打开空气泵。

注意每次试验的通电时间和电流大小一定要准确，断电后取出试片要在回收水中先洗过，再用清水清洗，然后在热水中清洗。取出用电吹风吹干，再进行观察和记录。对于需要保存的试片，在清洗干净并经防变色处理后，再干燥，用塑料膜或袋保护。也有涂防变色剂的，以方便与以后的试片做对比。

对有疑问的试验结果，要进行平行的重现性试验，以确定试验结果的准确性。

10.5.2.3　正确进行霍尔槽试验的要点

在运用霍尔槽进行试验时，会出现一些不规范的随意性操作，使所得到的信息不准确。为了获得准确的试验信息，在进行霍尔槽试验时，应该注意以下要点：

① 首先要采用标准的霍尔槽试验设备，自己做也可以，但其尺寸和大小都必须符合标准的要求。

② 用于试验的镀液要取自待测镀液，液量要准确。且每次所取试验液只能做 2 片试片，做多了镀液已经发生变化，与取样镀液已经不是同一种配比，所做的结果会有偏差。

③ 阳极一定要标准，厚度不可超过 5mm，找不到合适的阳极时，也可以用不溶性阳极，这时只能镀一片来作为样片。

④ 要预先准备好试片，对试片要进行除油和活化处理，下槽前同样要活化和清洗干净，镀后也要清洗干净，并用吹风机吹干后，再来观察。

⑤ 养成边做边记录的好习惯，对试验参数和试片状况都要有准确的记录，不要用只有当时能看懂的符号，否则以后再看会一头雾水。

10.5.3 改良型霍尔槽

标准的霍尔槽是我们已经了解的 250mL 霍尔槽。这是至今都通用的霍尔槽。但是随着电镀技术的进步，电镀液的性能发生了很大变化，用经典的试验方法有时还不能完全反映电镀过程的实际状态。这时就需要根据霍尔槽的原理，将其进行适当改良，以扩展其应用的范围。

10.5.3.1 符合标准型原理的改良

这类改良型霍尔槽是在标准型基础上做一些改进，以增加其试验的适应性。主要有以下几种。

（1）对流型霍尔槽

这是将霍尔槽的槽壁开一些圆孔（图 10-18），使镀液可以对流的霍尔槽。这种霍尔槽可以放到镀槽中测试，从而不用取镀液，也可以放在稍大一些的试验槽中做试验，从而不用更换镀液就多做一些试片，避免由于镀液太少、变化太快而影响试验结果，从而提高试验的效率和准确性。

（2）带阳极篮的霍尔槽

带阳极篮的霍尔槽形状如图 10-19 所示。这是在标准霍尔槽的阳极区增加一个可以放阳极篮的空间，放入一个小的钛篮，这样，既可以保证阳极的面积恒定，不至于影响试验的可比性，又可以在阳极篮中放入零碎的阳极，不必制作标准的霍尔槽阳极，而标准的霍尔槽阳极是比较难找的，自己做也不是很容易，导致很多人随意用一块金属阳极，从而改变了霍尔槽试验的标准状态，使阳极与阴极的相对位置发生了改变，结果也就没有了可比性。这种改良型霍尔槽解决了这个问题。

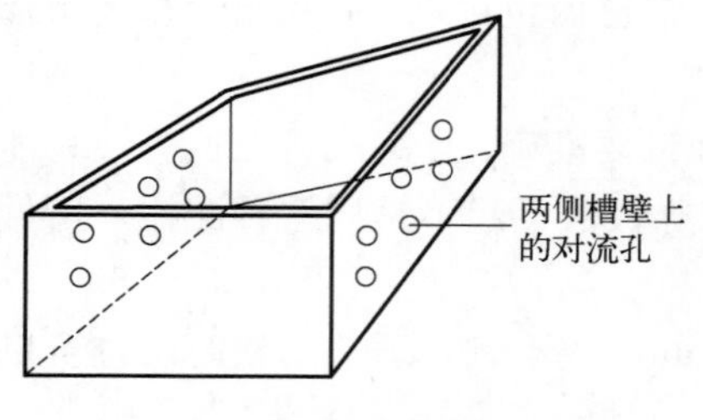

图 10-18　可在镀槽中使用的对流型霍尔槽

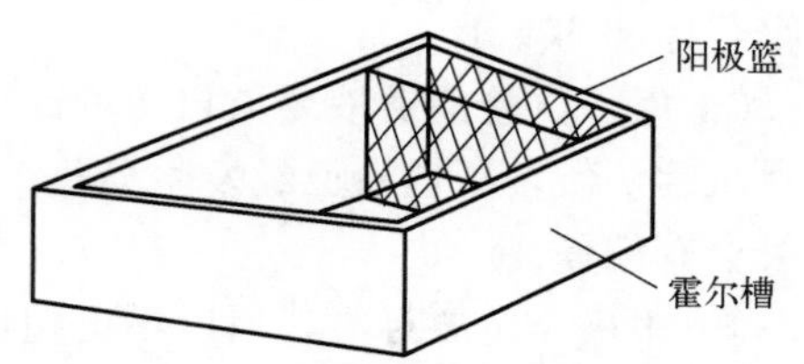

图 10-19　带阳极篮的霍尔槽

还有一些对霍尔槽的改进，是在长方体实验槽中加装活动的隔板，不装隔板时可以作实验小镀槽用，在需要测霍尔槽数据时，将隔板插入形成带锐角的霍尔槽。诸如此类，只要符合霍尔槽阴极试片的可比性参数，或在发布霍尔槽试验结果时指明所用的方法和工具，就可以方便读者比较和判断分析。

（3）加长型霍尔槽

这是将霍尔槽的阴极区的长度加长为标准霍尔槽的两倍的改良型霍尔槽（图 10-20）。这样做是因为现代光亮电镀技术的进步使标准霍尔槽试片的光亮电流区变宽，用标准试片发现不了新型光亮剂的低区和高区极限电流点，通过加长试片长度，可以在更宽的电流密度范围考察镀液和添加剂的水平，多用于光亮性电镀的验证性试验。特别是在光亮镀镍新型光亮剂的开发方面，这种加长霍尔槽可以发挥很好的作用。

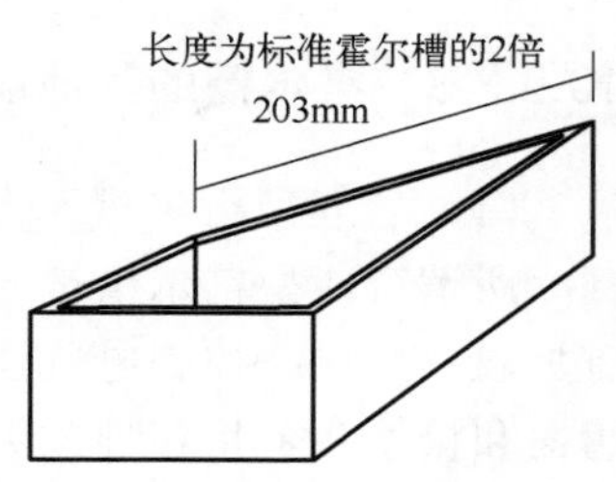

图 10-20　加长型霍尔槽

10.5.3.2　根据霍尔槽原理开发的试验槽

在没有这种用于滚镀的试验槽以前，滚镀液也是在标准霍尔槽中进行试验的。但是不能完全反映滚镀动态的特点。为此，根据霍尔槽锐角处可显示低电流区镀层状态的原理，制成了一种滚镀型霍尔槽（图 10-21）。

所谓滚镀型霍尔槽是为了弥补标准霍尔槽不能做滚镀液试验的缺憾而设计的一种新型霍尔槽，它是利用霍尔槽阴极区的角形原理特征，将标准霍尔槽试片从中间做 60°角的弯折，在圆形试验槽中旋转着进行电镀一定时间后，取出试片展开看其镀层分布情况。

采用这种试验设备做滚镀试验，可以仿照霍尔槽的原理在一个试片上获取不同电流密度区的镀层情况。试验时电镀的时间可以在 10～15min 之间，有些镀种可能会更短一些。试验完成后，将试片展开（图 10-22）后观测，弯角线处是电流

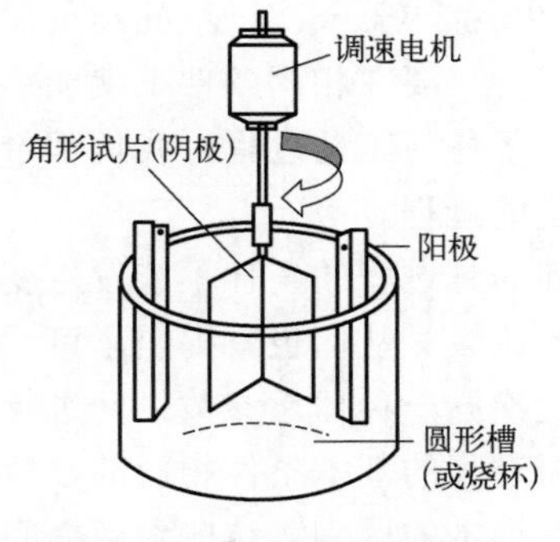

图 10-21　滚镀型霍尔槽

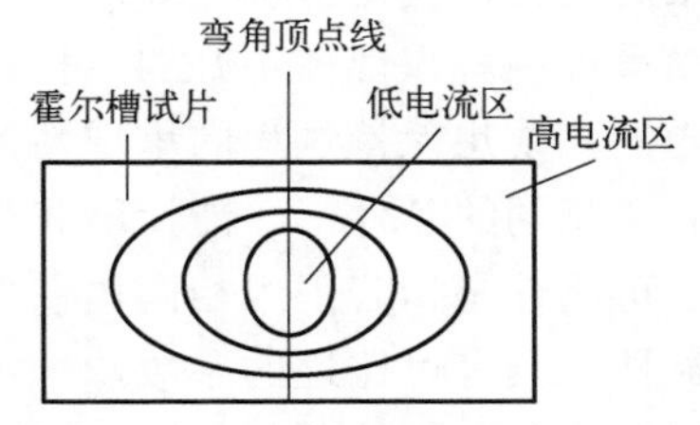

图 10-22　展开后的滚镀型霍尔槽试片示意图

密度最低处，有些镀种在这里会没有镀层析出，而大部分镀种这里的镀层与标准霍尔槽试片一样，呈现低电流区镀层的特点。

10.5.3.3 霍尔槽的其他改良

（1）智能型霍尔槽

所谓智能型霍尔槽是一种组合式试验设备，这是在标准霍尔槽设备上，配置有加温、搅拌、控制电流强度、电镀时间等功能的附属设备，并且可以用多种传感器和摄像头，将各种参数和试片图像传送到电脑，通过相关软件进行分析而便于分析和读取数据、直接打印结果或制成数字化信息资料。

（2）槽边开口的霍尔槽

霍尔槽试验是电镀工艺试验中一个重要的试验工具，由于其简单而又巧妙的结构，给电镀试验带来了许多方便。同时也吸引了很多人对其进行进一步的改良，除了以上介绍的一些改良方案外，还有一些改良思路也是很有创意的，比如对霍尔槽的放置方向进行调整，就可以有一种新的霍尔槽形式。这种方式是以标准霍尔槽最长的一边向上作为槽的开口处，而以最短的一个边作为槽底，将原来的开口封起来成为槽子的另一个侧面，这样原来横向竖直的阴极试片就变成了直向斜躺在槽的长边上的状态。由于这时的高电流区变成了在槽子的底部，在电流很大时产生的大量气泡会直接向液面排出而不会沿着试片表面逸出，避免在试片表面生成很多气痕而影响评价镀层性能。

10.5.4 霍尔槽试验的重现性与可比性

10.5.4.1 重现性与可比性

（1）重现性

所谓重现性是指一个过程，反复进行的结果，都与第一次过程的结果保持一致。即只要条件一样，同样的结果就会重现。这种只要在相同条件下就能重复所得结果的过程，就是重现性好的过程。显然，对于任何工艺过程，我们都希望有良好的重现性。重现性不好的过程，就是不稳定的过程。

当然，要想保持过程的重现性，首先要确保的是过程的条件不能发生变化。只有有了相同的条件，才能让所获得的结果进行比较，从而也就提出了可比性的概念。可比性是指若干组相同体系参数或不同批次同一种体系参数之间进行比较的可靠性。具有可比性的参数，一定是参数体系过程的基本条件相同的参数。如果若干参数获取时的条件不同，或取样的方法有根本的区别，这些参数之间就没有了可比性。

注意重现性或重复性、再现性等说的基本上是同一种过程结果的可靠程度。

因此，重现性过程的条件要求是完全一致的，不管这种条件有几个，只要对重现性进行考察，每次的所有条件都要一样，不允许有变量存在。如果出现变量，就表明重现性差。统计变量与原始过程参数的比值，或者统计实验次数中符合原始参数次数与总实验次数的比值，都可以定量地表示重现性的比率。但要注明是采用的哪种统计方法。前一种是重现性的精确度，后一种是重现性的概率。

$$重现精确度 = (变量/原始量) \times 100\%$$

$$重现概率 = (符合原始量次数/总实验次数) \times 100\%$$

由于我们认识事物的过程存在局限性，当有些过程存在隐性因素或限于我们当前的科学水平还存在没有认识的潜在因素时，有许多过程的重现性不可能达到100%。此外，还有操作者的水平以及设备、原料等的变化，也会对重现性有所影响。因此，对于有些过程，出现精确度不够和重现性不好是很有可能的。

从科学和实用的角度，在我们认识可及的范围，我们都要保证所有过程有良好的重现性。不可马虎从事。有些过程根本就不容许出现偏差，否则后果不堪设想。

（2）可比性

可比性只对要进行比较的参数和过程的条件设为变量，而对比较参数或体系的其他因素要求固定。例如我们需要对温度对某一过程的影响进行比较时，就要将这一过程的其他参数确定后，对每变动一个温度参数的结果进行记录。然后比较这些结果，从而得出温度影响的规律。如果其他参数不确定，出现的结果变化就不能肯定是否是温度的影响，从而使这两组试验没有了可比性。

对于任何多因素体系，可比性中的变数只能设定一个，而固定其他因素。否则就没有可比性。同时，只有重现性好的不同时间或空间的过程，才有可比性。对于有些体系，变量中又有多因素，比如镀液，往往是多种成分组成，我们将镀液作为比较变量，就得采用确定的镀液配方，只将其中某一成分设为变量，并依次改变不同成分的量，才能最后确定一个有效的配方。

除了以上定义的可比性，还有一种广义的可比性概念，这就是对量级和领域的限定。即可比的事物要处在同样的量级或领域，否则也无法进行比较。

10.5.4.2 霍尔槽试验操作误区

霍尔槽试验是电镀工程技术人员和现场管理人员经常用到的试验方法，也是技术报告或技术论文中经常用到的方法。由于霍尔槽试验试片的状态涉及对工艺性能的评价，有时是对产品质量的评价，这就有一个评价的公正和公平的问题。只有当将这些试片的结果与标准加以比较，或者大家都按一个统一的标准进行试验，这种比较和评价才是可信的，也才是公平和公正的。

目前各种试验报告在提供霍尔槽试验结果时，都是以大家用了同样的霍尔槽试验方法为前提的，并且默认这些实验采用了标准的霍尔槽在标准状态下进行了试验。但是这种认可是值得商讨的。因为很多实验人员在做霍尔槽实验时，对有关参数没有加以认真地校正或记录，也没有按霍尔槽试验规范进行操作，所得的参数难免会产生偏差，从而给出错误的信息。

导致霍尔槽试验重现性不好的最常见错误有以下几种。

（1）阳极厚度超过 5mm

很多霍尔槽试验的阳极没有采用标准的阳极，而是从镀槽阳极上锯下一块来代用，这些阳极通常都比较厚，有时厚达 10mm，这种不规范的阳极相当于霍尔槽的尺寸发生了一点改变，从而使高电流区情况变得更差而低电流区的情况会好一些，这对了解镀槽真实情况是不利的。在没有标准试片的场合，宁愿使用不溶性阳极（例如不锈钢片或钛片等），制成标准阳极，每次取样只做 1 次试验。对主盐较多的镀种，最多只做 2 次试验。

（2）同一镀液所做的试片超过 3 片

标准的霍尔槽试验取一次镀液，只应做 1～2 片，因为做多时，镀液浓度会因得不到及时补充而变化，结果就没有了可比性或重现性。除非是自己开发过程中，要实验补加规律或调整方法，可以边往试验液中加入相关成分并做好记录，可以多做几片。但提供这种试验结果时，要将记录参数同时提供给读者。

但是我们很多做霍尔槽试验的人会一次取样做三四次试验，有时甚至更多，后几片的镀液浓度已经变化，结果就难以比较。

（3）试验条件的记录不完善

要使霍尔槽试验有可比性，要将实验时的工艺条件与结果一起报告，但是有不少关于霍尔槽的试验结果没有提供完善工艺条件，不是没有温度指标，就是没有提供所用的镀液配方，或者没有指出是否有搅拌镀液或搅拌的方法。这样使所做的试片的结果无法与其他相同的工艺进行比较。

（4）采用了不标准的霍尔槽或电源

有些试验者所用的是不标准的霍尔槽，这有两种情况：一是自己用有机玻璃或其他塑料做的，并且是手工制作，尺寸不精确，使几何形状不符合霍尔槽的结构要求；另一种是所购的霍尔槽的制作商生产的霍尔槽不够标准，比如用拼装法做的出现装配误差超标，模压法的模具尺寸不符合要求等。所以完整的霍尔槽试验报告应该包括对所用霍尔槽的描述，例如说明是“采用某某公司生产的多少毫升的标准霍尔槽”或者“采用自制的多少毫升霍尔槽”。

试验电源对霍尔槽试验也是很重要的，要采用平稳直流电源，对于自己开发对比的试验，一直使用同一种电源问题不大，但是要提供别人对比的试验时，一定要指明所用的电源参数，是单相全波还半波，以及滤波条件等，因为这对试验结果有很大影响。很多技术服务人员在自己的实验室做好的试验，拿到用户那里又通不过，很少想到实际上有时是电源在作怪。

10.5.4.3　霍尔槽试验的可比性

我们已经有了可比性的概念，就不难确定霍尔槽试验的可比性了。霍尔槽试验的可比性首先要建立在重现性确定的基础上。对于一个确定的电镀工艺，比如光亮镀锌。当我们要对其进行比较时，要先选取需要进行比较的体系，然后再确定有重要影响的变量，依次进行试验，其结果是可以比较的，并可从结果中选出最好的因素量。

当对不同体系的不同工艺进行比较时，也要在相同的工艺配方和工艺参数的前提下，确定比较的变量，比如电流密度对光亮区范围（宽度）的影响，温度对光亮区范围的影响，光亮剂含量对光亮区范围的影响等，就要分别对这几个因素设置其他固定因素后，进行试验，比较其结果。对于有重现性的任何工艺，在任何时间和场合，应该都可以进行这种工艺之间的比较，以确定工艺的适用性或先进程度。

因此，霍尔槽试验可以对各种商业工艺（通过比较）进行评价。特别是对各种光亮剂的效果、性能进行评价。

10.5.5　霍尔槽试验方法的应用举例

10.5.5.1　用霍尔槽做光亮剂试验

光亮剂是光亮电镀中必不可少的添加剂，是光亮镀种管理的关键成分，因此采用霍尔槽对光亮剂进行试验是常用的管理手段，也是开发光亮剂和光亮镀种工艺的常用手段。采用霍尔槽可以对光亮剂的光亮效果、光亮区的电流密度范围、光亮剂的消耗量和补加规律等做出判断。

当采用霍尔槽进行光亮剂性能等相关的试验时，首先要采用标准的镀液配方和严格的电镀工艺规范，以排除其他非添加剂的因素对试验的干扰。常用的方法是每个批次的试验采用一次配成的基础镀液，镀液的量要大于试验次数要用到的量，基础镀液采用化学纯或与生产工艺相同级别的化工原料配制，并且记住不能往基础液中添加任何光亮剂，以保证试验结果的准确性和可靠性。

在准备好镀液和试片后，可以取试验基础液注入霍尔槽，然后再按试验项目的要求将镀液的工艺参数调整到规定的范围,先不加入光亮剂做出一个空白试片，留做对比用。再加入规定量的待测光亮剂，通电试验。对于光亮镀种，常用的总电流是 2A，时间为 5min，镀好取出后，要迅速清洗干净，最后一次用纯净水，然后用热电吹风吹干后，观测表面状况并做好记录，再将试片放进干燥器保存。为了方便以后对比，每做一个试片都要有标识贴在试片上，记录编号、试验条件等参数。

做完空白试验后的试验液一般只能再做 2 个试片，同一个工艺参数和含量的试片通常也要求做 2 次，以排除偶然性。在每换一次新镀液时，都要做空白试验。为了提高效率，可以一次配置够用多次试验的基础液，这样只做一次空白试片就可以代表这批试液的状态。

第一次添加光亮剂的量可按商家说明书的标准量投入，以判断光亮剂的基本水平；然后再按过量加入，看超量的影响，再做 1/3 量和 1/2 量的试片，以了解不足量的影响，最后还要做光亮剂的消耗量。

有些试验者取了一次基础试验液后，就一直往里加光亮剂来做试验，从少到多用同一镀液做多片，这是不科学的方法。因为霍尔槽的容量太小，每镀一片镀液变化较大，如果一直往下做，镀液的成分已经发生量变，后边做的与前面做的已经没有可比性。试验结果就会出偏差。

另外，用霍尔槽可以根据镀层厚度变化情况来判断光亮剂的用量是否正常。方法如下：取待测镀液置于霍尔槽中，以 2A 的总电流镀 30min，温度要与镀槽中的一致。镀后水洗，但不要出光和钝化。干燥后用霍尔槽电流分布尺找出 $0.43A/dm^2$ 和 $8.64A/dm^2$ 两个点，测出这两个点的厚度。再计算这两个厚度的比值。其比值应在 1.5～2.25 之间。低于 1.5，表示光亮剂的含量偏高。高于 2.25 表示光亮剂的含量不足。但是要注意的是，影响这两个点厚度差别的因素还很多，要根据镀槽的具体情况结合测试结果综合加以判定。因此这种方法只是一种参考，其所依据的原理是当添加剂过多时，会进一步改善镀层的分布，而添加剂不足时，则分散能力也会有所下降。

10.5.5.2 用霍尔槽做金属杂质影响和排除的试验

用霍尔槽做金属杂质的影响的试验可以有两种方法，一是空白对比试验法，另一种是故障镀液排除法。

空白试验法是先将怀疑有杂质影响的镀液做出一个霍尔槽试片，留作对比用。再取新配的与镀液相同组成和含量的试验液做出空白试片，再往里加入已知的杂质金属，对比已知杂质含量试片与故障镀液试片，直到找到与故障镀液相同的试片条件，即可测知镀液中金属杂质的类别。这种空白对比试验法由于杂质采用的是已知杂质的添加法，所以结果和杂质的量都可以准确地测出。但是，这种方法只适合对镀液中的杂质是什么有大致的了解，或已经知道杂质是什么而要确定含量大约是多少。如果对杂质是什么无法估计，用空白试验的效率就会很低了。

利用霍尔槽可以对有杂质影响的故障镀液直接进行排除试验。首先也是取故障镀液做出故障液的现状试片，然后对镀液进行杂质排除的例行处理，例如小电流电解一定时间后，再用电解后的镀液做霍尔槽试验，如果有所好转，则可以进一步确定电解时间来最终排除，如果作用不明显，则要采用其他排除法，比如金属置换沉淀法，这在镀锌中常用到，用锌粉可以将其他重金属杂质还原出来沉淀排除。总之，每采取一种措施，就用处理后的镀液做一次霍尔槽试验，以验证处理结果。由于一片霍尔槽试片所传达的信息比一般试镀要多得多，所以采用霍尔槽试验来排除杂质有事半功倍之效。

10.5.5.3　用霍尔槽确定工艺参数

在进行霍尔槽试验前，要对所测试验的工艺参数做好策划，这主要是进行温度、电流密度、不同主盐浓度或不同 pH 值等可调节因素的组合，要根据经验和基本理论常识列出所试验的组合，并对试验项目做出试验流程和记录表格，然后以标准镀液在不同工艺参数下进行试验，所对应每种工艺参数的组合，都可以找到对应的镀片状态，最好的一组所对应的参数，就是可以用于生产的电镀工艺参数。

当然在选定了一个参数组合后，还要对这组参数进行重现性试验，确定有良好的重现性后，才能用于生产当中去。

10.5.5.4　用霍尔槽做镀液分散能力的试验

利用霍尔槽做镀液分散能力的试验，需要适当延长电镀时间，以利对已经镀好的霍尔槽试片进行不同电流密度区域的镀层厚度进行测试。一般可镀 10～15min，电流强度可以在 0.5～3A 之间选取。电镀完成后对试片清洗干净后干燥，然后用铅笔在试片中间横向画一条直线（与试片等长，即 100mm），并将这条线分为 10 等份，每份有 10mm 宽度，去掉两端边上的区间，然后由低电流区向高电流区编成 1～8 号，在每个编号的中间取点进行厚度测量，记为δ_1、δ_2、…、δ_8，然后以下式计算其分散能力：

$$T = \frac{\delta_i}{\delta_1} \times 100\% \qquad (10\text{-}14)$$

式中　δ_i ——从δ_1到δ_8的镀层厚度相加后除以 8 的平均镀层厚度；

δ_1 ——最高电流密度区的镀层厚度。

10.5.5.5　用霍尔槽试片检测镀层厚度分布

可以用霍尔槽试片进行镀层厚度分布的测量，不过需要注意的是霍尔槽试片上的电流密度范围虽然很宽，但整个试片的长度却是有限的，这样只能在试片上取若干个点来分别代表不同电流密度的区间，通常可以取 5～10 个点，这些点从高电流区到低电流区均匀分布，并且要除掉试片两端各 1cm 的部位。从这些不同点得到的镀层厚度，基本上就代表了不同电流密度下在同一时间内所能镀得的厚度值。

10.6 电镀工艺测试

10.6.1 镀液极化性能测试

10.6.1.1 极化曲线测试

电镀过程实质上是电极反应过程，而每种金属在一定溶液内都会形成表面电位，这种电位就是电极电位。每种金属的电极电位与金属的性质、溶液的组成与浓度、温度等有关。当电流通过这种电极时，还与通过的电流大小有关。通过的电流越大，电极电位的变化就越大。为了定量地了解通过电流引起的电极电位变化（或通过测定电位变化引起的电流变化），将这些与电流或电位对应的点在平面坐标系中描点作图，所得的曲线就叫极化曲线。通过极化曲线可以了解电极反应过程中的许多信息。

电镀中常以电流密度为纵坐标，以电位为横坐标来测量极化曲线。这是研究电镀过程以确定最佳工艺配方和操作条件的重要实验手段。通过极化曲线可以分析镀液的基本性质，如分散能力、结晶粗细、允许电流密度范围、添加剂的影响和杂质的影响等。一般来说，当极化曲线随着电流密度的增加电位变化大，并且斜率较大时，镀液的分散能力较好，镀层的结晶也较细。如果电流增加、电位不变或变化很小，则镀层结晶较粗，分散能力也差。不过也不能一概而论，还是要对具体的镀液做出具体的分析后，才能下结论。测试极化曲线根据所控制电流或电位的方式而分为恒电流法和恒电位法两种。

（1）恒电流法测试极化曲线

恒电流法是控制被测电极的电流密度，使其分别恒定在不同数值上，然后测定与每一个恒定的电流密度相对应的电位值。将测得的这一系列的电位值记下后，与电流密度在平面坐标系中标出一一对应的点，连接这些点组成的曲线，即为极化曲线。

用恒电流法测得的极化曲线反映了电极电位是电流密度的函数。恒电流比较容易操作，是常用的极化曲线测量方法。恒电流法测量极化曲线的设备与方法如图 10-23 所示。

在 H 形电解槽中放入被测镀液，被研究电极（阴极）1 和辅助电极（阳极）2 分别安置在 H 形电解槽的两端。为了维持电路中电流的恒定，外线路的变阻器

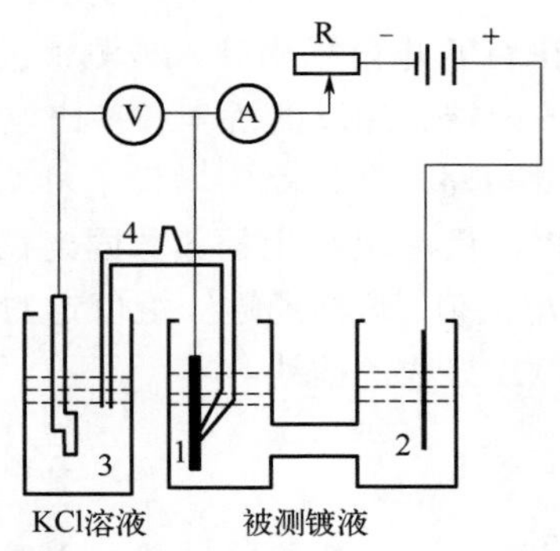

图 10-23　恒电流法测极化曲线

R 的电阻值要远大于 H 形电解槽的电阻（100 倍以上）。调节 R 使电流表 A 上的值依次恒定，可从电位计 V 上依次测得相应的电极电动势。由于参比电极 3 的电位值是已知的，因此可以求出待测电极不同电流下的电极电位。为了消除 H 形电解槽中溶液的欧姆电位降的影响，盐桥 4 的毛细管尖端应尽量靠近待测电极 1 的表面。参比电极不直接放入被测电解液也是为了消除电解液对参比电极电位的影响。参比电极通常都是放置在 KCl 溶液中。有时在这两个电解池中间还加一个装有被测镀液的电解池，再增加一个盐桥，使参比电极电位更少受到影响。

（2）恒电位法测试极化曲线

恒电位法是控制被测电极的电位，测定相应不同电位下的电流密度，把测得的一系列不同电位下的电流密度与电位值在平面坐标系中描点并连接成曲线，即得恒电位极化曲线。恒电位法的精确度比恒电流法差，但是测量起来比较简便。采用恒电位法测量极化曲线的方法如图 10-24 所示。

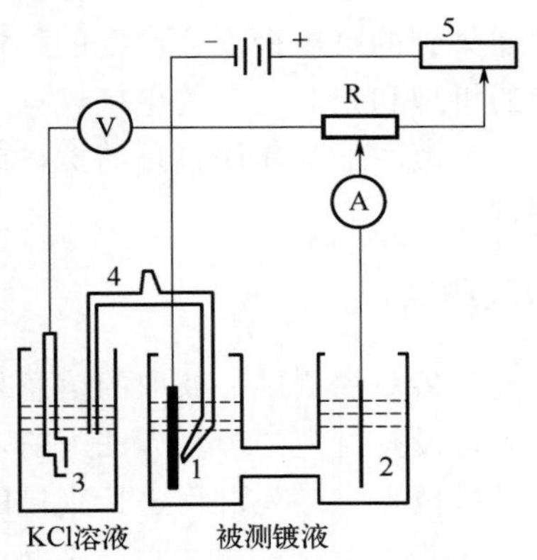

图 10-24　恒电位法测试极化曲线

与恒电流法相同的是在H形电解槽中装入被测镀液，被测电极1和辅助电极2分别安置在H形电解槽的两端。通过盐桥4和参比电极3与电源和测试仪器构成回路。为了防止直流电源短路，在线路中增设了可变电阻5。盐桥内采用的是KCl琼脂。通过可调电阻R使伏特计V上的读数固定在某一个数值，然后通过电流表A计量这个电位下的电流值。这样通过一组恒定的电位值可以在坐标上绘出各个电位下电流密度值的点连接成的曲线。

10.6.1.2 旋转电极测试

为了研究电极表面电流密度的分布情况，减少或消除扩散层等因素的影响，电化学研究人员通过对比各种电极和搅拌的方式，开发出了一种高速旋转的电极，由于这种电极的端面像一个盘，所以也叫旋转圆盘电极，简称旋盘电极（图10-25）。还有基于这种电极进一步改进了的旋转圆环电极等，可以测量更为复杂的电极过程的电化学参数。

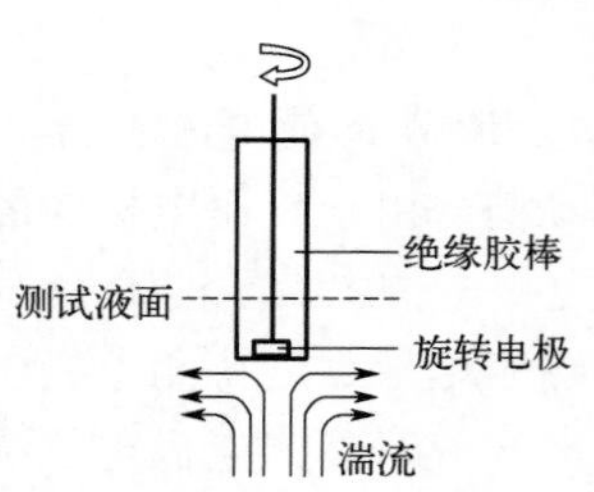

图10-25 旋转电极测试示意图

这种电极的结构特点是圆盘电极与垂直于它的转轴同心并具有良好的轴对称；圆盘周围的绝缘层相对有一定厚度，可以忽略流体动力学上的边缘效应；同时电极表面的粗糙度远小于扩散层厚度。

在测量时电极浸入测量溶液不宜太深，一般以2～3mm为宜。电极的转速要适当，太慢时自然对流起主要作用，太快时则会出现湍流，不能得到有效参数。要求在旋转过程中保证电极表面出现层流状态。

利用旋转圆盘电极可以检测出电极反应产物，特别是中间产物的存在形式与生成量，或判断环电极上捕集到的盘电极反应产物的稳定性等，利用这些测量可以探测一些复杂电极反应的机理和获取更多的电极过程信息。因此在现代电化学测量中是常用的测试手段。电镀添加剂作用机理的探讨或添加剂性能的比较，都可以用这种电极来进行测试。

10.6.1.3 电极过程的微观测试

传统电化学中对电极过程参数的测试，获取的信息基本上是间接的信息，对阴极区扩散层内的真实状况，没有直观的观测方法。随着微电子学和测试技术的进步，现在已经可以通过显微技术对微观过程进行直接的观测，从而大大提高了观测和研究电极过程的效率和能力。这种测试主要借助了微传感器与电子计算机对所取得参数的运算和处理能力。

下面以电化学显微镜装置为例介绍这类设备的工作原理，图10-26是用于电极过程直接观测的电化学显微测试原理图。

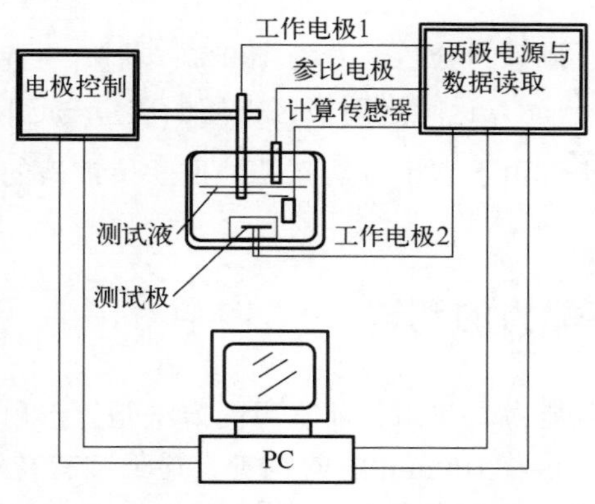

图 10-26　电化学显微测试装置

它是通过在被测电极上方的任意高度设置探针，在二维方向上扫描来获取信息，以电脑进行解析，以直观图形表现表面的状态。使用这套装置可以观测电沉积溶液中各组分及添加剂等对电沉积过程的影响，其沉积层的形貌可以通过电脑屏幕观测。比较不同主盐浓度或不同添加剂和不同条件下不同镀层的组织形貌，可以确定最佳的镀液组成和合适的添加剂。这类直接观测装置的共同点是都使用了显微技术的同时，采用了电脑解析和屏幕显示技术，这与电脑科技的进步和微传感器的采用是分不开的。这类装置的应用结束了以往只能通过测量极化曲线来间接了解表面双电层信息的历史。

10.6.2　镀液分散能力测试

镀液分散能力的测试通常采用的是哈林槽法。这种方法的要点是在试验槽中放入两个尺寸相同的金属板式试片，镀前要先将其清洗干净并称重。在两个阴极的中间设置一个带孔的阳极，使其与两片阴极间的距离成整数比 K，其中距阳极近的一片为 $M_{近}$，距阳极远的一片为 $M_{远}$，如图 10-27 所示。

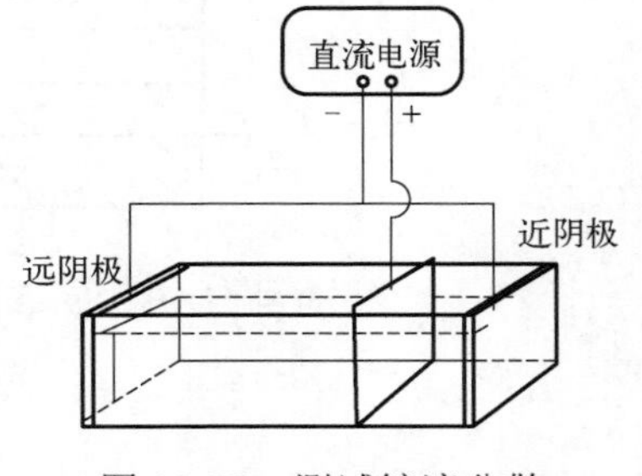

图 10-27　测试镀液分散能力的哈林槽

进行电镀后，再测出两试片各自的增重，即为镀层重量，然后可以按下式计算分散能力：

$$T = \frac{K - M_{近}/M_{远}}{K - 1} \times 100\% \qquad (10\text{-}15)$$

式中，T 表示分散能力；K 为远阴极离阳极的距离与近阴极离阳极的距离之比；$M_{近}$、$M_{远}$分别为近阴极上镀层的重量和远阴极上镀层的重量。

由这个公式可知，最好的分散能力为100%，即$M_{近}=M_{远}$。而最差的分散能力为0，也就是$M_{近}/M_{远}=K$，这时近阴极区镀层的重量与远阴极区镀层重量的比，正好等于它们距离的比。由于这个方法直观地反映了镀液的分散能力，因而成为常用的测试方法。

10.6.3　镀液深镀能力的测试

深镀能力也叫覆盖能力，我国目前常用的方法是管形内孔法。这种方法是取一根孔径为10mm、长度为100mm的紫铜管，置于装有待测镀液的长方形试验槽中，让管孔两端与槽内两端的阳极相距 50mm，通电电镀一定时间后，取出清洗干净并干燥后，沿中轴线剖开，测量镀层镀进管内的深度，按下式计算深镀能力：

$$深镀能力=\frac{镀进深度（mm）}{管子长度（mm）}\times 100\% \qquad (10\text{-}16)$$

由于管长通常都是取 100mm，因此，所镀进的深度也就是所得的百分数值，如镀进 15mm，也就是有 15%的深度能力。也有人主张将两端的镀进深度相加来计算，这时的值会增加一倍左右（因为有时两边的深度并不相等）。

虽然说深镀能力也叫覆盖能力，但管形阴极法还是偏于测量管形制件的覆盖能力。为了更直观地测量镀液的覆盖能力，另有一种凹孔试验法用来测试覆盖能力，如图10-28所示。

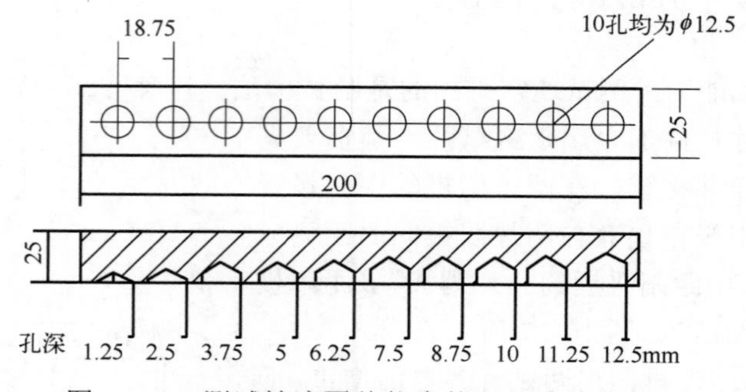

图10-28　测试镀液覆盖能力的凹孔试验法

这种方法是采用一种条形钢制成25mm × 25mm见方、长200mm的阴极试验条，在一个面上钻10个直径为12.5mm的孔。孔之间的中心距为18.75mm，第1个孔的深度为 1.25mm，其后的孔依次加深，加深的尺寸是直径的以 10%为单位的倍数，因此第 2 孔深为 2.5mm、第 3 孔深为 3.75mm，直到第 10 个孔的深度等于孔的直径 12.5mm。

测试前要将这种阴极进行充分除油和酸蚀，清洗干净后活化，再开始入试验槽测试。电镀一定时间（通常是达到要求的镀层厚度所需要的时间）后，观察有几个孔全部被镀层覆盖。如果有 7 个孔内全部都有镀层，这种镀液的覆盖能力就可定为 70%，以此类推，全部孔位都有镀层，则覆盖能力为 100%。

需要说明的是覆盖能力测试对镀层厚度是没有要求的，有镀层就算合格。这与镀层均镀能力是不同的概念。

10.6.4　镀层抗腐蚀性能测试

镀层的抗腐蚀性能是电镀层性能中一项重要的指标，有许多行业包括航空、航天、汽车、造船、军工等领域对金属制品电镀层都有严格的抗腐蚀性能要求。所有这类产品都要经过标准规定的测试并达到规定的级别。

10.6.4.1　中性盐雾试验

中性盐雾试验是参照 GB/T 2423.18—2021 所进行的耐腐蚀试验方法。这个试验是目前镀层耐腐蚀性试验采用最多的一项试验。

这种方法的试验要求如下：

（1）试验溶液

中性盐雾试验所用溶液为以蒸馏水配制的化学纯氯化钠溶液，其浓度为（50±5）g/L。

配制好的上述溶液的 pH 值应为 6.5～7.2，可用盐酸或者氢氧化钠调整。如果是醋酸盐雾，则要在盐水中加入醋酸。如果是 CAss 试验，则要往其中加入氯化亚铜。

（2）试验设备

采用专用盐雾试验设备，盐雾箱的容积不小于 0.2m^3，最好不小于 0.4m^3，并要配有喷雾气源和盐水储槽、盐雾收集器等。

（3）试验条件

在试验过程中，盐雾箱内的温度为（35±2）℃。做 CAss 试验时的温度为（50±1）℃；盐雾喷雾速度为 0.7～3.0mL/（80cm^2/h）；空气压缩机供气压力应保持在 0.7～1.8kgf/cm^2 范围。

可以连续 24h 喷雾，为一个周期；也可喷 8h，休止 16h，为一个周期。

（4）试样的评价

试样的评价是每过一个周期都要开箱对试样进行观测，如果试验不变色、无腐蚀、无其他异常（如起泡、开裂等），就要再做一个周期，直到出现不同程度的腐蚀。由于每次试验的试样都是复数件，并且通常都有参照试样，因此不可能每件的腐蚀程度都一样，这就需要每次观测都要做好记录。评价耐腐蚀的程度是以通过的周期数为标准，通过的周期越长，其抗腐蚀性能就越好。

评价的方法通常以 24h 为基数，两个周期就是 48h，大多数普通镀层至少要通过 48h 的试验才为合格，有些产品要求 72h。海洋、潮湿、高温湿热等环境使用的产品的镀层则对抗腐蚀时间有更高要求，要达到数百小时甚至以上。为了提高检测效率，开发了加速腐蚀试验方法，将考核难度增加的同时，试验时间可以缩短。这类试验方法有醋酸盐雾试验和铜加速醋酸盐雾试验。

10.6.4.2 醋酸盐雾试验和铜加速醋酸盐雾试验

（1）醋酸盐雾试验

醋酸盐雾试验也叫 Ass 试验，是在中性盐雾的基础上，在盐水中加入醋酸，使其 pH 值为 3.2±1（25℃）。这样可以进一步加强腐蚀作用，以模拟汗水等工作环境。这种试验适合于有较强抗腐蚀作用的多层组合镀层，例如铜镍铬镀层或多层镍镀层。其他试验条件和操作要求都与中性盐雾试验是一样的。

（2）铜加速醋酸盐雾试验

铜加速醋酸盐雾试验也叫 CAss 试验，是专门为了评价铜镍铬或多层镍铬而设计的一种加速试验方法，是在醋酸盐雾试验的基础上，再在喷雾液中加入二氯化铜（0.26±0.02）g/L，这样利用铜离子的作用来加速腐蚀电池的作用，从而模拟更为严酷的工作环境。

10.6.4.3 人工汗试验

许多电镀产品从制造完成到检验、包装并进入流通，特别是在使用过程中，都会经过人手的触摸，而人手是有汗水等分泌物的，这些分泌物因为含有氯化钠等盐分而会对镀层产生腐蚀。为了研究和防止这种汗水对镀层的腐蚀，就需要做汗水试验，但是收集人的汗水是不现实的事，因此就需要根据汗水的组成来配制人工汗水，以便用这种人工汗来进行模拟汗水的试验。也就是人为地配制一种溶液，其化学成分类似于人的汗水，以这种类似人的汗水的溶液来对电镀层的耐汗水能力进行试验的方法，就叫人工汗试验。

做人工汗试验首先要配制人工汗水，而人工汗水因为人的汗腺分泌物不同而有酸性汗水和碱性汗水之分，大部分人的汗水是弱酸性的，但也有一部分人的汗水是弱碱性的。同时，汗水中盐分和有机分泌物的含量也因人而异，这样，人工汗试验就要用到不同的人工汗水配方。可供选择的人工汗水配方见表 10-6。

表 10-6 人工汗水配方

类别	酸碱度/pH	成分	含量
A	酸性/5.5	L-组氨酸盐酸盐	0.5g/L
		氯化钠	5g/L
		磷酸氢钠	2.2g/L
		0.1N 氢氧化钠	15mL/L
	碱性/8.0	L-组氨酸盐酸盐	0.5g/L
		氯化钠	5g/L
		磷酸氢二钠	5g/L
		0.1N 氢氧化钠	25mL/L
B	碱性/9.5	氯化钠	5g/L
		磷酸钠氢二钠	5g/L
		0.1N 氢氧化钠	3mL/L
C	酸性/4.5	氯化钠	10g/L
		乳酸	1g/L
		磷酸氢二钠	2.5g/L
	碱性/8.7	氯化钠	10g/L
		碳酸铵	4g/L
		磷酸氢二钠	2.5g/L
D	酸性/4.5	磷酸氢二钠	8g/L
		氯化钠	8g/L
		醋酸	5g/L

试验时将试验片浸入到上述人工汗试验液中，经过一定时间（通常是 30min）后取出，自然干燥后观测其表面状况。

第11章

电镀自动化及在专业电镀领域的应用

自动化是现代工业的特征之一。特别是在机械制造领域，自动化在工业 1.0 时代就已经有了发端。现在自动化已经是全制造产业的主流模式，到工业 4.0 时代，已经在向智能化方向发展。电镀产业也不例外，也由早期的全人工操作模式经过半自动化、自动化向智能化发展。

11.1 电镀自动化设备

11.1.1 电镀自动生产线

前面说的各种电镀设备和装置，基本上都是以单一镀槽为单元的配置。其中除了滚镀应用了机械操作外，其他既可以是手工生产装置，也可以是自动生产线上可用的装置。随着现代制造业的迅猛发展，电镀加工的规模也越来越大，对产量和效率的需求也越来越紧迫。完全采用手工的方式生产早已经不能满足大生产的需要，因此，现代电镀的一个特点就是采用全自动或半自动生产线进行生产。

将各种电镀槽按工艺流程排列起来，就组成了电镀生产线。有按操作的工艺流程生产线直线排列，也有因地制宜根据现场空间分开镀种排列。如果是机械自动生产线，则基本上是按工艺流程来排列。

全自动生产线适合于产品比较单一而产量又很大的产品，比如铝合金汽车轮壳或自行车车圈，用这类产品电镀的自动生产线是根据产品的大小和产量设计的，因此有非常适合产品的装载方式和相对固定的动作节拍，在动作程序编好以后，就可以连续不断地进行电镀自动生产。当然这种自动线会有很多传感器监测各种参数，特别是电镀工艺参数，比如电流密度、温度、pH 值等，都应该在正常范围内波动。当变动值超过规定的工艺范围，被监测到的信号会转换为相应的设备动作，向镀液内补充相应的原材料。可以实现全自动补加成分，包括主盐溶液（将主盐先溶解在一定量的蒸馏水中，由控制阀在接受相关指令后再排除）、辅助盐溶液、pH 调节剂、光亮剂、添加剂等。如果采用阳极篮，则阳极材料要选用角状或球状阳极，这时也可以实现阳极材料的自动补加。全自动电镀生产的控制系统现在已经采用 PC 机控制，将确定的工艺流程编程后输入电脑，即可以进行全自动控制。

半自动化的电镀生产线主要适用产量虽然大，但要经常变换产品的电镀加工。这时不仅上下挂具是人工操作，而且起槽和转槽的流程，都是人工操作控制开关来完成。半自动线由于变通性强，而又有较高效率和产能，因此是当前国内电镀生产线中的主流设备。

11.1.1.1 直线式电镀自动线

直线式电镀自动线是电镀生产的主流配置。将电镀工作槽按电镀工艺流程呈直线排布，不仅方便操作，而且在提高效率的同时也不易出现漏工序情况，实行自动化改造时装备的构造也相应简单。

直线式电镀自动线起吊机构是在轨道上行走，这种机构通称为行车。轨道有地轨和天轨两种模式，其中地轨又有直接在地面排布和在槽上排布两种方式。为了保持行车行走稳定和吊臂提升方便，运行吊臂的结构为 π 字形，即常说的龙门式行车。

（1）龙门式电镀自动生产线

龙门吊机因为结构像传说中的龙门，因此而得名。这种结构运行平稳，提升力大，在当代港口是起重的主力装备，在电镀自动生产线中也是主流模式。特别是汽车电镀等钢铁结构件的电镀生产，都要采用起重力大的龙门生产线。

龙门直线式连续电镀生产线设备具备以下特点：

① 提升质量为 100～500kg；

② 电磁制动电机，适用短距离频繁启动，且双电机同步驱动，运行平稳，定位准确；

③ 水平运行速度 5～30m/min 可调，升降速度 5～15m/min 可调；

④ 聚胺酯橡胶行走轮，耐磨、抗震、噪声低；

⑤ 节拍时间 5～20min 可调；

⑥ 绵轮带提升，提升高度≤2m；

⑦ 适用镀种：前处理、镀铜、镀镍、镀铬、镀锌、镀镉及铝氧化等工艺。

图 11-1 是槽边轨道的龙门式直线生产线，图中槽位左侧靠墙放置的圆柱形槽

罐是储存的工作液，在需要时方便往各工艺槽中补加。如果配备有镀液自动补加装置，则可以自动从相应储存罐中抽取。

图 11-1 直线式电镀自动线

（2）悬臂式直线电镀自动生产线

悬臂式直线电镀生产线适合车间面积不大，被镀产品体积较小或重量较轻的电镀生产。所谓悬臂，其实就是单一立柱的起降机构，在一根槽边立柱上安装电动起降装置来提起和放下电镀挂具。由这种单臂结构可知其起重量较龙门式要小，但仍然可以满足很多电镀生产需要，可适用于镀铜、镀镍、镀铬、镀锌、镀镉等多种电镀需求。

其设备特点如下：

① 提升质量≤80kg，提升高度≤1.5m；

② 水平运行速度 5～25m/min 可调，升降速度 5～15m/min 可调；

③ 节拍时间：4～20m/min。

这种生产线相比双立柱模式，视野开阔，操作、维修方便；且结构轻巧，紧凑，生产线槽宽≤1m，但对于印制电路板等轻型材料槽宽最多可达 4m；特别适用于轻型零件的前处理以及锡、锡合金、金、银等镀种的电镀和铝氧化等工艺。

11.1.1.2 环形电镀自动生产线

由于各电镀企业的生产场所的面积和几何形状不同，并非所有企业都可以安装直线式电镀生产线。对于有些横向距离较宽的场地，更适合采用环形电镀生产线。这种生产线是将原来直线排布的工艺流程布置在一个环形空间，这个环形多数情况下是长椭圆形。行走机构在椭圆纵向中轴线上布置，吊臂沿椭圆排布的镀槽按生产流程循环运转。显然，这种布置的吊臂只适合单臂模式。这种单臂也被称为悬臂，可以垂直升降。

悬臂式环形连续电镀生产线可适用于镀铜、镀镍、镀铬、镀锌、镀镉等多种电镀需求。其参数和特点如下：

回转中心距：10～45m；

单臂吊重：≤60kg；

节拍：0.7～2.5min 可调；

采用单油缸驱动，承载量大，同步性好，到位准确；

无级调速，每动作从起始到终点均有缓速，运行平稳；

优良的上下阴极移动装置，运行可靠；

可设置带电进出槽装置；

可实现一机多镀种程序、一机多工艺；

生产效率高，适用于大、中型零件的挂镀。

图 11-2 是垂直升降的环形生产线。环形线适合于场地不长的生产车间。

图 11-2　垂直升降环形电镀生产线

还有一种机械导轨式环形电镀自动生产线，其参数和特点如下：

回转中心距：≤10m；

单臂吊重：≤20kg；

节拍：1～5min 可调；

全机械传动，PLC 控制，运行平稳；

可实现阴极上下移动；

适用于中、小型零件及电子类零件的挂镀。

11.1.1.3　卷对卷电镀自动生产模式

受带材和线材连续电镀模式的启发，在电子器件引线框等巨大需求量的刺激下，将引线框等可以按带材模式制造的产品，按带材电镀模式进行电镀加工已经非常流行。由于这种产品的电镀起点是将整卷线材或带材装在起动轮上，电镀完成后由装置在末端的收线轮整卷地收集电镀完成的产品，因此这种电镀模式被叫作卷对卷或轮对轮电镀模式。由此诞生了为这种模式生产提供服务的从工作液、添加剂到装备的新兴电镀产业领域。除了大量的电子产品需要的卷对卷生产线，也包括了传统线材和带材、板材的电镀自动生产线。

以线材电镀为例，基于线材电镀的特点，线材电镀都普遍采用自动生产线生产。有些生产线还从拉丝到电镀再到成卷包装形成一体化的全自动生产模式。同时，线材电镀工艺在很大程度上与设备有密切的相关性，采用不同的设备，要用不同的电镀工艺，包括镀液和操作条件。

对于采用常规工艺将线材成卷挂入电镀的工艺，只适用于小批量和少量线材的电镀，这时可以沿用传统电镀工艺的设备。我们这里所说的线材电镀设备是指以连续电镀生产方式工作的线材电镀设备。

（1）线材收放装置

线材电镀的设备与普通电镀最大的区别是有一组提供线材运动的牵引装置，通常称为收放线机。流行的是以收线机为主动轮，放线机为从动轮。如图 11-3 所示，安放在放线机上的成卷的线材在收线机主动轮的牵引下，通过阴极导电辊获得电流供应的同时转向进入镀槽，经两个压线轮的导向由镀槽另一端出来经导电辊再进入下个流程。这种装置的动力可以是单机式，也可以是多头式。多头式是在一个较大的动力源的驱动下，同时让多个收线轮进行收线作业，让更多的线材平行地在镀槽中电镀，从而提高电镀产能。

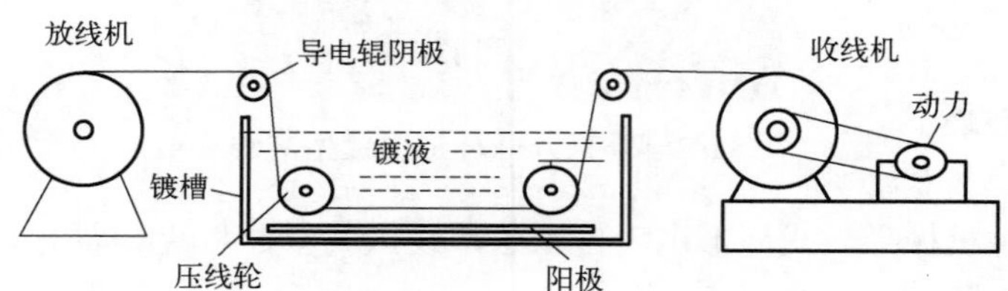

图 11-3　常规线材电镀装置示意图

电子电镀由于场地和规模的原因，多采用单头式往复走线方式，并且采用高速走线方式来提高效率。

（2）线材电镀用镀槽

线材电镀用的镀槽基本上是纵向长度较长的镀槽，以让线材在镀槽中受镀时间得到保证。当走线速度一定时，镀槽越长，受镀时间也越多。因此，当走线速度提高，受镀时间就会减少，厚度达不到工艺的要求。这时就要延长镀槽来保证受镀时间。有时镀槽的长度要达到几十米至上百米。但同一个镀槽做得太长不仅制造上有困难，而且镀液的管理也麻烦了许多。为此，可以采用多槽串联方式，让线材在导电辊的引导下通过多个镀槽，每一个镀槽都有压线轮，两个镀槽之间装一个导电辊，就可以重复这样的电镀过程。

需要指出的是，实际的线材电镀生产线的镀槽和前后处理槽加起来会达到几十个，一个完全的线材电镀自动生产线全长可达 150m，包括线材的去油、酸蚀、活化镀后处理，都可以在线上进行。所有这些工作槽的结构基本上与电镀槽是类似的，只是导电辊可以改成不导电的引导轮，但有些工作槽则要加入加温等辅助设备。

（3）导电辊

线材电镀的导电辊是将线材与电源阴极连接的重要设备，要求有良好的导电性和耐磨性，为了让导电辊不影响线材的走行速度，一般导电辊与收线机的主转速同步旋转。对于旋转的导电辊，为了保证与阴极的有效连接，导电辊的两端除了装有轴承外，还要有与电源相连接的类似发电机电刷式的石墨导电机构，以保证电流能顺利地通过线材。对于前后处理槽，导电辊不与电源连接，且可以改用其他耐腐蚀的非金属材料，如陶瓷或工程塑料等。

（4）压线轮

压线轮的作用是让线材能在镀槽内完成电镀过程，根据镀槽的不同结构可以是全浸式，也可以是半浸式的。半浸式的压线轮不在镀槽内，而是只让压轮的一部分浸入到镀液中。半浸式的好处是压轮的中轴在镀槽液面以上，方便安装和维护。所用材料也要求是耐腐蚀的，特别是对于采用酸性镀液工艺的设备，都要考虑设备防腐问题。

（5）线材电镀的阳极

线材电镀阳极的配置与常规电镀不同，基本上是将阳极放在槽的底部。在镀槽底部以一定间距安装一些与电源正极相连的阳极条，称为阳极桥，将金属阳极块放在这些阳极桥上，构成电镀中的阳极。随着电镀过程中阳极的消耗，阳极材料形状改变，有时会从阳极桥上落入槽内而失去与阳极电源的连接，就起不到阳极的作用，这时镀槽内阳极面积的减少会影响镀层质量和生产效率。

为了改善这种情况，作者发明了一种用于线材电镀的网式阳极，将钛网制成的阳极盘安装在槽底部替换掉阳极桥，再将金属阳极块放置在钛网内，即使金属阳极消耗大也不会影响阳极面积的过大改变，因为阳极网已经基本上保证了电场电力线的持续存在。这一发明获得了中国实用新型专利（ZL96218111.0 采用网式阳极的线材连续电镀装置）。

（6）镀液循环与过滤装置

对于电子电镀，由于对镀层有较高的要求，对镀液的管理也是十分重要的。线材电镀由于电阻比常规电镀要高得多，一般都要在较高的电流密度下工作，有时高达 $300A/dm^2$，这时镀液升温非常快，主盐金属离子消耗也很快，要求槽液有较大的容量，以便即时降温和补充。但是由于工艺布局的限制，工作镀槽的容量往往是有限的，为了解决这个问题，可以在槽体下部或槽边或其他不影响生产线布局的情况下，以大于工作槽 2～5 倍的容积另设一个与工作槽连通的循环过滤槽，配上过滤机，必要时还可以配上热交换装置，有些没有热交换器的电镀厂，将冰块封装在塑料袋或塑料桶里，放在循环槽中也可以解决燃眉之急。

11.1.1.4　特殊线材电镀设备

对于有些特殊结构的线材，比如引线框、插脚等，就更需要专业的线材电镀设备。这类设备有时就是为了加工这类专用的引线而设计的，称为专用设备，由于引线和放线时所用的线卷架很像老式电影胶片卷片盒，所以也叫作卷对卷电镀设备。典型的专用引线框电镀设备是集成电路（IC）引线框的连续电镀设备。

这类设备的基本原理与常规线材电镀设备是一样的，由引线和放线机构与镀槽构成，但是结构要精密得多，并且也很小巧，因为这类镀液多数是贵金属电镀，不可能配制大量的镀液，由于设备长度有限，所以必须采用高速电镀技术才能满足镀层厚度的要求。同样的理由，为了节约贵金属材料，现在很多引线框采用的是局部电镀技术，只对需要的部位进行电镀，因此，这类设备有很多的辅助设备和工装，来满足这些特殊电镀过程的需要。

（1）动力和镀槽

这种设备的动力也是以收线卷为主动轮，由于线框架的特殊形状而要求有很多导轮来保证线框的正常行走。

引线框连续电镀的镀槽在这种连续电镀设备中比较特殊，几乎已经很难看出与普通镀槽有什么相同之处。这是因为在这种生产线上，线框是以很快的速度从各工艺流程的镀槽中穿过，镀液和各种前后处理液有时是以喷射的方式与线框接触的，清洗也是如此，因此，镀槽只是概念槽，可能采取的是其他装载镀液的方式。

（2）引线框局部镀装置

局部镀在 IC 引线框电镀中是常用的方法，但是工艺比较复杂。这种引线框的局部镀工艺与常规电镀中的局部镀不同，不是在被镀产品表面采用绝缘胶之类的涂覆法，而是由设备来保证只在产品的局部镀覆，因此，线框局部镀的关键是在设备上。局部镀根据所采用的镀覆方式的不同而有连续镀方式和间歇镀方式。

① 压板式局部镀装置　这种局部镀是间歇镀方式。让引线框平行进入由模具引导的局部镀机构，如图 11-4 所示，这时模具相当于镀槽，模具上的孔位对应的是需要镀覆的部位，上面由有一定压力的硅胶带压住，压力保持在使线框受镀的一面与模具紧贴而不让镀液外泄。阳极喷嘴通过模具的孔向线框需要镀覆的部位喷射镀液，引线框则要与电源的阴极相连接。压板喷镀设备长约 800mm，当待镀线框进入后，喷嘴即喷出镀液，5～10s 后停止，收线轮动作让已经电镀的部位

走出，下一轮是局部镀的开始。

这种平板局部镀设备比较简单，模具容易制作，但由于受阳极喷嘴分布和镀液供给方式的影响，镀层厚度的均匀性较差。

② 镀轮式局部镀装置　轮式喷镀是连续局部镀装置，因此生产效率比较高，其工作原理如图 11-5 所示。IC 线框由引导轮导入喷镀机，受镀面与喷镀机上喷嘴对应，在喷镀机的半圆形模具的上部由压带导轮提供一组不停转动的硅胶带，通过并压紧喷镀机上部半圆处，正好与进入喷镀机的 IC 线框的背部相对应，将压力传至 IC 引线框，使其受镀面与喷镀机工作面紧密配合而又能顺利通过镀头。这样，随着引导轮的引导，IC 引线框在经过喷镀机时，与喷嘴对应的部位就镀上了镀层。这种方法可以连续地进行喷镀，从而有较高的生产效率。

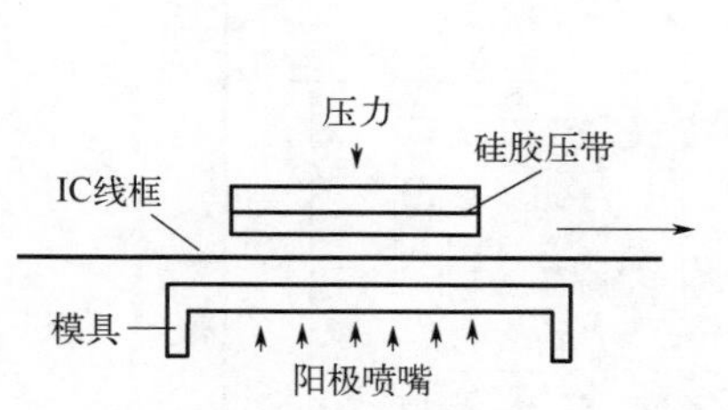

图 11-4　压板式局部镀装置示意图

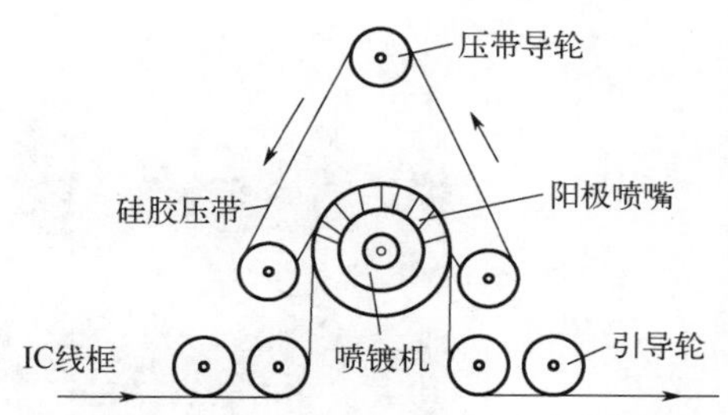

图 11-5　镀轮式局部镀装置示意图

由于这种局部镀是在运动中进行的，镀层的厚度均匀，镀层的质量也有所提高。但是设备的结构比较复杂，喷嘴模具加工要求较高，因而设备成本较高。

11.1.1.5　钢丝线锯复合镀生产线

硅片由于太脆且硬，要想将其切成片状是很困难的。现在普遍采用的是线切割模式。这种用于切割硅片的不是普通线锯，而是在钢丝线上镀了含金刚石的复合镀层制成的金刚石复合镀线锯。

20 世纪 90 年代，国际上为了解决大尺寸硅片的加工问题，采用了线锯加工技术将硅棒切割成片。早期的线锯加工技术是采用裸露的金属线和游离的磨料，在加工过程中，将磨料以第三者加入到金属线和加工件之间产生切削作用，这种技术被成功地用于对硅和碳化硅的加工。这种模式如图 11-6 所示。

为了进一步缩短加工时间，以及对其他坚硬物质和难以加工的陶瓷进行加工，人们将金刚石磨料以一定的方式固定到金属线上，从而产生了固定金刚石线锯。这种复合镀金刚石线锯的镀层组合如图 11-7 所示。

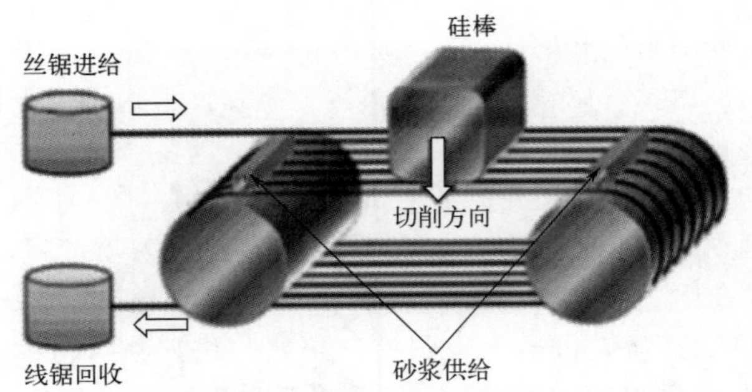

注：当将金刚石直接镀覆到钢丝上后，就不需要砂浆供给系统，效率和质量都得到提高。

图 11-6　线锯切割硅片的加工模式

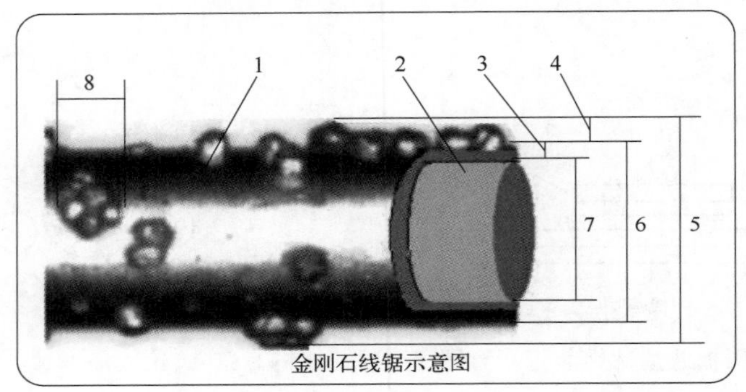

图 11-7　金刚石复合镀线锯镀层构成

1—金刚石线锯产品；2—线锯基体（简称裸线）；3—镀层厚度；4—磨粒出刃高度；5—线锯线径（包络丝径）；6—丝锯丝径；7—裸线直径；8—磨粒堆积直径

用电镀的方法在金属丝上沉积一层金属（一般为镍和镍钴合金），并在金属镀层中包覆金刚石磨料，用以制成一种线性超硬切削工具。金属镀层是金刚石磨料的载体，这种线锯适用于切割硬质材料加工薄片，典型的如光伏太阳能电池硅片。

电镀金刚石线锯根据需要可制成不同的直径和长度；线锯可以装在不同的设备上形成不同的加工方式，如往复循环（锯架）式、高速带锯式、线切割式等。对硬脆材料的加工，线锯不仅可以切割薄片，也可加工曲面，更可以用于小孔的研修，其应用前景广阔。

现在我国已经可以制造在 40μm 线径钢丝上复合镀金刚砂的设备，一次可以电镀的线数达 12 条（行业称为 12 头），可以根据用户需要定制钢丝线锯复合电镀的设备。

用于制造金刚石复合镀的原材料。

（1）金刚石

现在多采用人工合成金刚石，其粒度为纳米级，因此也被叫作金刚砂。

为了使金刚石磨料更加牢固地附着在钢丝上，需要对金刚石进行预处理，就是对金刚石进行镀衣，即在金刚石表面均匀地覆盖一层镍金属（或其他金属），这种金刚石叫作镀镍金刚石。可以买进裸金刚石自己进行化学镀镍，但比较麻烦，商业上也有已经镀好化学镍的金刚石粉售卖，虽然比较贵，但在电镀时可省去制备的麻烦。

（2）裸线

裸线也就是金刚石附着的一根母线，一般采用钢丝线，将金刚石通过电镀方式均匀固定在裸线的外周围，同时裸线还要保持一定的强度和韧性保证金刚线不会断裂或折断。根据切割材料的不同，裸线的线径不同，用于硅片或晶圆切割的线径在 60μm 左右。现在有向更细的钢丝线发展的趋势，如 50μm 甚至更细。这对设备和工艺的要求更严格。

（3）电镀液

用于金刚石线锯电镀的镀液主要是电镀镍，与普通硫酸盐镀液类似，有预镀、上砂镀和加固镀三个槽，加上前处理（除油、活化）和后面的热水洗、干燥，都是在一条自动线上完成。没有专用的线材电镀设备不可能完成这种产品的生产。

（4）用于加工金刚石线锯的电镀设备

金刚石线锯是以卷对卷的连续电镀方式生产出来的，就是将整卷的钢丝线作为原材料装进电镀机，线材一边运动一边经过电镀槽等，在另一端被收卷机收集到成品轮上，就制成了整卷的金刚线。在这种全自动生产线上包括了整流电源、镀液循环泵、张力控制装置、在线显微监测装置、放线收线机等。全由电脑控制，可调。这种整卷的切割线装到切割机上，就可以对硅片等进行切割加工。

用于制造金刚石线锯的电镀机分为单头和多头等几种类型，各有优劣。单头操作简单，但生产效率较低，多头是在一台镀机上同时进行多卷线的电镀，通常是 4 头、6 头等。现在已经发展到可以 12 根线同时电镀、钢丝线径 40μm 的设备，是目前性价比最高的高科技产品。图 11-8 是金刚石复合镀线锯电镀工位的装备配置和工作原理图。

由于金刚石复合镀过程复杂，产品质量控制要求极为严格。因此，这种电镀装置在镀层完成后的工位设置有显微拍摄电脑监控装置，以便在线即时观测复合镀层质量状况。如图 11-9 所示，可以在电脑屏幕上观察放大后的线锯情况，这时线材仍然是处在运动中的，由监测系统的软件提供即时的数据分析，同步显示在电脑屏幕上，方便即时采取调控措施。

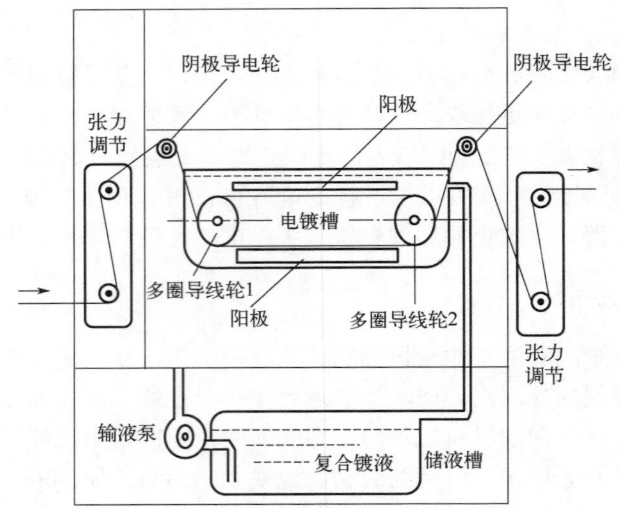

图 11-8　金刚石复合镀线锯电镀工位原理图

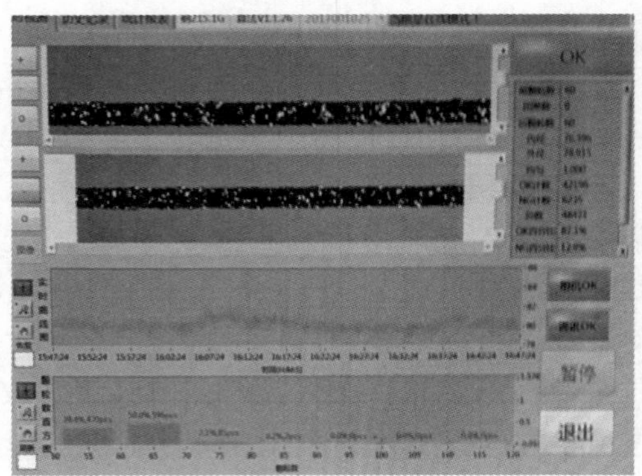

图 11-9　显示屏上显示的钢丝线上镀上的金刚石分布和数量

11.1.1.6　箔材连续电镀装备

制造印制电路板需要大量铜箔。工业用铜箔可分为压延铜箔（RA 铜箔）与电解铜箔（ED 铜箔）两大类，其中压延铜箔具有较好的延展性等特性，早期软板制程所用的铜箔都是机械压延铜箔。

而电解铜箔则具有制造成本较压延铜箔低的优势，且生产装备投入相对低，生产效率比较高。图 11-10 是电镀法生产铜箔材料的原理图。

现在大量采用电沉积制作铜箔的原因除了成本，还有技术原因，那就是压延法难以再往更薄的层次发展，而作为原子级别增量制造技术，电镀法可以实现微米甚至纳米级的铜箔制造。同时，不只是印制板要用到大量铜箔，锂电池电极、储能电容器等都要用到极薄的铜箔材料。因此，铜箔制造电镀技术在开发出来以后，迅速发展，很快形成了一个专业领域，其专用电镀设备也成为这个产业的关键。

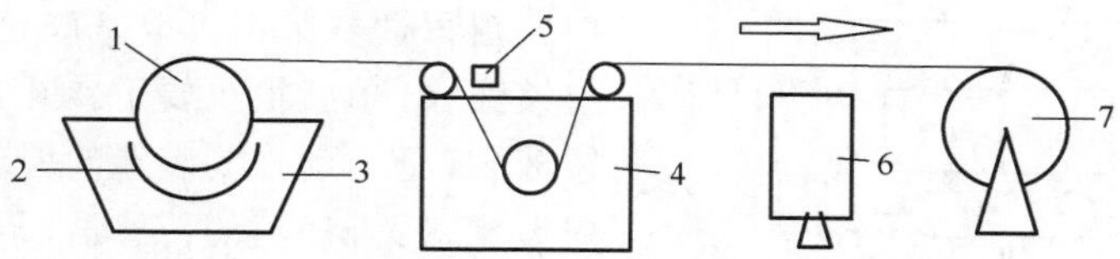

图 11-10　电镀法生产铜箔材料的原理图

1—旋转阴极；2—阳极篮；3—镀槽；4—清洗装置；5—喷淋清洗；6—钝化等后处理；7—箔材收集辊

铜箔制造的关键是让电沉积铜层在极易剥离的金属表面生长的同时，被连续地从表面剥离下来，然后在另一端收卷机构的牵引下卷到轮轴上成为产品。每卷产品收集轴上收集到足够量（以米为单位）后，就切割铜箔，并将成品从收卷辊上取下，换上新的收集轴筒。由图 11-10 可知，这是一种独特的卷对卷连续电镀装置，并且整个生产工艺和流程技术含量极高，而且铜箔电镀的装置是实现这一技术的关键。尤其是出产铜箔的阴极转轮，从材料到加工精度和运行机构，都有精密要求，而牵引机构和张力调节机构也非常重要。当然更包括电镀液的组成和配制，要求有实现极高纯度的材料配制装置。

11.1.2　电镀工艺参数自动控制设备

另一大类是电镀生产工艺参数控制类单机。这些单机既可以用于电镀自动生产线，也可以用于半自动生产线和手工生产线，只对单一工艺参数实现自动控制。

11.1.2.1　温度自动控制

镀液温度自动控制是电镀生产中最早普及的自动化装备。现在电镀流程中所有需要温度控制的工作槽都安装了温度自动控制装置。将热交换器的控制开关与一个安装在被测工作液内的温度传感器连接，就构成了温度自动控制回路。将温度传感器要侦测的温度设定在工艺规定的温度值，则随着工作液温度的变化，传感器在感受到工作液的温度变动时，就会给电源开关发送开闭或打开的指令，从而控制工作液温度保持在工艺规定的参数之内。

这是目前电镀生产中最易于实现的参数自动控制装置。

11.1.2.2　镀液 pH 值自动控制

几乎所有电镀工作液都对镀液的 pH 值有规定的范围。有些镀种要求还很严格，因为镀液 pH 值的变动对镀层质量有较大影响，无论是光亮电镀还是功能性电镀，都要严格控制镀液 pH 值。靠人工定期或不定期检测后调整，或者等镀层出现问题后再调整都不可取。能自动检测并调整镀液 pH 值就很重要了。图 11-11 是一种镀液 pH 值自动控制装置的原理图。在镀液内设置感受 pH 值的传感器，同时也是测量 pH 值的仪器，它可以将收集到的 pH 值传送到控制器中的电脑，与设定的参数对比后由控制器给分别装有酸液和碱液的添加剂发出加酸（调低 pH 值）或加碱（调高 pH 值）的指令。显然，在往镀液中添加（往往是小流量地滴加）酸或碱时，搅拌器是要同时打开的。

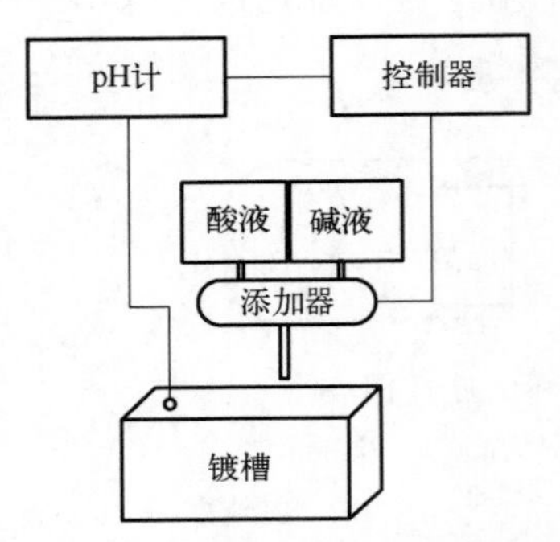

图 11-11　镀液 pH 值的自动控制原理

11.1.2.3　镀液成分自动添加

（1）镀液成分

镀液成分的自动添加难度是比较大的，其难点是镀液由多组分组成，对每个组分信息做同时即时采集以目前的技术还做不到。因此只能是对主要成分，例如主盐的浓度变化做出采集，即使这样也仍然是有难度的。主盐分析目前多数是采用化学滴定分析法，如何在镀槽中定时取样分析生成信号传达到添加器也是一个挑战。现在这种自动取样分析数字化技术是成熟的，但是成本却较高，在生产现场对于普通电镀是否合理值得考虑。但对高端连续生产过程则是可能应用的。原理如图 11-12 所示。

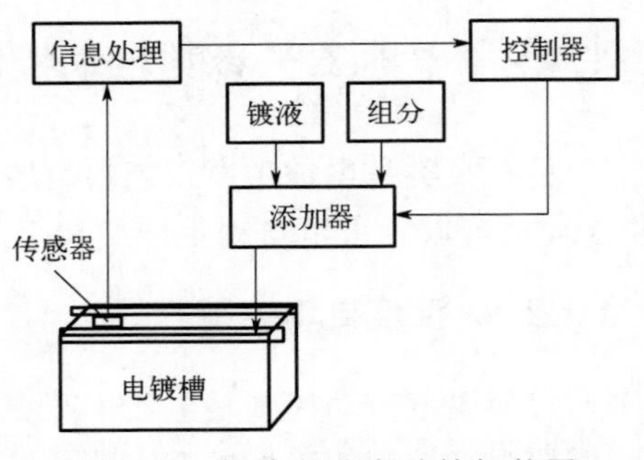

图 11-12　镀液成分自动补加装置

这个原理图与 pH 值自动控制系统很相似，主要不同就是将 pH 值读取装置更换为镀液主盐成分在线分析装置，包括传感器、数据处理等，再由控制机构执行指令。

（2）电镀添加剂自动补加装置

电镀添加剂自动补加装置也可以参照图 11-11，将 pH 计更换为通电电量计量器即可。因为添加剂的消耗是以安时数来计量的，这样，设定一个安时数，当镀槽工作时通过的电量累积到设定的安时数的时候，就会有信号发送到控制器来往镀液中补加相应消耗量的添加剂，当然也同时开启搅拌器。

（3）镀液液面保持装置

电镀工作液随着工作时间的流动会因为蒸发和挂具带出而出现液面下降的情况，当降到挂具上部产品露出液面时，就会出现上部产品质量不合格情况。因此电镀生产线随时要有人观察镀槽液面变化情况，下降了就要及时补入镀液或回收槽中的回收液。如果采用自动液面补齐装置，就可以消除这种影响电镀质量的现象。这种装置相对比较简单，在镀槽中设置液位侦测传感器，当液面低至报警值时，就会自动启动连接回收液槽或镀液储存槽的添加泵，往镀槽中补加镀液，到达规定的液面，就会自动停止补加。

11.1.3　电流密度的自动控制

电镀电流密度是电镀工艺中最重要的参数。其定义是通过产品的总电流强度与产品面积的比，即单位面积的电流强度。电镀过程只有在一定的电流密度范围内才能获得有实用价值的镀层。因此，控制好电流密度是电镀生产的关键。而电流密度范围则是通过工艺试验确定下来的，在工作过程中只要根据镀槽内装载的产品的面积和工艺规定的电流密度计算出总电流，按此调整好电流强度，电镀过程基本上可以顺利完成。但是，在电镀实施过程中，各种因素都处在变动状态，包括阴极实际表面积、阳极活化情况、镀液浓度、温度、搅拌程度等，都会导致电流密度发生变化，电镀层表面质量和镀层厚度、微观结构等也因此而发生变化。由于人工无法在电镀现场测量到镀槽中真实的电流密度分布的改变，也就对电镀质量的管控处于被动地位，只能凭经验发现电极反应异常来人工调节工作电流大小。因此，研制可以在线即时监测镀槽中电流密度变化并与工作电源实现联动的电流密度自动控制装置，就是一个重要和极有意义的课题。

这个课题早在 20 世纪七八十年代就已经引起关注，1989 年《材料保护》第 12 期发表了《sDM-200 型电流密度测试仪的研究》一文，作者为沈阳仪器仪表工艺研究所的邱广涛和刘海波。作者在文中指出，20 世纪 80 年代德国和美国都有关于电流密度测试装置的专利申请公布。1995 年徐叔炎在《电镀与环保》第 6 期，发表了《电镀电流密度自控仪的研制》一文。1996 年《电镀与涂饰》第 2 期发表了《电镀电流密度自控仪》一文。这些论文和报告应该是引起过电镀界关注的。但是，实际上并没有产品开发出来投放市场。其后有过一两项电镀电流密度自动控制的专利申请，也没有看到有实质性产品问世。例如专利申请号为 20091019434 的一项关于滚镀电流密度自动控制装置，就公开了一种采用了磁敏传感器采集测针来监测滚桶内电流密度变化的专利。但是也没有相应的产品在市场出售。

结合 20 世纪发表的论文所提供的产品开发思路，基本上是用电磁感应的原理从镀槽中采集电流信号，来测算镀槽中相应区域的电流密度。这是否是镀件表面的真实电流密度，研发者都没有提供可靠的数据来验证或支持这些装置的可靠性。因此，到目前为止，并没有真正可以用于电镀生产一线的可自动控制电流密度的装置商业化。

虽然这种装置还处在研发阶段，但是其意义仍然是重要的。随着科学技术的进步，一些测量难题会随着一些关键电子器件的创新和突破迎刃而解。以我的理解，仍然要从开发扫描产品表面积及其变化的技术入手，来获得单位面积的电流密度值，并且根据镀液温度、浓度、阳极面积情况等动态修正或补充信息，以获得更接近产品表面真实电流密度的信息，将信号发送到电流控制系统，以便自动调整到合适的电流密度。

11.2 滚镀与振动镀

11.2.1 滚镀生产线

滚镀可以是一台单机生产，也可以是多台和多槽的生产线。除了小批量多品种的生产较多采用单机台生产外，大多数滚镀生产都采用了多机台生产线模式。

当将滚镀机连成一条生产线时，也可以由自动控制系统来进行控制而形成自动或半自动滚镀生产线。滚镀生产线在标准件生产和电子连接器配件生产中有着广泛应用，并且其自动化程度越来越高。

滚镀在电镀生产中占有很重要的地位。因为滚镀是一种既提高生产效率又改善电镀质量的生产模式。滚镀设备是电镀设备中一个独特产品，既可以单机生产，也可以组成生产线流水作业。滚镀所用的镀槽与普通镀槽基本上是一样的，不同之处是附有滚桶的转动传动机构。滚镀根据装载镀件的滚桶在镀槽中的浸入深度而分为全浸式和半浸式两种。现在基本上都是采用全浸式滚镀设备。图 11-13 是全浸式滚镀单机的示意图。

这种单个滚镀机适合小批量零件的滚镀生产。滚桶的形状是正六面体，其中一个面上装有桶盖。镀槽的提升有手动也有电动的，滚桶的动力由电动机提供，图中是装在镀槽上部，也可以装在槽边。滚桶的速度由变速器控制，调速可用电调，也配有传动齿轮调速装置。

单机模式，只是电镀在滚镀机内进行，前后处理都是在另外的设备中以手工操作处理。而生产线式滚镀设备则可以在线上完成前后处理工序，当然也有在线外进行前处理再转入生产线中滚镀的。

图 11-14 是一条典型的全浸式滚镀生产线，采用了槽边螺杆式传动系统。

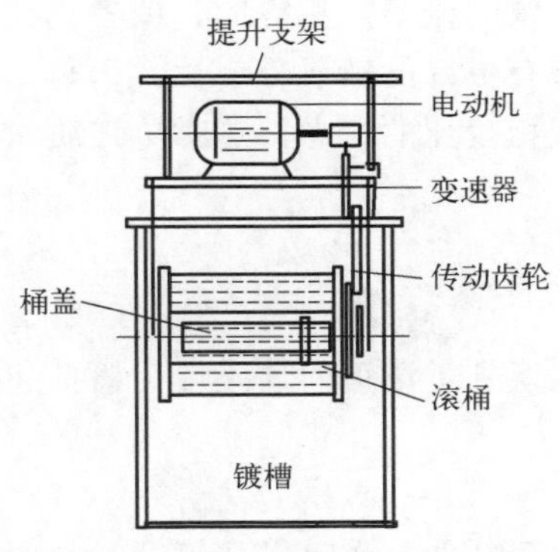

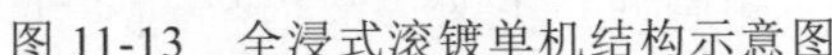
图 11-13　全浸式滚镀单机结构示意图

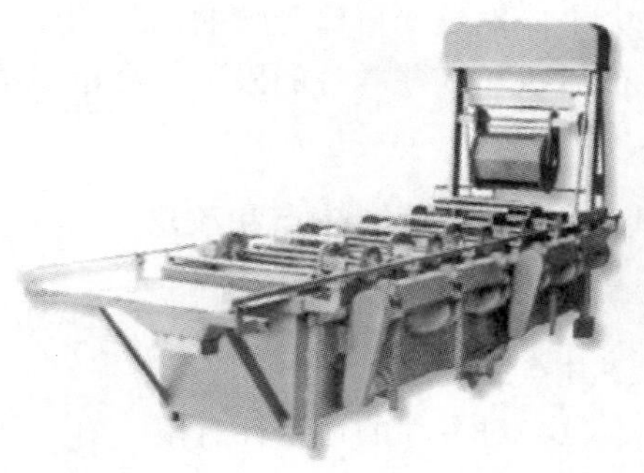
图 11-14　全浸式滚镀生产线

这种设备占地面积少，前处理在线外进行，将经除油和除锈后的产品装入滚桶后，在线上经过活化和清洗，即可进入镀槽电镀。

11.2.2　滚镀技术的特点

11.2.2.1　滚镀的优点

滚镀的最大优点是省去了易滚镀小零件的装挂时间，在提高电镀生产效率的同时，降低了劳动强度。许多小零件由于没有可供挂具悬挂的孔位而在电镀中需要费心思寻找装挂方法，比如用铁丝缠绕，或用镀盘盘镀。这些变通的方法不仅效率低，而且电镀质量难以保证。而采用滚桶电镀技术，一个中型以上的滚桶可以装载 90～100kg，一条生产线如果有十来个滚桶，一次就可以镀 1000kg 产品。这种效率是人工难以达到的。以在各个工业领域大量采用的各种螺钉为例，如果没有滚镀技术，由人工上挂具或用盘子来电镀，其效率之低和质量的不稳定，难以满足工业生产的需要，特别是汽车业和电子工业中各式各样的标准件，没有滚镀将是不可想象的。滚镀还大大降低了劳动强度，由于滚镀的滚桶可以由机械提升和运送，人工只需要操作按钮就可以完成大部分操作。如果没有滚镀设备，由人工来完成相同的生产量，劳动强度要大得多。

滚镀中的零件是在不停地运动中电镀的，零件之间还存在相互的摩擦，因此，滚镀镀层的结晶会比较细致，如果滚桶设计合理而又装载得当，当电镀时间适当时，镀层的分散能力也会有所改进。因此，滚镀产品的外观质量，一般都优于挂镀的产品。但是，由于滚镀受设备的影响很大，与装载量和电镀时间等都有关系，因此不能认为凡是滚镀就一定会有优于挂镀的质量。

从理论上讲，在一个滚桶中不停翻动的零件，其在桶中的位置将是随机的，随着时间的延长，一个零件出现在滚桶中各部位的概率是相等的，或者说被镀零件会不停地改变自己受镀的部位和姿势，应该有更好的镀层分散性。但是，由于滚桶形状和零件本身的限制，会出现重叠和互相咬死的状态，这时电镀质量就难以保证了。

11.2.2.2 滚镀的缺点和改进

我们在讲到滚镀对镀层质量的改进时，也谈到了滚镀的局限性。概括起来有以下几点。

（1）对零件的适用性有限

滚镀首先不适用于大型制件，不可能为大型制件制作可以装下这类制件的超大型滚桶，因为如果只装一两个大型零件的滚桶失去了滚镀的意义。

即使是小型零件，也不是都可以用滚镀法来加工，对于片状、易重叠或互相咬合或卡死的小零件，也都不适合滚镀。理想的适用于滚镀的制件就是类似标准件的产品。现在，也有一些在滚桶内增加零件翻动的措施出现，以增加滚镀设备对不同产品的适应性。

一种新的滚镀概念是将滚桶作为挂镀的挂架，将较大而又不能在滚桶内滚镀的制品以挂镀的形式进行滚镀，以加强镀液搅拌和提高工作电流密度，从而达到提高分散能力的目的。

（2）电量消耗有所增加

由于在桶内受镀，电力线的传送阻力增加，使用电量有所增加。普通电镀电压在 6V 以内即可以生产，而滚镀的电压通常在 15V 以上。因此，要对滚镀液的配方做适当调整，增加电解液的导电性能，并对滚桶结构做一些调整，以利于电流的通过。

（3）获得厚镀层的时间延长

与挂镀相比，滚镀要获得与挂镀相同厚度的镀层，电镀时间要延长一些，也就是说滚镀的电沉积速度有点慢。这是与电阻增加、有效电流密度降低等有关的问题，应该尽量提高镀桶内的真实电流密度，以提高沉积速度。

（4）阳极面积难以保证

由于滚镀槽空间较小，不可能有富余的地方放置较多的阳极，使阳极电流密度升高，溶解速度下降，从而影响镀液的稳定性。一种新的结构设计可以增大镀槽内阳极放置的空间，从而保持镀液的稳定性。

11.2.3 影响滚镀工艺的因素

影响滚镀质量的因素很多，包括设备方面的和操作工艺条件方面的以及镀液本身的影响。认识和了解这些影响因素，对于使用好滚镀技术是很有帮助的。

11.2.3.1　滚桶眼孔径的影响

滚镀机的滚桶上要钻满密密麻麻的孔，这些孔要既方便镀液的流动，又可保证电流的通过。因此，孔径的大小对于镀液的流动和电流的通过有着重要的影响。而镀液和电流的流动直接关系到镀液的导电能力和镀层的厚度，对电镀过程有着重要的影响。

（1）孔径大小与电压的关系

很直观地可以估计到，大的孔径有利于电流的通过，对于第二类导体，这时的孔径相当于导电体的截面，而第二类导体同样是遵守欧姆定律的，因此当孔的直径增大时，电解液的电阻会有所下降，槽电压也就会随之下降。由表 11-1 可以看出这种关系是线性的比例关系。

表 11-1　滚桶孔径与槽电压的关系（瓦特镀镍液）

孔径/mm	槽电压/V
2.0	11
3.0	9.5
4.0	8.5
5.0	8.0

（2）孔径大小与镀层厚度以及分散能力的关系

孔径的大小与镀层的厚度显示出较为复杂的关系，总的趋势当然是随着孔径的增大，镀层的厚度有所增加，但这种倾向与镀液的性质有很大关系。仍以镀镍为例，对于瓦特型镀镍液，当孔径增大时，在一定范围内镀层厚度是增加的，但进一步增大孔径后，镀层厚度反而又有所下降，但镀层的分散能力增加，即镀层的均匀性提高，计算下来，镀层金属的总量仍然是线性增加的，只是由于分散能力的提高，使镀层的局部厚度下降。

当镀液中加有光亮剂后，镀层厚度随孔径的增加而有所增加，但分散能力随着孔径的增加反而有所下降。同时在小孔径时镀得的镀层厚度差的幅度增大。

11.2.3.2　转速的影响

滚镀的转速对镀层厚度变化的幅度和分散能力都有影响。当转速低时，镀层厚度的变化较大，分散能力也不好，随着转速的增加，厚度差减少，但分散能力提高，再进一步提高转速，镀层厚度的变化差值和分散能力都再度变差。因此，只能通过实验取一个适当的滚镀转速。滚桶转速与镀层厚度和分散能力的关系见

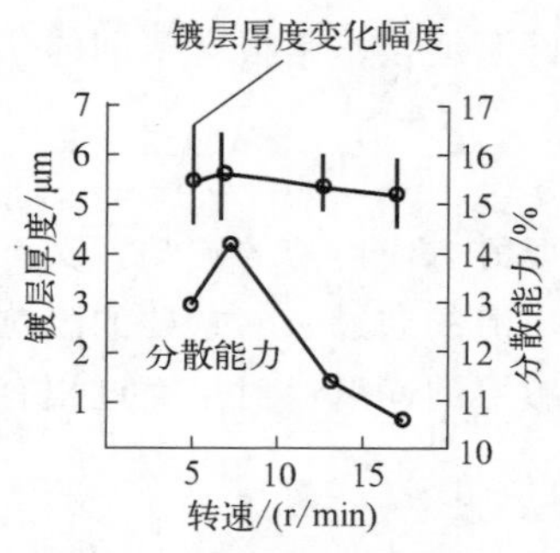

图 11-15　滚桶转速与镀层的关系

图 11-15。

图中镀层厚度随着转速的提高，在某一个速度达到最高值后就开始下降，最后趋于平稳，分散能力也是如此，但过了最高值后急剧下降。因为在高速度下，桶内零件的翻动反而因为惯性而减少，分散能力下降。另外图中厚度曲线的每个点的值是取样数的平均值，垂线的上下端是在这个点上的镀层厚度的变化幅度（即最大值和最小值）。

11.2.3.3　装载量的影响

滚镀的装载量可以有三种计算方法，即镀件的表面积、镀件的重量和容积。常用的是镀件的容积，并且是根据镀件容积再换算出这种容积下滚桶的装载量，比如 50kg 桶、90kg 桶等。而实际镀件的容积只允许占滚桶容积的 40%。过量或过少装载都会影响电镀质量。装载量过大时，镀件滚动减少，里边的镀件难以镀上镀层而出现漏镀和镀不全的质量问题。装载量过少则镀件在滚桶底部振动，镀层均匀性不良。

滚镀镀层的厚度由电流强度、镀件表面积、电镀时间和阴极电流效率四者所决定，因此，如果有可能应该了解某容积下镀件的表面积，以确定需要在多大电流下工作。由于滚镀中的镀件往往处于断断续续的通电状态，无法确定阴极电流密度，因此，实际生产中是用电镀的槽电压来进行控制，即通过调整电压来使通过镀槽的电流保持在一个稳定值。

11.2.3.4　电流强度的影响

在滚桶的装载量一定时，随着电流的增加，镀层厚度的变化幅度增大，镀层的均匀性下降，这种倾向在镀液中有添加剂时有所增加。测试表明，滚镀镀层的厚度与电流强度并不是呈线性增长的趋势，而是出现阶段性的波动，并且随着电流强度的增大而出现镀层厚度平均值下降的情况，尽管这时可以测到某些高电流强度下最厚镀层值，但也有最低厚度值，平均数仍然低于其他低电流强度的厚度值。因此，滚镀一般在确定一个电流强度后，就不再调整电流，而是视电压变动来调整电压。

11.2.3.5　镀液成分的影响

不同的电镀液对滚镀镀层的厚度和分散能力有重要影响，因而，选择合适的滚镀配方对滚镀工艺是十分重要的。以镀镍为例，按表 11-2 中所列的镀液进行滚镀试验后，所得的结果如表 11-3 所示，不同镀液中所得的镀层的厚度有很大差异。

表 11-2 不同滚镀镍液配方 单位：g/L

镀液号	硫酸镍	氯化镍	氯化铵	氯化钠	硼酸	光亮剂	明胶	炔醇	镉盐
1	150		15		15				
2	150		15		15				0.05
3	250	40			30				
4	250	40			30	7	0.01		
5	250	40			30	7	0.01		0.1
6	250	40			30	7		0.1	
7	250			30	30				

进行滚镀测试的试片是一种有一面为开口的方框形角形件（图 11-16），将这种试片置于试验滚镀槽中滚镀后，对试片上的 6 个不同部位以金相法进行厚度测量。

表 11-3 不同镀液配方在滚镀中的厚度和分散能力（镀液参照表 11-2）

镀液号	测厚位置						分散能力/%
	A/μm	B/μm	C/μm	D/μm	E/μm	F/μm	
1	7.8	7.3	8.3	2.3	2.0	2.0	29.5
2	5.8	5.5	5.9	0.9	1.0	1.0	15.5
3	6.8	6.4	7.1	1.4	1.5	1.9	22.1
4	5.7	5.3	4.8	1.2	1.4	1.5	21.0
5	5.6	5.3	5.8	1.3	2.2	2.3	23.2
6	5.5	4.8	5.0	0.8	0.9	0.9	14.5
7	5.7	5.8	5.5	1.6	2.1	1.9	28.3

注：1. 分散能力的表达式为 $D/A\times100\%$。
2. 测厚的部位如图 11-16 所示的试片中各面的正中部。

值得注意的是，任何添加剂对滚镀的分散能力都是不利的。没有加任何添加剂的 1 号和 7 号液的分散能力最好，相当于光亮镀镍的 6 号液分散能力最差。这与挂镀中添加剂的作用结果是完全不同的，添加剂在挂镀中多数有利于提高分散能力。因此，滚镀液所用的添加剂的选取要更加谨慎，且用量不宜过多。

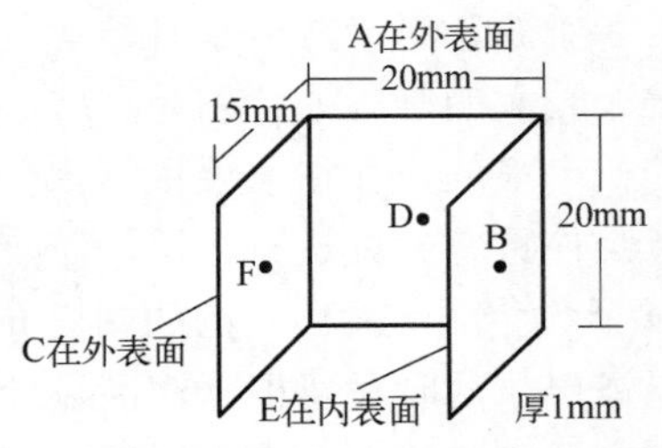

图 11-16 滚镀镀层分布能力试片

11.2.3.6 滚镀中产品形状的影响

与挂镀一样，滚镀镀件的形状对电镀效果有很大影响，只不过镀件的形状对滚镀的影响更大。首先，有一些形状的产品根本就不能滚镀，比如片状制品、细针类产品等。其次，有些形状不很适合滚镀时，则需要延长电镀时间或将易镀产品与难镀产品混装来电镀。这样可以提高难镀制件的合格率。

易镀的形状是球状、柱状、管状、圆形等不带钩、弯角等产品。

在需要的时候，为了让一些片状镀件能利用滚镀加工来提高生产效率，可以用钢珠来作导电媒介和分散片状镀件的陪镀件，这种陪镀钢珠可以反复使用，从而成为滚镀工艺中一种特殊的工具。强磁体钕铁硼圆片的电镀，就用到了这种滚镀工艺。

图 11-17 是适合滚镀的制件形状，而图 11-18 则是滚镀较困难的制件形状。但是，由于滚镀技术的进步，从镀液、添加剂和滚桶设备改进等多方面入手，难镀的制件也可以进行滚镀生产。比如 5 号电池壳，现在完全可以用滚镀进行镀镍或合金的电镀生产。

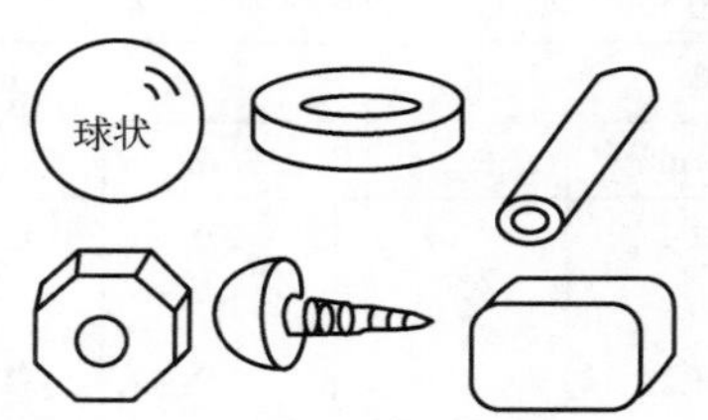

图 11-17 适合滚镀的零件形状举例

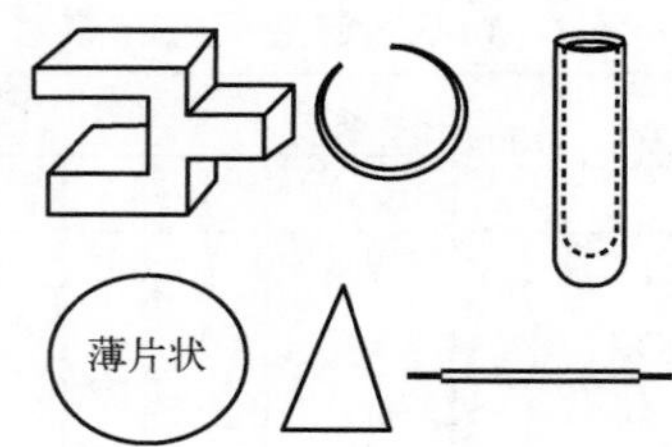

图 11-18 不适合滚镀的零件形状举例

11.2.4 陪镀模式

滚镀作为一种特别的电镀技术，为小型而又难以挂镀的零件的电镀提供了有效的电镀模式，既提高了生产效率，也保证了电镀质量。但是，滚镀也有一些局限和难题，对一些微小且结构复杂的小型零件，如何确保其与阴极有效连接，是一个较大的难题。特别是一些小且是片状的零件，与滚桶中的阴极直接接触连接的概率很低，往往需要依靠零件之间的连接来获得电力，片与片之间如果重叠，就会使重叠部位没有镀层。还有一些产品其实是电介质，只在产品的局部有金属（化学镀或电镀层），例如陶瓷介质的微型电阻或电感等。其电极需要通过电镀加厚镀层，同时需要根据产品设计镀不同镀层，包括铜、镍、金、银等。这时要想靠产品本身的那一点金属层在滚桶内与阴极有效接触，几乎是不可能的。这种情况下，采用陪镀材料就能较为有效地解决这个难题。

所谓陪镀，就是在需要电镀的产品或零件中加进一些也参加电镀过程、只起传导电流作用的金属材料。这些材料多数是珠状金属球，直径都小于被镀产品或零件。它们与被镀件一起装进滚桶并与零件混合后，在滚动过程中比较容易地穿插在零件和阴极电极之间，起到增加产品与阴极连接的机会，使电镀过程可以在产品需要电镀的部位有效地进行，经过一定时间，完成生产过程。这个过程中陪镀的金属球也会镀上镀层，所以称为陪镀。工作完成后，这些陪镀材料表面的镀层会在特定的退镀溶液中退掉，再次使用。

陪镀的材料大多数是珠状的（图 11-19），但根据不同情况也会有其他形状或材质的陪镀件，例如圆柱体、长方体或锥体。

图 11-19　陪镀球

11.2.5　振动镀

由图 11-17 和图 11-18 可知，并不是所有零件都适合滚镀。但是，有一些不适合滚镀的零件，却也不适合挂镀，比如针状零件、片状零件、锐角件等，尤其是形状特殊，且尺寸又很小的零件，既不能挂镀，又不能滚镀，成为电镀中较为难办的一类制件。以往的办法是利用盘镀的方法进行电镀。这种盘镀的方法是将零件装入一种以金属网制成的盘子式挂具中，镀一定时间就人工地翻动一次，再镀一段时间，再翻动一次，通常要翻动三四次，才能镀出产品，并且常有漏镀和镀层极不均匀的问题。为了解决这个难题，电镀设备开发商开发出了振动镀设备。现在已经成为细小零件电镀的一种常备工装。

11.2.5.1　振动镀的装置及原理

所谓振动镀，就是通过一种振动装置让镀件在一定频率下不停振动，从而代替人工在盘中翻动，达到使镀层能完全覆盖镀件并使镀层厚度均匀的目的。显而易见，振动镀和滚镀一样，是依靠设备来完成特殊零件电镀加工的一种电镀技术。图 11-20 是挂具式振动镀设备的原理图。这种挂具式振动镀设备的优点是可以在任何镀种镀槽内当作挂具来应用，替代原来的盘镀方式，不仅提高了镀层质量，而且也提高了电镀生产的效率。

这种挂具式振动镀设备通常都在每一个单机上安装有一个振动发生器，当有电流通过振动发生器时，产生振动并经传导杆将振动传递到镀盘，使镀件在镀盘中受到力的传递而随着振动频率而振动，从而防止零件之间互相遮盖。

振动发生器的工作原理类似于扬声器。在发生器内有按一定方向绕制的线圈，当电流流过线圈时，将产生电磁场。根据电工学中的左手定律（图 11-21），磁场中导磁体将受到电磁力的作用而运动。当电磁线路中的线圈通过交变电流信号时，产生的力的方向也会因电流方向的变化而随之变化，由于这种交流电变化的频率很高，磁路受力体即产生振动。这种振动经传导杆传递给镀盘，就可以实现振动镀过程。

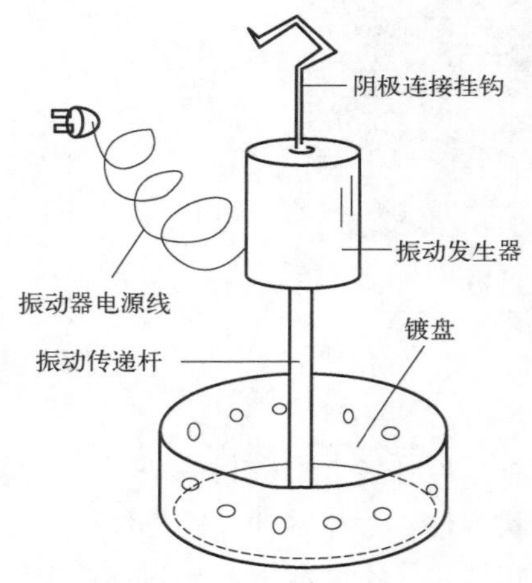

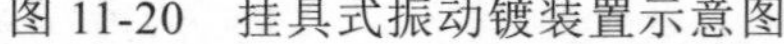

图 11-20　挂具式振动镀装置示意图

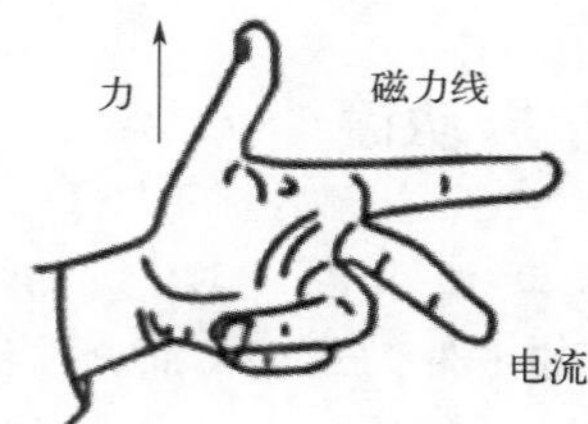

图 11-21　确定磁场力方向的左手定律

挂具式振动镀设备操作方便，可以在多种镀液中使用，适合小批量多品种特殊零件的电镀。其主要的不足是每一个挂具式振动镀机都要有一台振动发生器，当镀件的量很大时，就会增加设备的成本和电能消耗。

根据振动镀的原理，振动镀的设备不一定是挂具式的，也可以是其他方式，比如多个传递杆的振筛式镀槽。这样可以在较大镀槽内实现振动镀，但是也存在一机只能用于一个镀种的缺点。如果要更换镀种，就得更换镀液，操作起来比较麻烦。因此，目前通用的仍然是挂具式振动镀设备。

11.2.5.2　振动镀工艺

振动电镀不同于滚镀，也不同于挂镀。它是将被镀制件放入振动容器内（通常是筛状容器），由振动源使筛状容器产生振动，从而将振动传递给被镀制件，使之产生旋转和翻转运动。这种振动能有效地防止小零件，特别是超薄零件的重叠和黏合，从而使每个零件受镀均匀。

由于振动镀采用了特别改善小型针状、片状零件镀覆性能的措施，采用传统工艺难以镀覆的许多种针状、片状零件的电镀变得简单起来，并且可以应用于绝大多数镀种或工艺。

表 11-4 是几种镀铜和镀银工艺采用振动镀的最佳工艺参数。

表 11-4　振动电镀铜和银的最佳工艺参数

镀种	振动频率	单机装载量	温度/℃	pH 值	电流密度/（A/dm^2）
HEDP 镀铜	25～27Hz	10～20dm^2	15～30	9.1～9.5	0.5～1
焦磷酸盐镀铜	25～27Hz	10～20dm^2	37～40	8.3～8.7	1～2
酸性光亮镀铜	25～27Hz	10～20dm^2	20～32	—	1～5
氰化镀银	25～27Hz	10～20dm^2	25～30	—	1～3

11.2.5.3　振动镀的优点

振动镀适合于形状特殊的小零件电镀，归纳起来有如下优点：

（1）提高了电镀效率

由于采用振动镀，使原来用盘镀甚至于用人工单个捆镀的难镀小零件的电镀变得简化，从而大大提高了电镀生产的效率，原来可能需要一天或几天电镀的工作量，采用振动镀设备可以在 1～2h 内就完成。

（2）提高了合格率

与传统电镀方式相比，振动镀由于让零件在不停地翻动中，不会产生互相遮盖等无镀层现象，也避免了尖端等高电流密度区的镀焦情况，从而使电镀层的质量有很大提高。

（3）节省能源

振动镀可以比传统电镀方式有更高的装载量，也不用加装阴极移动装置，从而提高了设备利用率，降低了能耗。同时，振动镀也降低了槽电压和提高了阴极电流效率，也对节能有所贡献。

当然，振动镀也有其局限性，这主要是不能适用于体积大和重量大的零件，也不适用于易破损和避免摩擦的制件。

11.3 电镀技术创新

11.3.1 电镀管理的智能化

随着AI技术应用的普及，电镀生产和管理的智能化已经是一个流行的趋势。AI技术的发展将以互联网为基础的社会要素全部连接起来，形成了大环境管理的优势，以智能化城市为其最前沿和典型的应用。这一模式在局域更是可以发挥其智能作用。物联网就是其早期应用的一个例子。

物联网（Internet of Things，IOT）是一个基于互联网、传统电信网等信息承载体，让所有能够被独立感知的物理对象实现互联互通的网络。在物联网上，利用电子标签技术可以实现真实的物体上网联结，不仅可以在物联网查找出它们的具体位置，还可以通过中心计算机对机器、设备、人员进行集中管理、控制，也可以对家庭设备、汽车进行遥控等，具有广泛的应用前景。

1999年在美国召开的移动计算和网络国际会议首先提出物联网这个概念。根据这个概念，提出了结合物品编码、传感器与射频技术和互联网技术的解决方案，构造了一个实现全球物品信息实时共享的实物互联网。这也是在2003年掀起第一轮中国物联网热潮的基础。

2003年，美国《技术评论》提出传感网络技术将是未来改变人们生活的十大技术之首。

2005年11月17日，在突尼斯举行的信息社会世界峰会（WsIs）上，国际电信联盟（ITU）发布《ITU互联网报告2005：物联网》，正式采用了“物联网”的概念。

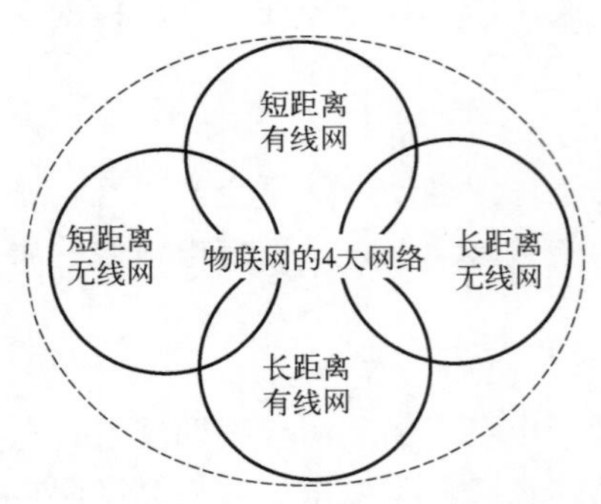

图11-22 物联网的构成

物联网的构成如图11-22所示。这是多种电子信息网络的复合网，由不同距离的无线和有线网络互联，将物与物、人与物进行互联，扩大了互联网只是人与人对接的应用领域，即万物互联。

首先，它是各种感知技术的广泛应用。物联网上部署了海量的多种类型传感器，每个传感器都是一个信息源，不同类别的传感器所捕获的信息内容和信息格式不同。传感器获得的数据具有实时性，按一定的频率周期性地采集环境信息，不断更新数据。

其次，它是一种建立在互联网上的泛在网络。物联网技术的重要基础和核心仍旧是互联网，通过各种有线和无线网络与互联网融合，将物体的信息实时准确地传递出去。在物联网上的传感器定时采集的信息需要通过网络传输，由于其数量极其庞大，形成了海量信息，在传输过程中，为了保障数据的正确性和及时性，必须适应各种异构网络和协议。

还有，物联网不仅仅提供了传感器的连接，其本身也具有智能处理的能力，能够对物体实施智能控制。物联网将传感器和智能处理相结合，利用云计算、模式识别等各种智能技术，扩充其应用领域。从传感器获得的海量信息中分析、加工和处理出有意义的数据，以适应不同用户的不同需求，发现新的应用领域和应用模式。

由于物联网在短距离内也可以方便地实施，并且可以根据不同情况采用无线或有线连接方式，从而为在企业内部和生产线上使用这一技术提供了方便。同时也降低了使用成本。现在许多工业体系已经实现了管理和监控的物联网化。电镀工业也开始有所应用。

11.3.1.1　电镀生产线的控制

电镀过程是复杂的电化学过程，电镀工艺的各种因素和参数对电镀质量和生产效率有很大影响。因此，控制电镀工艺参数在合理的范围，是电镀生产管理的重要内容。

以温度控制为例，对温度敏感的镀种例如镀铬、镀镍、镀合金以及镀前镀后处理等，都需要有温度即时监控设备。

电镀生产中常用的温度监控设备，包括自动控制设备，采用的都是直接接触式温度计或传感器。这类直接接触式测温有温度信号收集准确、测试响应快等优点，但如果是人工测量，则存在在高温蒸气干扰下读数困难等缺点。同时，直接接触式的温度计多为玻璃制造，容易破碎，其他连接控制线路等容易腐蚀，给现场测量带来一些不确定因素。如果采用非接触式测量，则可以避免上述缺点，提高温度控制的可靠性。利用红外温度传感器，就可以实现这种无接触温度测量。

红外测温仪是根据物体的红外辐射特性，依靠其内部光学系统将物体的红外辐射能量汇聚到探测器（传感器），并转换成电信号，再通过放大电路、补偿电路及线性处理后，在显示终端显示被测物体温度的仪器。系统主要由光学系统、探测器、信号放大器及信号处理、显示输出等部分组成。其核心是红外探测器，将入射辐射能转换成可测量的电信号。根据这一原理，可以在电镀生产线需要控制温度的各个镀槽、处理槽和热水槽安装红外测温装置，实现无接触测温模式，给电镀生产线的管理带来了方便。

并且可以利用电镀生产线行车上的吊臂来安装这种红外测温仪，对生产线上各工作槽进行移动测量，如图 11-23 所示。

通过物联网技术实现温度无线遥控的原理可以运用到其他电镀参数的测量，

关键就在选用不同的传感器。因此，传感器技术是现代物联网的重要部件。有相应领域的传感器，就可以实现相应的参数测试，包括离子浓度、气敏、电流密度、电压、表面积、重量等，都可以通过适当的传感器转变成射频信号，与控制中心连接，实现远程监测和控制。采用智能化联网技术，不只是可以对一条生产线进行智能遥控，还可以同时对多条电镀生产线进行遥控。不只是对一个工艺参数进行监测，而是可以同时对多个工艺参数进行监控。这是极有现实意义的发展前景。

图 11-24 是多条电镀生产线遥控管理的模式示意。由图可知，由一个控制中心就可以对 *N* 条生产线进行无线控制。进一步，可以用一个控制中心对电镀工业园区内的数家企业的生产线实现无线监测与控制。这就是典型的物联网模式。

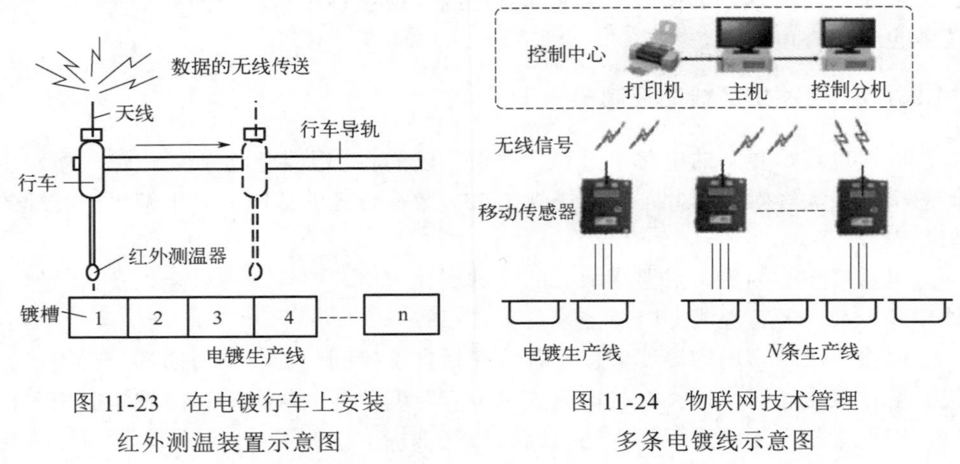

图 11-23　在电镀行车上安装红外测温装置示意图

图 11-24　物联网技术管理多条电镀线示意图

只要用适当的传感器配置，所有装有传感器或数码标识的设备、物料，人员，都可以被控制中心监测和调控，给生产管理和安全、高效运行带来极大方便。

11.3.1.2　电镀环保监控

环境保护达标是电镀企业最重要的生存前提。2008 年，环境保护部颁布了《电镀污染物排放标准》(GB 21900—2008)，根据这一标准，新建电镀设施应按照《污染源自动监控管理办法》的规定，安装污染物排放自动监控设备，并与环保部门的监控中心联网。这是国家利用物联网管理电镀废水排放的一个重要举措，现在已经在电镀全行业实施。

目前国内市场上的重金属监测仪主要有铜、镍、锌、铅、铬、砷、锰等。各地政府相继出台政策，强制要求重金属污染企业安装在线监测仪。没有在线监测装置的企业不得从事电镀生产。

电镀三废治理不只是重金属离子的问题，还有许多化学物质属于需要监测的范围。而所有需要监测的物质参数的获取需要有相应的传感器。因此，其他环境保护需要的各种敏感离子或污染物侦测装置的开发，也成为了热点。各种离子选择性电极和各种特殊物质敏感传感器的研制，都成为关注的重点。

11.3.2　电镀物流管理

电镀生产过程是物流量较大的流程。除了生产产品的输入和输出，还要使用大量化学品。而所有化学品都存在环境风险和安全风险。因此，电镀物流管理，特别是化学品的监控管理，是一个十分重要的课题。在这种高危品管理领域，人为因素越少越好。采用物联网实行监控，可以将管理疏忽的风险降到最小，实现零风险管理。

例如对所有危险化学品实施电子标签化管理，位置、重量、包装物等全部在物联网在线监控范围内，重要现场则实行视频直接监控。这样危险品从出生到运送到存放再到领用，全部可由物联网追溯，没有经电子读卡器确认的任何流程，都无法通过相应的关口，这样通过数据的采集模式，对危险品的用量和去向都有监控，安全保障大大增强。

另外，电镀生产产品的输入和输出，因为涉及经济效益和与用户的数量对接，采用物联网对包装箱的重量、位置实行监控，可以有效防止丢失、搞错等质量事故，同时也减少了很多人工交接的麻烦。

物联网是 21 世纪迅速发展起来的社会化互联技术，是后工业化时代的一个重要标志。所有工业企业最终都将进入物联网时代，电镀工业也不例外。

当前，可以利用物联网技术实现对电镀生产线的工艺参数监控和管理，也可以实现对排放水中重金属离子等的在线监控管理。环境保护部门已经在实施所有排污口的物联网监控。

今后社会和企业的物流、人流等都将进入物联网的监控之中。特别是危险品的管理，利用物联网可以实现零风险管理。

11.3.3　未来的电镀模式

电镀行业很长一个时期其现场的场景是不乐观的。遍地积水，工人穿长筒胶靴、防酸服等是常见的现象，以至于现在电镀企业招聘员工都很困难。因此，希望今后电镀生产环境也能像智能加工机台一样干净整洁。这种设想并不离谱，未来的电镀生产模式，也许就是这个样子。

图 11-25 就是一个例子。这张图显示了未来可能的电镀模式之一。

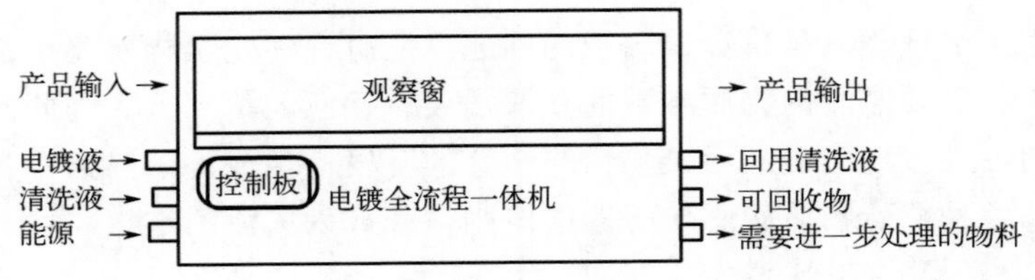

图 11-25　电镀生产全流程机台模式

这个模式与传统电镀模式不同。首先表现在设备的高集成化。在这种模式中，电镀加工已经成为一种与机械加工中心一样的智能型一体机。从一边输入待加工产品，经过机内的加工流程，从另一边就可以输出产品。其关键是电镀物料和能源的输入和输出做到了良性的平衡，使电镀加工中消耗的物料和排放物都在机内处理完成,分类回收利用,只将不能处理的余料送往专门的处理设备做处理。

这种模式使人们印象中的水淋淋的化工工艺加工模式变成了物理模式，是人们理想中的加工中心模式。实现这种模式的现代控制技术和设备制造技术是完全成熟的，关键是电镀工艺的加工过程本身还存在一些技术难题，使这种一体化机模式难以实现。例如如何由机械手将待镀产品装到流动的生产线的阴极上；还有要开发高电镀效率的电镀工作液，与生产线运行速度同步生产出厚度和表面达标的产品等。根据电镀全流程的特点，前处理、电镀流程和后处理三个阶段最好是分机处理，这样各个处理工段的自动控制较易完成。再在三台机台之间用机械手向下一个流程的机台输入产品。

这种设备的成本以当前的技术为背景，成本会非常高，不是一般电镀加工企业所能承受。但是相信这不是一个主要障碍。只要在技术上是可行的，则降低系统成本的路子很快就会走出来。

细心的读者可以从图中发现电镀清洗一项写的不是清洗水，而是清洗液。这也许就是一个重要的创新点。如果我们采用一种高效而又易于回收的液体代替清洗水，这种设备的体积和效率就会大大提高。这种可能性是存在的。事实上，一种不用水而用油作为镀后清洗剂的专利已经提出。这一专利的要点是以可反复使用的油类为洗涤剂，使镀液从镀件表面脱除并脱脂后干燥即可。而镀液密度比油类大，与清洗油自然分层，很容易从下部抽出，用于回收，上部的油则可重复使用，基本不用水而实现零排放。

当然，这只是可以设想的并且可以实现的新电镀模式之一。相信只要解放思想，更多的新电镀模式会构思出来，并且随着科学和技术的进步成为现实。

建成智能化管理系统，电镀生产企业与用户的系统是可以互联的。通过信息化网络平台可以交流信息，包括数据、文件、视频等，还可以利用手机进入网络与各部门联系了解即时信息，包括对生产、工艺、技术、管理等各个终端进行查询（图 11-26），从而大大提高管理效率的同时，方便了供需双方即时沟通和解决各种问题，节约时间和在途成本，并避免因信息不对等出现的差错。

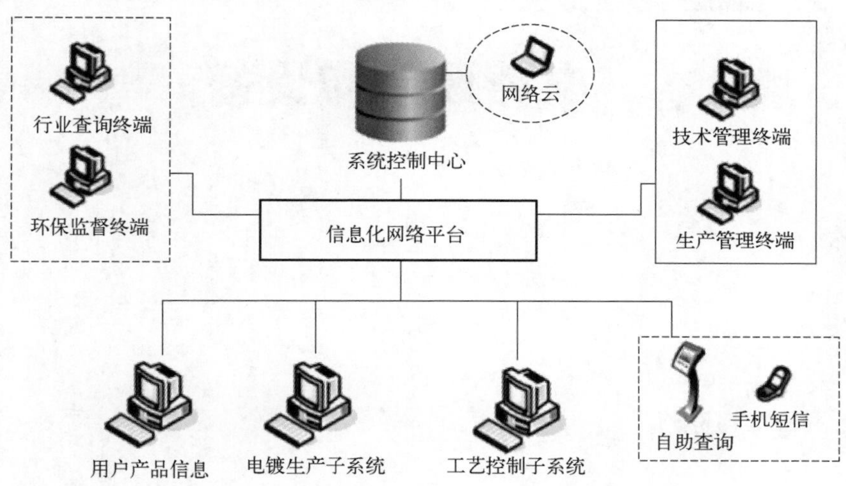

图 11-26　电镀企业智能化管理系统

第12章

电镀场所和设备

12.1 电镀场所

电镀场所有很大的伸缩性。从规模上看，可以是一家专营的电镀加工企业，也可以是大型制造企业的电镀生产部门，或者是一个电镀车间，一个电镀实验室。从镀种角度，可以是多镀种的综合性电镀部门，也可能是专业的电镀生产线，如镀锌专业生产线，或印制板电镀专业生产线等。

决定电镀企业规模和用途的是生产纲领和产品的类型与构成。由于现在电镀场所的设计基本上由专业的设计部门进行，需方只要提供生产纲领、产品资料等，就可以有相应的厂房规模方案可供选择。但是，工艺的选择和相关工艺资料，得由需方提供。场所内的工艺布局、流程路径等都得由使用者确定，才能保证以后生产的效率和效果。

更为重要的是，无论是哪一种规模或哪一个镀种，对于电镀场所，都一定要具备水电等能源供应和环境保护设施。电镀场所的建设要有事先的申请和环境评价，获准后才能设立和施工。完成后要有环境监测部门参加的现场验收，合格后才准许投入使用。因此，环境保护措施和设备，是电镀场所的必备条件。所有从事电镀生产、工艺开发和实验的场所，都必须具备环境保护能力并经有资质的第三方审核获得通过才能投入使用。

经过多年探索，我国现在的电镀企业基本上都是在专业的电镀工业园区内设立，园区有统一的三废分类治理和排放系统，对入园企业都有资质审核和监管。而园区本身也是要经过国家审核批准才能设立和开园的。这样一来，现在电镀场所的环境问题就基本上得以解决，出现问题也可以及时得到纠正和处理。

12.1.1　电镀供电与配电

供电是实现电镀生产的先决条件。要根据电镀生产纲领和一定的发展增长幅度来安排供电和配置供电设备。

（1）交流供电

电镀场所的交流供电必须考虑整个场所的总供电容量，包括生产用电（整流电源、加热、搅拌、循环过滤、阴极移动、干燥器等）和管理用电（测试设备、电脑、照明等）。

要将所有用电设备分类列表进行统计，包括设备类别、名称、台数、用电方式（三相、单相、交流或直流）、单机功率等。在汇总了总用电功率后，再加上损耗因素和用电波动情况，适当放大容量，作为交流供电的总容量。

当有多台单相设备时，在供电分配上要注意三相负荷的平衡。所有进线都要通过防腐管线引入电镀场所，再通过配电箱或柜分出。较大规模的场所要有专门的配电房。

（2）配电

由于电镀生产场所存在化学腐蚀和环境潮湿的问题，在将电源分配到各用电器时，电路的安全十分重要。现在流行的配电方案是在设计前就确定好工艺布局，将用电设备的位置基本确定，然后以专用的配电槽或管线分配到各用电器，这样可以保证用电安全和维护方便。要预留一定的配电位，严禁在电镀场所临时拉线接火。

为了节约用电和延长设备使用寿命，对每一专业生产线都要安装电量计，统计和考核生产用电量，计入生产成本。对于时用时停设施要有自动断电装置，加温设施要有温度自动控制装置。正常工作的用电器要有断电和短路报警装置。

12.1.2　电镀供水与排水

（1）供水

电镀生产要用到大量的水。这不仅是因为所有镀液和各工序的处理液都是水溶液，而且主要是因为电镀生产过程中的每道工序之间都必须充分水洗。而水洗与电镀质量有很大的关系，充分用水和合理的水洗工艺是实现电镀生产的基本要求。

一个小规模的电镀生产车间的用水量平均为 50t/d，稍大一点规模就达数百吨每天。因此，电镀生产的用水量很大。一定要有专门的供水管线设计，并且要有用水量的估算和回用水的方案，以此来确定进水管径或是否配置加压设备（需要征得供水部门许可）。最好是建有备用蓄水塔和回用水处理装置（回用水进入回用水塔，用于前处理清洗和卫生间冲洗等）。

每一个可考核的用水线路要安装水量表，以统计用水量。清洗水喉最好有自动感应式开闭功能，只在工作时开启。没有镀件经过清洗槽时，自动停止流水。

所有电镀场所的供水管线都要采用防腐蚀的高强度塑料管，特别是在酸洗工序和电镀线上，不要采用钢铁水管。

（2）排水

由于排水与环境保护和水的回用有极大关联，现在电镀场所的排水已经基本上采用了分类分流管线输送的方式。除了某些老旧的电镀企业或车间，现在已经不采用沟式直接排放的方式。而是针对每一条生产线上的不同水质的水槽，分别安装排放管线，让同种的水流入同一个管线送到相应的水处理设施。这种分类管式排水收集法，由于事先根据工艺布局在设备上做了统一安排，因此现代电镀车间地面可以保持干燥。同时，可以在厂房设计时就布置好地沟安放管道，地面上基本看不到管线，可以节约场地面积。

当然对于改造的场所，没有预设管线地槽的场所，现在也流行采用架高生产线，在槽下安置支架，形成地面管路，也是一种常见的方案。这种方案可以适合任何地面的场所，只是需要有架高的工作走道，要求场所有较高空间（8m 以上）。

排水管也已经完全是塑料化的胶管，比如 PVC 管，包括各种接头、直通、三通、弯头、阀式开关。管径也与金属管一样已经系列化。

12.1.3　采暖通风与照明设备

电镀场所由于镀槽、水槽加温和工作液中酸、碱等挥发物的蒸发，如果没有强力的排气和送风装置，工作现场就会对操作者有危害。

排气和送风可以归结为通风。有些电镀场所在需要的生产线安装排气装置，但没有送风装置，在电镀场所容易形成负压，四周气流都可以流向电镀生产部位。如果有集中送风装置，并保持室内气压的基本稳定，有利于保持工作现场较好的空气环境。

对北方等冬季较冷的地区，还要考虑电镀场所的采暖问题，通常也是以集中供暖为好。传统上较大规模电镀生产单位由于热水用量较大，都配备了锅炉，这样可以兼顾采暖。当然现在普遍使用烧油或天然气的锅炉。利用太阳能的工业建筑也已经在试验中，可望在电镀场所得到利用。

（1）照度与照明标准

电镀场所的照明由于与产品质量和安全生产都有极大关系，因此需要在设计时加以充分考虑。国家对工业企业工作现场的照明有标准。对于照明程度进行测量的定量指标是照度。

所谓照度是指物体被照亮的程度，用单位面积所接受的光通量来表示，单位为勒克斯（Lux,lx）。

$$1lx = 1lm/m^2$$

即 1lx 等于 1 流明（Lumen，lm）的光通量均匀分布于 $1m^2$ 面积上的光照度。照度是以垂直面所接受的光通量为标准，若倾斜照射则照度下降。

电镀场所各部位的照度要求见表 12-1。

表 12-1　电镀场所照明最低标准照度

工作场所	识别对象尺寸/mm	视觉作业等级	最低照度/lx
抛光室	$0.3<d\leqslant0.6$	Ⅲ甲	150
检验、化验室	$0.3<d\leqslant0.6$	Ⅲ乙	100
生产线控制室	$0.6<d\leqslant1.0$	Ⅳ	75
办公室、资料室	—	—	75
电镀生产线	$1.0<d\leqslant2.0$	Ⅴ	50
挂具、维修间	$1.0<d\leqslant2.0$	Ⅴ	50
仓库	—	—	50
休息室	—	—	50
酸洗、除油间	$2.0<d\leqslant5.0$	Ⅵ	30
喷砂间	$2.0<d\leqslant5.0$	Ⅵ	30
电源控制室	$2.0<d\leqslant5.0$	Ⅵ	30

要注意表 12-1 中列举的是最低照度要求。根据电镀生产现场的实际情况，应该在最低要求基础上提高一个视觉级别，即表中最低级别为Ⅵ时，实际要按Ⅴ级配置。也就是说，电镀场所中最一般部位（电源控制室等）的照度，也要在 50lx 以上。

（2）光源和灯具

电镀场所的设计首先要考虑充分利用自然光，但也要避免阳光的直射。在使用灯具照明时，一般采用荧光灯、白炽灯或高强气体灯。但从节能角度，白炽灯等已经在淘汰之列，现在白色光（接近自然光）的 LED 灯具已经由我国开发出来，并且已经普遍投入使用。

12.2　环境保护设备

12.2.1　电镀操作现场的环保与安全设备

环境保护措施不只是注重对三废处理的结果。不仅是针对排放口进行监测，而且要对整个生产过程加以控制，防止污染物对生产现场的污染，保障生产者的劳动卫生与安全。

对电镀操作者最有害的是操作现场的空气。在各种电镀生产线和车间、班组内，室内空气质量是不高的。电镀生产过程中的各种气体排放物，无论是阴极过程还是阳极过程，都不可避免地有电解产生的气体逸出，并且带有镀槽中的镀液微粒。加上酸碱等工作槽逸出的酸碱烟雾，在电镀车间内会形成混合型气体，这类气体对人体是极其有害的。如果不进行抽排，现场将难以正常开展生产。有些镀种没有排气装置或排气不得力时，工作区将烟雾弥漫，不能站人，以至于操作者有时不得不戴防毒面具进行操作。因此，现场的有效排气是电镀生产现场的必备装置。

电镀废气排放和处理系统是在电镀生产环境设计和施工过程中预先就完成了的，由于一开工生产就要投入使用，因此，对气体处理系统要在投入使用前进行处理能力与效果测试，以防开工后现场排气不畅，不仅严重损害操作者身体健康，而且还会使现场废气弥漫，根本无法工作。

电镀现场除了对气体要进行即时处理，对各种排放水也要进行分类收集送往废水处理中心集中处理。同时，为了保证电镀现场操作人员的安全，在操作现场的每一条电镀生产线的显眼和方便的位置，都要安置冲洗专用自来水龙头，并且不得挪用，以便酸碱溅到人身体部位，特别是不小心溅到眼睛时，可以尽快即时得到冲洗，减缓伤害。因此，在电镀生产线现场，要求设备有专用水龙头，这种水龙头应该是由金属软管连接的抽拉式水龙头，平时收缩在槽边专门的水管位，在用到时可以快速抽出使用（图 12-1）。

图 12-1　适合在镀槽边使用的抽拉式水龙头

12.2.2　电镀生产现场安全措施

电镀生产时，在生产车间现场的所有工作人员都要穿戴防护用品，包括防护服、鞋、口罩、胶皮手套等。非电镀生产车间人员不经允许不得进入电镀生产现场。允许进入的人员也要穿戴相应防护用品。

电镀现场除了有必备的防护装备，还要在显眼易取用的位置配备现场急救箱（图 12-2），将常

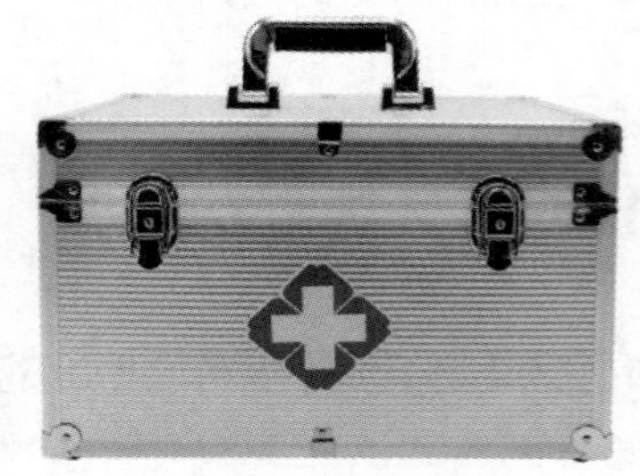

图 12-2　生产现场急救箱

用的化学烧伤急救外用药、冲洗药、中毒急救药、外伤用药等备齐，以便在发生工伤事故时可以用于现场的紧急抢救。

急救箱不仅要放置在显眼易取的位置，还不得上锁，方便随取随用。在使用了其中的药品和物件后要及时补充，不得出现要用时里面没有的情况。

对电镀车间的员工都要进行安全生产知识培训，并进行考核。同时要定期组织演习，学会出现紧急情况时的处理方法，将伤害程度尽量降低。

12.2.3　电镀“三废”的处理

电镀排放物包括电镀生产全过程中产生的废水、废气和固体废弃物，即常说的三废。对这三大类废弃物，不能不加处理地随便或随时排放，而是必须经过各种处理设备的处理后，达到符合国家排放标准的水平，才能排放。

由于电镀生产中排放的废弃物有三大类，因此，相应的处理设备也就有三大类。

（1）废水处理设备

由于现在电镀生产企业已经基本上都进入了电镀工业园区，因此废水处理是交由电镀产业园的处理装备处理的。正如我们在前面已经讨论到的，即使是交由园区处理，电镀生产企业也要对自己使用过的水进行初步处理，达到园区规定的要求，才能往园区管网排送。

废水处理设备依废水处理的方法和原理不同而有根本的不同。不过无论采用什么设备和处理工艺，都首先要将废水排入收集存放池（待处理池），除了综合废水，对需要处理的废水也分类分池存放，这就要求从现场引入到池中的废水，是事先用专业的 PVC 类排水管引入到待处理池中的。收集到一定的处理量，即可开机进行处理。

如果采用了多级处理设备，有一部分水可以达到回用的水平，则应配备回用水池，再用泵加入到回用水系统。园区的水处理也是如此，能够达到一定可用标准回用的水，应该尽量回用。但这些回用水不能用于再进入镀槽。

（2）废气处理设备

废气处理装置根据不同气体的处理原理和模式，可以有活性炭吸收式处理、喷淋吸收式处理、气浮塔式处理等。这些需要由专业设计和制造的企业定制。装备投入应用前要在电镀现场生产测试，排口收集的气体达标合格才能正式投入使用。

（3）固体废弃物处理设备

固体废弃物对于电镀加工过程，主要不是生产中产生的废品或垃圾类物品，这些物品可以通过废品回收部门收走。电镀固体废弃物中较麻烦的是水处理中的沉淀污泥的干燥和处理。这是一个比较困难的问题，并不是在处理技术上有什么问题，而是固体废弃物的处理在量不大时，容易随意堆放，当积累到一定量后，又占地较多，如果随便拉出去填埋，去向不确定，容易造成二次污染。因此，现在比较流行的方式,是由具备一定处理能力的专业环保企业集中收回,集中处理，并且较通行的做法是根据回收泥的组成而分为深埋、制砖、重金属和有色金属提取等。

不管在什么地方，对排放的废弃物进行处理并达标才能向指定的地方排放。保护环境是每个企业和从业人员的责任，并且是法律责任。

参考文献

[1] A. H. 弗鲁姆金. 电极过程动力学[M]. 北京：科学出版社，1965：8-18.

[2] 刘仁志. 量子电化学与电镀技术[M]. 北京：中国建材工业出版社，2022：25-62.

[3] 王喆垚. 微系统设计与制造[M]. 2 版. 北京：清华大学出版社，2015：1-22.

[4] 赵广宏. MEMs 技术中的电镀工艺及其应用[J]. 遥测遥控，2021，43（1）：30-31.

[5] 马福民，王惠. 微系统技术现状及发展综述[J]. 电子元件与材料，2019，38（6）：18.

[6] 刘仁志. 电气めっきにおける磁气の影响[J].实务表面技术，1983，30（1）：28.

[7] 刘仁志. 现代电镀手册[M]. 北京：化学工业出版社，2010：2-15.

[8] 刘仁志. 磁电解的研究与应用[J]. 材料保护，1985，18（5）：10.

[9] 郭戈. 快速成型技术[M]. 北京：化学工业出版社，2005：1-19.

[10] 何友义. CAD/CAM 技术与应用[M]. 北京：机械工业出版社，2020：1-10.

[11] 安德烈亚斯・格布哈特. 快速原型技术[M]. 北京：化学工业出版社，2005：1-5.

[12] 刘仁志. 非金属电镀与精饰——技术与实践[M]. 2 版. 北京：化学工业出版社，2012：88-100.

[13] 姜晓霞，沈伟. 化学镀理论及实践[M]. 北京：国防工业出版社，2000：1-18

[14] 徐红娣，李光萃. 常用电镀溶液的分析[M]. 3 版. 北京：机械工业出版社，1996.

[15] 张允诚. 电镀手册[M]. 北京：国防工业出版社，1997.

[16] 陈治良. 电镀合金技术及其应用[M]. 北京：化学工业出版社，2016：305-308

[17] 徐泰然. MEMs 与微系统[M]. 2 版. 北京：电子工业出版社，2017.

[18] K. Stoeckhert，G. Mennig. 模具制造手册[M]. 北京：化学工业出版社，2003.

[19] 渡边辙. 纳米电镀[M]. 北京：化学工业出版社，2007：1-8.

[20] 刘仁志. 电镀添加剂技术问答[M]. 北京：化学工业出版社，2009.

[21] J.O. M 博克里斯，S. U. M 卡恩. 量子电化学[M]. 哈尔滨：哈尔滨工业大学出版社，1988.

[22] 郭敦仁. 量子力学初步[M]. 北京：人民教育出版社，1979.

[23] 郭鹤桐. 电化学[M]. 北京：高等教育出版社，1965.

[24] 坂田昌一. 新基本粒子观对话[M]. 北京：三联书店，1973.

[25] 杨振宁. 基本粒子发现简史[M]. 上海：上海科学技术出版社，1979.

[26] 杨照地，孙苗，苑丹丹. 量子化学基础[M]. 北京：化学工业出版社，2012.

[27] J. V. ノイマン. 量子力学の数学的基礎[M]. 東京：みすず書房，2015.

[28] 刘仁志. 光子信息——关于光子是物质组装信息传递载体的推想[M]. 北京：化学工业出版社，2019.

[29] 刘仁志. 整机电镀技术[M]. 北京：化学工业出版社，2024.

[30] 约翰·布罗克曼. 未来 50 年[M]. 长沙：湖南科学技术出版社，2018.

[31] 魏子栋. 量子电化学进展[C]//第十三次全国电化学会议论文摘要集. 广州，2019.

[32] 刘仁志. 轻量化和微型化时代的电镀技术[J]. 表面工程与再制造，2019（2）：17-18.

[33] 刘仁志. 微扰-电极过程中的隐因子[C]//上海电子电镀学会年会论文集. 上海，2017.

[34] 刘仁志. 电子的量子跃迁—— 一类导体向二类导体电子转移问题探讨[C]//中国电子学会电镀专委会年会论文集. 深圳，2019.

[35] 阎润卿，李英. 微波技术基础[M]. 北京：北京理工大学出版社，2002.

[36] 崔书群，许宝兴. 电子行业工艺标准汇编[M]. 太原：电子工艺标准化技术委员会，2004.

[37] 金属表面技术关连规格编集委员会. 金属表面技术關連规格集[M]. 东京：金属表面技术协会，1972.

[38] 科夫涅里斯特. 微波吸收材料[M]. 北京：科学出版社，1985.

[39] 祝大同. 世界挠性印制电路板的发展历程[J]. 电子电路与贴装，2005（3）：3.

[40] Neil Patton，孔祥麟. 挠性印制板和通孔镀：挑战和解决办法[J]. 印制电路信息，2006（2）：52-56.

[41] 刘爱平，赵书林. 导电纤维的发展与应用[J]. 广西纺织科技，2008（4）；38-40.